U0248649

国家出版基金项目
NATIONAL PUBLICATION FOUNDATION

"十三五"国家重点出版物出版规划项目

中国土系志

Soil Series of China

（中西部卷）

总主编　张甘霖

广　西　卷
Guangxi

卢　瑛　韦翔华　著

科学出版社
龙门书局
北京

内 容 简 介

《中国土系志·广西卷》在对广西区域概况和主要土壤类型全面调查研究的基础上，进行了土壤高级分类单元土纲-亚纲-土类-亚类和基层分类单元土族-土系的鉴定和划分。本书的上篇论述区域概况、成土因素、成土过程、诊断层和诊断特性、土壤分类的发展以及本次土系调查的概况；下篇重点介绍建立的广西典型土系，内容包括每个土系所属的高级分类单元、分布与环境条件、土系特征与变幅、对比土系、利用性能综述、参比土种和代表性单个土体以及相应的理化性质。书后附有广西壮族自治区土系与土种参比表。

本书可供从事土壤学相关学科包括农业、环境、生态和自然地理等的科学研究和教学工作者，以及从事土壤与环境调查的部门和科研机构人员使用。

审图号：SG（2020）3822 号

图书在版编目（CIP）数据

中国土系志. 中西部卷. 广西卷 /张甘霖主编；卢瑛，韦翔华著.—北京：龙门书局，2020.11

"十三五"国家重点出版物出版规划项目　国家出版基金项目

ISBN 978-7-5088-5800-5

Ⅰ.①中…　Ⅱ.①张…　②卢…　③韦…　Ⅲ.①土壤地理-中国②土壤地理-广西　Ⅳ.①S159.2

中国版本图书馆 CIP 数据核字（2020）第 173097 号

责任编辑：胡　凯　周　丹/责任校对：杨聪敏
责任印制：师艳茹/封面设计：许　瑞

科学出版社
龙門書局
出版

北京东黄城根北街 16 号
邮政编码：100717
http://www.sciencep.com

中国科学院印刷厂 印刷

科学出版社发行　各地新华书店经销
*

2020 年 11 月第 一 版　开本：787×1092　1/16
2020 年 11 月第一次印刷　印张：25 1/4
字数：600 000

定价：268.00 元
（如有印装质量问题，我社负责调换）

《中国土系志》编委会顾问

孙鸿烈　赵其国　龚子同　黄鼎成　王人潮
张玉龙　黄鸿翔　李天杰　田均良　潘根兴
黄铁青　杨林章　张维理　郧文聚

土系审定小组

组　长　张甘霖
成　员（以姓氏笔画为序）

王天巍　王秋兵　龙怀玉　卢　瑛　卢升高
刘梦云　李德成　杨金玲　吴克宁　辛　刚
张凤荣　张杨珠　赵玉国　袁大刚　黄　标
常庆瑞　麻万诸　章明奎　隋跃宇　慈　恩
蔡崇法　漆智平　翟瑞常　潘剑君

《中国土系志》编委会

主　编　张甘霖

副主编　王秋兵　李德成　张凤荣　吴克宁　章明奎

编　委 （以姓氏笔画为序）

王天巍　王秋兵　王登峰　孔祥斌　龙怀玉

卢　瑛　卢升高　白军平　刘梦云　刘黎明

李　玲　李德成　杨金玲　吴克宁　辛　刚

宋付朋　宋效东　张凤荣　张甘霖　张杨珠

张海涛　陈　杰　陈印军　武红旗　周　清

赵　霞　赵玉国　胡雪峰　袁大刚　黄　标

常庆瑞　麻万诸　章明奎　隋跃宇　董云中

韩春兰　慈　恩　蔡崇法　漆智平　翟瑞常

潘剑君

《中国土系志·广西卷》作者名单

主要作者　卢　瑛　韦翔华

参编人员　（以姓氏笔画为序）

付旋旋　刘红宜　阳　洋　李　博　陈　勇

陈俊林　陈彦凯　欧锦琼　姜　坤　贾重建

郭彦彪　黄伟濠　崔启超　熊　凡

丛 书 序 一

  土壤分类作为认识和管理土壤资源不可或缺的工具，是土壤学最为经典的学科分支。现代土壤学诞生后，近 150 年来不断发展，日渐加深人们对土壤的系统认识。土壤分类的发展一方面促进了土壤学整体进步，同时也为相邻学科提供了理解土壤和认知土壤过程的重要载体。土壤分类水平的提高也极大地提高了土壤资源管理的水平，为土地利用和生态环境建设提供了重要的科学支撑。在土壤分类体系中，高级单元主要体现土壤的发生过程和地理分布规律，为宏观布局提供科学依据；基层单元主要反映区域特征、层次组合以及物理、化学性状，是区域规划和农业技术推广的基础。

  我国幅员辽阔，自然地理条件迥异，人类活动历史悠久，造就了我国丰富多样的土壤资源。自现代土壤学在中国发端以来，土壤学工作者对我国土壤的形成过程、类型、分布规律开展了卓有成效的研究。就土壤基层分类而言，自 20 世纪 30 年代开始，早期的土壤分类引进美国 Marbut 体系，区分了我国亚热带低山丘陵区的土壤类型及其续分单元，同时定名了一批土系，如孝陵卫系、萝岗系、徐闻系等，对后来的土壤分类研究产生了深远的影响。

  与此同时，美国土壤系统分类（soil taxonomy）也在建立过程中，当时 Marbut 分类体系中的土系（soil series）没有严格的边界，一个土系的属性空间往往跨越不同的土纲。典型的例子是迈阿密（Miami）系，在系统分类建立后按照属性边界被拆分成为不同土纲的多个土系。我国早期建立的土系也同样具有属性空间变异较大的情形。

  20 世纪 50 年代，随着全面学习苏联土壤分类理论，以地带性为基础的发生学土壤分类迅速成为我国土壤分类的主体。1978 年，中国土壤学会召开土壤分类会议，制定了依据土壤地理发生的《中国土壤分类暂行草案》。该分类方案成为随后开展的全国第二次土壤普查中使用的主要依据。通过这次普查，于 20 世纪 90 年代出版了《中国土种志》，其中包含近 3000 个典型土种。这些土种成为各行业使用的重要土壤数据来源。限于当时的认识和技术水平，《中国土种志》所记录的典型土种依然存在"同名异土"和"同土异名"的问题，代表性的土壤剖面没有具体的经纬度位置，也未提供剖面照片，无法了解土种的直观形态特征。

  随着"中国土壤系统分类"的建立和发展，在建立了从土纲到亚类的高级单元之后，建立以土系为核心的土壤基层分类体系是"中国土壤系统分类"发展的必然方向。建立我国的典型土系，不但可以从真正意义上使系统完整，全面体现土壤类型的多样性和丰富性，而且可以为土壤利用和管理提供最直接和完整的数据支持。

　　在科技部国家科技基础性工作专项项目"我国土系调查与《中国土系志》编制"的支持下，以中国科学院南京土壤研究所张甘霖研究员为首，联合全国二十多所大学和相关科研机构的一批中青年土壤科学工作者，经过数年的努力，首次提出了中国土壤系统分类框架内较为完整的土族和土系划分原则与标准，并应用于土族和土系的建立。通过艰苦的野外工作，先后完成了我国东部地区和中西部地区的主要土系调查和鉴别工作。在比土、评土的基础上，总结和建立了具有区域代表性的土系，并编纂了以各省市为分册的《中国土系志》，这是继"中国土壤系统分类"之后我国土壤分类领域的又一重要成果。

　　作为一个长期从事土壤地理学研究的科技工作者，我见证了该项工作取得的进展和一批中青年土壤科学工作者的成长，深感完善这项成果对中国土壤系统分类具有重要的意义。同时，这支中青年土壤分类工作者队伍的成长也将为未来该领域的可持续发展奠定基础。

　　对这一基础性工作的进展和前景我深感欣慰。是为序。

中国科学院院士

2017 年 2 月于北京

丛 书 序 二

    土壤分类和分布研究既是土壤学也是自然地理学中的基础工作。认识和区分土壤类型是理解土壤多样性和开展土壤制图的基础，土壤分类的建立也是评估土壤功能，促进土壤技术转移和实现土壤资源可持续管理的工具。对土壤类型及其分布的勾画是土地资源评价、自然资源区划的重要依据，同时也是诸多地表过程研究所不可或缺的数据来源，因此，土壤分类研究具有显著的基础性，是地球表层系统研究的重要组成部分。

    我国土壤资源调查和土壤分类工作经历了几个重要的发展阶段。20 世纪 30 年代至 70 年代，老一辈土壤学家在路线调查和区域综合考察的基础上，基本明确了我国土壤的类型特征和宏观分布格局；80 年代开始的全国土壤普查进一步摸清了我国的土壤资源状况，获得了大量的基础数据。当时由于历史条件的限制，我国土壤分类基本沿用了苏联的地理发生分类体系，强调生物气候带的影响，而对母质和时间因素重视不够。此后虽有局部的调查考察，但都没有形成系统的全国性数据集。

    以诊断层和诊断特性为依据的定量分类是当今国际土壤分类的主流和趋势。自 20 世纪 80 年代开始的"中国土壤系统分类"研究历经 20 多年的努力构建了具有国际先进水平的分类体系，成果获得了国家自然科学奖二等奖。"中国土壤系统分类"完成了亚类以上的高级单元，但对基层分类级别——土族和土系——仅仅开展了一些样区尺度的探索性研究。因此，无论是从土壤系统分类的完整性，还是土壤类型代表性单个土体的数据积累来看，仅有高级单元与实际的需求还有很大距离，这也说明进行土系调查的必要性和紧迫性。

    在科技部国家科技基础性工作专项的支持下，自 2008 年开始，中国科学院南京土壤研究所联合国内 20 多所大学和科研机构，在张甘霖研究员的带领下，先后承担了"我国土系调查与《中国土系志》编制"（项目编号 2008FY110600）和"我国土系调查与《中国土系志（中西部卷）》编制"（项目编号 2014FY110200）两期研究项目。自项目开展以来，近百名项目参加人员，包括数以百计的研究生，以省区为单位，依据统一的布点原则和野外调查规范，开展了全面的典型土系调查和鉴定。经过 10 多年的努力，参加人员足迹遍布全国各地，克服了种种困难，不畏艰辛，调查了近 7000 个典型土壤单个土体，结合历史土壤数据，建立了近 5000 个我国典型土系；并以省区为单位，完成了我国第一部包含 30 分册、基于定量标准和统一分类原则的土系志，朝着系统建立我国基于定量标准的基层分类体系迈进了重要的一步。这些基础性的数据，无疑是我国自第二次土壤普查以来重要的土壤信息来源，相关成果可望为各行业、部门和相关研究者，特别是土壤质量提升、土地资源评价、水文水资源模拟、生态系统服务评估等工作提供最新的、系统的数据支撑。

我欣喜于并祝贺《中国土系志》的出版，相信其对我国土壤分类研究的深入开展、对促进土壤分类在地球表层系统科学研究中的应用有重要的意义。欣然为序。

中国科学院院士

2017 年 3 月于北京

丛 书 前 言

　　土壤分类的实质和理论基础，是区分地球表面三维土壤覆被这一连续体发生重要变化的边界，并试图将这种变化与土壤的功能相联系。区分土壤属性空间或地理空间变化的理论和实践过程在不断进步，这种演变构成土壤分类学的历史沿革。无论是古代朴素分类体系所使用的土壤颜色或土壤质地，还是现代分类采用的多种物理、化学属性乃至光谱（颜色）和数字特征，都携带或者代表了土壤的某种潜在功能信息。土壤分类正是基于这种属性与功能的相互关系，构建特定的分类体系，为使用者提供土壤功能指标，这些功能可以是农林生产能力，也可以是固存土壤有机碳或者无机碳的潜力或者抵御侵蚀的能力，乃至是否适合作为建筑材料。分类体系也构筑了关于土壤的系统知识，在一定程度上厘清了土壤之间在属性和空间上的距离关系，成为传播土壤科学知识的重要工具。

　　毫无疑问，对土壤变化区分的精细程度决定了对土壤功能理解和合理利用的水平，所采用的属性指标也决定了其与功能的关联程度。在大陆或国家尺度上，土纲或亚纲级别的分布已经可以比较准确地表达大尺度的土壤空间变化规律。在农场或景观水平，土壤的变化通常从诊断层（发生层）的差异变为颗粒组成或层次厚度等属性的差异，表达这种差异正是土族或土系确立的前提。因此，建立一套与土壤综合功能密切相关的土壤基层单元分类标准，并据此构建亚类以下的土壤分类体系（土族和土系），是对土壤变异精细认识的体现。

　　基于现代分类体系的土系鉴定工作在我国基本处于空白状态。我国早期（1949 年以前）所建立的土系沿用了美国土壤系统分类建立之前的 Marbut 分类原则，基本上都是区域的典型土壤类型，大致可以相当于现代系统分类中的亚类水平，涵盖范围较大。"中国土壤系统分类"研究在完成高级单元之后尝试开展了土系研究，进行了一些局部的探索，建立了一些典型土系，并以海南等地区为例建立了省级尺度的土系概要，但全国范围内的土系鉴定一直未能实现。缺乏土族和土系的分类体系是不完整的，也在一定程度上制约了分类在生产实际中特别是区域土壤资源评价和利用中的应用，因此，建立"中国土壤系统分类"体系下的土族和土系十分必要和紧迫。

　　所幸，这项工作得到了国家科技基础性工作专项的支持。自 2008 年开始，我们联合国内 20 多所大学和科研机构，先后开展了"我国土系调查与《中国土系志》编制"（项目编号 2008FY110600）和"我国土系调查与《中国土系志（中西部卷）》编制"（项目编号 2014FY110200）两个项目的连续研究，朝着系统建立我国基于定量标准的基层分类体系迈进了重要的一步。经过 10 多年的努力，项目调查了近 7000 个典型土壤单个土体，结合历史土壤数据，建立了近 5000 个我国典型土系，并以省区为单位，完成了我国第一部基于定量标准和统一分类原则的全国土系志。这些基础性的数据，将成为自第二次全国土壤普查以来重要的土壤信息来源，可望为农业、自然资源管理、生态环境建设等部门和相关研究者提供最新的、系统的数据支撑。

项目在执行过程中，得到了两届项目专家小组和项目主管部门、依托单位的长期指导和支持。孙鸿烈院士、赵其国院士、龚子同研究员和其他专家为项目的顺利开展提供了诸多重要的指导。中国科学院前沿科学与教育局、重大科技任务局、科技促进发展局、中国科学院南京土壤研究所以及土壤与农业可持续发展国家重点实验室都持续给予关心和帮助。

值得指出的是，作为研究项目，在有限的资助下只能着眼主要的和典型的土系，难以开展全覆盖式的调查，不可能穷尽亚类单元以下所有的土族和土系，也无法绘制土系分布图。但是，我们有理由相信，随着研究和调查工作的开展，更多的土系会被鉴定，而基于土系的应用将展现巨大的潜力。

由于有关土系的系统工作在国内尚属首次，在国际上可资借鉴的理论和方法也十分有限，因此我们在对于土系划分相关理论的理解和土系划分标准的建立上肯定会存在诸多不足；而且，由于本次土系调查工作在人员和经费方面的局限性以及项目执行期限的限制，书中疏误恐在所难免，希望得到各方的批评与指正！

张甘霖

2017 年 4 月于南京

前　言

　　土壤分类是土壤科学的核心和基础内容，是认识和管理土壤的工具。土系是土壤系统分类中基层的分类单元，是指发育在相同母质上、处于相同景观部位、具有相同土层排列和相似土壤属性的聚合土体。土系可为农业生产、自然资源管理、生态环境保护等提供重要的基础资料和数据。

　　2014 年，在国家科技基础性工作专项"我国土系调查与《中国土系志》编制"（2008FY110600）项目完成后，"我国土系调查与《中国土系志（中西部卷）》编制"（2014FY110200）项目立项，开启了我国中西部的中国土壤系统分类基层单元土族-土系的系统性调查研究。《中国土系志·广西卷》是该专项的主要成果之一，也是继 20世纪 80 年代我国第二次土壤普查之后，广西壮族自治区土壤调查与分类方面的最新成果体现。

　　广西壮族自治区土系调查经历了基础资料与图件收集整理、代表性单个土体布点、野外调查与采样、室内测定分析、高级分类单元土纲-亚纲-土类-亚类的确定、基层分类单元土族-土系划分与建立等过程，共调查了 155 个典型土壤剖面，观察了近 80 个检查剖面，采集了纸盒装标本 155 个，分析了土壤样品 650 个，拍摄了 2500 多张地理景观、土壤剖面和新生体等照片，获取了 1.5 万余条成土因素、土壤剖面形态、土壤理化性质方面的资料。

　　全书共分上、下两篇，上篇为总论，下篇为区域典型土系，共 12 章。第 1 章至第 3章主要介绍了广西壮族自治区的区域概况、成土因素与成土过程特征、土壤诊断层和诊断特性及其特征、土壤分类简史等；第 4 章至第 12 章分别介绍了人为土、铁铝土、变性土、盐成土、潜育土、富铁土、淋溶土、雏形土和新成土 9 个土纲的典型土系，内容包括分布与环境条件、土系特征与变幅、对比土系、利用性能综述、参比土种、代表性单个土体形态描述以及土壤理化性质数据表、土系景观和剖面照片等。

　　在本书的出版之际，感谢"我国土系调查与《中国土系志（中西部卷）》编制"项目组各位专家和同仁多年来的温馨合作和热情指导！感谢参与广西壮族自治区土系野外调查、室内测定分析、土系数据库建设的同仁和全体研究生！感谢广西壮族自治区农业农村厅土壤肥料工作站、各县（市、区）农业局在野外调查工作中给予的热情帮助！在土系调查和本书编写过程中，参阅并借鉴了广西壮族自治区第二次土壤普查资料，包括《广西土壤》和《广西土种志》以及各地区（市）、县土壤普查资料，在此一并表示感谢！

　　《中国土系志·广西卷》共涉及 9 个土纲、14 个亚纲、26 个土类、53 个亚类，划分出 124 个土族，149 个土系，覆盖了广西壮族自治区分布面积较大、农林业利用重要性较高和具有区域特色的土壤类型。受时间和经费的限制，本次广西壮族自治区土系调查不同于全面的土壤普查，而是重点针对典型土系，建立的典型土系分布虽然覆盖了广西壮族自治区全域，但由于广西壮族自治区成土环境条件复杂、土壤类型多样，众多土系尚没有调查。因此本书仅是广西土系研究开端工作总结，新的土系还有待今后的进一步调查和建立。另外，在书稿写作中尽管作者们付出了很大的努力，由于水平有限，本书中错误和不完善之处在所难免，敬请读者批评指正。

卢　瑛　韦翔华

2019 年 6 月于广州

目　　录

上篇　总　　论

下篇　区域典型土系

上篇 总 论

第 1 章　区域概况与成土因素

1.1　区　域　概　况

1.1.1　地理位置

广西壮族自治区，简称"桂"，位于我国华南地区，介于北纬 20°54′～26°24′，东经 104°28′～112°04′之间，北回归线横贯中部。东连广东，南临北部湾并与海南隔海相望，西与云南毗邻，东北接湖南，西北靠贵州，西南与越南接壤，有超过 500 km 的陆界国境线。全区陆地总面积 $2.38×10^5$ km²，占全国土地总面积的 2.5%，管辖北部湾海域面积约 $4×10^4$ km²。大陆海岸东起与广东交界的洗米河口，西至中越交界的北仑河口，海岸线全长 1595 km。海岸线曲折，类型多样，其中南流江口、钦江口为三角洲型海岸，铁山港、大风江口、茅岭江口、防城河口为溺谷型海岸，钦州、防城港两市沿海为山地型海岸，北海、合浦为台地型海岸。沿海有岛屿 651 个，总面积 66.9 km²，岛屿岸线 461 km，最大的涠洲岛面积 24.7 km²。

1.1.2　行政区划

截至 2019 年，广西壮族自治区辖南宁市、崇左市、桂林市、柳州市、来宾市、梧州市、贺州市、百色市、河池市、玉林市、贵港市、北海市、钦州市、防城港市共 14 个设区市，县级行政区 111 个（包括 40 个市辖区、8 个县级市、51 个县、12 个民族自治县），乡级行政区 1251 个[包括 133 个街道、799 个镇、319 个乡（含 59 个民族乡）]，首府为南宁市，详见表 1-1。

表 1-1　广西壮族自治区行政区划（2019 年）

设区市	县级行政区划单位
南宁市	兴宁区、青秀区、江南区、西乡塘区、良庆区、邕宁区、武鸣区、隆安县、马山县、上林县、宾阳县、横县
崇左市	江州区、扶绥县、宁明县、龙州县、大新县、天等县、凭祥市
桂林市	秀峰区、叠彩区、象山区、七星区、雁山区、临桂区、阳朔县、灵川县、全州县、兴安县、永福县、灌阳县、资源县、平乐县、荔浦市、恭城瑶族自治县、龙胜各族自治县
柳州市	城中区、鱼峰区、柳南区、柳北区、柳江区、柳城县、鹿寨县、融安县、融水苗族自治县、三江侗族自治县
来宾市	兴宾区、忻城县、象州县、武宣县、金秀瑶族自治县、合山市
梧州市	万秀区、长洲区、龙圩区、苍梧县、藤县、蒙山县、岑溪市
贺州市	八步区、平桂区、昭平县、钟山县、富川瑶族自治县
百色市	右江区、田阳县、田东县、平果县、德保县、那坡县、凌云县、乐业县、田林县、西林县、隆林各族自治县、靖西市
玉林市	玉州区、福绵区、容县、陆川县、博白县、兴业县、北流市

设区市	县级行政区划单位
贵港市	港北区、港南区、覃塘区、平南县、桂平市
北海市	海城区、银海区、铁山港区、合浦县
钦州市	钦南区、钦北区、灵山县、浦北县
防城港市	港口区、防城区、上思县、东兴市
河池市	金城江区、宜州区、南丹县、天峨县、凤山县、东兰县、罗城仫佬族自治县、环江毛南族自治县、巴马瑶族自治县、都安瑶族自治县、大化瑶族自治县

注：平果县现已撤县设市。

1.1.3　土地利用

　　山多耕地少是广西土地资源的主要特点，山地、丘陵和石山面积占总面积的 70.8%，平原和台地占 27.1%，水域面积占 2%。近年来，广西土地利用总体呈现城镇村及工矿用地和交通运输用地面积逐年增加，而耕地、园地、林地及草地面积逐渐减少，特别是耕地面积减少较多。2014~2016 年广西壮族自治区土地利用现状面积见表 1-2。2016 年全区耕地面积 439.51 万 hm^2，占全区总面积的 18.5%，其中水田面积 195.3 万 hm^2，占耕地面积的 44.4%，旱地 244.1 万 hm^2，占 55.5%，水浇地 0.33 万 hm^2，占 0.07%，人均耕地面积 1.18 亩(0.079 hm^2)。

表 1-2　2014~2016 年广西壮族自治区土地利用现状面积表　　　　　(单位：万 hm^2)

年份	耕地	园地	林地	草地	城镇村及工矿用地	交通运输用地	水域及水利设施用地	其他用地	总计
2014	441.03	108.67	1331.42	111.24	88.84	28.77	86.17	180.16	2376.30
2015	440.49	108.55	1331.12	111.16	89.67	28.96	86.13	180.19	2376.27
2016	439.51	108.27	1330.50	111.05	91.48	29.31	85.99	180.17	2376.28

1.1.4　社会经济状况

　　2017 年广西常住人口 4885 万人，常住人口总量占全国 3.5%，户籍人口 5600 万，其中城镇人口 2404 万人，乡村人口 2481 万人，人口密度为 206 人/km^2。广西壮族自治区是个多民族聚居的省区，境内世居民族有壮、汉、瑶、苗、侗、仫佬、毛南、回、京、水、彝和仡佬等 12 个民族，另有满、蒙古、朝鲜、白、藏、黎、土家等其他民族 44 个。

　　壮族是广西也是中国人口最多的少数民族，主要聚居在南宁、柳州、崇左、百色、河池、来宾等 6 市。靖西市是壮族人口比重最高的县级市，比例高达 99.7%。汉族在各地均有分布，主要集中在南部沿海及桂东地区。瑶族主要居住在金秀、都安、巴马、大化、富川、恭城等 6 个瑶族自治县。苗族主要分布在融水苗族自治县和隆林、龙胜、三江、南丹、环江、资源等自治县(县)，其中融水苗族自治县苗族人口最多，约占全自治区苗族人口的 40%。侗族主要居住在三江、龙胜、融水等 3 个自治县，其中三江侗族自治县侗族人口最多。仫佬族主要居住在罗城仫佬族自治县，散居于宜州、忻城、环江、融水等县(自治县、区)。毛南族主要聚居在环江毛南族自治县。回族主要居住在桂林、柳州、南宁、百色等市及临桂、灵川、鹿寨、永福等县(区)。京族主要居住在东兴市江平镇。彝族主要居住在隆林各族自治县和西林、田林、那坡等县。水族散居在南丹、宜州、融水、环江、都安、兴安、金城江等县(自治县、区)。仡佬族主要居住在隆林、田林、西林等县(自治县)。

2017 年，广西全区全年生产总值（GDP）20396.25 亿元，其中，第一产业 2906.87 亿元，第二产业 9297.84 亿元，第三产业 8191.54 亿元，第一、二、三产业增加值占地区生产总值的比重分别为 14.2%、45.6%和 40.2%，按常住人口计算，人均地区生产总值 41955 元。农林牧渔业总产值 4742.76 亿元，工业总产值 27892.91 亿元（广西统计年鉴，2018）。

1.2　成　土　因　素

1.2.1　气候

1. 光和热

广西全区气温较高，夏长冬暖。各地全年平均气温在 16.5～23.1℃之间，其中年均气温在 20℃以上的地方大致在北纬 24°30′一线以南，约占全区面积的 65%。总体说来，广西年均气温为南高北低，西高东低，由河谷平原向丘陵山区递减，南北差异大于东西差异，桂林市东北部以及海拔较高的乐业、南丹、金秀年平均气温低于 18.0℃，其中乐业、资源只有 16.5℃，而南部北部湾中的涠洲岛高达 23.1℃，右江河谷、左江河谷、沿海地区在 22.0℃以上。东部梧州市的年均气温为 21.1℃，桂西的百色为 22.3℃。各地山区由于海拔的影响，气温则低得多。

广西全区各地气温均以 1 月份最低，1 月平均气温除桂北和一些中山地区外，大部分地方都高于 10℃。各地极端最低气温为-8.4～2.9℃，其中桂北山区-8.4～-4.0℃，资源为全区最低；北海市、防城港市南部及博白、都安极端最低气温在 0℃以上，其余各地为-3.9～-0.2℃。各地 7 月份气温最高，自全州西南，至桂林、柳州、宜州、都安、上林、南宁、龙州以东地区大于 28℃，以西地区在 27℃以下，但右江河谷的百色、田东、田阳则较高。极端最高气温为 33.7～42.5℃，其中，沿海地区、百色市南部山区及金秀、南丹、凤山、乐业、天等为 33.7～37.8℃，其余地区为 38.0～42.5℃，百色为全区最高。

根据广西 90 个气象观测站 1981～2010 年气象数据，通过克里金插值分析，得到广西年平均气温图（图 1-1）。

太阳辐射是植物制造有机物质的唯一能量来源，也是土壤热量的主要来源。广西年平均太阳总辐射为 4395.5 MJ/m²，全区各地年太阳总辐射量为 3682.2～5642.8 MJ/m²，1961～2010 年呈减少趋势，全区平均每 10 年的减幅为 43.84 MJ/m²。广西的太阳总辐射 20 世纪 60 年代最大，低值出现在 80～90 年代，进入 21 世纪初期达到次大值。夏季太阳总辐射最高，其中 7 月份达到全年峰值，大部地区为 450～600 MJ/m²，秋季、春季次之，冬季最低。其地理分布特点为南部多、北部少，盆地平原多、丘陵山区少。梧州、玉林两市南部，钦州、北海两市，右江河谷及宁明、横县在 4700 MJ/m² 以上，其中北海、合浦、涠洲岛及上思等地超过 5000 MJ/m²，最多的涠洲岛为 5642.8 MJ/m²。桂林、河池两市大部、柳州市北部在 4100 MJ/m² 以下，其中桂北靠近湘、黔两省的边缘各县低于 3800 MJ/m²。广西中部大部分地区为 4100～4700 MJ/m²（何如等，2016）。

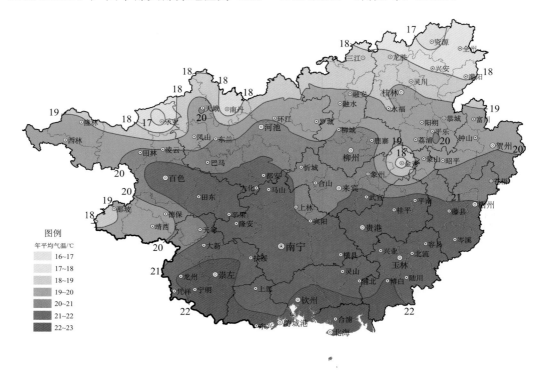

图 1-1　广西年平均气温图（1981～2010 年）

根据广西 90 个气象观测站 1981～2010 年气象数据，通过克里金插值分析，得到广西年太阳总辐射量图(图 1-2)。

广西多年来年日照时数平均值为 1562.9 h，各地年日照时数变化在 1169～2219 h 之间，比湘、黔、川等省偏多，比云南大部地区偏少，与广东相当。其地域特点是南部多而北部少，河谷平原多而丘陵山区少，北海市及田阳、上思在 1800 h 以上，以涠洲岛最多，全年达 2219 h。河池、桂林、柳州三市大部及金秀、乐业、凌云、那坡、马山等地不足 1500 h，金秀全年日照时数最少，只有 1169 h。其余地区在 1500～1800 h 之间。广西日照时数的季节变化特点是夏季最多，冬季最少；除百色市北部山区春季多于秋季外，其余地区秋季多于春季。夏季各地日照时数为 355～698 h，占全年日照时数的 31%～32%；冬季各地日照时数只有 186～380 h，仅占全年日照时数的 14%～17%。

广西 1961～2010 年日照时数表现为"阶梯式"减少，减少速率为 37.6 h/10 a，减少趋势十分明显。20 世纪 60 年代为日照资源最丰富时期，这时期平均日照时数为 1658.9 h，比多年平均值多 95.0 h；70 年代平均日照时数有所下降，但也在多年平均值之上；80 年代后平均日照时数少于多年平均值，90 年代为光照资源最贫乏时期，其平均日照时数为 1455.3 h，比多年平均值少 108.5 h；21 世纪初日照时数略有增加，但仍未超过多年平均水平（周绍毅等，2011）。

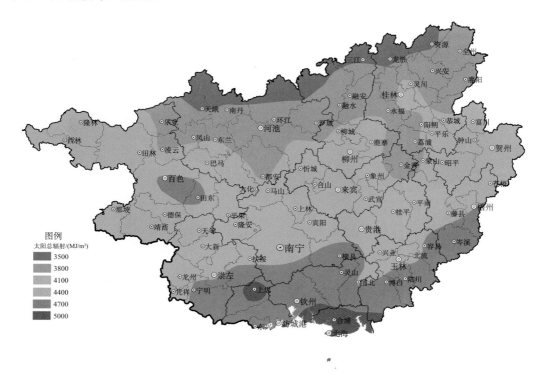

图 1-2　广西年太阳总辐射量图（1981～2010 年）

根据广西 90 个气象观测站 1981～2010 年气象数据，通过克里金插值分析，得到广西全年日照时数分布图（图 1-3）。

2. 降水量

广西是全国降水最丰富的省区之一，各地年降水量为 1080～2760 mm，大部分地区在 1300～2000 mm 之间。全区各地及每一地区各年、月份降水量极不均衡。其地理分布具有东部多，西部少；丘陵山区多，河谷平原少；夏季迎风坡多，背风坡少等特点。广西有三个多雨区：①十万大山南侧的东兴至钦州一带，年降水量达 2100～2760 mm；②大瑶山东侧以昭平为中心的金秀、蒙山一带，年降水量达 1700～2000 mm；③越城岭至元宝山东南侧以永福为中心的兴安、灵川、桂林、临桂、融安等地，年降水量达 1800～2000 mm。另有三个少雨区：①以田阳为中心的右江河谷及其上游的田林、隆林、西林一带，年降水量仅有 1080～1200 mm；②以宁明为中心的明江河谷和左江河谷至邕宁一带，年降水量为 1200～1300 mm；③以武宣为中心的黔江河谷，年降水量 1200～1300 mm。

由于受冬夏季风交替影响，广西降水量季节分配不均，干湿季分明。4～9 月为雨季，总降水量占全年降水量的 70%～85%，强降水天气过程较频繁，容易发生洪涝灾害；10～3 月是干季，总降水量仅占全年降水量的 15%～30%，干旱少雨。桂东北地区雨季来得较早，雨量多；梧州、柳州两地区北部春季雨量与夏季雨量相当；桂西雨季来得迟，春季雨量少。各地雨量的季节分配特点是：春季桂东大于桂西，桂北大于桂南，夏秋两季则刚好相反。

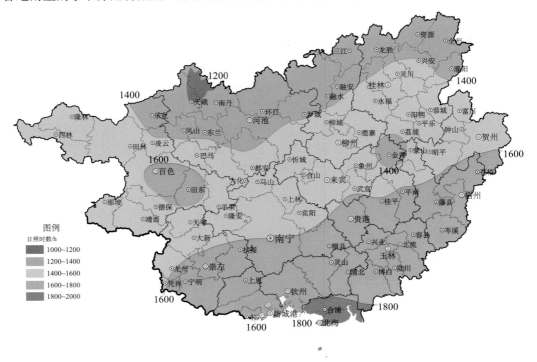

图 1-3　广西全年日照时数分布图

全区降水由于季节、地域和年际的变化，干湿季节分明。运用逐日干旱指数，按干旱发生的季节划分，广西有春旱、夏旱、秋旱和冬旱，以春旱和秋旱的危害最大。春旱、秋旱发生频率的地域差异较大，春旱以桂西地区居多，而秋旱多出现在桂东地区。全广西大范围的春旱大约 4～5 年一遇，但百色和崇左两市、防城港市北部、北海和南宁两市南部、河池市西部等地发生春旱的频率达 70%～90%，桂林和贺州两市、柳州市北部及蒙山等地春旱频率小于 20%。全广西大范围的秋旱大约 2～3 年一遇，但桂东北大部、桂中盆地及其邻近地区等地发生秋旱的频率达 70%～90%。夏旱，特别是比较严重的夏旱发生的频率较低，桂东北大部及百色、田阳、崇左、扶绥、上思、涠洲岛等地严重夏旱的频率为 10%～20%，其余地区低于 10%。冬季雨水稀少，因此冬季发生干旱的频率比其他季节要大，广西冬旱频率的高值区分布在南丹—武鸣—浦北一线以西地区，频率为 90%～100%，冬旱频率的相对低值区为桂林、贺州两市大部，频率为 50%～70%，其余地区 70%～90%。由于冬季不是主要农作物的生长发育季节，其影响比其他季节的干旱相对要小(李艳兰等，2010)。

根据广西 90 个气象观测站 1981～2010 年气象数据，通过克里金插值分析，得到广西年均降雨量分布图（图 1-4）和年均蒸发量分布图（图 1-5）。

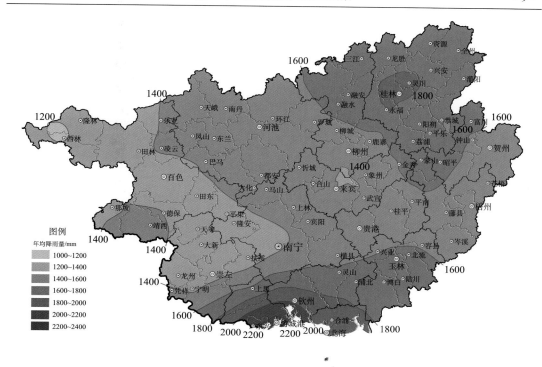

图 1-4 广西年均降雨量分布图

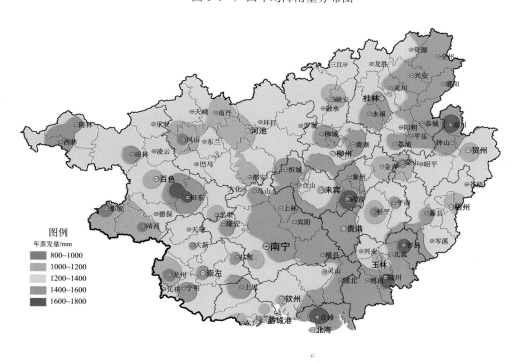

图 1-5 广西年均蒸发量分布图

1.2.2　地形地貌

1. 大地构造

大地构造的高级单元往往与地貌分区的高级单元相适应。广西地处滨太平洋与特提斯—喜马拉雅两大构造域的复合部位，华南加里东褶皱系的西南端，一级构造单元属南华准地台范畴。其中钦州、玉林属早古生代地槽的残留部分，早晚二叠世间的东吴运动后才转为准地台；桂西地区是在准地台的基础上发育成的再生地槽；桂北和云开大山地区长期露出水面，是准地台上的隆起剥蚀区；桂中—桂东地区长期下沉，泥盆系—三叠系广泛发育，形成拗陷区；新生代以来，北部湾地区地壳逐渐下沉，为新的沉积拗陷区。在新构造运动中，广西以上升运动为主，间有相对稳定和下降。全区各地上升幅度不一，桂西上升幅度较大，桂中、桂东较小，且缓慢，由此造成地形由西北向东南倾斜。根据上述不同地区的地质历史和构造特征，划分为桂北台隆、桂中—桂东台陷、云开台隆、钦州残余地槽、右江再生地槽、北部湾拗陷六个二级构造区（广西壮族自治区地质矿产局，1985）。

（1）桂北台隆。它分布于九万大山至越城岭一带，东南边界止于罗城仫佬族自治县乔善乡至融安、全州县才湾乡一线。在志留纪至泥盆纪之间的广西运动，形成以北北东向构造为主的北东向隆起带。越城岭猫儿山花岗岩在此期形成。因受多次构造运动的影响，岩石均发生不同程度的区域变质，且有地层愈老变质愈深的情况。主要变质岩有二云母片岩、变粒岩、千枚岩、板岩和变质砂岩。广西运动后，本区长期隆起，遭受剥蚀，其上极少有新的沉积，成为陆源物质的供给区。

（2）桂中—桂东台陷。从寒武纪至中三叠世，本区总的处于长期拗陷或沉降状态。晚古生代盖层广泛发育，泥盆系—中三叠统沉积厚近万米，以碳酸盐岩建造为主，次为硅质岩和少量酸性火山岩。中生代初期的印支运动，使盖层全面发生褶皱，海水全部退出。燕山和喜山运动，块断剧烈发生，沿部分断裂发育成若干陆相盆地，沉积一套红色复陆屑建造，南部宾阳、藤县和梧州一带上白垩统为酸性（少量中性）火山岩及火山碎屑岩建造。区内多旋回的岩浆活动表现明显。火山作用以震旦纪最强烈，形成中性—基性细碧角斑岩。晚二叠世和晚白垩世亦有较强的中、酸性火山喷发。东部海洋山、花山、姑婆山和大瑶山为加里东、印支、燕山期侵入岩，平南县马练有喜山期超基性岩。本区基底构造以褶皱为主，断裂不很发育，复式线状褶皱特征明显。构造线总体为北东向，局部为近东西向或北西西向。晚古生代形成的盖层褶皱、断裂均很发育，主要为南北向，其次为北东向和东西向。褶皱宽阔，多为短轴状背、向斜，具箱状、拱状、斜歪等形态特征，部分为长轴状或倒转褶皱。地层倾角在10°～45°之间，局部直立、倒转。

（3）云开台隆。本区位于云开大山一带，西北以博白—岑溪深断裂为界。广西自加里东旋回中、晚期逐渐隆起，一直持续至今，形成两广边界的云开大山山脉。其中，下古生界区域变质岩、混合岩与不同时期的花岗岩广泛分布，构造比较复杂。区域构造方向总体呈北东向，局部为北北东向和北东东向。基底和盖层褶皱和断裂很发育。基底变质程度深，混合岩、混合花岗岩十分发育。

（4）钦州残余地槽。为展布于桂东南钦州—玉林地区的北东向华力西（海西）地槽。东南以博白—岑溪深断裂为界，展布于凭祥、钦州、灵山、南宁之间的十万大山一带。区内构造线总体为北东向，局部为东西向和北东东向。北东向断裂十分发育，其中以灵山—藤县，博白—岑溪断裂带最为突出。褶皱多为平缓开阔盆地式向斜，东、西两侧发育着复式褶皱，或为短轴状和穹隆构造，褶皱方向以北东向为主。本区在近代构造运动比较活跃，表现在地震频繁、地壳变形、温泉和地热有规律分布。

（5）右江再生地槽。位于桂西、桂西南地区，约占广西面积的 1/3。本区域地质构造发展比较独特，历经由地槽到地台到再生地槽的演化过程，有着与其他构造区不同的沉积建造、岩浆活动和构造特征。早古生代本区为华南加里东地槽与扬子准地台过渡区，广西运动后转为准地台，到早中三叠世全部发育成再生地槽。本区构造复杂，断裂、褶皱发育，其中以印支运动的为主。褶皱类型多样，以箱状、梳状为主，尚有短轴状和穹隆构造。断裂发育，有些为长期活动的断裂，构造线方向以北西向为主的高角度逆掩断层，如德保至那坡一带。本区在广西运动后，有较长时期的隆起，晚古生代沉积有较厚的深水、半深水盆地相和浅水台地相的泥质岩、硅质岩、深色燧石灰岩、浅色碳酸盐岩。中生代的强烈沉陷区，在中、下三叠统有很厚的碎屑岩沉积。区内岩浆岩以二叠纪与三叠纪之间的华力西期和三叠纪与侏罗纪间的印支期海底基性—酸性火山喷发岩和基性侵入岩发育广泛。

（6）北部湾拗陷。本区包括北部湾、合浦全县。新生代以前，其西北部属于钦州残余地槽，其余地区属云开台隆的范畴，而新生代为大型沉积盆地，中心大致在涠洲岛西南一带。区内第三系（古近系、新近系）发育，分布广，但大部分淹没在海水之下，钻遇厚达 3500 m，地震解释为 6000 m，第四系也很发育，但厚度较薄，为数十米至百余米。

2. 地形地貌

大地构造决定了全区地貌基本轮廓（图 1-6），广西的地势由西北向东南倾斜。四周多被山地、高原环绕，呈盆地状，盆地边缘多缺口，桂东北、桂东、桂南沿江一带有大片谷地。西部和西北部属云贵高原的边缘，地势较高；东北部与湘西南山地相接，东部与粤西山地连成一体，因此有人将广东、广西合称为两广丘陵，单称广西则为广西盆地。除边缘山地外，其他地区地势均不高，丘陵、台地、平原广布。广西地貌属山地丘陵盆地地貌，分中山、低山、丘陵、台地、平原、石山 6 类。中山为海拔 800 m 以上山地，面积约 5.6 万 km^2，占总面积的 23.7%；低山为海拔 500～800 m 山地，面积约 3.9 万 km^2，占 16.5%；丘陵为海拔 200～500 m 山地，面积约 2.5 万 km^2，占 10.6%；台地为介于平原与丘陵之间、海拔 200 m 以下地区，面积约 1.5 万 km^2，占 6.3%；平原为谷底宽 5 km 以上、坡度 <5° 的山谷平地，面积约 4.9 万 km^2，占 20.7%；石山地区约 4.7 万 km^2，占 19.9%。中山、低山、丘陵和石山面积约占广西陆地面积的 70.8%。按盆地轮廓可将全区分为盆地边缘山地，盆中弧形山地，弧形山系内外侧丘陵、台地、平原，以及滨海台地平原，下文分别简述。虽然碳酸盐岩形成的岩溶地貌以及红色岩系形成的红岩地貌是构成广西盆地地形不可分割的部分，但无论在地貌上和土壤形成上均有其特殊性，因此单

独介绍（广西土壤肥料工作站，1994）。

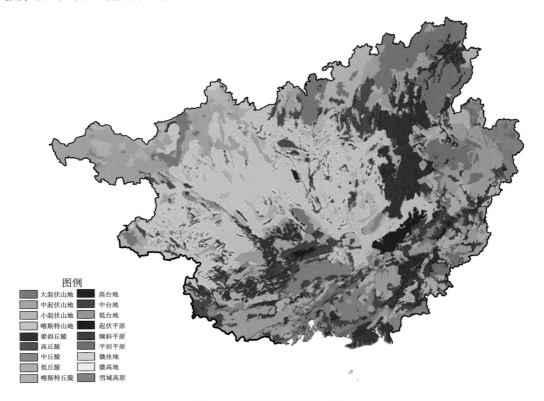

图例

大起伏山地	高台地
中起伏山地	中台地
小起伏山地	低台地
喀斯特山地	起伏平原
梁峁丘陵	倾斜平原
高丘陵	平坦平原
中丘陵	微洼地
低丘陵	微高地
喀斯特丘陵	雪域高原

图 1-6　广西地貌类型分布图

1）盆地边缘山地和盆中弧形山地

盆地边缘山地可分作以下部分：桂西北砂页岩褶皱山原山地，桂北变质岩、花岗岩断裂中山，桂西南岩溶高原和砂页岩、流纹岩中低山地，桂东花岗岩、变质岩中低山地，桂东南红色岩系断裂单斜中山。

北部及西北部边缘山地与黔南、湘西南山地连成一体，地势由西北部向东南部和由北向南递降，整个地势较高。主要山脉有金钟山、青龙山、东风岭、凤凰山、九万山和越城岭。西北部山地属砂页岩断裂褶皱中低山，大部地区海拔在 1000 m 以上，最高点可达 2000 m，整个地貌呈分割山原状，西部金钟山地高原残余面较其他地区好，山脉走向受构造线控制，山脉连绵不断，比高 200～400 m，有的达 700 m，河流切割较深，山高谷深，河谷狭窄，山岭明显，高峰与深谷相间排列，谷中极少近代冲积，但低山地区河谷较宽，可见河漫滩和阶地，谷边山坡有几级梯状地。北部山地紧接黔南苗岭山地，山体北面地势高耸，由北而南降低，山峰一般均在 1000 m 左右，少数山峰在 2000 m 以上，山岭高峻，反差强烈，河流深切，峡谷发育；南面属低山，海拔 500～800 m，新构造运动中，全区以剥蚀为主，在山麓及河谷有第四纪坡积及河流冲积层发育。

东北部海洋山、都庞岭和萌渚岭为花岗岩穹隆中山，海拔 1000 m 以上，有五级夷平面，受剥蚀和流水的侵蚀作用，山坡较陡，山峰峻峭，谷地多呈"V"形谷。在平坦的夷平面上，风化壳厚度可达 30 m，一般也有 3～5 m，在海拔 200～300 m 夷平面有老第四纪的砾石层残余。

东部山地与东北部山地连成一体，主要山脉有大桂山、大容山、六万大山和云开大山。大桂山为砂页岩、变质岩中低山，一般海拔 200～1000 m。山岭走向受构造影响，多为北东向及南北向，呈条带状分布。云开大山包括天堂山，为变质岩-花岗岩中低山。花岗岩区，海拔较低，以低山、丘陵为主，山体较小，山峰密集。天堂山岩群以变质岩为主，山峰海拔 900 m 以上，1000 m 以上的山峰也不少，山脉走向为东北西南向，山体高大，坡度 35°～50°，河谷不宽，呈峡谷状，在中山外围有低山和丘陵分布。大容山、六万大山以燕山期花岗岩侵入体为主，局部为变质岩，地势高峻，山体庞大，坡度较陡，主脉高度达 800～1000 m，在中山降为低山后，沟谷发育，山体破碎。

南部山地主要有十万大山和四方岭。四方岭位于上思县，为红色岩系断块单斜中低山，东北西南向，海拔 500～800 m，切割厉害，比高 100～700 m，气势雄伟，成单斜或方山状。十万大山横亘滨海平原与南宁盆地之间，主要为红色岩系和花岗岩建造的中低山，地势北低南高，山坡北缓南陡，坡面侵蚀严重，河流呈"V"形谷，多为单斜山地。

西南部除岩溶（石山）山地外，土山有六韶山和大青山。位于龙州、凭祥西端的大青山最高峰海拔 1236.4 m，一般海拔 500～800 m，流纹岩、砂页岩建造，顶部浑圆、坡度较缓。六韶山在本区面积较小，为砂页岩褶皱中山，山势北高南低，北部海拔 1000～1300 m，河流强烈侵蚀，成陡峻的中山形态，山高、谷深、谷窄、坡陡，山顶地区"山窝"地形发育，南部为海拔 400～800 m，比高 200～300 m 的低山，山岭和缓，河谷较宽，可见宽 200 m 左右的谷地和比高 10～20 m 的一级阶地。

盆地内部有一著名的"山"字形构造所形成的弧形山脉，将盆地分作两部分。弧形山脉的顶点位于横县的镇龙山，由此向西北和东北延伸成"V"字形，分别和西北、东北部边缘山地相接。但因断裂影响，在镇龙山东西两侧有宽谷，使弧形山脉稍不连续。弧形山脉为褶皱和逆掩断层及与之垂直的横断层所组成。弧形山脉东翼为大瑶山系，包括驾桥岭、大瑶山、莲花山，长约 200 km，宽 50～60 km，海拔 700～1500 m，最高峰达 1946 m。山体雄伟高大，谷深坡陡，为桂江、柳江及牛江的分水岭。在构造上属粤桂台凹中的穹地。穹地轴部为变质岩系，在四周为砂页岩，山脊形态与构造线相符，由北向南延伸，北段一般高程在 1200～1300 m，最高达 1900 m，属中山地形，河流切割明显，呈峡谷形态，南段一般海拔 600～800 m，属低山，风化剥蚀作用强烈，一般风化物很薄，基岩出露。山体东部有多种冰碛地形。西翼起于天峨、凌云、乐业、凤山等县，北段为都阳山，砂页岩、石灰岩建造；南段大明山，由石英砂岩、板状页岩、千枚岩建造，为背斜中低山，一般海拔 500～1200 m。

弧顶镇龙山为穹隆断块低山，由千枚岩、石英砂岩等浅变质岩建造，最高峰海拔 1167 m，一般山峰在 1000 m 以下，多为 500～600 m。

在中低山周围分布着山丘。它是中低山地的组成部分，介于中低山地与丘陵、台地、平原之间，广西群众均将此称作山。山丘高程 250～500 m，冲沟切割起伏较大，坡度为

7°～25°。主要类型有以下几种：第一，花岗岩山丘。见于宾阳县昆仑关，横县南山，容县大容山四周。海拔高 250～400 m，外貌呈馒头状或片状分布，顶部有古剥蚀面残余，风化壳深厚，特别是坡积层厚，厚达 10 m 或 30～40 m。第二，褶皱断裂砂页岩山丘，主要分布于龙州县平而河两岸、武鸣区及平果县那马—灵马一带。它主要由古生代及中生代的砂页岩构成，顶部可见 350 m 左右的古剥蚀面，常呈垅状，谷地呈走廊状，有明显的平行岭谷形态，坡度差异小，为 15°～20°。有侵入岩存在的砂页岩山丘，常分布于同类中山或低山周围，与其连成一体，或自成另一大丘陵。呈西南东北走向，山体内砂页岩与花岗岩山体互相穿插、重叠，石英脉发育，山顶可见 350～450 m 剥蚀面，风化层 2～4 m，南流江上游谷地，陆川、博白南部可见此种情形。第三，变质岩山丘，分布于云开大山、桂北、桂东北流、容县、岑溪、梧州等地。主要由中生代强烈沉陷区的片麻岩组成，山势和缓，谷地开阔，风化壳较厚，一般可达 10 m，有的甚至为 30～40 m。

2）盆内平原、台地和丘陵

广西平原面积较小，分布也零星，盆地中部弧形山脉将其分作两部分。在其外侧分布的平原主要有桂林—灵川平原，贺江平原，浔江平原，郁江横县平原，邕江南宁盆地，左、右江平原，明江平原，玉林—博白平原以及贵县莲花山庆丰山前平原；在其内侧的有柳江、红水河中下游平原，柳州、来宾平原，宾阳—武陵山前平原。平原的高程 40～200 m，比高 2～12 m，割切少，起伏不大，堆积物以 Q_4 堆积为主。按平原分布的位置论，有河谷平原和山间平原。按成因分则有洪积坡积平原、冲积平原和溶蚀平原。洪积坡积平原见于大青山东麓、瑶山南部山麓，此种类型多发育在大断层线上的山前地带，呈带状沿山麓分布，大多数规模较小，具一定坡度，宽 1～2 km，坡度 5°～7°，物质组成具洪积物的特征，形态呈扇状，多与冲积平原连成一体。冲积平原断续分布在各大中河流两岸。中上游的冲积层一般具有明显的二元结构，下部多为砾石、砂、粉砂，上部为粉砂及黏土层。

台地多为微割切的 Q_1-Q_3 厚层红土侵蚀面，起伏和缓，坡度 1°～10°，海拔低于 200 m，比高差异较大，5～10 m、10～15 m、20～25 m、35～45 m、55～65 m、70～80 m 不等，15～20 m、40～50 m 两级明显。台地一般呈缓坡起伏而顶面齐平的地貌，全区分布较广，桂中、桂东、桂北、桂西及桂西南均有大片分布，尤以桂中、桂南为大，极目无尽，如十万大山以北、西江谷地的台地宽广，颇具特色。在各大山脉的山麓、河流两岸多有洪积和冲积台地。洪积台地是洪积物生成之后，在第四纪后期地壳上升而形成。一般大河谷多有两三级红土台（阶）地保存，比高分别为 10～20 m、25 m、30～40 m 等，在流水作用下常呈破碎的台地状。花岗岩台地在梧州附近可见，呈馒头状，顶部 1°～3°，斜坡约 5°～7°，风化壳深厚。台地上石蛋地貌也很发育。宜山、西江谷地和右江谷地可见砂页岩台地，呈平行垅状，其表面多经过侵蚀作用夷平，台地表面坡度 10°～15°。变质岩台地如博白、陆川南部一带，台地呈馒头状，比高 40～60 m，坡度 15°以下，风化壳很厚，且已红化。桂中一带分布有红土台地，呈和缓起伏状，冲沟及凹地发达。

丘陵高程在 250 m 以下，比高 50～250 m，多有 Q_1-Q_3 厚层红土覆盖；轻微割切，起伏中等，坡度 5°～25°；干谷、冲沟、凹地发育；因多有广大剥蚀面存在，所以齐顶丘陵不少；由古平原切割成的丘陵顶部还常保存有河成卵石层，在平原上的丘陵常呈凸起的残丘或条状。因岩性不同,各种丘陵又具不同特点。花岗岩丘陵以陆川、博白的九洲江谷地、岑溪、苍梧一带面积较大。在形态上多呈低缓的馒头状丘群,或呈弧丘状,突起于台地或平原之上。丘顶丘脊圆缓,石蛋及坡积很发育,红土层厚。在丘陵的边缘常有深切达 3~5 m 的冲沟发育。砂页岩丘陵在区内分布很广,如右江下游、西江中游两岸、南宁盆地及武鸣盆地边缘等地,相对高程 50~200 m,坡度 15°~30°,在右江下游,西江中游两岸多呈平行岭谷状。丘陵的周围多为宽广的台地或平原、广谷。变质岩丘陵主要分布在博白、陆川、北流等地,多呈大片出现,海拔较低,坡度和缓,但千枚岩、板岩、片岩多有明显的山脊线,坡度较大(25°~40°),有峡谷。

3)红岩地形

红色岩系地形即通常说的红层地貌。广西中生代至第三纪地壳活化,形成不少内陆断陷盆地和谷地。内陆盆地在炎热而干燥的气候条件下广泛堆积了河湖相沉积,以山间盆地相沉积为多,因此形成厚度很大的红色岩系,成为今天广大红层地貌的物质基础。白垩纪末,中部弧形山系已经形成。弧形山脉将红层盆地分作两个部分:西江谷地沉积区和柳江水系沉积区。在弧形构造山以南的红层厚度大,以北则小,说明南部盆地断裂下陷较深而北部较浅。为此将本区红层地貌分作两部分:一是桂东南地区红层盆地,多作北东向排列。在十万大山—大容山的西北,有明江河谷的宁明、海渊和上思,西江河谷的南宁、横县峦城,贵县—平南;在十万大山—大容山以南有钦江的钦州市—陆屋,南流江的合浦,东平—博白—新桥,以及北流江的容县、藤县一带。二是桂中和桂西北地区的红层盆地。它散布在东南流向的右江谷地的田阳、田东、隆安、白马—那龙—金鸡村,广西弧顶黎塘及西北翼的邹圩,武鸣的陆阳,东北翼来宾的正龙—大湾,永福—两江,宜山"山"字形构造弧顶的宜山及其东北翼柳城县的凤山和柳城等。红岩地形具有以下特点:形成的物质基础是红层,特别是从侏罗纪至第三纪的陆相红色岩系。它们堆积在拗陷或断陷盆地中,岩性强弱相间,富有垂直节理,不被别的覆盖物覆盖,受流水割切和散流侵蚀形成岗丘状地形。盆地轮廓在构造上和形状上基本保持一致,即呈盆地式的红层丘陵。本区红岩地形以台地、丘陵、山丘、中低山地和少数丹霞地形为其特征。红岩台地分布于白垩纪到第三纪的构造盆地中,如西江谷地、石龙、宾阳、八步等处。台地一般由平顶缓冲低丘和干谷两个地貌单元组成,多呈齐顶丘状外形,地面坡度 7°~10°,从丘顶到丘麓有红色风化壳存在,一般较薄,常有基岩出露。红岩丘陵一般较和缓,海拔 100~200 m,相对高 50~80 m,地面破碎,坡度 20°~30°,有的呈蚀余残丘,单面山形态,多有河流阶地。红岩山丘主要见于桂东南地区,如藤县纱帽岭、蟠龙岭、大合岭,作齐顶丘陵起伏状,山丘间常呈陡坡,倾角小,丘顶平坦,构成平台或单面山状,风化壳较薄。红岩低山高 500~800 m,相对高 300~500 m,分布于十万大山、宁明饭包岭、上思凤凰山,作东北西南向分布。红岩中山呈断块单斜状分布在十万大山,山坡坡度 35°~45°,有的呈多层或重叠单斜山,山脊呈猪背脊地貌。

丹霞地貌见于博白县沙河的石花山、藤县太平圩东面的观音坐莲、容县东面的都峤山等。

4)岩溶地形

岩溶地形在区内十分发育,类型丰富。从总体上看,自云贵高原至桂东南丘陵平原,岩溶地形由正向型为主转化为负向型为主，由强烈化割切的岩溶山地，转化为溶蚀堆积的岩溶平原，由海拔 1500 m 以上的高峰丛洼地变为低海拔宽阔平坦的孤峰平原。从发育程度上讲，可将本区岩溶地形分作以下几个类型：岩溶高原、峰丛洼地、峰林谷地和孤峰平原。

岩溶高原分布在桂西南靖西、德保、那坡、天等、大新一带，紧临云贵高原。整个区域海拔较高，北部多在 1000～1300 m，南部 600～800 m。地面多古老峰林，峰顶高程差异不显著，溶蚀洼地宽阔，有的呈宽阔的盆地状，具有高原特点，尤以德保一带明显，高原峰丛和峰林间有巨大的溶蚀谷地，如坡洪、五村、龙岗、驮央一带，峰林多呈分离状态，一列列的石山间常为槽状谷地，有的成为宽阔的盆地，如大新一带盆地。盆地底部地势平坦，有第四纪红土堆积，及由此形成的二级台地，靖西一带呈高峰丛石山槽谷状。石山多呈块状、条带状山体，基部较大，山顶呈一簇一簇的密集石峰，山体基座分离不明显，垭口至峰顶高差一般为 50～100 m，山峰相对高 300～350 m，石山坡度上下不一，上部坡度达 50°～60°，下部坡崩积物坡度为 30°～40°。峰丛石山间有洼地和槽谷，在断裂带或土山与石山接触带的谷地宽阔而平坦，常有地表河发育。当碳酸盐岩质地不纯或夹有砂页岩则形成岩溶中山，常呈半边石山、半边土山，即群众称的半土半石山。

峰丛洼地分布在桂西、桂西北靠近云南及贵州的边缘以及桂中弧形山脉西翼都阳山的东南段。此种地形分布区属于上升剧烈区，多为褶皱构造的轴部，如马山的里当、大化的贡川、都安、天峨、东兰、凤山、巴马、南丹、凌云、乐业、忻城等地。海拔较高，一般在 500 m 以上，石山高可达 1000 m 以上，比高 600 m 左右。石山峰呈密集丛状，基座相连，有的在山体高度的 1/2 以上。地表水缺乏，降雨多渗入地下，耕地几乎全为旱地，地下水深达几十米至 100 m 以上，基本无常流地表河，较大的过境河河谷呈峡谷状，如红水河菁盛至龙湾，大化至六也段。负地形发育，峰丛之间漏斗、落水洞、圆洼地、盲谷发达。圆洼地呈条状、碟状，叠置深陷在石山峰之间，有的呈串珠状排列或单独的封闭状。一般规模较小，洼地面积在 9% 以下，但沿断裂构造线或汇合处可发育成较大的盲谷、槽谷或小盆地。

峰林谷地分布在桂东北和桂西南一些主要河流的中上游地区，比如柳江中游、漓江、龙江中上游、红水河、左江和右江中下游。在行政区域上，如宜州、忻城、柳城、柳江、平果、罗城、桂林、富川、钟山、荔浦、恭城、崇左、龙州等地。在新构造运动中，这些地区属于中等上升的地区。在岩溶地貌发育阶段上处于峰丛洼地到孤峰平原之间。整个地势海拔不高，平地高程 300 m 左右，比高约 200 m。石山峰独立或基座相连甚少，一般小于山峰高的 1/2，总体看成树林状。峰林间有较广大的谷地，因石山围绕形成两侧陡立的槽状谷地。谷地规模形状不一，大者呈小盆地状，一般没有圆洼地。谷地中有台地、冲沟及漏陷地形，有的没有常流河而成干谷，大部分有地下河流出没，河流水位变化大，时有洪涝，水的垂直溶蚀作用仍较明显，冬夏水位差可达 30～100 m。

孤峰平原包括峰林平原（盆地）和残峰平原。峰林平原如桂东北的桂林—阳朔一带，桂西南的武鸣、平果、左江谷地。石山峰多呈孤峰状，少部分基座相连呈峰林状，峰顶呈锯齿状。峰林间平地宽广，其间有台地分布，常围绕石山峰林，平地海拔 100～200 m。

地表有较多的常流性河流。石山孤峰、石山残丘、溶蚀平原分布在武鸣盆地、左江沿岸、柳江下游、宾阳、黎塘、富川、钟山、贺州、玉林、横县、北流、贵港、平南一带。海拔较低，一般在 150 m 以下。地表河系发育，石山呈残留状态，为广大台地所包围，峰林分散，孤立分布在广大的已破碎的丘陵状台地面上，此种峰林地形是由古代峰林在宽谷地面遗留下来并继续发展的结果。石山峰形态有马鞍山、石峰、石柱等。峰脚有厚层崩积石块和坡积物被覆，平原中有落水洞、圆洼地。圆洼地有时因红土充填而形成水塘，水塘水位受季节的影响很大。在河岸平原上，残存的红土台地及峰林石山常为广大冲积层所围绕，石山峰就突兀于红土台地上。

岩溶地形虽然按发育阶段和形态从宏观上可分出以上几种，但它们无截然界线，常常交错分布，一种类型可在其他类型分布区存在，特别是后面几种类型。

5）滨海平原台地

在西起北仑河口，东至英罗港，北接十万大山南麓，南迄北部湾之滨的地域内，地面起伏不大，地势平坦，地形为台地平原，但有少量丘陵和残丘。大致说来，以犀牛脚为界，东西两侧其地形特征有异。东部地区以平原为主，地势平坦，略向南倾斜，海岸以侵蚀堆积的砂质夷平面为主，岸线平直，海成砂堤广泛发育；西部以多级剥蚀台地为主，海岸为微弱充填的曲折溺湾海岸。

区内平原由三部分组成。第一，以下更新统湛江组和中更新统北海组为主的洪积冲积扇平原，面积超过 700 km^2，自石康至南康逐渐向南倾斜，海拔为 30～45 m，向南至沿海一带降低为 8～15 m。第二，沿海入海河流形成的冲积三角洲平原。区内入海河流主要有南流江、钦江、茅岭江、防城河、大风江和白沙河等。在各河流两侧形成规模大小不一的冲积平原。南流江三角洲平原面积最大，陆上面积达 150 km^2。第三，海积平原。它与其他海积地形，如砂堤、砂嘴、潟湖、潮坪、溺谷湾等混然成一体。海积平原面积约 350 km^2，东部占 2/3，西部占 1/3，高程一般为 1.5～2.0 m，虽然有低于 1 m 的，但均为人工堤或滨海堤保护。

台地均为基岩剥蚀台地，可分三级。第一级台地见于江平、企沙、龙门、犀牛脚、铁山港一带，海拔小于 15 m，相对高 10～12 m。第二级台地在龙门、光坡、企沙、白龙半岛等地可见，海拔 20～25 m，相对高 10～20 m。第三级台地主要分布于防城港以东至钦州湾一带，金鼓江东西两侧和石康以东至铁山港东侧。台地海拔通常为 30～50 m，相对高 25～40 m。

此外，在犀牛脚乌雷岭—岭门岭一带有花岗岩残丘，外形圆滑，风化壳厚度大，在合浦以东，铁山港以北，茅尾海西北侧和西南侧及防城港、东兴、白龙半岛一带有海拔和相对高 100 m 以上的砂页岩丘陵。

1.2.3　植被

据初步统计，广西约有 1020 个植被类型（群系），从植被的构成来看，天然植被 722 个类型、人工植被 298 个类型。天然植被中，森林植被类型数占 63%，竹林 4%，灌丛 10%，草丛 6%，水生植被 17%；人工植被中，用材及浆纸林占 28%，经济果木林 20%，城市园林植被 29%，农作物植被 17%，人工沼泽和水生植被 6%。由上可见广西植被类型之丰富，为我国植被类型最丰富的省区(温远光等，2014)。根据《广西土壤》(广西土壤肥料工作站，1994)，本区植被可分为以下几种类型。

1）热带雨林性常绿阔叶林

东起大容山，沿此山南麓，过玉林市石南、宾阳县新圩、昆仑关，沿大明山西麓，经武鸣区灵马、平果县坡造，沿右江盆地北缘，经百色北面至边界一线之南为该种植被分布区（海岸地带另述）。本区具有热带雨林的某些特征，以大戟科、无患子科、楝科、椴树科、橄榄科、桑科、豆科和藤黄科植物为主。林内优势种不明显，板根茎花现象显著，附生、藤本植物繁多，大叶草本蕨类很发达，灌丛中桃金娘、肖婆麻、余甘子、大砂叶、黄牛木普遍可见，桂东南地区鹧鸪草广泛分布，石山上的原生林以蚬木、核果木、闭花木、肥牛树为主，灌丛以越南铁树、茶条木、越南枝实、苹婆、假鹰爪为主。

农田可一年三熟，热带性果树杧果、木菠萝、香蕉、番木瓜、菠萝普遍生长良好。典型的热带作物橡胶、咖啡、剑麻点状分布，大部分年份生长正常。冬种红薯，一般能越冬。

在本区由于雨量差异，植被由东至西略有变化。东部地区雨林性常绿阔叶林中以榄类、长叶山竹子为主，其中混生有见血封喉等热带成分；次生林由红锥、闽粤栲、华栲等组成。丘陵岗地以岗松、桃金娘、鹧鸪草等占优势。海拔 700～800 m 以上为山地常绿阔叶林，热带和亚热带性果树广泛分布。中部地区除具东部地区特点外，由于干热气候的影响，一些旱生性植物种类增加，如栎类、木棉、短翅黄杞、余甘子、扭黄茅、龙须草等。西部多为石山，植被部分为藤本刺灌类，在 600 m 以下地区增加了落叶成分，600 m 以上增加了温凉成分。

2）典型常绿阔叶林

这种类型分布在东起贺州市信都北部大桂山南麓，经昭平、蒙山北面，过鹿寨县雒容、柳江区洛满，沿龙江谷地北缘，然后过南丹、天峨，沿红水河北岸止于天峨县八腊一线以北。群落结构简单，优势种分层较明显，以壳斗科、茶科、金缕梅科和樟科植物为主，其中以壳斗科的栲属植物最多，樟科一般在中下层占优势。灌丛中以映山红、白棟、茅栗和南烛占优势。本区是广西杉木和毛竹的主要产区，石山上的植被为常绿，落叶阔叶混交林，以青冈栎、朴树、小栾树、化香、黄连木、圆叶乌桕占优势，灌丛中以小果蔷薇、龙须藤、红背娘、火把果和檵木为多。

农田中冬种作物生长良好，一年能种两造，不能种冬红薯，果树以典型亚热带果树柑橘类为主，热带性果树不能生长。

本区的三江、越城岭西缘、驾桥岭、大瑶山西麓一线以东地区是全区热量最少、冬季最冷、雨量最多、最湿润的地区，地带性的亚热带常绿阔叶林分布较广，特别是山谷中，以栲类、甜槠、白锥、马氏含笑、银荷木为主，稍南增加一些喜暖的种类，丘陵则以马尾松为主，竹林和杉木分布广，兴安一带石山有较多的柏树林，其他石山以青桐、黄连木、小栾树、榔榆、朴树为主。中部及西部地区增加了贵州高原成分，如刺梨、鸭脚板等。

3）具热带成分的常绿阔叶林

此种类型分布在热带雨林性常绿阔叶林和典型常绿阔叶林之间的桂中地区。植被具有南北过渡特点，越靠北就越近似北部的植被，越靠南就越与南部地带植被接近，南北交织，自然条件和农业利用复杂，组成森林的优势种为樟科的厚壳桂属、琼楠属、桢楠属及栲中的喜暖种如红锥，灌丛中可见桃金娘、岗松、余甘子等。人工林为中果油茶、千年桐、马尾松。西部的次生林有云南松和栎林，灌丛有榕类、胶樟、浆果栋、红背娘、蛇藤、华南皂荚等。热带性的果树荔枝、龙眼、香蕉、木瓜、番石榴只在南沿局部低海拔的地方生长，亚热带的柑橘类广泛分布。本区石山由于破坏严重，原生植被少见，多为藤本刺灌类，有小片落叶-常绿阔叶混交林，落叶成分增加。西部雨量较少，在海拔700 m 以下，南亚热带落叶栎林分布较少，南盘江河谷云南松和细叶云南松自然成片分布，表明偏干性的亚热带气候，尤其细叶云南松更适应干热的气候环境，700 m 以上多为中生性草被，石山为藤本刺灌类，其间混生有云南高原成分，如滇青和鼠刺等。

4）亚热带针叶林

本类型主要有马尾松林、细叶云南松林和杉木林。马尾松林有天然更新的和人工营造的。全区除西林、隆林、田林三县外，各地均有分布。多分布在土山区，最高海拔达1300 m，北部山地生长最好，桂中是生长较好的南界，桂南除山地生长的稍好外，丘陵地区的生长较差，个体发育表现早育早衰，高仅 3～4 m 即开花结实。细叶云南松林主要分布在南丹、凤山、百色一线以西的红水河上游和南盘江两岸，位于海拔 300～1600 m 的范围，砂页岩和石灰岩山地都有分布。杉木为中亚热带树种，多为人工营造，北部地区在海拔 500～1300 m 的土山区生长最好，龙胜、融水、融安、资源县面积最大。海拔1300 m 以上，气温低且风大，生长较差，南部丘陵台地大多生长不好，早熟开花。

5）灌丛

本类型在高海拔地区为灌丛，在低海拔地区是自然森林经人为反复破坏后次生演替系列中的一个阶段。群落组成类型较多，建群种有乔木幼树、灌木和各类草本植物，绝大多数属地带性的阳性种类，有的与前身森林有密切关系。由于人为干扰（放牧、打柴、烧山、铲草皮）程度不同，群落的再生和分化情况有别。人为干扰少的，已有乔木层、灌木层和草本层的分化；破坏严重的，比如反复火烧，甚至铲草皮，一年生禾本科草本植物占绝对优势，木本植物只有一些耐火性的。中生性草本难以生存，群落由耐干热、耐贫瘠的种类组成，但一旦停止掠夺式的利用，乔灌木上升，郁闭度增大，草本将退化。区内南北气候不同，各地土壤有异，本类型在群落类型和建群种等方面有较大差异。北部土山区灌草丛可达海拔 2000 m，常见树种有茅栗、白栎、檵木、映山红、盐肤木、木姜子、南烛、乌饭等；中部海拔 400 m 以下土山丘陵地区组成有桃金娘、余甘子、黄牛木、野牡丹、了哥王、牛耳枫、黑面叶等，东边还有岗松；500～800 m 以上山地以桃金娘、檵木、南烛、乌饭树、白栎为主；南部海拔 400 m 以下灌木组成有余甘子、黄牛树、大砂叶、黑面叶、牛耳枫等，东南常见岗松、山芝麻。石山灌草丛具刺的植物和藤本较多；北部石山海拔 1000 m 以下地区常见小果蔷薇、火棘、龙须藤、老虎刺、红背山麻杆、荆条、野花椒等；中部为红背山麻杆、灰毛浆果栋、龙须藤、倒吊笔、细叶榕、荆条等；干热的左江、右江、明江河谷余甘子特多；石山区主要有番石榴、粉苹婆、山海带、小叶山柿等；滨海地区有酒饼簕、变叶裸实—仙人掌、沟叶结缕草群落，打铁树、酒饼叶—纤毛鸭嘴草群落，厚皮树、变叶裸实—纤毛鸭嘴草群落，闭花木、黄牛木—铁芒萁群落、银合欢群落，桃金娘、黄牛木—纤毛鸭嘴草群落，岗松、桃金娘—铁芒萁、鹧鸪草群落，鸭脚木、水锦树—棕叶芦、五节芒群落等。

6）草丛

草丛是广西最大的次生植被类型，它可形成草原型草本植被。北部土山区山谷比较潮湿的地方以五节芒为主，坡地为芒、野古草、茅草、纤毛鸭嘴草、芒萁等，平坦丘地有雀稗、假俭草、白茅等，石山地有蕨类、扭黄茅、龙须草、荩草等；中部土山比较潮湿的地方五节芒常见，坡地上有茅草、刺芒野古草、芒萁；西部干热河谷以龙须草、扭黄茅占优势；东南部土山区以鹧鸪草、红裂稃草、纤毛鸭嘴草等为主；水湿条件好的以芒萁为主；水土流失严重的地方以鹧鸪草为主；西南部土山区有野香茅、刺芒野古草、纤毛鸭嘴草、扭黄茅、黄背草等；干燥瘦薄的地方有蜈蚣草、华三芒、刺芒野古草等；中部与南部石山地草丛组成差异不大，也以蕨类、五节芒、荩草等群丛为主；海岸带和海涂草本植物群落有纤毛鸭嘴草、白茅草群落，臭根子草—双穗拂草群落，鹧鸪草、蜈蚣草群落，鼠妇草群落。

7）山地植被

区内山地森林植被主要为山地常绿、落叶阔叶混交林和针阔混交林及山顶矮林。针阔混交林断续出现在常绿阔叶林和常绿落叶阔叶混交林中，呈不连续的带状分布。桂北地区 1200 m 以上组成中山常绿、落叶阔叶混交林与针阔混交林带，在桂中及桂南地区 1300 m 以上组成中山常绿阔叶林与针阔混交林带。

山地常绿、落叶阔叶混交林群落由落叶的种类和耐寒的常绿种类组成，比如壳斗科、杜鹃花科、金缕梅科、安息香科、灰木科、山茶科等，优势树种有缺萼枫香、多脉青冈、光叶水青冈、尾叶水锥栲、铁锥栲、色石栎、华栎、裂叶白辛树、银钟树、木莲、大果木五加、深山含笑、野漆、大八角、长柄木荷等。

山地针阔混交林分布在大明山、大瑶山、元宝山、大南山、天平山、猫儿山、真宝顶、海洋山、都庞岭 1500 m 以上的部位，阴坡普遍下界与山地常绿阔叶林相接，上界是山顶杜鹃矮林和杜鹃灌丛。群落组成中乔木针叶树有铁杉、冷杉、松、银杉、福建柏、罗汉松等，乔木阔叶树为壳斗科、山茶科、樟科、金缕梅科、灰木科、冬青科，灌木有箭竹、苦竹等。

山顶矮林是常绿落叶阔叶混交林在山顶风大的特殊环境下形成的一个生态变异型，枝干弯曲，布满苔藓，灌木层植物高 1～2 m，草本植被层植物在 1 m 以下，分布稀疏，藤本在数量和种类上都很少。

8）滨海植被

滨海地区包括潮滩、海滩和海岸带内地区。本区滨海植被热带特性更突出，所有科属种类绝大部分是热带的，最显著的科属种类有桑科、大戟科和番荔枝科，在东兴—防城港—钦州的潮湿丘陵谷地中还有以肉豆蔻科、龙脑香科为主的热带雨林乔木。本区植被属热带植物区海南植物地区，但含有滇桂边和其他地区成分。

潮间带的主要植物种类是红树林和茳芏。红树林是热带产物，主要分布在有一定淡水调节的河口海湾潮滩盐土上，其群落类型变化常受土壤质地、含盐量及海潮淹没深度的影响，从外滩到内滩红树林群落变化呈以下次序：白骨壤→秋茄→桐花→红海榄→木榄。内滩和外滩通常由单种组成纯群，中滩及内外侧往往出现混交过渡群落。在深水河口的溺谷地段，盐度更低，分布着桐花树、海漆—卤蕨群落，或桐花树、老鼠簕—铺地黍群落，再沿河上溯，则为适应淡水生境的水翁林。大面积分布、参与建群的种类有紫金牛科的桐花树，马鞭草科的白骨壤，大戟科的海漆，红树科的秋茄、木榄和红海榄，以及莎草科的茳芏和短叶茳芏。

海滩沙生植物分布在高潮线之上至岸线前沿的流动、半流动或固定的细砂或卵石粗砂上，很少受潮水影响，群落成带状分布。广西海滩沙生植物近 30 种，如鬖刺、老鼠簕、海红茹、绢毛飘拂草、沟叶结缕草、露兜簕、仙人掌等，其群落类型有鬖刺、单叶蔓荆、海红茹群落，绢毛飘拂草、麦穗茅根群落，沟叶结缕草、飘拂草、海红茹群落，以及露兜簕、仙人掌—沟叶结缕草群落。

海岸带内植被的分布较之其他地区略有差异，从北仑河口到英罗港岸，植被由偏湿性过渡为偏干性。在东端中国西部热带一些群系标志种颇为常见，如箭毒木和高山榕，而在西段和中段都未见。海岸带内的地带性典型植被为常绿季雨林。它是热带森林水平分布最北的类型，反映热带季风气候的特点。由于人为破坏严重，只见以箭毒木、高山榕、格木、紫荆木、红木、榄类为标志的片林。热带针叶林有南亚松林。它曾广布于本区海岸带海拔 100 m 以下的低丘台地，常见群落有南亚松—红车—九节酒饼叶群落，南亚松—越南叶下珠群落，南亚松—桃金娘—芒穗鸭嘴草群落。

1.2.4　成土母质

广西地层发育较全，自中元古界至第四系均有出露，尤以沉积类型繁多，而可溶性岩类更是无与伦比，且沉积建造和岩浆活动历经多次旋回，类型多样的母岩为造就广西丰富多样的土壤类型奠定了物质基础。据《广西土壤》（广西土壤肥料工作站，1994），广西主要成土母质简介如下。

（1）以花岗岩为主的酸性岩、中性岩以及性质相近的混合岩风化物

本类型自北部的九万山沿区境界至东北的越城岭，再从东北部的都庞岭南段起，沿东部至南部境界诸山脉，如海洋山（北端）、莲花山和萌渚岭南端、六万大山、十万大山、大容山大面积断续分布。此外，南宁盆地背部的昆仑关单独成片。境内以粗粒或中粒黑云母花岗岩为主，成岩时期则由北至南，由老到新。在桂东南六万大山西坡、灵山县天堂山一带为以混合花岗岩为主的混合岩。

该类岩石在湿热条件下易风化，其风化壳常厚达数米至数十米，由此形成的土壤，粗砂含量高，保水性差，透水性强，土壤侵蚀严重，冲沟侵蚀普遍发育。但由于富含云母、长石等含钾矿物，因此土壤中含钾较高。

（2）以玄武岩、辉绿岩为主的（超）基性岩风化物

全区的基性（超基性）岩出露面积较小，主要分布在桂北和桂西两个区，西部单独产出多，如隆林、巴马、都安、田东县的义圩、田阳县的玉凤、百色市的阳圩和那坡县西部六韶山中段等地区。岩体主要类型为变辉长辉绿岩型，纤闪岩—变辉长辉绿岩型和蛇纹岩—变闪角橄榄岩—纤闪岩型。九万大山、元宝山和龙胜、三江一带分布的基性、超基性岩含 CaO、Al_2O_3 较高，MgO 一般小于 30%，这表明基性程度的 Mg/Fe 小于 7，

常见有 Cu、Ni 等元素；田林—巴马一带的岩体 TiO_2 含量为 0.59%～6.22%，MgO 变化为 0.46%～24.56%，Mg/Fe 为 0.07～3.35。

由此发育的土壤颜色较暗，近似红褐色，土层深厚，一般大于 1 m；全钾含量较低；土壤颗粒组成中，砂粒较酸性岩发育的土壤低，而黏粒含量则较高，土壤质地较黏重。

（3）碳酸盐岩类风化物

碳酸盐岩主要有石灰岩和白云岩。此种母岩在广西分布广，面积大。比较集中分布的有以下几个片区：桂西南片，包括靖西、德保、大新、天等、隆安、龙州、凭祥、宁明、崇左、扶绥等市、县（自治县）；桂中、桂北片，包括凌云、乐业、天峨、南丹、东兰、巴马、凤山、都安、大化、马山、上林、宾阳、来宾、武宣、象州、忻城、宜山、河池、环江、罗城、融水、柳城、柳江、柳州、鹿寨等市、县（自治县）；武鸣片；桂东北片，包括全州、兴安、桂林、阳朔、临桂、恭城、平乐、富川、钟山、贺州等市、县（自治县）；其他地区则零星分布。碳酸盐岩类型主要有以下几种：石灰岩、含燧石结核及条带的灰岩、白云岩、白云质灰岩。其中以前两种分布最广，此外还有泥灰岩等。

（4）硅质岩及燧石岩风化物

硅质岩在广西广泛出露，二叠系以前各地层均有出露，尤以二叠系居多。硅质岩有单独产出，也有以燧石形式伴随碳酸盐岩产出或与其他碎屑岩类产出。硅质岩的建岩矿物为玉髓或蛋白石或自生石英。岩石结构紧密，坚硬而性脆。化学成分单纯，以硅为主，且稳定性极强，不易化学风化。由其风化物形成的土壤颜色很浅，多为灰白色或白色，土体中含有较多的母岩碎块，所以砾石含量高，质地为粉砂土，土壤中铁、铝、钾等元素含量异常低，而硅含量特别高，所以无论土体或黏粒的硅铝率或硅铁铝率均超出同地区其他土壤数倍至数十倍。

（5）泥质岩和碎屑岩风化物

主要包括非红色岩系的各种泥岩、页岩、砂岩、砾岩及其性质相近的板岩、片岩、千枚岩、石英岩等岩类的风化物，分布广，其中桂西北、桂东南，连绵数百公里。桂西多为三叠系；桂北九万大山及桂东南大桂山岩层古老，为寒武系；桂西南四方岭、十万大山为侏罗系。广西境内泥质岩和碎屑岩厚度不大，且多互层，常常共同影响土壤的性质。一般说来，由泥质岩风化物发育形成的土壤，质地黏重，全钾含量较高；而碎屑岩风化物发育的土壤质地较轻，营养元素含量较低；由二者共同形成的土壤，其性质介于二者之间。值得指出的是，分布于百色盆地、南宁盆地、上思—宁明盆地的下第三系泥岩，为河湖相沉积，沉积物有的具石灰反应；由此类母质发育的土壤，黏粒含量很高，胀缩性很大，称为变性土。

（6）紫红色岩类风化物

包括从泥盆、侏罗纪至第三纪紫色砂岩和紫色页岩、砾岩，主要分布在侏罗纪弧形山脉内外的断陷带内，如位于弧形山脉内陷地的宾阳、来宾、石龙一带和外围的永淳、横县、贵港、桂平、藤县、南宁，沿西江盆地连成一片，与广东南路一带红色岩相连，西部延至十万大山。

（7）第四纪红土和冰水沉积母质

广西晚更新世(Q_3)以前的第四纪陆相流水沉积物多已红化，广泛分布于区内河流的

二、三级阶地、岩溶平原地区及西部山地，少数古老剥夷面上也有残存红土。一般将 Q_3 以前的红土称作老红土或网纹红土，Q_3 时期的为新红土。老红土铁质结核满布，且成层分布，时有结成铁磐、蠕虫状的红白网纹层发育。

浔江及柳州、百色、南宁盆地多为第三、第四级阶地。第四级阶地被剥蚀厉害，二元结构不完整，只剩下卵石层；第三级阶地，二元结构较完整，常有数米厚的砾石层，其成分因地而异。在砾石层之上，有 4～8 m 厚的红色黏土层，红色、棕红色、蠕虫状网状构造特别明显。新红土在主要河流谷地或中期发育的岩溶地形区，或在红土破坏后的谷地中，均有分布，集中分布在富贺钟地区、兴安大榕江、南宁及百色盆地、柳江、浔江及南流江谷地。地貌上为第二级阶地或剥蚀坡面，高于当地河水面 20～40 m，海拔 100～150 m，黏土层很厚，常达数米以上。据 ^{14}C 测定，沉积物距今有 23600～37600 年，网纹不太发育，铁锰结核不存在或很少，或硬度低。

广西中部及北部第四纪曾发生两次或三次山地冰川，在都阳山（南丹地区）、九万大山、越城岭、都庞岭、驾桥岭、大瑶山、大明山的山麓有冰碛物存在，堆积状况与洪积物相似，且大多为后期洪积物所覆盖。堆积物中砾石多为耐风化的坚硬岩石，如石英岩类，磨圆度较高。土质物多红化，其颜色有的为锈黄色带有白色虫状斑带，有的为砖红色，有的为黄色泥砾，因此有人称为古洪积物，从发育程度与矿物元素组成看，均与第四纪红土类似。冰碛物多发育成地带性土壤，土壤中多砾石。

（8）河流冲积物、洪积物

本类母质均为全新世沉积，还包括散流堆积崩积、沼泽性堆积等。在全区各大小河流谷地广泛分布着河流堆积物，如浔江等较大河流两岸形成宽数公里至数十公里的冲积平原。该种堆积物可分一级河流阶地堆积物、近代河床和河漫滩堆积物。阶地上的二元结构完整，上部为悬浮质堆积的砂土、黏土层或沼泽性的泥炭层，厚度变化大，从几米到几十米。因此下部砾石层多不出露，其颜色多为棕色、灰黄色，无明显红土化，常有富钙的层次存在，时有石灰质或锰质结核，一般不接受新的沉积物覆盖。沼泽性堆积物常分布于河岸平原或山地干谷岩溶洼地中。洪积物则见于山前冲出锥、山间谷地，尤以硅质岩地区更为常见。在盆地边沿山地及中部弧形山地的小河谷中，洪积物常同河积物共存，以混积物的形式存在。岩溶峰丛洼地地区，由于地下河水位的季节性变化，在雨季，地下水位升高，地下河流溢出地表，淹没洼地，随着地下河水位降低，常有地下河悬浮物质堆积。这种堆积物质地差异很小，无明显的沉积层理，且厚度较小，多与石山坡积物形成混积物。在峰林谷地，由地下河转地表后的季节性河流形成的堆积物质地差异较大，虽有一定沉积层理，但更具瀑流堆积物的特征。

（9）海积母质

此类母质只分布在合浦县、北海市、钦州市和防城港一带的海滨和岛屿。海积母质包括近海（海滩）沉积和潮间带沉积。近海沉积大部为全新世沉积，部分为更新世沉积。它广泛分布于沿岸海积平原和三角洲平原。沉积年代小于一万年。沉积物有砾质、灰白色或黄色砂质及贝壳、珊瑚等，平原古河谷内冰后期海进初期有黄色砂砾质沉积。近海沉积物中轻矿物主要是石英，占 70%～95%，其次为长石，石英与长石之比为 2.94～23.73。在合浦至防城港、东兴一带高于高潮线 3～6 m，涠洲岛的北港及横岭一带由珊瑚贝壳碎屑及石英砂经钙质胶结成高 6～11 m、宽 200～400 m、厚 50～l0 m 的海滩岩。

潮滩沉积包括潟湖沉积和部分三角洲沉积，均属全新统沉积。有机质含量高，平均为 4.91%，最高达 9.81%，最低为 2.23%；颜色为灰黑色；目前深受海水影响，含有较高的可溶盐类。物质组成及颗粒分布差异很大。后缘为平原的潮滩，泥质含量高，而为基岩的质地较粗，常含砾石；自低潮线至高潮线植物碎屑和片状矿物的含量明显增高，重矿物、长石、岩屑含量逐渐降低，石英含量略有增加，在淡水来源少的地方生长红树林。

1.2.5　人类活动对土壤的影响

土壤的形成、发育和演变，除受自然环境因素制约外，还受人类活动的影响。人类活动一方面通过改变地表生物状况、微地形、灌溉条件等从而对土壤形成、发育和演变产生影响，另一方面直接通过耕作、施肥及灌溉等对土壤性质产生影响。人类对土壤的影响是在对土壤进行利用的过程中实现的，影响程度十分强烈。当人们认识了解土壤发生发展规律，有意识地、有目的地合理利用土壤，采取土壤改良和定向培育措施时，便会使土壤朝着肥力提高的方向演变，加快土壤的发育和熟化过程；当人们无视土壤发育规律，掠夺式利用土壤时，便会使土壤以很快的速度退化，如水土流失、石漠化、土壤污染、酸化等，可以在很短的时间内将成千上万年形成的土壤毁于一旦。

人类对土壤的开发和干预是与农业的发展息息相关的。广西农业土壤的起源可追溯到距今 8000～10000 年的新石器时代，当时的开发经营是原始的、小规模的、不稳定的撂荒耕作制；到战国后期已从迁徙农业过渡到定居农业，农业土壤处于比较稳定的阶段；秦朝"灵渠"的开凿表明已由雨耕农业进入灌溉农业；汉代则过渡到土地连种和复种制；唐代还开凿了"相思埭"和"谭蓬"两条人工运河供农业灌溉；明清两代对土地开发实行鼓励。

（1）耕作培肥，加快熟化

自然土壤垦殖后，其肥力无法满足高强度的农业生产需求，为了获得更高的产量，人类便通过施肥、灌溉、施石灰或石膏、合理耕作和轮作、秸秆还田、修筑梯田等各种技术措施有目的地进行土壤改良，引起成土过程发生变化，定向地强化土壤熟化。土壤熟化过程分为旱耕熟化过程和水耕熟化过程。

水耕人为土（水稻土）是我国南方非常重要的土壤资源之一，是长时间进行淹水种稻、水耕熟化而形成的一种耕作土壤类型。为了扩大水稻种植，人们必须改造地形，平整土地，增加灌溉排水设施，发展水利事业。明清时期，仅桂东北和东南部 26 个州县就有陂塘 234 座，灌溉面积 2.46 万 hm^2，民国时期兴建了广西第一座钢筋混凝土结构的水坝，至 1949 年广西全境耕地有效灌溉面积 26.707 万 hm^2，旱涝保收面积 19.513 万 hm^2。广西的水利建设在 20 世纪 50 年代掀起了两次建设高潮，以后逐年兴建。20 世纪 70 年代后期又出现水利建设的新高潮，到 1978 年底，全区有效灌溉面积达 163.412 万 hm^2，其中旱涝保收面积达 135.605 万 hm^2，但 20 世纪 80 年代以来由于工程老化失修严重，灌溉面积下降(苏为典等，1996)。21 世纪以来，新一轮大规模水利建设兴起，至 2013 年底，广西耕地有效灌溉面积达到 164 万 hm^2，占全区耕地总面积的 39%。全区耕地中，水田约占 1/3，实现有效灌溉面积已达九成以上；旱坡地约占 2/3，实现有效灌溉面积刚超过一成。由于灌溉条件的改善，水田由原来大部分只种一季中稻发展为早、晚双季稻。一季稻面积 1949 年占 60%左右，1975 年只占 4.3%，双季稻则由 40%左右提高到 95.7%。至 2016 年，广西耕地面积为 439.51 万 hm^2，占广西土地总面积的 18.5%，其中水田 195.3 万 hm^2，占耕地面积的 44.4%。广西水田面积除与人口和社会经济发展有关外，与水利事业的发展程度息息相关，20 世纪 80 年代由于水利工程老化，水田面积出现明显下降(高崇辉等，2011)。

水耕熟化过程是水耕人为土（水稻土）形成的基本过程。为了水稻生长的生理需要，进行土地整治，改变地形条件，搞排洪工程并严格水浆管理，调节土壤水分，使其保持良好的氧化-还原状态。比如对丘陵红壤修筑梯田，然后施石灰、肥料等，使侵蚀减弱、酸度降低、盐基饱和度升高，由此伴随着复盐基过程，有机质和氮素增加，磷的有效性提高；滨海盐土，则整修排洪系统，淡水洗盐，脱盐过程迅速进行，土壤中可溶盐含量降低到 0.1%以下，肥力提高；在地下水位高、高度潜育化的土壤上开沟、垫土或起垄栽培，降低地下水位，改变潜育状况，产生脱潜过程。在水稻栽培中，不断完善水浆管理，加强耕作，杀虫除草，施用肥料和其他措施，使肥力不断发展。在人为影响下，水耕人为土（水稻土）在形成过程中，物质运动形式不同于起源土壤，硅在水稻土表土层中相对富集，而铁则有相反的变化趋势。铝与铁相似，但其变幅较小，使水耕人为土（水稻土）形成过程中表现出离铁富硅这一特征。

由上可知，水耕熟化过程，在具有相对稳定的水热条件，农作物种类少，轮作方式简单的条件下，土壤处于氧化-还原交替状态下的复盐基过程，淋洗、淋溶和淀积过程，有机质积累和磷素有效化过程等的复合。

在旱耕条件下，土壤的生物归还量大大低于地带性植被下的自然土壤，有机质含量会明显低于有植被覆盖的自然土壤，且每收获一季作物都要从土壤中带走大量的营养物质。为了继续获得较高产量，人们通过施用大量腐熟或半腐熟的堆肥、厩肥、生活垃圾以及化学肥料以补充生物归还量的不足，改变土壤物质平衡状况，为旱耕熟化过程奠定物质基础。

旱耕熟化过程在土壤性状上表现为 pH 升高，盐基饱和度上升，有明显的复盐基作用，土壤养分富化，表土层加厚，犁底层形成，结构团粒化，耕作层（表土层）容重变小等。由于黏粒和养分下移，因而它们的垂直分异变小，有利于作物根系生长。菜园土是旱耕熟化过程成土的典型，由于管理精细、施肥量大，菜园土具有明显的肥熟表层，有机质有的高达 4%以上，一般为 2%，深度 20～25 cm，适种性广。因此旱耕熟化土壤的性质和人类对土壤的管理水平有极大关系。

绿肥是农业生产过程中培肥土壤的重要措施，广西有着悠久的绿肥种植史，近代有过 2 次发展高峰，第 1 次发展高峰是 1964～1974 年，这期间全广西冬种绿肥面积达到 48.4 万 hm^2/a，其中 1972 年种植面积最高，种植达到 67.2 万 hm^2。第 2 次发展高峰期是 1989～1996 年，全广西种植绿肥都在 46.7 万 hm^2/a 以上，年均 50.7 万 hm^2，其中 1991 年种植面积为 66.9 万 hm^2，基本恢复到历史最高水平。20 世纪 90 年代，随着化肥用量的增加，绿肥种植面积不断萎缩，到 2012 年跌至不足 13.3 万 hm^2。随着大量使用化肥给土壤造成的负面影响越来越明显，近年来广西绿肥又得到恢复性生产，其种植模式也更加多样化，包括轮作、间套作、肥粮兼用型生产、肥饲兼用型绿肥牧草生产、果园绿肥种植、茶园绿肥种植等多种模式(李忠义等，2015)。研究表明，多年种植绿肥，不但能够提高土壤有机质，降低土壤容重，而且土壤全氮、全磷、碱解氮、有效磷和速效钾也明显增加，在坡地果园种植绿肥还可以有效减少水土流失，保护耕层土壤，并提高土壤肥力。

修建梯田和土地整理是通过工程的方式改变地面微地形和水文状况，从而对成土过程产生极大影响的人类活动。如广西龙胜县的龙脊梯田始建于元朝，完工于清朝，建造在坡度为25°～35°之间的坡面上。在如此大的坡面上一般认为是不宜开垦耕种的，而应该以保护植被为主，但当地少数民族通过修建梯田，使水土流失得到很好的控制，梯田历经近700年保存完好，这对其他山地资源的开发利用提供了很好的借鉴。坡改梯工程是广西石山、山地、丘陵等区域坡耕地控制水土流失，防止土壤退化的最有效措施之一，再结合培肥改土技术，可以达到保土、保水和保肥的效果。

农用地整治工程也是近20年来增加耕地面积、改善耕地条件、提高土壤肥力、建设高标准农田的重要举措。1999年至2004年，广西立项土地开发整理项目183项，项目总规模达4.07万 hm²，新增耕地面积1.78万 hm²(其中水田2513 hm²，旱地15322.9 hm²)，2011～2015年期间，实施项目总规模59.59万 hm²，新增耕地1.58万 hm²，建成高标准农田50.13万 hm²。土地整理不仅增加耕地，而且通过对田、水、林、路的综合整治，土地利用条件得到极大改善，特别是土地平整后，配套的灌排水渠和道路使农民对农田的管理更加方便，土壤熟化的速度加快，但是土地整理过程中会造成原来的土壤剖面结构严重扰乱，新的耕作土壤剖面结构需要重新培育。

（2）不合理利用导致土壤退化

人类不合理的开发利用活动极易导致土壤退化，如过度垦殖、过度放牧、重用轻管及不合理施肥、矿山开采、污水灌溉、污染空气导致的大气沉降等均会造成土壤退化，具体表现在土层变薄、黏粒减少、土壤酸化、有机质和养分含量下降、阳离子交换量下降、容重增加、生物毒性物质积累等方面。

在不适宜于开发利用的陡坡丘陵和石质山区，开垦种植、过度樵采和过度放牧，加之快速发展的小矿山、修路等工程等，使得原本脆弱的岩溶生态不堪重负，导致石漠化演变速度增快。据统计，广西1999年石漠化土地面积272.95万 hm²，其中轻度石漠化89.12万 hm²，中度115.04万 hm²，重度68.78万 hm²(安国英等，2016)。至2011年广西石漠化土地面积192.6万 hm²，其中轻度石漠化27.5万 hm²，占14.3%；中度56.7万 hm²，占29.4%；重度99.9万 hm²，占51.8%；极重度8.6万 hm²，占4.5%。潜在石漠化土地面积229.3万 hm²。

与第二次土壤普查结果相比，红壤果园种植20年后，土壤普遍酸化，柑橘、荔枝、龙眼和杧果4种果园土壤 pH 分别下降了0.95、0.70、0.89和0.64个单位；有机质减少，其中杧果园和柑橘园下降较多，降幅分别达50.63%和22.45%；有效阳离子交换量(ECEC)下降，柑橘园下降43.64%，而杧果园和龙眼园也有30.77%和27.27%的降幅；容重增加，比第二次土壤普查时增加14%～39%。受施肥投入影响，N、P、K养分在重视管理的柑橘、荔枝和龙眼园有增加的趋势，而疏于管理的杧果园在全N、速效P、速效K方面则有较大的下降(江泽普等, 2003)。

　　采矿、金属冶炼活动导致的土壤重金属污染也是局部地区土壤退化的原因之一。2001年广西大环江上游的铅锌硫铁矿山的尾砂坝坍塌, 洪水携带富含黄铁矿的铅锌矿渣淹没农田, 致使土壤严重酸化, 导致沿江大面积农田寸草不生(翟丽梅等, 2008)。

　　土壤既是农业生产的基础, 也是陆地生态系统的重要组成部分, 是维持生态环境稳定的重要环节。由于土壤形成的速度远远低于人类影响下的退化速度, 因此, 人类在开发利用土壤资源时应该遵循自然规律, 掌握土壤发育演变规律, 在深刻认识土壤的基础上, 合理地利用土壤资源, 保护和改良土壤, 使土壤能够持续发挥其植物生产和生态服务功能。

第 2 章　成土过程与主要土层

2.1　成　土　过　程

2.1.1　脱硅富铁铝化过程

脱硅富铁铝化过程是指在湿热的生物气候条件下，由于矿物的风化形成弱碱性环境，可溶性盐、碱金属和碱土金属盐基及硅酸的大量流失，而造成铁铝在土体内相对富集的过程（龚子同等，2007）。

广西壮族自治区地处我国中亚热带、南亚热带季风气候区，气候温暖湿润，在高温多雨、湿热同季的气候条件下，岩石矿物风化和盐基离子淋溶强烈，原生矿物强烈风化，基性岩类矿物和硅酸盐物质彻底分解，形成了以高岭石和游离铁氧化物为主的次生黏土矿物，盐基和硅酸盐物质被溶解而遭受强烈的淋失，而铁铝氧化物相对富集。在强烈淋溶作用下，表土层因盐基淋失而呈酸性时，铁铝氧化物受到溶解而具有流动性，由于表土层下部盐基含量相对高而使酸度有所降低，下淋的铁铝氢氧化物达到一定深度而发生凝聚沉淀；当干旱季节来临，铁铝氢氧化物随毛管水上升到地表，在炎热干燥条件下失去水分而形成难溶性的 Fe_2O_3 和 Al_2O_3，在长期反复干湿季节交替作用下，土体上层铁铝氧化物愈积愈多，形成大小和形状不同的铁锰结核。在海拔 800 m 以上的山地，气温低，湿度大，多云雾天气，土体经常处于湿润状态，土体中赤铁矿水化为针铁矿，使土壤呈黄色、棕黄色、蜡黄色。黄化作用随海拔升高而加强，因而黄色的色调亦随海拔升高而加深。土壤脱硅富铝化过程从桂北向南部强度增加，在南部区域形成了富铁土和铁铝土。

2.1.2　有机质积累过程

有机质积累过程是在木本或草本植被下有机质在土体上部积累的过程。在高温多雨、湿热同季的热带、亚热带气候条件下，一方面岩石、母质强烈地进行着盐基和硅酸盐淋失和铁铝富集的过程，母质的不断风化使养分元素不断释放为各种植物生长提供了丰富的物质基础，因此，植物种类繁多，生长迅速，在强烈光合作用下合成大量有机物质，生物量大，每年形成大量的凋落物参与土壤生物循环，促进了土壤中有机质的积累。林下地表凋落物中微生物和土壤动物丰富，特别是对植物残体起着分解作用的土壤微生物数量巨大，种类多样和数量巨大的微生物群加速了凋落物的矿化、灰分富集和植物吸收，土壤的生物物质循环和富集作用十分强烈。通常在自然植被茂盛区域，土壤有机质含量是比较高的，但随着农业开垦利用，土壤有机质发生很大变化，如合理耕作和施肥，土壤肥力会不断提高；如不合理耕作和施肥，土壤有机质迅速分解，土壤肥力迅速降低。经历植物残体的分解和土壤有机质的积累，在土壤表层可形成暗沃表层、暗瘠表层和淡薄表层。

2.1.3　黏化过程

黏化过程是指原生硅铝酸盐不断变质而形成次生硅铝酸盐，由此产生的黏粒积聚的过程。黏化过程可进一步分为残积黏化、淀积黏化和残积-淀积黏化三种。

残积黏化指就地黏化，为土壤形成中的普遍现象之一。残积黏化主要特点是：土壤颗粒只表现为由粗变细，不涉及黏土物质的移动或淋失；化学组成中除 CaO、Na$_2$O 稍有移动外，其他活动性小的元素皆有不同程度积累；黏化层无光性定向黏粒出现。

淀积黏化是指新形成的黏粒发生淋溶和淀积。这种作用均发生在碳酸盐从土层上部淋失、土壤呈中性或微酸性反应时，新形成的黏粒失去了与钙相固结的能力，发生淋溶并在底层淀积，形成黏化层。土体化学组成沿剖面不一致，淀积层中铁铝氧化物显著增加，但胶体组成无明显变化，黏土矿物尚未遭分解或破坏，仍处于开始脱钾阶段。淀积黏化层出现明显的光性定向黏粒，淀积黏化仅限于黏粒的机械移动。

残积-淀积黏化系残积和淀积黏化的综合表现形式。在实际工作中很难将上述三种黏化过程截然分开，常是几种黏化作用相伴在一起。

广西土壤在原生矿物分解和次生黏粒矿物形成过程中，黏粒发生了淋溶和淀积，在土体中产生了黏粒胶膜和黏粒的富集，形成黏化层。

2.1.4　潜育化过程

土壤长期渍水，受到有机质嫌气分解，而使铁锰强烈还原，形成灰蓝-青灰色土体的过程，是潜育土纲主要成土过程。当土壤处于常年淹水时，土壤中水、气比例失调，几乎完全处于闭气状态，土壤氧化还原电位低，Eh 一般都在 250 mV 以下，因而，发生潜育化过程，形成潜育层。潜育层中氧化还原电位低，还原性物质富集，铁锰以离子或络合物状态淋失，产生还原淋溶。广西土壤潜育化过程发生在境内山区、丘陵谷底排水不畅区域、地下水位浅的河流沿岸以及季节性受到海水浸渍的沿海滩涂和红树林地带，是潜育土、盐成土和部分水耕人为土的主要形成过程。

2.1.5　脱钙过程和复钙过程

土壤或风化物中碳酸钙或钙离子由于淋洗等作用而流失的过程，称为脱钙过程。在广西碳酸盐岩分布区域大，石灰岩母质发育形成的土壤的基本成土过程是脱钙过程，由于降雨量大，碳酸钙在 CO$_2$ 和水的作用下形成碳酸氢钙不断淋失。从大区域看，正地形地区以脱钙过程为主；从岩溶发育阶段来说，幼年期为脱钙地区。经历不同强度的脱钙作用，可形成雏形土、淋溶土和富铁土。

广西碳酸盐岩地区地表水和地下水含有大量钙、镁离子，由于富含钙镁水的影响，特别是在特定的水文地质条件下，如以水平溶蚀为主的地区，河谷阶地广泛发生富（复）钙作用，碳酸钙等在土体中聚集，土壤盐基饱和度增加，pH 升高。从大区域看，负地形地区则以复钙为主；从岩溶发育阶段来说，中年期为脱钙和复钙同时进行的地区，老年期主要是复钙地区。经历复钙作用，广西形成了富盐基和具有石灰性的土壤类型。

2.1.6　盐积过程和脱盐过程

在广西钦州、北海、防城港等滨海地区，部分土壤具有盐积过程，积累的盐分主要来自海水。河流及地表径流入海泥砂或由风浪掀起的浅海沉积物，在潮汐和海流的作用下，在潮间带絮凝、沉积，使滩面不断淤高以致露出海面后发育形成盐成土。土壤与地下水中积存盐分，同时由于潮汐而导致海水入侵，亦可不断补给土壤水与地下水盐分，在蒸发作用下引起地下水矿化度增高和土壤表层积盐，形成滨海地区盐成土。因土壤盐分来自海水浸渍，土壤与海水盐分组成完全一致，均以Cl^-、Na^+占优势，盐分主要为$NaCl$。

在广西滨海地区，盐成土围垦种植之后，减少或阻止了海水入侵，并通过引淡水灌溉洗盐，土壤在脱潜育化的同时，表层土壤中可溶性盐分迁移到下层或排出土体，即脱盐过程。随着耕作时间的增长，土壤脱盐作用明显，土壤盐分含量迅速降低，形成非盐渍化土壤类型。

2.1.7　硫积过程

广西钦州、北海、防城港等沿海岸生长有特殊的红树植被，如木榄、角果木、秋茄、白骨壤、桐花树、海漆、老鼠簕等。红树植物的生长过程中，选择吸收海水与海涂中含量较高的硫素，而使体内富含硫。红树植物每年有大量的枯枝落叶残体归还土壤，加之植株的阻浪促淤作用，红树残体逐步被埋藏于土体中，形成红树残体层。该层在嫌气条件下，硫酸盐还原成硫化氢，并与土壤中铁化合物生成黄铁矿(FeS_2)。含硫化合物排水氧化后，在土体裂隙表面形成黄色的黄钾铁矾($KFe_3(SO_4)_2(OH)_6$)斑块，土壤中水溶性硫酸盐含量高，酸性强，土壤中形成具有发生诊断意义的硫化物物质特性。因硫积过程而形成的硫化物物质特性存在于滨海地区个别水耕人为土、潜育土或盐成土中。

2.1.8　人为土壤过程

人为土壤过程是指在人为干预下，土壤兼受自然因素和人为因素的综合影响而进行的以人为因素为主导的土壤发育过程。人为土壤过程是人为土纲的主要成土过程。广西具有丰富的光、热、水资源，为农业生产提供了良好的条件。在长期耕种过程中，由于人工搬运、耕作、施肥、灌溉等活动，原有土壤形成过程被加速或被阻止甚至逆转，形成了独特的有别于同一地带或地区其他土壤的新类型。原有土壤仅作为母土或埋藏土壤存在，其形态和性质有了重大改变。在耕作条件下，人为土壤过程可分为水耕人为过程和旱耕人为过程两种（龚子同等，2007）。

（1）水耕人为过程

水耕人为过程是指在频繁淹水耕作和施肥条件下形成水耕表层（包括耕作层和犁底层）和水耕氧化还原层的土壤形成过程。一般说来，水耕熟化过程包括氧化还原过程、有机质的合成与分解、复盐基和盐基淋溶以及黏粒的积聚和淋失等一系列矛盾统一过程，它们是互相联系、互为条件、互相制约和不可分割的。

在淹水条件下有利于有机质的积累，排水促进有机质的矿化。从土壤有机质的质量来看，水耕人为土比自然土壤有明显的提高。水耕条件下，灌溉水由耕层向下渗透，发生了一系列的淋溶作用，包括机械淋溶、溶解淋溶、还原淋溶、络合淋溶和铁解淋溶。

水耕机械淋溶是指土体内的硅酸盐黏粒分散于水所形成的悬粒迁移。这种悬粒迁移在灌溉水作用下可以得到充分的发展。水中的黏粒、细粉砂粒在重力作用下，一方面沿土壤孔隙作垂直运动，从而造成水耕土黏粒的下移，加之耕作过程中犁壁的挤压以及农机具和人畜的践踏碾压，形成了一层比旱作土更加明显的犁底层。另一方面这些物质又作表面的移动，稻田的灌溉不当会引起田面黏粒的大量淋失，这种情况在山区尤为严重，甚至可造成上部土层黏粒的"贫瘠"、"粉砂化"或"砂化"。

水耕溶解淋溶是指土体内物质形成真溶液而随土壤渗漏水迁移的作用，被迁移的主要是 Na^+、K^+、Ca^{2+}、Mg^{2+}等阳离子和 Cl^-、SO_4^{2-}、NO_3^-等阴离子。

水耕还原淋溶是指土壤中变价元素在还原条件下，溶解度或活动性增加而发生淋溶。由于季节性灌水，造成土壤干湿交替的环境，土壤中氧化还原过程加剧，土壤中出现铁、锰的还原淋溶和氧化淀积过程。在土壤剖面中出现锈纹、锈斑、铁锰结核等新生体，并可形成明显的铁渗层和铁聚层等。

水耕络（螯）合淋溶是指土体内金属离子以络（螯）合物形态进行的迁移。从铁、锰淋溶看，与还原淋溶作用的主要区别是，络（螯）合淋溶不改变铁、锰离子的价态，但却可因某些有机配位基具有极强的与铁、锰离子的络合能力而使之从土壤固相转入液相。对已还原的铁、锰来说，由于络合物的形成而增加了其溶液中的浓度，所以络合作用有助于铁、锰的淋溶作用。

水耕铁解淋溶（铁解作用）是土壤中在还原条件下形成的交换性亚铁，在排水后又解吸，而交换位又被氢所占，氢又进而转化为交换性铝的过程。这一过程导致土壤变酸，黏土矿物破坏，引起铝的移动。

上述五种作用在水耕土形成中都有各自的贡献，但又很难区分，一个元素的迁移常涉及几个过程的共同作用，灌水加强了机械淋溶作用，络合作用则是叠加于还原作用之上，铁解作用则指出了还原作用之后引起的变化。总之以上的各种作用都是与淹水耕作相联系，统称为水耕淋溶作用。

犁底层的形成是长期水耕人为过程的结果，具有发生学重要意义。在水耕条件下，有大量水分向底土层下渗，特别是耙田、中耕对土壤颗粒产生的扰动分选作用，促使黏粒、砂粒，甚至小土块随水向下移动，填补下面土层的土壤孔隙，土壤质地也有所变化。犁底层的形成，对于调节土壤水分渗漏速度，以水调气、以气调温、调肥，协调土壤水、肥、气、热等肥力因素，从而调节土壤供肥性能，适应水稻正常生长的作用是很重要的。不同母质发育土壤盐基离子状况差异很大，在水耕熟化过程中，经过盐基淋溶或复盐基作用，土壤交换性盐基总量和盐基饱和度会发生明显变化。

（2）旱耕人为过程

自然土壤在旱耕种植条件下，在长期的人为耕作、灌溉、施肥等过程中，逐步形成与原有形态和形状不同的旱作土壤，称为旱耕人为过程。旱耕熟化过程在土壤性状上通常表现为耕作层厚度增加，土壤结构团粒化，土壤养分富集，酸性土壤的 pH 升高，盐基饱和度增加，有明显的复盐基作用。经过长期旱耕人为过程，土壤可形成耕作淀积层，形成耕淀亚类的土壤，如德礼系等。

2.2　土壤诊断层与诊断特性

凡用于鉴别土壤类别的，在性质上有一系列定量规定的特定土层称为诊断层。如果用于分类目的的不是土层，而是具有定量规定的土壤性质（形态的、物理的、化学的），则称为诊断特性。诊断层又因其在单个土体中出现的部位不同，而分为诊断表层和诊断表下层。另外，由于土壤物质随水分上移或因环境条件改变发生表聚或聚积，而形成的诊断层，称之为其他诊断层。此外，把在性质上已发生明显变化，不能完全满足诊断层或诊断特性的规定条件，但在土壤分类上有重要意义，即足以作为划分土壤类别依据的称为诊断现象（主要用于土类或亚类一级）。

《中国土壤系统分类检索(第三版)》设有 33 个诊断层、25 个诊断特性和 20 个诊断现象。根据本次广西土系调查的单个土体剖面的主要形态特征和物理、化学及矿物学性质，按照中国土壤系统分类中诊断层、诊断特性和诊断现象的定义标准，建立的广西 149 个土系涉及 12 个诊断层，即暗瘠表层、淡薄表层、水耕表层、水耕氧化还原层、铁铝层、低活性富铁层、黏化层、雏形层、耕作淀积层、漂白层、钙积层、盐积层；15 个诊断特性，即岩性特征（碳酸盐岩岩性特征）、石质接触面、准石质接触面、土壤水分状况（包括湿润土壤水分状况、常湿润土壤水分状况、人为滞水土壤水分状况、滞水土壤水分状况、潮湿土壤水分状况）、土壤温度状况（包括温性土壤温度状况、热性土壤温度状况、高热土壤温度状况）、潜育特征、氧化还原特征、腐殖质特性、铁质特性、富铝特性、铝质特性、石灰性、变性特征、盐基饱和度、硫化物物质；2 个诊断现象，即盐积现象、铝质现象。现对本次建立的广西土系涉及的诊断层、诊断特性和诊断现象进行详细叙述。

2.2.1　暗瘠表层

暗瘠表层是指有机碳含量高或较高、盐基不饱和的暗色腐殖质表层。除盐基饱和度 <50% 和土壤结构的发育比暗沃表层稍差外，其余均同暗沃表层。主要出现在植被覆盖度较高，人为干扰较少的次生林地，土壤有机质积累较多，但由于淋溶作用强以及酸性母质，腐殖质层盐基饱和度较低（<50%）。

暗瘠表层出现在腐殖简育湿润富铁土亚类的明山系、黄色简育湿润富铁土亚类的播细系、漂白滞水常湿雏形土亚类的飞鹰峰系和腐殖铝质常湿雏形土亚类的猫儿山系，地处海拔 500 m 以上的中、高山地形，生长乔木、灌丛、草本植物等，植被覆盖度高；土壤腐殖质积累多，土壤有机碳含量 28.1～114.6 g/kg，但因气候湿润、降雨量大，土壤淋溶作用强烈，盐基饱和度低，因而形成了有机碳含量高、盐基不饱和的暗色腐殖质表层——暗瘠表层。

2.2.2　淡薄表层

淡薄表层是指发育程度较差的淡色或较薄的腐殖质表层。它具有以下一个或一个以上条件：搓碎土壤的润态明度≥3.5，干态明度≥5.5，润态彩度≥3.5；和/或有机碳含量 <6 g/kg；或颜色和有机碳含量同暗沃表层或暗瘠表层，但厚度条件不能满足者。淡薄表

层在广西分布较广，出现在人为活动强烈或植被覆盖度低或水土流失等区域，土壤有机质积累少，土壤有机质含量低或腐殖质层浅薄。

淡薄表层出现在变性土、雏形土、富铁土、淋溶土、潜育土、铁铝土、新成土、盐成土 8 个土纲的 78 个土系中，其厚度介于 7～31 cm，平均为 17.4 cm，干态明度介于 3～8 之间，润态明度介于 2～6 之间，有机碳含量介于 3.9～100.2 g/kg，平均为 19.2 g/kg。淡薄表层在各土类和亚类中上述指标的统计见表 2-1。

表 2-1　淡薄表层特征统计

土类	厚度/cm		干态明度	润态明度	有机碳/（g/kg）	
	范围	平均			范围	平均
变性土(4)	13～25	20.0	4～6	3～4	14.3～21.9	16.9
雏形土(33)	10～28	17.3	3～8	2～6	3.9～100.2	23.5
富铁土(25)	10～27	17.3	5～8	2～6	3.9～40.4	16.6
淋溶土(8)	11～25	16.6	5～8	4～6	10.5～22.8	17.5
潜育土(1)	7	7.0	7	5	7.6	7.6
铁铝土(4)	15～31	20.8	4～7	3～4	7.1～16.7	11.5
新成土(2)	18～21	19.5	5～7	3～4	11.0～13.5	12.3
盐成土(1)	12	12.0	8	4	19.8	19.8
合计	7～31	17.4	3～8	2～6	3.9～100.2	19.2

2.2.3　水耕表层

水耕表层是指在淹水耕作条件下形成的人为表层（包括耕作层和犁底层）。厚度≥18 cm；和大多数年份至少有 3 个月具人为滞水水分状况；和至少有半个月，其上部亚层（耕作层）土壤因受水耕搅拌而糊泥化；和在淹水状态下，润态明度≤4，润态彩度≤2，色调通常比 7.5YR 更黄，乃至呈 GY，B 或 BG 等色调；和排水落干后多锈纹、锈斑；和排水落干状态下，其下部亚层（犁底层）土壤容重对上部亚层（耕作层）土壤容重的比值≥1.10。

表 2-2　水耕表层中耕作层养分状况与化学性质

指标	pH(H₂O)	有机碳/(g/kg)	全氮(N)/(g/kg)	全磷(P)/(g/kg)	全钾(K)/(g/kg)	阳离子交换量/(cmol(+)/kg)	游离 Fe₂O₃/(g/kg)
最小值	3.90	8.50	0.94	0.16	0.55	5.10	4.10
最大值	8.00	75.40	6.51	2.91	28.70	28.40	99.90
平均值	5.88	23.99	2.29	0.85	11.89	12.58	26.89

表 2-3　水耕表层中犁底层养分状况与化学性质

指标	pH(H₂O)	有机碳/(g/kg)	全氮(N)/(g/kg)	全磷(P)/(g/kg)	全钾(K)/(g/kg)	阳离子交换量/(cmol(+)/kg)	游离 Fe₂O₃/(g/kg)
最小值	3.40	3.60	0.40	0.14	0.47	3.70	4.00
最大值	8.30	70.30	6.02	2.34	28.40	27.50	129.10
平均值	6.27	15.39	1.51	0.63	12.16	11.21	33.08

本次调查建立的 68 个水耕人为土土系中，耕作层(Ap1)厚度为 10~23 cm，平均厚度为 14.1 cm，一般为小块状结构，容重为 0.92~1.44 g/cm³；犁底层(Ap2)出现层位介于 10~23 cm 之间，厚度为 6~15 cm，平均厚度为 10.1 cm，一般为块状结构，容重介于 1.02~1.67 g/cm³ 之间；排水落干状态下，水耕表层中根孔壁上可见锈纹、锈斑，孔隙壁、结构面有<2%或 2%~40%或≥40%的锈纹或锈斑。犁底层和耕作层容重比值介于 1.10~1.31，平均为 1.18。耕作层和犁底层养分状况与化学性质统计特征见表 2-2 和表 2-3。

2.2.4　漂白层

漂白层是指由黏粒和/或游离氧化铁淋失，有时伴有氧化铁的就地分凝，形成颜色主要决定于砂粒和粉粒的漂白物质所构成的土层。它具有以下全部条件：土层厚度≥1 cm，位于 A 层之下，但在灰化淀积层、黏化层、碱积层或其他具一定坡降的缓透水层如黏磐、石质或准石质接触面等之上，可呈波状或舌状过渡至下层，但舌状延伸深度<5 cm，且由≥85%（按体积记）的漂白物质组成（包括分凝的铁锰凝团、结核、斑块等在内）。漂白物质本身显示下列之一的颜色：彩度≤2，以及或是润态明度≥3，干态明度≥6，或是润态明度≥4，干态明度≥5，或彩度≤3，以及或是润态明度≥6 或干态明度≥7，或是粉粒、砂粒色调为 5YR 或更红。

漂白层出现在漂白滞水常湿雏形土亚类的飞鹰峰系中，同时具有常湿润土壤水分状况和滞水土壤水分状况，其漂白层彩度为 1，干态明度为 7，润态明度为 4。

2.2.5　雏形层

雏形层是指风化-成土过程中形成的无或基本上无物质淀积，未发生明显黏化，带棕、红棕、红、黄或紫等颜色，且有土壤结构发育 B 层。它具有以下一些条件：土层厚度≥10 cm，且其底部至少在土表以下 25 cm，具有极细砂、壤质极细砂或更细的质地，有土壤结构发育并至少占土层体积的 50%，保持岩石或沉积物构造的体积<50%，或与下层相比，彩度更高，色调更红或更黄；或若成土母质含有碳酸盐，则碳酸盐有下移迹象。

雏形层出现在具有常湿润、湿润、潮湿和滞水土壤水分状况的雏形土土纲的土系中，包括白木系、平良系、堂排系、柳桥系、猫儿山系、回龙寺系、九牛塘系、上孟村系、安康村系、吉山系、地狮系、飞鹰峰系、天坪系、公益山系、加方系、新建系、央里系、百沙系、怀民系、隘洞系、泗顶系、四荣系、东马系、平塘系、三五村系、官成系、三鼎系、上湾屯系、清石系、八塘系、河步、河泉系、松木系等 34 个土系。雏形层在土体中出现的层位介于 10~45 cm 之间。

2.2.6　铁铝层

铁铝层是指由高度富铁铝化作用形成的土层。它具有以下条件：厚度≥30 cm；和具有砂壤或更细的质地，黏粒含量≥80 g/kg；和阳离子交换量（CEC$_7$）<16 cmol(+)/kg 黏粒和实际阳离子交换量(ECEC)<12 cmol(+)/kg 黏粒；和 50~200 μm 粒级可风化矿物<10%，或细土全 K 含量<8 g/kg（K$_2$O<10 g/kg）；和保持岩石构造的体积分数<5%，或在含可风化矿物的岩屑上有三氧化二物包膜。

广西南部低纬度区域，具有高温、湿润的气候条件，土壤矿物高度风化，盐基淋溶和脱硅过程强烈，铁铝氧化物明显聚集，黏粒活性显著降低，形成铁铝层。铁铝层是铁铝土纲的诊断层，具有铁铝层的土系包括南康系、山口系、白水塘系和犀牛脚系 4 个土系，铁铝层出现的上界为 15～85 cm，黏粒含量为 257～471 g/kg，CEC_7 为 8.5～16.0 cmol(+)/kg 黏粒，ECEC 为 5.4～9.8 cmol(+)/kg 黏粒，细土全钾(K)含量 0.49～4.84 g/kg。

2.2.7 低活性富铁层

低活性富铁层全称为低活性黏粒-富铁层（LAC），是指由中度富铁铝化作用形成的具低活性黏粒和富含游离铁的土层。其厚度≥30 cm，具有极细砂、壤质极细砂或更细的质地，色调为 5YR 或更红或细土 DCB 浸提游离铁含量≥14 g/kg（游离 Fe_2O_3≥20 g/kg），或游离铁占全铁的 40%以上，部分亚层（厚度≥10 cm）CEC_7<24 cmol(+)/kg 黏粒。

低活性富铁层出现在富铁土土纲的 26 个土系中，其游离氧化铁含量介于 7.7～108.1 g/kg 之间，铁游离度介于 49.9%～89.5%之间，CEC_7 介于 14.7～23.3 cmol(+)/kg 黏粒之间，出现的层位上界介于 13～85 cm 之间，厚度 22～61 cm。不同亚类的土系低活性富铁层统计特征见表 2-4。

表 2-4 土系低活性富铁层特征统计

亚类	土系	游离 Fe_2O_3 含量 /(g/kg)	铁游离度 /%	CEC_7 /(cmol(+)/kg 黏粒)	出现上界 /cm
斑纹简育湿润富铁土	龙合系	23.1	84.6	23.0	62
腐殖富铝湿润富铁土	高寨系	43.2	62.8	21.2	60
黏化富铝常湿富铁土	竹海系	28.2	72.8	22.5	30
盐基黏化湿润富铁土	西岭系、多荣系	95.0～108.1	80.2～86.9	14.7～21.5	28～41
腐殖黏化湿润富铁土	马步系	93.8～94.6	78.5～80.7	18.2～21.1	35
普通简育湿润富铁土	东门系、永靖系、迷濑系	28.8～81.9	86.0～89.5	18.2～21.2	40～84
普通黏化湿润富铁土	羌圩系、兴全系、福行系	57.5～75.3	77.5～88.7	16.2～21.7	13～36
腐殖简育湿润富铁土	鸭塘系、明山系、玉保系	25.2～59.0	49.9～86.4	21.0～23.2	43～85
黄色简育湿润富铁土	两江系、播细系、丹洲系、沙井系、伏六系、大番坡系、山角村系	7.7～65.5	70.0～88.4	16.0～23.3	20～55
黄色黏化湿润富铁土	闸口系、民范村系、骥马系、玉石系	15.8～97.5	70.1～87.5	16.1～23.3	40～54

2.2.8 耕作淀积层

耕作淀积层是指旱地土壤中受耕种影响而形成的一种淀积层。位于紧接耕作层之下，其前身一般是原来的其他诊断层下层。它具有以下一个以上条件：土层厚度≥10 cm，和在大形态上，孔隙壁和结构体表面淀积有颜色较暗、厚度≥0.5 mm 的腐殖质-黏粒胶膜或腐殖质-粉砂-黏粒胶膜，其明度和彩度均低于周围土壤基质，数量应占该层结构面和孔隙壁的 5%或更多，或者在微形态上，这些胶膜应占薄片的 1%或更多，或在艳色土壤中，此层颜色与未受耕作影响的下垫土层相比，明度增加，彩度降低，色调不变或偏黄，或在酸性土壤中，此层 pH 和盐基饱和度高于或明显高于未受耕作层淋淀影响的下垫土层，或在肥熟土中，此层 0.5 mol/L NaHCO$_3$ 浸提有效磷明显高于下垫土层，并≥18 mg/kg（有效 P$_2$O$_5$≥40 mg/kg）。

耕作淀积层出现在耕淀铁质湿润淋溶土亚类的德礼系土体中，出现深度为 23 cm，黏粒含量>300 g/kg，土体色调为 2.5Y、10YR，干态明度为 7，润态明度为 6，干态彩度为 6，润态彩度为 4，pH(H$_2$O)为 7.9。

2.2.9　水耕氧化还原层

水耕氧化还原层是指水耕条件下铁锰自水耕表层或兼自其下垫土层的上部亚层还原淋溶，或兼有由下面具潜育特征或潜育现象的土层还原上移，并在一定深度中氧化淀积的土层。水耕氧化还原层是水耕条件下，铁锰氧化物还原淋溶与氧化淀积的结果。其上界位于水耕表层底部，厚度≥20 cm，并有氧化还原形态特征。

水耕人为土普遍具有水耕氧化还原层，排除具有潜育特征层次（15 个土系）的土系后，水耕氧化还原层（53 个土系）出现的层位介于 18～34 cm，厚度介于 15～99 cm 之间，游离氧化铁含量介于 2.0～154.5 g/kg 之间。结构面或孔隙周围有<2%～>40%铁锰斑纹，<2%～40%灰色胶膜，土体中有<2%～80%铁锰结核。

2.2.10　黏化层

黏化层是指黏粒含量明显高于上覆土层的表下层。其质地分异可以由表层黏粒分散后悬浮液向下迁移并淀积于一定深度中而形成的黏粒淀积层，也可以由原土层中原生矿物发生土内风化作用就地形成黏粒并聚集而形成的次生黏化层。在黏化层与其上覆淋溶层之间不存在岩性不连续的情况下，若上覆淋溶层总黏粒含量为 15%～40%，则此层的黏粒含量至少为上覆土层的 1.2 倍；若上覆淋溶层任何部分的总黏粒含量<15%或>40%，则此层黏粒的含量的绝对增量比上覆土层≥3%或≥8%；或在有结构或多孔土层中，可见土壤孔隙壁有淀积黏粒胶膜，有时在结构体表面有黏粒薄膜。若其质地为壤质或黏质，则其厚度应≥7.5 cm；若其质地为砂质或壤砂质，则厚度应≥15 cm。

黏化层出现在富铁土、淋溶土土纲的 19 个土系中，上覆土层的黏粒含量介于 99～624 g/kg；黏化层的黏粒含量介于 196～833 g/kg；黏化层出现层位的上界介于 12～68 cm，厚度>15 cm。不同土类的土系黏化层特征统计见表 2-5。

2.2.11　钙积层

钙积层是指富含次生碳酸盐的未胶结或未硬结土层。它具有以下一些条件：①土层厚度≥15 cm；②未胶结或硬结成钙磐；③和至少有下列之一的特征：a. CaCO$_3$ 相当物为 150～500 g/kg，而且比下垫或上覆盖土层至少高 50 g/kg；b. CaCO$_3$ 相当物为 150～500 g/kg，

表 2-5　土系黏化层特征统计

土类	土系	上覆土层黏粒含量/(g/kg)	黏化层黏粒含量/(g/kg)	黏粒胶膜/%	出现上界/cm
富铝常湿富铁土	竹海系	214	261	—	30
黏化湿润富铁土	闸口系、民范村系、西岭系、骥马系、多荣系、羌圩系、马步系、玉石系、兴全系、福行系	99～616	196～833	5～80	13～36
简育常湿淋溶土	央村系	307	374	—	52
铝质常湿淋溶土	八腊系	327	424	—	33
铁质湿润淋溶土	合群系、加让系、坡南系、弄谟系、德礼系、板岭系	169～624	207～715	2～15	12～68

而且可辨认的次生碳酸盐，如石块底面悬膜、凝团、结核、假菌丝体、软粉状石灰、石灰斑或石灰斑点等按体积计≥5%；c. $CaCO_3$ 相当物为 5～150 g/kg，而且（a）细土部分黏粒（<2 μm）含量<180 g/kg，（b）颗粒大小为砂质、砂质粗骨、粗壤质或壤质粗骨，（c）可辨认的次生碳酸盐含量比下垫或上覆土层中高 50 g/kg 或更多（绝对值）；d. $CaCO_3$ 相当物为 50～150 g/kg，而且（a）颗粒大小比壤质更黏，（b）可辨认的次生碳酸盐含量比下垫或上覆土层中高 100 g/kg 或更多，或按体积计≥10%。

钙积层出现在变性土土纲的大和系和四塘系中。钙积层出现深度为 22～48 cm，黏粒含量>300 g/kg，有较多的碳酸盐积累，$CaCO_3$ 相当物含量为 169.3～296.4 g/kg。

2.2.12　盐积层

盐积层是指在冷水中溶解度大于石膏的易溶性盐富集的土层。它具有以下条件：①厚度至少为 15 cm；②含盐量为：a. 干旱土或干旱地区盐成土中，≥20 g/kg，或 1∶1 水土比提取液的电导率（EC）≥30 dS/m；b. 其他地区盐成土中，≥10 g/kg，或 1∶1 水土比提取液的电导率（EC）≥15 dS/m；（3）含盐量（g/kg）与厚度（cm）的乘积≥600，或电导率（dS/m）与厚度（cm）的乘积≥900。

盐积层出现在海积潮湿正常盐成土亚类的沙尾系土体中。盐积层出现深度为 12～35 cm，厚度为 20～30 cm，盐分含量高，10～20 g/kg，盐分组成以氯化物为主。

2.2.13　岩性特征

岩性特征是指土表至 125 cm 范围内土壤性状明显或较明显保留母岩或母质的岩石学性质特征，可细分为：冲积物岩性特征、砂质淀积物岩性特征、黄土和黄土状沉积物岩性特征、紫色砂页岩性特征、碳酸盐岩岩性特征等。碳酸盐岩岩性特征具有以下一些条件：有上界位于土表至 125 cm 范围内,沿水平方向起伏或断续的碳酸盐岩石质接触面；界面清晰，界面间有时可见分布有不同密集程度的白色碳酸盐根系；或土表至 125 cm 范围内有碳酸盐岩岩屑或风化残余石灰；和所有土层盐基饱和度≥50%，pH≥5.5。

碳酸盐岩岩性特征出现在石质钙质湿润雏形土的加方系、棕色钙质湿润雏形土的央里系中，碳酸盐岩石质接触面出现深度为 28～93 cm。

2.2.14　石质接触面与准石质接触面

石质接触面是指土壤与紧实黏结的下垫物质（岩石）之间的界面层，不能用铁铲挖开，下垫物质为整块状者，其莫氏硬度>3；为碎裂块体者，在水中或六偏磷酸钠溶液中振荡 15 h 不分散。准石质接触面是指土壤与连续黏结的下垫物质之间的界面层，湿时用铁铲勉强挖开，下垫物质为整块状者，其莫氏硬度<3；为碎裂块体者，在水中或六偏磷酸钠溶液中振荡 15 h，可或多或少分散。

石质接触面分别出现在雏形土土纲的飞鹰峰系、天坪系、加方系、怀民系、清石系、松木系、人为土土纲的拉麻系、塘利系和新成土土纲的塘蓬系、江权系中，出现层位为 21～90 cm，岩石类型分别为砂页岩、石灰岩、紫色砂页岩、紫色页岩。准石质接触面出现在黄色简育湿润富铁土亚类的丹洲系中，出现层位上限为 75 cm，岩石类型为页岩。

2.2.15　变性特征

变性特征是指富含蒙皂石等膨胀性黏土矿物、高胀缩性黏质土壤的开裂、翻转、扰动特征。它具有以下条件：①耕作影响层（耕作层和犁底层）或土表至 18 cm 范围内土层中黏粒（<2 μm）含量的加权平均值≥300 g/kg；耕作影响层下界至 50 cm 或 18～50 cm 范围内各亚层黏粒含量均≥300 g/kg；②除耕翻或灌溉外，大多数年份一年中某一时期在土表至 50 cm 范围内，连续厚度至少为 25 cm 的土层中有宽度≥0.5 cm 的裂隙；若地面开裂，≥50%的裂隙宽度≥1 cm；③在上界出现于土表至 100 cm 范围内，厚度≥25 cm 的土层中具密集相交、发亮且有槽痕的滑擦面；④在腐殖质表层或耕作层之下至 100 cm 范围内有自吞特征；前者的裂隙壁填充有自 A 层落下的暗色腐殖质土体或土膜；后者的颜色则因耕作层有机质含量不同而异。

变性特征出现在潮湿变性土亚纲的大和系、林驼系和四塘系、湿润变性土亚纲的林逢系中，主要表现为黏粒（<2 μm）含量≥300 g/kg，土壤黏土矿物以蒙脱石为主，土壤胀缩性大，干裂明显。

2.2.16　土壤水分状况

土壤水分状况是指年内各时期土壤内或某土层内地下水或<1500 kPa 张力持水量的有无或多寡。当某土层的水分张力≥1500 kPa 时，称为干燥；水分张力<1500 kPa，但>0 时，称为湿润。张力≥1500 kPa 的水对大多数中生植物无效。湿润土壤水分状况一般见于湿润气候地区的土壤中，降水分配平均或夏季降水多，土壤储水量加降水量大致等于或超过蒸散量；大多数年份水分可下渗通过整个土壤。常湿润土壤水分状况为降水分布均匀、多云雾地区(多为山地)全年各月有水分均能下渗通过整个土壤的很湿的土壤水分状况。滞水土壤水分状况指由于地表至 2 m 内存在缓透水黏土层或较浅处有石质接触面或地表有苔藓和枯枝落叶层，其上部土层在大多数年份中有相当长的湿润期，或部分时间被地表水和/或上层滞水饱和；导致土层中发生氧化还原作用而产生氧化还原特征、潜育特征或潜育现象，或铁质水化作用使原红色土壤的颜色转黄；或由于土体层中存在具一定坡降的缓透水黏土层或石质、准石质接触面，大多数年份某一时期其上部土层被地表水和/或上层滞水饱和并有一定的侧向流动，导致黏粒和/或游离氧化铁侧向淋失的土壤水分状况。人为滞水土壤水分状况指在水耕条件下由于缓透水犁底层的存在，耕作层被灌溉水饱和的土壤水分状况。大多数年份土温＞5℃（生物学零度）时至少有 3 个月时间被灌溉水饱和，并呈还原状态。潮湿土壤水分状况指大多数年份土温＞5℃时的某一时期，全部或某些土层被地下水或毛管水饱和并呈还原状态的土壤水分状况。

依据建立的 149 个土系的土壤水分状况，水耕人为土亚纲的 68 个土系为人为滞水土壤水分状况，主要分布在广西主要河流沿河两岸和山丘之间的沟谷地，种植水稻或水旱轮作；虽然部分田块近年来改种水果或蔬菜，但从长期耕种历史统计，淹水种稻的时间长，因此仍归为人为滞水土壤水分状况；富铁土纲的竹海系、淋溶土纲的八腊系和央村系、雏形土纲的飞鹰峰系、天坪系、猫儿山系、回龙寺系、九牛塘系、公益山系、上孟村系共 10 个土系具有常湿润土壤水分状况，它们主要分布在海拔 800 m 以上山地，云雾多、湿度大；变性土纲的大和系、四塘系、林逢系和林驼系，盐成土纲的沙尾系，潜育土纲的黄泥坎系和白沙头系，雏形土纲的三鼎系共 8 个土系为潮湿土壤水分状况；雏形土纲的飞鹰峰系同时具有常湿润土壤水分状况和滞水土壤水分状况；其他铁铝土、富铁土、淋溶土、雏形土、新成土纲的 63 个土系为湿润土壤水分状况。

2.2.17 潜育特征

潜育特征是指长期被水饱和，导致土壤发生强烈还原的特征。它具有以下一些条件：50%以上的土壤基质（按体积计）的颜色值为：a. 色调比 7.5Y 更绿或更蓝，或为无彩色（N）；或 b. 色调为 5Y，但润态明度≥4，润态彩度≤4；或 c. 色调为 2.5Y，但润态明度≥4，润态彩度≤3；或 d. 色调为 7.5YR～10YR，但润态明度 4～7，润态彩度≤2；或 e. 色调比 7.5YR 更红或更紫，但润态明度 4～7，润态彩度 1；和在上述还原基质内外的土体中可以兼有少量锈斑纹、铁锰凝团、结核或铁锰管状物；和取湿土土块的新鲜断面，10 g/kg 铁氰化钾[$K_3Fe(CN)_6$]水溶液测试，显深蓝色。潜育现象是指土壤发生弱～中度还原作用的特征，仅 30%～50%的土壤基质（按体积计）符合"潜育特征"的全部条件。

潜育水耕人为土在矿质土表至 60 cm 范围内部分土层（≥10 cm）有潜育特征。含硫潜育水耕人为土亚类的康熙岭系和大陶系出现潜育特征的土层在土表 23～25 cm 以下，游离氧化铁含量 3.5～36.5 g/kg，平均为 17.3 g/kg，土体色调主要是 N、10YR、2.5Y，干态明度 4～8，彩度 0～1，润态明度 2～8，彩度 1～4；结构面上有≤5%锈纹锈斑。复钙潜育水耕人为土亚类（新坡系）出现潜育特征的土层在土表 20 cm 以下，游离氧化铁含量介于 34.6～36.8 g/kg，平均为 36.0 g/kg，土体色调主要是 2.5Y、5Y，干态明度 4～8，彩度 1～4，润态明度 3～5，彩度 1～6。铁渗潜育水耕人为土亚类的平木系出现潜育特征的土层在土表 28 cm 以下，游离氧化铁含量为 5.8～32.9 g/kg，平均为 19.4 g/kg，土体色调是 10YR、2.5Y，干态明度 8，彩度 2～4，润态明度 7～8，彩度 2～3。铁聚潜育水耕人为土亚类的黎木系、螺桥系和涩塘系出现潜育特征的土层在土表 12～18 cm 以下，潜育特征的土层游离氧化铁含量介于 4.4～71.6 g/kg，平均为 26.0 g/kg，土体色调主要是 N、2.5YR、5YR、10YR、2.5Y、5Y，干态明度 5～8，彩度 1～8，润态明度 3～6，彩度 0～6。普通潜育水耕人为土亚类的纳合系、鸣凤系、大兴系、民福系和松柏系出现潜育特征的土层在土表 20～23 cm 以下，游离氧化铁含量介于 6.9～56.1 g/kg，平均为 28.6 g/kg，土体色调主要是 7.5YR、10YR、2.5Y、5Y、N，干态明度 6～8，彩度 1～8，润态明度 2～7，彩度 0～8；通常结构面上有≤40%锈纹锈斑。

底潜亚类的水耕人为土在矿质土表下 60～100 cm 范围内部分土层（≥10 cm）有潜育特征。如底潜铁聚水耕人为土亚类的板劳系和塘蓬村系出现潜育特征的土层在土表 80～85 cm 以下，游离氧化铁含量为 44.1～78.8 g/kg，平均为 61.5 g/kg，土体色调主要是 5Y、5YR、10YR，干态明度 6～7，彩度 1～6，润态明度 4～5，彩度 1～8。底潜简育水耕人为土亚类的清江系、周洛屯系和兴庐系出现潜育特征的土层在土表 65～72 cm 以下，游离氧化铁含量介于 2.0～20.4 g/kg，平均为 8.5 g/kg，土体色调主要是 7.5YR、10YR、2.5Y，干态明度 3～8，彩度 1～6，润态明度 2～7，彩度 1～6；结构面上有≤15%锈纹、锈斑。

除以上水耕人为土土系外，潜育土、盐成土和部分变性土的土系也具有潜育特征。如弱盐简育正常潜育土亚类的白沙头系出现潜育特征的土层在土表 22 cm 以下，游离氧化铁含量介于 1.3～2.8 g/kg，平均为 2.1 g/kg，色调主要是 2.5Y、7.5Y，干态明度 6～8，彩度 1～2，润态明度 4～7，彩度 1～2。酸性简育正常潜育土亚类的黄泥坎系出现潜育特征的土层在土表 20 cm 以下，游离氧化铁含量介于 8.4～9.4 g/kg，平均为 8.9 g/kg，土体色调主要是 7.5YR、5Y、N，干态明度 6，彩度 0～6，润态明度 2，彩度 2；结构面上有≤2%铁锰结核。海积潮湿正常盐成土亚类的沙尾系出现潜育特征的土层在土表 12 cm 以下，游离氧化铁含量介于 4.7～12.7 g/kg，平均为 8.7 g/kg，土体色调主要是 2.5Y、5Y、7.5Y，干态明度 8，彩度 8，润态明度 4，彩度 1；通常结构面上有≤5%锈纹、锈斑。普通钙积潮湿变性土亚类的四塘系出现潜育特征的土层在土表 45 cm 以下，游离氧化铁含量介于 31.6～37.3 g/kg，平均为 34.5 g/kg，土体色调主要是 10YR、2.5Y、5Y，干态明度 8，彩度 1～4，润态明度 6～8，彩度 1～8；通常结构面上有 2%～5%或≥40%锈纹、锈斑。

2.2.18　氧化还原特征

氧化还原特征是指由于潮湿水分状况、滞水水分状况或人为滞水水分状况的影响，大多数年份某一时期土壤受季节性水分饱和，发生氧化还原交替作用而形成的特征。它具有以下一个或一个以上的条件：①有锈斑纹，或兼有由脱潜而残留的不同程度的还原离铁基质；或②有硬质或软质铁锰凝团、结合和/或铁锰斑块或铁磐；或③无斑纹，但土壤结构体表面或土壤基质中占优势的润态彩度≤2；若其上、下层未受季节性水分饱和影响的土壤的基质颜色本来就较暗，即占优势润度为 2，则该层结构体表面或土壤基质中占优势的润态彩度应<1；或④还原基质按体积计<30%。

本次建立的水耕人为土亚纲的 68 个土系的耕作层或/和水耕氧化还原层均具有氧化还原特征；另外潮湿变性土亚纲的大和系、林驮系和四塘系、湿润富铁土亚纲的龙合系和湿润淋溶土亚纲的板岭系、潮湿雏形土亚纲的三鼎系等也具有氧化还原特征，主要表现为土体内有锈纹、锈斑或/和铁锰结核等。

2.2.19　土壤温度状况

土壤温度状况是指土表下 50 cm 深度处或浅于 50 cm 的石质或准石质接触面处的土壤温度。年平均土温≥9℃，但<16℃为温性土壤温度状况；年平均土温≥16℃，但<23℃为热性土壤温度状况；年平均土温≥23℃为高热土壤温度状况。

广西地处我国热带、亚热带地区，海拔>1500 m 的猫儿山上部山地土壤有 2 个土系（猫儿山系和回龙寺系）属温性土壤温度状况，代表性单个土体 50 cm 深度土壤温度介于 12.5～15.5℃之间；北部地区和海拔大于 800 m 的山地土壤共 53 个土系属热性土壤温度状况，代表性单个土体 50 cm 深度土壤温度介于 16.4～22.9℃之间；其余 94 个土系均为高热土壤温度状况，代表性单个土体 50 cm 深度土壤温度介于 23.0～25.0℃之间。

2.2.20　腐殖质特性

腐殖质特性是指热带、亚热带地区土壤或黏质开裂土壤中除 A 层或 A+AB 层有腐殖质的生物积累外，B 层并有腐殖质的淋淀积累或重力积累的特性。它具有以下全部条件：A 层腐殖质含量较高，向下逐渐减少；B 层结构体表面、孔隙壁有腐殖质淀积胶膜，或裂隙壁填充有自 A 层落下的含腐殖质土体或土膜，土表至 100 cm 深度范围内土壤有机碳总储量≥12 kg/m^2。

腐殖质特性出现在高寨系（腐殖富铝湿润富铁土）、八腊系（腐殖铝质常湿淋溶土）、林逢系（普通腐殖湿润变性土）、马步系（腐殖黏化湿润富铁土）、林驼系（普通简育潮湿变性土）、泗顶系（普通铁质湿润雏形土）、鸭塘系、明山系和玉保系（腐殖简育湿润富铁土）、猫儿山系、回龙寺系、九牛塘系和公益山系（腐殖铝质常湿雏形土）、平艮系、安康村系、地狮系和四荣系（腐殖铝质湿润雏形土）。A 层之下的 B 层土体结构面和孔壁上有<2%～40%左右腐殖质淀积胶膜，裂隙壁内填有自 A 层落下的暗色土壤物质，土表至 100 cm 深度范围内土壤有机碳总储量≥12 kg/m^2。

2.2.21　铁质特性

铁质特性是指土壤中游离氧化铁非晶质部分的浸润和赤铁矿、针铁矿微晶的形成，并充分分散于土壤基质内使土壤红化的特性。它具有以下之一或两个条件：土壤基质色调为 5YR 或更红；和/或整个 B 层细土部分 DCB 浸提游离铁含量≥14 g/kg（游离 Fe$_2$O$_3$ 含量≥20 g/kg），或游离铁含量占全铁的 40%或更多。

铁质特性出现在黄色铝质湿润雏形土、红色铁质湿润雏形土、普通铁质湿润雏形土、红色铁质湿润淋溶土、普通铁质湿润淋溶土、耕淀铁质湿润淋溶土、斑纹铁质湿润淋溶土和普通淡色潮湿雏形土 16 个土系中。斑纹铁质湿润淋溶土的 1 个土系（板岭系），其 B 层干态色调为 10YR，DCB 浸提游离氧化铁（Fe$_2$O$_3$）含量 36.5～36.8 g/kg，游离铁含量占全铁比例（铁游离度）76.7%～80.4%之间；耕淀铁质湿润淋溶土的 1 个土系（德礼系），其 B 层干态色调为 2.5Y，DCB 浸提游离氧化铁（Fe$_2$O$_3$）含量 66.4～68.3 g/kg，铁游离度 72.8%～76%；红色铁质湿润淋溶土的 1 个土系（合群系），其 B 层干态色调为 5YR、7.5YR，DCB 浸提游离氧化铁（Fe$_2$O$_3$）含量为 38.9～44.7 g/kg，铁游离度 77.8%～

82.2%；黄色铝质湿润雏形土的 1 个土系（白木系），其 B 层干态色调为 10YR，DCB 浸提游离氧化铁（Fe_2O_3）含量介于 21.6~22.6 g/kg 之间，铁游离度 77.4%~82.0%；普通淡色潮湿雏形土的 1 个土系（三鼎系），其 B 层干态色调为 10YR，DCB 浸提游离氧化铁（Fe_2O_3）含量介于 21.0~23.3 g/kg 之间，铁游离度 58.4%~61.6%；普通铁质湿润淋溶土的 2 个土系（加让系、坡南系），其 B 层干态色调为 10YR，DCB 浸提游离氧化铁（Fe_2O_3）含量介于 73.6~85.3 g/kg 之间，铁游离度 74.8%~89.7%；红色铁质湿润雏形土的 4 个土系（堂排系、怀民系、清石系、松木系），其 B 层干态色调为 2.5YR、5YR，DCB 浸提游离氧化铁（Fe_2O_3）含量在 16.3~63.8 g/kg 之间，铁游离度 37.6%~67.6%；普通铁质湿润雏形土的 5 个土系（柳桥系、新建系、百沙系、泗顶系、上湾屯系），其 B 层干态色调为 10YR、2.5Y，DCB 浸提游离氧化铁（Fe_2O_3）含量介于 20.0~85.1 g/kg 之间，铁游离度 57.5%~75.9%。

2.2.22　富铝特性

富铝特性是指在除铁铝土外的土壤中铝富集，并有较多三水铝石，铝间层矿物或 1：1 型矿物存在的特性，它具有下列一个或一个以上条件：①细土三酸消化物组成或黏粒全量组成的硅铝率≤2.0；或②细土热碱(0.5 mol/L NaOH)浸提硅铝率≤1.0。

富铝特性是划分富铝常湿富铁土、强育湿润富铁土、富铝湿润富铁土的诊断特性指标，本次调查的黏化富铝常湿富铁土亚类的竹海系、腐殖富铝湿润富铁土亚类的高寨系具有富铝特性。竹海系土壤 B 层中 CEC_7 和 ECEC 分别为 22.5 和 14.4 cmol(+)/kg 黏粒，细土的全钾（K）含量 33.2 g/kg，黏粒全量组成的硅铝率<2.0；高寨系土壤 B 层中 CEC_7 和 ECEC 分别为 21.2~25.8 和 11.2~14.4 cmol(+)/kg 黏粒，细土的全钾（K）含量>21 g/kg。

2.2.23　铝质特性

铝质特性是指在除铁铝土和富铁土以外的土壤中铝富集并有大量 KCl 浸提性铝存在的特性。它具有下列全部条件：阳离子交换量（CEC_7）≥24 cmol(+)/kg 黏粒；黏粒部分盐基总储量（交换性盐基加矿质全量 Ca，Mg，K，Na）占土体部分盐基总储量的 80%或更多；或细粉砂/黏粒比<0.60；pH（KCl 浸提）≤4.0；KCl 浸提 Al≥12 cmol(+)/kg 黏粒，而且占黏粒 CEC 的 35%或更多；铝饱和度（1 mol/L KCl 浸提的交换性 Al/ECEC×100%）≥60%。

铝质特性出现在腐殖铝质常湿雏形土亚类的猫儿山系、回龙寺系、九牛塘系、公益山系，腐殖铝质湿润雏形土亚类的平艮系、安康村系、地狮系、四荣系，黄色铝质湿润雏形土亚类的吉山系、隘洞系、东马系、平塘系、三五村系，普通铝质常湿雏形土亚类的上孟村系，普通铝质湿润雏形土亚类的八塘系、河步系、富双系，石质铝质常湿雏形土亚类的天坪系，石质铝质湿润雏形土亚类的官成系，腐殖铝质常湿淋溶土亚类的八腊系，黄色黏化湿润富铁土亚类的玉石系。土壤 pH(KCl)介于 3.0~4.0 之间，黏粒阳离子交换量 CEC_7 介于 20.4~167.4 cmol(+)/kg 之间，KCl 浸提 Al≥12 cmol(+)/kg 黏粒。

2.2.24　石灰性

石灰性是指土表至 50 cm 范围内所有亚层中 $CaCO_3$ 相当物均 ≥10 g/kg，用 1：3 HCl 处理有泡沫反应。

广西有大面积的石灰岩地区，在喀斯特地貌的峰丛、峰林的谷地和洼地及溶蚀盆地、岩溶区宽谷和盆地等区域，因溶蚀作用和岩溶水影响，部分水耕人为土具有复钙过程，土壤中碳酸钙等物质的含量增加而呈现石灰性，包括复钙铁聚水耕人为土亚类的大利系、隆光系、麦岭系和复钙简育水耕人为土亚类的塘利系、茶山系。分布在白色地区的河谷阶地，成土母质为古相沉积物等发育形成的变性土，也具有石灰性，包括普通钙积潮湿变性土亚类的大和系、四塘系和普通简育潮湿变性土亚类的林逢系；另外，在石灰性紫色砂页岩低山丘陵区域发育形成的红色铁质湿润雏形土亚类的怀民系和松木系也具有石灰性。

2.2.25　盐基饱和度

盐基饱和度是指土壤吸收复合体被 K、Na、Ca 和 Mg 阳离子饱和的程度（NH_4OAc 法）。对于铁铝土和富铁土之外的土壤，饱和的 ≥50%；不饱和的 <50%；对于铁铝土和富铁土，富盐基的 ≥35%，贫盐基的 <35%。

诊断特性涉及盐基饱和度的土系有普通简育湿润富铁土亚类的永靖系、迷赖系和盐基黏化湿润富铁土亚类的西岭系和多荣系。总体上看，富铁土土纲中，盐基黏化湿润富铁土亚类的西岭系和多荣系的土壤呈富盐基状态；其余均为贫盐基土壤。

2.2.26　硫化物物质

硫化物物质是指含可氧化的硫化合物的矿质土壤物质或有机土壤物质，经常被咸水饱和，排水或暴露于空气后，硫化物氧化并形成硫酸，pH 可降至 4.0 以下；酸的存在可导致形成硫酸铁、黄钾铁矾、硫酸铝，前两者可分凝形成黄色斑纹，成为含硫层。

诊断特性涉及硫化物物质的土系包括含硫潜育水耕人为土亚类的康熙岭系、大陶系，酸性简育正常潜育土亚类的黄泥坎系，土体中水溶性硫酸盐含量介于 0.10～1.90 g/kg 之间，出现深度介于 7～30 cm 之间，土壤 pH 为 2.80～3.90。

2.2.27　盐积现象

盐积现象是指土层中有一定易溶性盐聚集的特征，在非干旱地区含盐量 ≥2 g/kg。盐积现象出现在含硫潜育水耕人为土亚类的康熙岭系、弱盐简育水耕人为土亚类的联民系、弱盐简育正常潜育土亚类的白沙头系，这些土系成土母质均为滨海沉积物，因土壤脱盐不彻底或仍然受到海水的影响，土体中水溶性盐含量介于 2.0～9.2 g/kg 之间。

2.2.28　铝质现象

铝质现象是指在除铁铝土和富铁土以外的土壤中富含 KCl 浸提性铝的特性。它不符合铝质特性的全部条件，但具有下列一些特征：阳离子交换量（CEC_7）≥24 cmol(+)/kg

黏粒；和下列条件中的任意 2 项：pH（KCl 浸提）≤4.5；铝饱和度≥60%；KCl 浸提 Al≥12 cmol(+)/kg 黏粒；KCl 浸提 Al 占黏粒 CEC 的 35%或更多。

铝质现象出现在黄色铝质湿润雏形土的白木系中，土壤 pH(KCl)<4.0，黏粒阳离子交换量 CEC_7 为>33 cmol(+)/kg 黏粒，铝饱和度≥60%。

2.3　发生层与发生层特性表达方式

2.3.1　发生层及表达符号

O：有机层，主要指枯枝落叶层、草根盘结层和泥炭层

A：腐殖质表层或受耕作影响和表层

E：淋溶层、漂白层

B：物质淀积层或聚积层，或风化 B 层

C：母质层

R：基岩

2.3.2　发生层特性及表达符号

b：埋藏层。例 Apb，埋藏熟化层；Btb，埋藏淀积层

e：半分解有机物质

g：潜育特征

h：腐殖质聚积

i：低分解和未分解有机物质。例 Oi，枯枝落叶层

j：黄钾铁矾

k：碳酸盐聚积（指碳酸钙结核、假菌丝体）

l：网纹

m：强胶结。例 Btm，黏磐；Bkm，石灰磐；Bym，石膏磐；Bzm，盐磐

p：耕作影响。例 Ap1，耕作表层，Ap2，犁底层

r：氧化还原。例如水耕人为土、潮湿雏形土中的斑纹层 Br

s：铁锰聚积。自型土中的铁锰淀积和风化残积。又可进一步按铁锰分异细分为：s1 铁聚积，s2 锰聚积

t：黏粒聚积。只用 t 时，一般专指黏粒淀积，例 Bt，黏化层；Btm，黏磐

v：变性特征

w：就地风化形成的显色、有结构层。例 Bw，风化 B 层

z：可溶盐聚积

注意事项：1)主要发生层出现深度的记载：位于矿质土壤 A 层之上的 O 层，由 A 层向上记载其深度，并前置"+"，例如，Oi：+4～0 cm；Ah：0～15 cm。2）同一母质不同层次表达为 C1、C2…；异源母质表达为 1C、2C…。

第3章 土 壤 分 类

3.1 土壤分类的历史回顾

3.1.1 20世纪30年代的土壤分类

广西壮族自治区现代土壤分类始于20世纪30年代，至今已有近90年的历史。在20世纪30年代初，广西土壤调查所和实业部地质调查所开始了广西土壤的调查，完成了柳州、柳城、邕宁、桂林等县的调查。调查面较窄，各调查者独立进行。土壤分类原则、依据和命名全国都不统一，特别是高级分类单元。这一时期土壤分类，受到美国分类的影响大。从广西的调查资料概括起来有两种情况：一是四级分类制，即土门、土科、土系和土类四级。据柳州市土壤调查报告，各级的划分依据是：土门依生物气候条件分，如调和土壤门；土科依据主要化学属性分类，如石灰含量和有机质含量等；土系依据成土物质及其与地形的关系、剖面形态特征进行分类；土类则依表土层的质地进行分类。二是众采各家之长以格林卡（Glinka）及牛斯分类法为主，即以土壤受排水的深浅影响为纲领，分为自型土和水成土。在此基础上，再以土壤对外力的反应程度而分为内动力土和外动力土。在此动力支配之下，再以其发育方式分土类，土类之下以形态为依据分为土系，继续再分为土组和土带，共六级，李连捷的《邕宁土壤》即是这种分类制。以上两种分类，皆以土系作为分类的基本单元，全区建立40个土系，石灰岩土区分出红色石灰土和黑色石灰土，水稻土单独划出，这些工作为广西的土壤分类研究奠定了基础。

3.1.2 地理发生学分类

20世纪50年代初期，中国科学院自然资源综合考察队对橡胶宜林地的土壤分类受苏联发生分类的影响，多接受1954年制定的分类方案，强调土壤中心概念，以土壤形成过程类型质变特征划分土类、亚类，以量变特征划分土属、土种、变种，即以土类为基本单元的五级分类制。在广西土壤调查中，将砖红壤区分为砖红壤和砖红壤性红壤，石灰岩土中划分出棕色石灰土土类。各调查均集中研究高级分类单元，对土属以下基层分类很少提及，特别是对耕作土壤发生分类很少研究。

1. 第一次土壤普查分类

1958年全国第一次土壤普查的分类突出了土壤分类为农业生产服务的观点，意图是使土壤分类既反映改良的方向和措施，又体现耕作性能和肥力水平，为定向改良土壤、提高土地生产能力起到了积极的作用。此外，此次分类是以耕作土壤为重点，在总结群众认土和用土经验基础上归纳整理而成。1958年土壤普查报告《广西土壤》采取四级分类制，即土区、土组、土种和变种。逐级分类表述如下。

中国土系志·广西卷

（1）土区：按地形位置，将水热状况相似的若干土组，按照一定分布规律性进行组合，如分为荒山、荒丘、荒坪、坡地、洲地、岗田、冲田、垌田、河岸田。

（2）土组：在一定母质，一定地形范围内，将利用特点基本趋向一致的若干土种结成组合形式，循序一定发展方向进行发生演化的，如麻石母质可发育成麻石砂田、麻石大眼砂和麻石冲积砂土田等组合。

（3）土种：是将土组一级土壤，根据母质、水热状况、耕性、有无毒质等差别来加以区分，反映出各土组内土壤利用改良措施的不同，以及其不同类型的转变。如青石泥田中的鸭屎泥、黑泥田、大土田、黄泥田、锅巴田；板石砂泥中的泥田、砂泥田和夹石土田。

（4）变种：是联系生产最密切的分类单位，主要在人为耕作、施肥影响下，从各个土种内的肥力差异来区分的。常以土色、酥僵度、土壤结构和耕性等来具体反映各个土种内的熟化（贫瘠化）程度，如砂土中的灰砂土、黑砂土、油砂土，锅巴田中的石灰板结田、油饼土和锅巴田。

根据上述农业土壤分类命名的原则和依据，第一次土壤普查广西农业土壤共分为11个土区、26个土组、52个土种、128个变种（侯传庆和林世如，1959）。

2. 第二次土壤普查分类

1978年开始了全区第二次土壤普查，各地县调查时采用全国土壤普查办公室的工作分类暂行方案（1978年），全区成果编写时则用工作分类修订案（1984年）。两个方案的分类原则和分类依据基本一致，但后一方案在结构、内容等方面做了重大补充，增加土纲一级，土类增加较多，且提出了分类的土壤属性指标。该分类采用六级分类制，即土纲、亚纲、土类、亚类、土属和土种。各级分类依据如下。

（1）土纲：为土壤分类的最高级单元，是土类联系特征的归纳，反映土壤淋溶风化程度和形成过程的差异。全区共分7个土纲，即：铁铝土纲、淋溶土纲、初育土纲、水成土纲、半水成土纲、盐碱土纲、人为土纲。

（2）亚纲：亚纲划分的依据因土纲而异。铁铝土和淋溶土按水、热条件划分为湿热铁铝土、湿暖铁铝土和湿暖淋溶土；初育土依物质特征分为石质初育土和土质初育土；半水成土根据土壤颜色的亮度和彩度分为暗半水成土和淡半水成土；盐碱土依土壤中易溶盐的种类及含量划分盐土亚纲。区内人为土和水成土土纲，未分亚纲。

（3）土类：土类是土壤分类的高级基本分类单元，它是在一定的生物气候条件或人为作用或一定主导自然因素的作用下，具有一主导的成土过程和具有本质的、共同的判别特征属性的一群土壤。土类在较大的区域范围内具有相似的特征属性，不同的土类具有本质的属性差异。

（4）亚类：亚类是在土类范围内土性偏离土类中心的程度，即土类间的过渡情况。在主导土壤形成过程之外，有的还有一个附加的成土过程，即所谓叠加成土作用，由此而确定是否具有向其他土类偏离的土壤属性。虽然土壤属性有很大变化，但同属一个土类的亚类，其成土过程的总的趋势是一致的。

（5）土属：土属是地方性成土因素使土壤亚类性质发生分异的土壤分类单元，是亚类单元的土壤在多个地理区域的具体体现。土属依据母质类型与性质、水文地质等地方性因子所导致的土壤属性的差异来划分,同一亚类中的各土属划分的依据尽量做到一致。

（6）土种：土种是土壤分类系统的基层基本单元,它处于一定的景观部位,即占有相同或近似的小地形部位,其水热条件相似,剖面形态特征在数量上基本一致。如相同的土属类型（包括母质类组或组成物质）,相同或相近似的形态特征,如在 1 m 土体内发生土层的层位、厚度的排列及质地层次等。此外,土种有基本一致的理化和生物的自然属性,因而适种性、限制性和生产潜力也相致,它非一般耕作措施在短期内所能改变,具有一定的稳定性。

根据上述分类的原则,第二次土壤普查将广西全区土壤分为 7 个土纲、10 个亚纲、18 个土类、34 个亚类、109 个土属和 327 个土种,详见《广西土壤》（广西土壤肥料工作站,1994）。

3.1.3 土壤系统分类

1984 年开始,由中国科学院南京土壤研究所主持,有 30 多个高等院校与科研院所参与,开展了中国土壤系统分类的研究,建立了中国土壤系统分类系统,使中国土壤分类发展步入了定量化分类的崭新阶段。1996 年开始,中国土壤学会将此分类推荐为标准土壤分类加以应用。

中国土壤系统分类是以诊断层和诊断特性为基础的系统化、定量化的土壤分类。由于成土过程是看不见、摸不着的,由于气候变化、地表侵蚀、地质年代等多种因素的影响,土壤性质经常与所处的环境条件不相符,如以成土条件和成土过程来分类土壤必然会存在着不确定性,而只有以看得见、测得出的土壤性状为分类标准,才会在不同的分类者之间架起沟通的桥梁,建立起共同鉴别确认的标准。因此,尽管在建立诊断层和诊断特性时,考虑到了它们的发生学意义,但在实际鉴别诊断层和诊断特性,以及用它们划分土壤分类单元时,则不以发生学理论为依据,而以土壤性状本身为依据。

1. 分类体系

中国土壤系统分类为谱系式多级分类制,共 6 级,即土纲、亚纲、土类、亚类、土族和土系。土纲至亚纲为高级分类单元,土族和土系为基层单元。高级单元比较概括,理论性强,主要供中小比例尺土壤制图确定制图单元用;基层单元以土壤理化性质和生产性能为依据,与生态环境、农林业生产联系紧密,主要供大比例尺土壤制图确定制图单元用。

（1）土纲：土纲为最高土壤分类级别,根据主要成土过程产生的性质或影响主要成土过程的性质划分。在 14 个土纲中,除火山灰土和变性土是根据影响成土过程的火山灰物质和由高胀缩性黏土物质所造成的变性特征划分之外,其他 12 个土纲均是依据主要成土过程产生的性质划分（表 3-1）。有机土、人为土、灰土、盐成土、潜育土、均腐土、淋溶土分别是根据泥炭化、人为熟化、灰化、盐渍化、潜育化、腐殖化和黏化过程及在这些过程下形成的诊断层和诊断特性划分;铁铝土和富铁土是依据富铁铝化过程形成的铁铝层和低活性富铁层划分;雏形土和新成土是土壤形成的初级阶段,分别有矿物蚀变形成的雏形层和淡薄表层；干旱土则以在干旱水分状况下，弱腐殖化过程形成的干旱表层为其鉴别特征。

表 3-1　　中国土壤系统分类土纲划分依据（龚子同等，2014）

土纲名称	主要成土过程或影响成土过程的性状	主要诊断层、诊断特性
有机土（Histosols）	泥炭化过程	有机土壤物质
人为土（Anthorsols）	水耕或旱耕人为过程	水耕表层和水耕氧化还原层、灌淤表层、土垫表层、泥垫表层、肥熟表层和磷质耕作淀积层
灰土（Spodosols）	灰化过程	灰化淀积层
火山灰土（Andosols）	影响成土过程的火山灰物质	火山灰特性
铁铝土（Ferralosols）	高度富铁铝化过程	铁铝层
变性土（Vertosols）	高胀缩性黏土物质所造成的土壤扰动过程	变性特征
干旱土（Aridosols）	干旱水分状况影响下，弱腐殖化过程以及钙化、石膏化、盐渍化过程	干旱表层、钙积层、石膏层、盐积层
盐成土（Halosols）	盐渍化过程	盐积层、碱积层
潜育土（Gleyosols）	潜育化过程	潜育特征
均腐土（Isohumosols）	腐殖化过程	暗沃表层、均腐殖质特性
富铁土（Ferrosols）	中度富铁铝化过程	富铁层
淋溶土（Argosols）	黏化过程	黏化层
雏形土（Cambosols）	矿物蚀变过程	雏形层
新成土（Primosols）	无明显发育	淡薄表层

（2）亚纲：亚纲是土纲的辅助级别，主要根据影响现代成土过程的控制因素所反映的性质（如水分状况、温度状况和岩性特征）划分。按水分状况划分的亚纲有：人为土纲中的水耕人为土和旱耕人为土，火山灰土纲中的湿润火山灰土，铁铝土纲中的湿润铁铝土，变性土纲中的潮湿变性土、干润变性土和湿润变性土，潜育土纲中的滞水潜育土和正常（地下水）潜育土，均腐土纲中的干润均腐土和湿润均腐土，淋溶土纲中的干润淋溶土和湿润淋溶土，富铁土纲中的干润富铁土、湿润富铁土和常湿富铁土，雏形土纲中的潮湿雏形土、干润雏形土、湿润雏形土和常湿雏形土。按温度状况划分的亚纲有：干旱土纲中的寒性干旱土和正常（温暖）干旱土，有机土纲中的永冻有机土和正常有机土，火山灰土纲中的寒性火山灰土，淋溶土纲中的冷凉淋溶土和雏形土纲中的寒冻雏形土。按岩性特征划分的亚纲有：火山灰土纲中的玻璃质火山灰土，均腐土纲中的岩性均腐土和新成土纲中的砂质新成土、冲积新成土和正常新成土。此外，个别土纲由于影响现代成土过程的控制因素差异不大，所以直接按主要成土过程发生阶段所表现的性质划分，如灰土土纲中的腐殖灰土和正常灰土，盐成土纲中的碱积盐成土和正常（盐积）盐成土。

（3）土类：土类是亚纲的续分。土类类别多根据反映主要成土过程强度或次要成土过程或次要控制因素的表现性质划分。根据主要过程强度的表现性质划分的如：正常有机土中反映泥炭化过程强度的高腐正常有机土，半腐正常有机土，纤维正常有机土土类；根据次要成土过程的表现性质划分的如：正常干旱土中反映钙化、石膏化、盐化、黏化、土内风化等次要过程的钙积正常干旱土、石膏正常干旱土、盐积正常干旱土、黏化正常干旱土和简育正常干旱土等土类；根据次要控制因素的表现性质划分的有：反映母质岩性特征的钙质干润淋溶土、钙质湿润富铁土、钙质湿润雏形土、富磷岩性均腐土等，反映气候控制因素的寒冻冲积新成土、干旱冲积新成土、干润冲积新成土和湿润冲积新成土等。

（4）亚类：亚类是土类的辅助级别，主要根据是否偏离中心概念，是否具有附加过程的特性和是否具有母质残留的特性划分。代表中心概念的亚类为普通亚类，具有附加过程特性的亚类为过渡性亚类，如灰化、漂白、黏化、龟裂、潜育、斑纹、表蚀、耕淀、堆垫、肥熟等；具有母质残留特性的亚类为继承亚类，如石灰性、酸性、含硫等。

2. 土壤命名

高级分类级别的土壤类型名称采用从土纲到亚类的属性连续命名。名称结构以土纲名称为基础，其前依次叠加反映亚纲、土类和亚类性质的术语，以分别构成亚纲、土类和亚类的名称。土壤性状术语尽量限制为 2 个汉字，这样土纲的名称一般为 3 个汉字，亚纲为 5 个汉字，土类为 7 个汉字，亚类为 9 个汉字。个别类别由于性质术语超过 2 个汉字或采用复合名称时可略高于上述数字。各级类别名称一律选用反映诊断层或诊断特性的名称，部分或选有发生意义的性质名称或诊断现象名称。如为复合亚类在两个亚类形容词之间加连接号"-"。例如表蚀黏化湿润富铁土（亚类），属于富铁土（土纲）、湿润富铁土（亚纲）、黏化湿润富铁土（土类）。

3. 分类检索

中国土壤系统分类的各级类别是通过诊断层和诊断特性的检索系统确定的。使用者可按照检索顺序，自上而下逐一排除那些不符合某种土壤要求的类别，就能找出它的正确分类位置。因此，土壤检索系统既要包括各级类别的鉴别特性，又要包括它们的检索顺序。此外，每一种土壤都可以找到其应有的分类位置，且只能找到一个位置。

检索顺序是土壤类别在检索系统中的先后检出次序，必须严格按照检索顺序进行检索。在自然界中，土壤的发生及其性质十分复杂，除优势的或主要成土过程及其产生的鉴别性质外，还有次要的或附加的成土过程及其产生的性质。一种土壤的优势成土过程及其产生的性质，很可能是另一类土壤的次要成土过程及其产生的性质；相反，一类土壤的次要成土过程与性质可能成为另一类土壤的优势过程与性质。因此，如果没有一个严格的土壤检索顺序，这些鉴别性质相同、但优势成土过程不同的土壤就可能并入同一类别。在分类中首先检索土纲，然后按同样的方法检索亚纲、土类、亚类。

中国土壤系统分类 14 个土纲的检索详见表 3-2。

4. 新近广西土壤系统分类研究

20 世纪 90 年代后，学者们开展了广西土壤系统分类研究，为进一步完善该区域的土壤分类研究奠定了基础。

表 3-2　中国土壤系统分类 14 个土纲检索表（龚子同等，2014）

序号	诊断层和/或诊断特性	土纲
1	土壤中有机土壤物质总厚度≥40 cm，若容重<0.1 Mg/m³，则其厚度为≥60 cm，且其上界在土表至 40 cm 深范围内	有机土（Histosols）
2	其他土壤中有：水耕表层和水耕氧化还原层；或肥熟表层和磷质耕作淀积层；或灌淤表层；或堆垫表层	人为土（Anthrosols）
3	其他土壤中在土表下 100 cm 深范围内有灰化淀积层	灰土（Spodosols）
4	其他土壤中在土表至 60 cm 深或至更浅的石质或准石质接触面范围内有 60%或更厚的土层具有火山灰特性	火山灰土（Andosols）
5	其他土壤中上界在土表至 150 cm 深范围内有铁铝层	铁铝土（Ferralosols）
6	其他土壤中土表至 50 cm 深范围内黏粒≥30%，且无石质或准石质接触面，土壤干燥时有宽度>0.5 cm 的裂隙，土表至 100 cm 深范围内有滑擦面或自吞特征	变性土（Vertosols）
7	其他土壤中有干旱表层和上界在土表至 100 cm 深范围内的下列任一个诊断层：盐积层、超盐积层、盐磐、石膏层、超石膏层、钙积层、超钙积层、钙磐、黏化层或雏形层	干旱土（Aridosols）
8	其他土壤中土表至 30 cm 深范围内有盐积层；或土表至 75 cm 深范围内有碱积层	盐成土（Halosols）
9	其他土壤中土表至 50 cm 深范围内有一土层厚度≥10 cm 有潜育特征	潜育土（Gleyosols）
10	其他土壤中有暗沃表层和均腐殖质特性，且在矿质土表至 180 cm 深或更浅的石质或准石质接触面范围内盐基饱和度≥50%	均腐土（Isohumosols）
11	其他土壤中有上界在土表至 125 cm 深范围内的低活性富铁层	富铁土（Ferrosols）
12	其他土壤中有上界在土表至 125 cm 深范围内的黏化层或黏磐	淋溶土（Argosols）
13	其他土壤中有雏形层；或矿质土表至 100 cm 深范围内有如下任一诊断层：漂白层、钙积层、超钙积层、钙磐、石膏层、超石膏层；或矿质土表下 20～50 cm 范围内有一土层（≥10 cm 厚）的 n 值<0.7；或黏粒含量<80 g/kg，并有有机表层，或暗沃表层，或暗瘠表层；或有永冻层和矿质土表至 50 cm 深范围内有滞水土壤水分状况	雏形土（Cambosols）
14	其他有淡薄表层的土壤	新成土（Primosols）

莫权辉等（1993）对广西涠洲岛和斜阳岛沉凝灰岩母质发育土壤的系统分类研究表明，广西涠洲岛和斜阳岛沉凝灰岩母质发育自然土壤和旱地土壤，涠洲岛上火山口附近的土壤属于薄层土土类，其他土壤属于湿润铁硅铝土亚纲的棕红壤，斜阳岛上的土壤为火山灰土。同时建议在《中国土壤系统分类（首次方案）》中，增设火山灰性薄层土和耕淀火山灰土。

陆树华等（2003）对融水苗族自治县境内元宝山土壤系统分类的研究表明，元宝山土壤垂直带谱结构为：黏化富铝湿润富铁土—强度铝质湿润淋溶土—黄色铝质湿润淋溶土—普通铝质常湿雏形土—石质铝质常湿雏形土；对应的土壤发生分类的垂直带谱结构是：山地红壤—山地红黄壤—山地黄壤—山地黄棕壤—山地草甸土。黄玉溢等（2010a）对广西猫儿山土壤系统分类的研究表明，猫儿山低中山地带不同纬度的土壤分别归属于雏形土、富铁土 2 个土纲，铁质湿润雏形土、简育常湿富铁土、富铝常湿富铁土 3 个土类。黄景等（2010）对广西紫色土系统分类研究表明，广西紫色土可划分为雏形土和新成土 2 个土纲、湿润雏形土和正常新成土 2 个亚纲、紫色湿润雏形土和紫色正常新成土 2 个土类以及表蚀紫色湿润雏形土、耕淀紫色湿润雏形土、酸性紫色正常新成土等 9 个亚类。黄玉溢等（2010b）对广西砖红壤在土壤系统分类中的归属研究表明，可归属于土壤系统分类中的铁铝土、富铁土及新成土 3 个土纲、4 个土类。因此，广西土壤发生分类相同的土壤类型并非全部归属于系统分类中的某一土纲或土类，实际工作中应根据土壤剖面的形态描述和理化性质，鉴别出其具有的诊断层和诊断特性，并通过检索系统依次检索、分类定名。陈振威和黄玉溢（2012）对广西百色右江河谷土壤系统分类研究表明，百色右江河谷供试的土壤均归属于富铁土土纲、干润富铁土亚纲和普通简育干润富铁土土类。王薇等（2016）对广西大明山垂直带土壤系统分类的研究表明，大明山垂直带土壤可划分为 3 个土纲，4 个亚纲，5 个土类和 7 个亚类。其土壤垂直带谱结构自下而上为：湿润富铁土—常湿富铁土—常湿雏形土—正常新成土。

以上广西土壤系统分类的研究均只涉及部分区域土壤高级分类单元划分，而有关广西基层分类（土族、土系）的研究未见报道。

3.2　土 系 调 查

广西壮族自治区土系调查工作始于 2014 年，主要依托国家科技基础性工作专项"我国土系调查与《中国土系志（中西部卷）》编制"（2014FY110200，2014～2018）中"广西壮族自治区土系调查与土系志编制"课题。根据本次土系调查的任务要求，调查广西壮族自治区典型土壤类型。广泛收集广西壮族自治区气候、母质、地形资料和图件，广西壮族自治区第二次土壤普查资料，包括《广西土壤》（广西土壤肥料工作站，1994）、《广西土种志》（广西土壤肥料工作站，1993）、各地区（市）、县土壤普查报告以及土壤图。通过气候分区图、母质（母岩）图、地形图叠加后形成不同综合单元图，再考虑各综合单元对应的第二次土壤普查土壤类型及其代表的面积大小，确定本次典型土系调查样点分布，本次土系调查共挖掘单个土体剖面 155 个，单个土体空间分布见图 3-1。

每个采样点（单个土体）土壤剖面挖掘、地理景观、剖面形态描述依据《野外土壤描述与采样手册》（张甘霖和李德成，2016）。土壤颜色描述采用 Munsell 系统，参照《中国土壤标准色卡》(中国科学院南京土壤研究所和中国科学院西安光学精密机械研究所，1988)。土样样品测定分析方法依据《土壤调查实验室分析方法》（张甘霖和龚子同，2012），土壤系统分类高级单元确定依据《中国土壤系统分类检索（第三版）》（中国科学院南京土壤研究所土壤系统分类课题组和中国土壤系统分类课题研究协作组，2001），土族和土系建立依据《中国土壤系统分类土族和土系划分标准》（张甘霖等，2013）。本次水耕人为土亚类划分中，考虑广西的实际情况，修订了《中国土壤系统分类检索（第三版）》中水耕人为土中复钙亚类表述，将"表层土壤"修改为："水耕表层（耕作层或犁底层）土壤"；增加了"复钙铁聚水耕人为土亚类"，其检索条件是：B1.3.2 其他铁聚水耕人为土中在矿质土表至 60 cm 范围内有人为复石灰作用，其碳酸钙含量以水耕表层（耕作层或犁底层）为最高，>45 g/kg，向下渐减。本次土系调查高级分类单元划分考虑了以上修订。

根据土壤剖面形态观察和土壤分析结果，本次土系调查的单个土体中诊断层有暗瘠表层、淡薄表层、水耕表层、水耕氧化还原层、铁铝层、低活性富铁层、黏化层、雏形层、耕作淀积层、漂白层、钙积层、盐积层。根据高级单元土壤检索和统计结果，本次

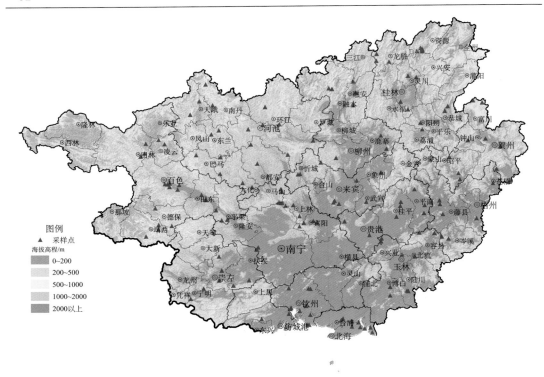

图 3-1　广西壮族自治区土系调查典型单个土体空间分布

调查的单个土体分别归属人为土、铁铝土、变性土、盐成土、潜育土、富铁土、淋溶土、雏形土和新成土 9 个土纲，14 个亚纲，26 个土类，53 个亚类，详见表 3-3。与全国土壤系统分类相比，在广西尚未调查到有机土、灰土、火山灰土、干旱土、均腐土 5 个土纲，有机土、灰土和干旱土土纲的不存在，是由于不具备形成的自然环境条件，火山灰土、均腐土土纲的缺少则可能是受本次调查数量、掌握资料不足所限。随着今后土壤调查的深入，资料信息的不断补充，所划分的具体土壤类型应该还会增加。

表 3-3　广西土系调查的高级分类单元

土纲	亚纲	土类	亚类
人为土	水耕人为土	潜育水耕人为土	含硫潜育水耕人为土、复钙潜育水耕人为土、铁渗潜育水耕人为土、铁聚潜育水耕人为土、普通潜育水耕人为土
		铁渗水耕人为土	普通铁渗水耕人为土
		铁聚水耕人为土	复钙铁聚水耕人为土、底潜铁聚水耕人为土、普通铁聚水耕人为土
		简育水耕人为土	弱盐简育水耕人为土、复钙简育水耕人为土、底潜简育水耕人为土、普通简育水耕人为土
铁铝土	湿润铁铝土	黄色湿润铁铝土	普通黄色湿润铁铝土
		简育湿润铁铝土	黄色简育湿润铁铝土、普通简育湿润铁铝土
变性土	潮湿变性土	钙积潮湿变性土	普通钙积潮湿变性土
		简育潮湿变性土	普通简育潮湿变性土
	湿润变性土	腐殖湿润变性土	普通腐殖湿润变性土

续表

土纲	亚纲	土类	亚类
盐成土	正常盐成土	潮湿正常盐成土	海积潮湿正常盐成土
潜育土	正常潜育土	简育正常潜育土	酸性简育正常潜育土、弱盐简育正常潜育土
富铁土	常湿富铁土	富铝常湿富铁土	黏化富铝常湿富铁土
	湿润富铁土	富铝湿润富铁土	腐殖富铝湿润富铁土
		黏化湿润富铁土	腐殖黏化湿润富铁土、黄色黏化湿润富铁土、盐基黏化湿润富铁土、普通黏化湿润富铁土
		简育湿润富铁土	腐殖简育湿润富铁土、黄色简育湿润富铁土、斑纹简育湿润富铁土、普通简育湿润富铁土
淋溶土	常湿淋溶土	铝质常湿淋溶土	腐殖铝质常湿淋溶土
		简育常湿淋溶土	普通简育常湿淋溶土
	湿润淋溶土	铁质湿润淋溶土	耕淀铁质湿润淋溶土、红色铁质湿润淋溶土、斑纹铁质湿润淋溶土、普通铁质湿润淋溶土
雏形土	潮湿雏形土	淡色潮湿雏形土	普通淡色潮湿雏形土
	常湿雏形土	滞水常湿雏形土	漂白滞水常湿雏形土
		铝质常湿雏形土	石质铝质常湿雏形土、腐殖铝质常湿雏形土、普通铝质常湿雏形土
	湿润雏形土	钙质湿润雏形土	石质钙质湿润雏形土、棕色钙质湿润雏形土
		铝质湿润雏形土	石质铝质湿润雏形土、腐殖铝质湿润雏形土、黄色铝质湿润雏形土、普通铝质湿润雏形土
		铁质湿润雏形土	红色铁质湿润雏形土、普通铁质湿润雏形土
		简育湿润雏形土	普通简育湿润雏形土
新成土	正常新成土	湿润正常新成土	石灰湿润正常新成土

3.3　土族的划分

　　土族是土壤系统分类的基层分类单元。它是在亚类的范围内，按反映与土壤利用管理有关的土壤理化性质的分异程度续分的单元，是地域性（或地区性）成土因素引起的土壤性质分异的具体体现。土族分类选用的主要指标是土壤剖面控制层段的土壤颗粒大小级别、不同颗粒级别的土壤矿物组成类型、土壤温度状况、石灰性与土壤酸碱性、土体厚度等，以反映成土因素和土壤性质的地域性差异。不同类别的土壤划分土族的依据及指标可以不同。

　　土族划分的原则、标准、确定与命名详见《中国土壤系统分类土族和土系划分标准》（张甘霖等，2013）。

　　本次广西壮族自治区土系调查划分土族的具体步骤如下：

　　（1）确定土族控制层段；

　　（2）判别土族控制层段内是否存在颗粒级别强对比；

　　（3）计算土族控制层段颗粒组成加权平均值，确定颗粒大小级别；

　　（4）根据颗粒大小级别，确定矿物学类别；

（5）确定石灰性和酸碱反应类别；

（6）根据 50 cm 深度处土壤温度，确定土壤温度等级。

本次广西壮族自治区土系调查用于土族划分的颗粒大小级别依据美国土壤质地三角图自动查询结果（郭彦彪等，2013）；矿物学类别主要依据本次分析测定结果，并参照前人对广西壮族自治区内土壤黏土矿物研究结果，主要参考资料包括顾新运和许冀泉（1963）、蓝福生等（1993）、吕海波等（2012）等研究论文和《中国水稻土》（李庆逵，1992）、《广西土壤》（广西土壤肥料工作站，1994）、《广西土种志》（广西土壤肥料工作站，1993）等。

土壤 50 cm 深度处年均温度常被作为分异特性用于土壤不同分类级别的区分，土壤 50 cm 深度处年均温度一般比年均气温高 1～3℃（龚子同等，1999）。研究表明（冯学民和蔡德利，2004），50 cm 深度处年均土壤温度与纬度和海拔之间具有很好的相关性，y(50 cm 深度处土温)与纬度（x_1）和海拔（x_2）的回归方程为海拔 1000 m 以下：$y = 40.9951-0.7411 x_1-0.0007 x_2$（$R = 0.964^{**}$）；海拔 1000 m 以上：$y = 39.8565-0.6530 x_1-0.0031 x_2$（$R=0.920^{**}$），由此推算出本次调查单个土体 50 cm 深度处年均土壤温度，以此确定土壤温度状况。

土族命名采用格式为：颗粒大小级别矿物学类型石灰性和酸碱反应土壤温度状况-亚类名称。如"砂质硅质混合型酸性高热性-含硫潜育水耕人为土"。土族修饰词连续使用，在修饰词与亚类之间加破折号，以示区别。

根据以上土族划分方法，本次土系调查的 155 个单个土体共划分出 124 个土族。

3.4　土 系 划 分

土系是中国土壤系统分类最低级别的基层分类单元。它是发育在相同母质上、处于相同景观部位、具有相同土层排列和相似土壤属性的土壤集合（聚合土体）（张甘霖，2001）。其划分依据应主要考虑土族内影响土壤利用的性质差异，以影响利用的表土特征和地方性分异为主。相对于其他分类级别而言，土系能够对不同的土壤类型给出精确的解释。

土系划分的原则和依据、划分标准、土系命名详见《中国土壤系统分类土族和土系划分标准》（张甘霖等，2013）。本次广西壮族自治区土系划分选用的土壤性质与划分标准如下：

1）有效土层厚度

根据有效土层厚度<40 cm、40～80 cm 和 >80 cm 来区分土系。

2）特定土层深度和厚度

（1）特定土层或属性（诊断表下层、根系限制层、残留母质层、特殊土层、诊断特性、诊断现象）（雏形层除外），依上界出现深度，可分为 0～50 cm、50～100 cm、100～150 cm。如指标在高级单元已经应用，则不再在土系中使用。

（2）诊断表下层厚度：在出现深度范围一致的情况下，如诊断表下层厚度差异达到 2 倍（即相差达到 3 倍）或厚度差异超过 30 cm，可以区分不同的土系。

3）表层土壤质地、厚度

当表层（或耕作层）20 cm 混合后质地为不同的类别时，可以按照质地类别区分土系。土壤质地类别如下：砂土类（砂土、壤质砂土），壤土类（砂质壤土、壤土、粉壤土、粉土），黏壤土类（砂质黏壤土、黏壤土、粉质黏壤土），黏土类（砂质黏土、粉质黏土、黏土）。

表层（腐殖质层）厚度：<20 cm、≥20 cm。

4）土壤中岩石碎屑、结核、侵入体等

在同一土族中，当土体内加权碎屑（直径或最大尺寸 2～75 mm）绝对含量差异超过 30%时，可以划分不同土系。土体中结核、侵入体的有无和丰度等级不同（很少、少量、中量、多量、很多）等，也可划分不同土系。

5）土壤盐分含量

盐化类型的土壤（非盐成土）按照盐积层土壤盐分含量，可以划分不同的土系。高含盐量（6～10 g/kg）；低含盐量（2～6 g/kg）。

6）土壤中碳酸钙相当物含量

在同一土族中，可根据石灰反应的有无区分不同土系；当土体均有石灰反应时，可根据碳酸钙相当物含量来区分不同的土系。

7）土体颜色

在同一土族中，当土系控制层段中土体色调相差 2 个级别以上，超过人为判断误差范围，可以区分不同的土系。

通过对调查的 155 个单个土体的筛选和归并，合计建立 149 个土系，涉及 9 个土纲，14 个亚纲，26 个土类，53 个亚类，124 个土族（表 3-4）。

表 3-4　广西壮族自治区土系分布统计

土纲	亚纲	土类	亚类	土族	土系
人为土	1	4	13	49	68
铁铝土	1	2	3	4	4
变性土	2	3	3	3	4
盐成土	1	1	1	1	1
潜育土	1	1	2	2	2
富铁土	2	4	10	24	26
淋溶土	2	3	6	8	8
雏形土	3	7	14	31	34
新成土	1	1	1	2	2
合计	14	26	53	124	149

下篇　区域典型土系

第4章 人 为 土

4.1 含硫潜育水耕人为土

4.1.1 康熙岭系（Kangxiling Series）

土　族：砂质硅质混合型酸性高热性-含硫潜育水耕人为土
拟定者：卢　瑛，韦翔华

分布与环境条件　分布于钦州、北海、防城港等市沿海围田中有红树植被生长过的地带，地势平坦。成土母质为滨海沉积物，系含硫潮湿盐成土（酸性硫酸盐土）种稻发育而成。土地利用类型为水田，种植制度为两季水稻或水稻-蔬菜轮作。南亚热带海洋性季风气候，年平均气温 22～23℃，年平均降雨量 2000～2200 mm。

康熙岭系典型景观

土系特征与变幅　诊断层包括水耕表层、水耕氧化还原层；诊断特性有人为滞水土壤水分状况、潜育特征、氧化还原特征、硫化物物质、高热土壤温度状况、盐积现象。地下水位浅，土表 30～50 cm 以下土体处于淹水还原状态。细土质地为砂质壤土-黏土。Br 层结构面上有铁锰斑纹、胶膜。地表 15～60 cm 土壤孔隙或裂隙中有黄钾铁矾结晶；土壤水溶性硫酸盐 0.2～2 g/kg，可溶性盐 1.0～9.0 g/kg，呈极强酸性反应，pH 2.5～4.0。

对比土系　大陶系，分布区域相邻，属于相同亚类。大陶系土壤耕作层可溶性盐分含量 <1.0 g/kg，仅底层土壤含有一定盐分和水溶性硫酸盐；由于排水不良，自耕作层开始就出现潜育特征；土族控制层段颗粒大小级别为黏壤质。

利用性能综述　该土系土壤酸性极强，养分含量中等，耕层质地较黏重，耕性较差，水稻受酸害表现为黑根、叶呈褐紫色、分蘖差、植株矮小、产量不高。改良利用措施：修建和完善农田水利设施，加强田间水分管理，注意勤灌勤排，引淡水洗咸排酸；适量施用石灰、贝壳灰等碱性土壤改良剂中和土壤酸性；冬种绿肥、秸秆还田，实行科学配方施肥，增施有机肥、磷肥，补充微量元素肥料。

参比土种　咸酸田。

代表性单个土体　位于钦州市钦南区康熙岭镇板坪村委那沙村；21°54'4.0"N，108°30'38.1"E，海拔–2 m；海积平原，地势平坦，成土母质为滨海沉积物；耕地，种植双季水稻。50 cm深度土温24.8℃。野外调查时间为2014年12月18日，编号45-005。

康熙岭系代表性单个土体剖面

Ap1：0～12 cm，橙白色（10YR 8/2，干），暗棕色（10YR 3/3，润）；黏壤土，强度发育小块状结构，疏松，中量细根，孔隙周围有中量铁锰斑纹；向下层波状模糊过渡。

Ap2：12～25 cm，80%灰黄棕色、20%黄色（80% 10YR 6/2、20% 2.5Y 8/8，干），80%橄榄棕色、20%黄橙色（80% 2.5Y 4/3、20% 10YR 7/8，润）；黏土，强度发育小块状结构，稍紧实，少量细根，孔隙周围和结构面有很多铁锰斑纹，有少量的黄钾铁矾结晶；向下层波状清晰过渡。

Bg1：25～39 cm，灰色（N6/0，干），浊黄棕色（10YR 4/3，润）；粉质黏土，强度发育小棱柱状结构，稍紧实，土体内有很多的黄钾铁矾，强度亚铁反应；向下层波状清晰过渡。

Bg2：39～61 cm，棕灰色（10YR 6/1，干），黑色（2.5Y 2/1，润）；砂质壤土，强度发育小块状结构，疏松，强度亚铁反应；向下层波状清晰过渡。

Bg3：61～110 cm，灰色（N 4/0，干），黑色（2.5Y 2/1，润）；砂质壤土，中度发育小块状结构，疏松，土体内有很多次圆状的石英颗粒，强度亚铁反应。

康熙岭系代表性单个土体物理性质

土层	深度/cm	砾石（>2 mm，体积分数）/%	细土颗粒组成（粒径：mm）/（g/kg）			质地类别	容重/（g/cm³）
			砂粒 2～0.05	粉粒 0.05～0.002	黏粒<0.002		
Ap1	0～12	1	324	307	369	黏壤土	0.98
Ap2	12～25	<1	222	364	414	黏土	1.12
Bg1	25～39	<1	176	421	403	粉质黏土	1.04
Bg2	39～61	2	708	114	177	砂质壤土	1.05
Bg3	61～110	10	774	95	131	砂质壤土	1.00

康熙岭系代表性单个土体化学性质

深度 /cm	pH (H₂O)	有机碳	全氮 (N)	全磷 (P)	全钾 (K)	CEC	交换性盐基总量	游离氧化铁	可溶性盐	水溶性硫酸盐
		/ (g/kg)				/ (cmol(+)/kg)		/ (g/kg)		/ (g/kg)
0～12	3.9	42.9	3.57	0.87	16.00	20.5	3.4	29.4	1.3	0.2
12～25	3.4	24.9	1.40	0.37	17.80	20.8	4.2	41.2	2.0	0.2
25～39	3.0	41.2	1.44	0.24	18.20	26.6	5.7	36.5	6.6	1.3
39～61	2.8	29.0	0.90	0.08	7.10	14.4	6.3	3.5	8.0	1.4
61～110	2.9	20.8	0.52	0.06	5.63	7.0	3.9	4.1	9.1	1.9

4.1.2　大陶系（Datao Series）

土　族：黏壤质硅质混合性酸性高热性–含硫潜育水耕人为土
拟定者：卢　瑛，贾重建

分布与环境条件　分布于钦州、北海、防城港等市沿海围田地势较高或种稻年限较长，灌溉条件好的地段。成土母质为浅海沉积物；土地利用类型为水田，种植双季稻。属南亚热带季风气候，年平均气温 22～23℃，年平均降雨量 2000～2200 mm。

大陶系典型景观

土系特征与变幅　诊断层包括水耕表层、水耕氧化还原层；诊断特性包括人为滞水土壤水分状况、潜育特征、氧化还原特征、硫化物物质、高热土壤温度状况。因受水分影响，整个剖面呈现强度亚铁反应，具有潜育特征。细土质地均一，为黏壤土。水耕表层、水耕氧化还原层结构面上有铁锰斑纹、胶膜。水耕氧化还原层土壤孔隙或裂隙中有少量黄钾铁矾结晶；土壤呈极强酸性，pH 3.0～4.5，水溶性硫酸盐含量 0.1～0.4 g/kg，可溶性盐含量 0.3～2.0 g/kg。

对比土系　康熙岭系，分布区域相邻，属于相同亚类。康熙岭系土体中水溶性硫酸盐和可溶性盐分含量明显高于大陶系；水耕表层以下土体具有潜育特征；土族控制层段颗粒大小级别为砂质。

利用性能综述　该土系多在老围田中，灌溉条件较好，水耕时间长，耕作层盐分含量低于 1.0 g/kg，一般不易产生咸害，有一定熟化程度，养分含量中等水平，但酸性强，对水稻生长有较大危害，产量低（单季 300 kg/亩），并影响磷素和微量元素的有效供应。改良措施：完善排灌系统，降低地下水位，增加土壤通透性；适量施用石灰和增施磷肥；冬种绿肥，增加土壤有机质含量，培肥土壤，提高地力。

参比土种　淡酸田。

代表性单个土体　位于防城港市防城区茅岭镇大陶村；21°48'25.7"N，108°28'53.9"E，海拔 15 m；成土母质为浅海沉积物；种植双季水稻。50 cm 深度土温 24.8℃。野外调查时间为 2014 年 12 月 20 日，编号 45-010。

Ap1：0～13 cm，浅淡黄色（2.5Y 8/3，干），浊黄棕色（10YR 5/4，润）；黏壤土，强度发育小块状结构，稍紧实，中量细根，结构面、根系周围有很大量的铁锰斑纹，强度亚铁反应；向下层平滑清晰过渡。

Ap2：13～23 cm，灰白色（2.5Y 8/1，干），淡黄色（2.5Y 7/4，润）；黏壤土，强度发育小块状结构，紧实，很少量极细根，结构面、根系周围有大量铁锰斑纹，强度亚铁反应；向下层平滑清晰过渡。

Bg1：23～45 cm，橙白色（10YR 8/1，干），灰白色（2.5Y 8/1，润）；黏壤土，弱度发育中柱状结构，稍紧实，结构面有少量的铁锰斑纹，有少量黄色（2.5Y 8/8）的黄钾铁矾结晶，强度亚铁反应；向下层平滑模糊过渡。

Bg2：45～100 cm，灰白色（2.5Y 8/2，干），黄灰色（2.5Y 5/1，润）；黏壤土，弱度发育中柱状结构，稍紧实，孔隙内有少量黄色(2.5Y 8/8)的黄钾铁矾结晶，强度亚铁反应。

大陶系代表性单个土体剖面

大陶系代表性单个土体物理性质

| 土层 | 深度 /cm | 砾石 (>2 mm，体积分数) /% | 细土颗粒组成（粒径：mm）/（g/kg） | | | 质地类别 | 容重 /（g/cm³） |
			砂粒 2～0.05	粉粒 0.05～0.002	黏粒<0.002		
Ap1	0～13	0	216	508	277	黏壤土	1.24
Ap2	13～23	1	242	428	330	黏壤土	1.47
Bg1	23～45	1	283	395	322	黏壤土	1.39
Bg2	45～100	0	248	471	281	黏壤土	1.32

大陶系代表性单个土体化学性质

| 深度 /cm | pH (H₂O) | 有机碳 | 全氮 (N) | 全磷 (P) | 全钾 (K) | CEC | 交换性盐基总量 | 游离氧化铁 /（g/kg） | 可溶性盐 | 水溶性硫酸盐 |
		/（g/kg）				/（cmol(+)/kg）			/（g/kg）	
0～13	4.5	25.5	2.06	0.57	20.4	11.9	6.6	33.8	0.8	0.1
13～23	4.1	7.9	0.81	0.31	20.5	9.3	2.5	43.5	0.4	0.1
23～45	3.6	9.4	0.56	0.26	20.8	11.7	1.0	32.5	0.3	0.1
45～100	3.2	11.9	0.54	0.14	14.0	11.5	0.6	10.1	1.9	0.4

4.2　复钙潜育水耕人为土

4.2.1　新坡系（Xinpo Series）

土　　族：壤质混合型非酸性热性-复钙潜育水耕人为土
拟定者：卢　瑛，姜　坤

分布与环境条件　主要分布于桂林、柳州、河池市等岩溶地区的山冲、低洼垌田。成土母质为古湖相沉积物。土地利用类型为耕地，种植水稻，部分改种桑树等，亚热带湿润季风性气候，年平均气温 20～21℃，年平均降雨量 1400～1600 mm。

新坡系典型景观

土系特征与变幅　诊断层包括水耕表层、水耕氧化还原层；诊断特性包括人为滞水土壤水分状况、潜育特征、氧化还原特征、热性土壤温度状况。土表 20 cm 以下开始具有潜育特征，细土质地为粉壤土-黏壤土；土壤颜色为灰橄榄色-橄榄黑色；土壤有机质、全氮、全磷含量高，CEC 较高，土壤钾含量极低。土壤有机质碳化成黑泥层，土壤含游离碳酸钙，土表 80 cm 以内土体均有石灰反应，土壤呈中性至微碱性，pH 7.0～8.0。

对比土系　平木系，属于相同土类。成土母质为花岗岩风化坡积、洪积物，分布于受侧渗水影响区域，水耕表层之下形成了灰白色铁渗淋亚层，属于铁渗潜育水耕人为土亚类。

利用性能综述　该土系土壤颜色深黑，土壤有机质、全氮含量高，但有机质品质差、氮矿化率低，土壤黏性差，肥力不高，全钾含量低，故养分供应状况不好，产量低。改良措施：开沟排渍，进行冬翻晒田，增加土壤通透性，改善土壤微生物活动，停止施用石灰，增施磷钾肥，提高土壤养分供应水平，改良土壤结构，提高土壤肥力水平。

参比土种　石灰性黑泥田。

代表性单个土体　位于河池市环江毛南族自治县大才乡新坡村平治屯；24°44'46.6"N，108°20'48.9"E，海拔 223 m；地势平坦，成土母质为古湖相沉积物；耕地，种植水稻、桑树等。50 cm 深度土温 22.5℃。野外调查时间为 2016 年 3 月 9 日，编号 45-090。

Ap1：0～12 cm，淡灰色（5Y 7/2，干），灰橄榄色（5Y 4/2，润）；壤土，强度发育小块状结构，疏松，中量细根，强度石灰反应；向下层平滑渐变过渡。

Ap2：12～20 cm，淡灰色（5Y 7/2，干），灰橄榄色（5Y 5/2，润）；粉壤土，强度发育中块状结构，稍紧实，少量细根，根系和孔隙周围有中量（10%）的铁锰斑纹，有很少(1%)碎瓦片，强度石灰反应；向下层平滑清晰过渡。

Bg1：20～53 cm，淡灰色（5Y 7/2，干），灰橄榄色（5Y 5/2，润）；壤土，中度发育大块状结构，稍紧实，有很少(1%)碎瓦片、螺壳，强度石灰反应，轻度亚铁反应；向下层平滑渐变过渡。

Bg2：53～80 cm，灰色（5Y 4/1，干），橄榄黑色（5Y 3/1，润）；壤土，弱发育大块状结构，稍紧实，中度石灰反应，中度亚铁反应；向下层平滑清晰过渡。

Bg3：80～100 cm，浅淡黄色（2.5Y 8/4，干），橄榄棕色（2.5Y 4/6，润）；黏壤土，弱发育大块状结构，紧实，中度亚铁反应。

新坡系代表性单个土体剖面

新坡系代表性单个土体物理性质

土层	深度 /cm	砾石 (>2 mm, 体积分数)/%	细土颗粒组成（粒径：mm）/（g/kg）			质地类别	容重 /（g/cm³）
			砂粒 2～0.05	粉粒 0.05～0.002	黏粒<0.002		
Ap1	0～12	0	410	458	132	壤土	0.96
Ap2	12～20	0	352	522	126	粉壤土	1.14
Bg1	20～53	0	377	500	123	壤土	1.08
Bg2	53～80	0	427	376	196	壤土	1.07
Bg3	80～100	0	418	286	296	黏壤土	1.47

新坡系代表性单个土体化学性质

深度 /cm	pH (H₂O)	有机碳	全氮（N）	全磷（P）	全钾（K）	CEC /（cmol(+)/kg）	游离氧化铁 /（g/kg）	CaCO₃ 相当物 /（g/kg）
		/（g/kg）						
0～12	7.4	75.4	6.51	1.52	5.52	28.4	36.5	86.2
12～20	7.5	70.3	6.02	1.16	5.52	27.5	36.8	85.5
20～53	8.0	90.1	6.41	0.81	5.23	32.0	34.9	63.7
53～80	7.9	25.7	1.54	0.43	1.98	12.5	36.8	18.3
80～100	7.8	4.4	0.44	0.44	3.01	7.2	36.2	0.6

4.3　铁渗潜育水耕人为土

4.3.1　平木系（Pingmu Series）

土　　族：黏壤质硅质混合型酸性高热性-铁渗潜育水耕人为土
拟定者：卢　瑛，熊　凡

分布与环境条件　主要分布于钦州、防城港、南宁市等受侧渗水影响区域。成土母质为花岗岩风化坡积、洪积物。土地利用类型为耕地，种植单季水稻。属南亚热带湿润季风气候，年平均气温 22～23℃，年平均降雨量 2000～2200 mm。

平木系典型景观

土系特征与变幅　诊断层包括水耕表层、水耕氧化还原层；诊断特性包括人为滞水土壤水分状况、潜育特征、氧化还原特征、高热土壤温度状况。受侧渗水影响，灰白色铁渗淋亚层位于水耕表层之下，土体构型为 Ap-BgE-Bg。细土质地为砂质壤土-黏壤土，土壤呈强酸性-酸性，pH 4.0～5.5。

对比土系　新坡系，属于相同土类，分布于石灰岩岩溶地区的山冲、低洼垌田，成土母质为古湖相沉积物，因受到岩溶水的影响，上部土体复钙作用明显，石灰反应强烈，属于复钙潜育水耕人为土亚类。北宁系，具有相似的离铁离锰发生学过程，水耕表层之下形成了灰白色铁渗淋亚层，因整个土体没有潜育特征，归属普通铁渗水耕人为土亚类。

利用性能综述　耕作层疏松、耕性好，地下水位高。土壤有机质、全氮含量低-中等，全磷、全钾含量较低，CEC 低，<10 cmol(+)/kg。具有潜育特征土层出现部位浅，水耕表层之下为瘦瘠的白胶泥层。改良利用措施：开沟排水，引流侧渗水，降低地下水位。冬种绿肥、秸秆还田，增施有机肥，培肥土壤。测土平衡施肥，合理施用氮、磷、钾肥和中微量元素肥料，协调养分元素供应，提高土壤生产力。

参比土种　浅渗白胶泥田。

代表性单个土体　位于防城港市防城区那梭镇平木村田心组；21°43'41.7"N，108°4'24.7"E，海拔 23 m；山丘坡脚，成土母质为花岗岩风化坡积、洪积物；耕地，种植单季稻。50 cm 深度土温 24.9℃。野外调查时间为 2014 年 12 月 20 日，编号 45-011。

Ap1：0～18 cm，灰黄色（2.5Y 7/2，干），灰黄棕色（10YR 4/2，润）；壤土，强度发育小块状结构，稍疏松，中量细根，根系周围有很少量的铁锰斑纹；向下层平滑清晰过渡。

Ap2：18～28 cm，灰白色（2.5Y 8/2，干），灰黄色（2.5Y 6/2，润）；砂质壤土，强度发育小块状结构，紧实，很少量细根，根系周围有很少量的铁锰斑纹，强度亚铁反应；向下层平滑清晰过渡。

Bg1：28～58 cm，灰白色（5Y 8/2，干），灰色（5Y 6/1，润）；砂质壤土，中度发育大块状结构，紧实，结构面、孔隙周围有中量铁锰斑纹，结构面上有少量橙色（7.5YR 6/8）的铁锰胶膜，轻度亚铁反应；向下层波状清晰过渡。

Bg2：58～100 cm，50%浅淡黄色、50%亮黄棕色（50%2.5Y 8/3，50%10YR 6/8，干），50%亮黄棕色、50%亮棕色（50% 2.5Y 7/6、50% 7.5YR 5/8，润）；砂质黏壤土，弱度发育大块状结构，紧实，结构面、孔隙周围有很多的铁锰斑纹，中度亚铁反应。

平木系代表性单个土体剖面

平木系代表性单个土体物理性质

| 土层 | 深度 /cm | 砾石 (>2 mm, 体积分数) /% | 细土颗粒组成（粒径：mm）/（g/kg） | | | 质地类别 | 容重 /（g/cm³） |
			砂粒 2～0.05	粉粒 0.05～0.002	黏粒<0.002		
Ap1	0～18	2	515	338	147	壤土	1.18
Ap2	18～28	2	560	297	143	砂质壤土	1.46
Bg1	28～58	1	539	321	140	砂质壤土	1.42
Bg2	58～100	4	511	235	254	砂质黏壤土	1.45

平木系代表性单个土体化学性质

| 深度 /cm | pH (H₂O) | 有机碳 | 全氮（N） | 全磷（P） | 全钾（K） | CEC | 交换性盐基总量 | 游离氧化铁 |
		/（g/kg）				/（cmol(+)/kg）		/（g/kg）
0～18	4.6	19.5	1.57	0.27	10.0	6.3	1.3	5.6
18～28	4.8	9.6	0.72	0.19	9.9	4.3	1.1	4.0
28～58	5.0	2.6	0.15	0.10	9.6	3.3	1.0	5.8
58～100	5.3	2.8	0.22	0.22	4.21	5.4	1.8	32.9

4.4　铁聚潜育水耕人为土

4.4.1　黎木系（Limu Series）

土　　族：黏壤质混合型酸性高热性-铁聚潜育水耕人为土
拟定者：卢　瑛，韦翔华

分布与环境条件　主要分布于钦州、玉林、桂林、河池市等山间冲田、谷地、垌底等地势低洼的地方。成土母质为紫色页岩洪积、冲积物。土地利用类型为耕地，种植两季水稻。属南亚热带湿润季风性气候，年平均气温 21～22℃，年平均降雨量 1400～1600 mm。

黎木系典型景观

土系特征与变幅　诊断层包括水耕表层、水耕氧化还原层；诊断特性包括人为滞水土壤水分状况、潜育特征、氧化还原特征、高热土壤温度状况。耕作层厚 10～15 cm，细土质地为壤土-黏壤土，犁底层开始具有亚铁反应；土壤呈强酸性-酸性反应，pH 4.0～5.5。

对比土系　螺桥系、涩塘系，属于相同亚类。螺桥系土族控制层段颗粒大小级别和矿物学类型为黏壤质、混合型，涩塘系为壤质、硅质混合型；螺桥系土体上部具有石灰反应，土壤酸碱反应类别为非酸性，热性土壤温度状况。

利用性能综述　土壤排水不畅，水耕表层下部开始出现潜育特征，水多、土冷、还原性强，土壤还原性有毒物质多，水稻生长不良，黑根、烂根多，早春禾苗返青慢。改良利用措施：实行土地整理，修建完善排灌水利设施，排水治潜，改善土壤通气性能；加强田间管理，冬翻晒白；冬种绿肥，增施有机肥料，增施磷、钾肥，改良土壤结构，提高土壤肥力。

参比土种　浅潜底田。

代表性单个土体　位于玉林市容县罗江镇黎木村新屋队；23°3'8.4"N，110°26'3.7"E，海拔 94 m；紫色砂页岩丘陵冲田，成土母质为紫色页岩洪积、冲积物；耕地，种植两季水稻。50 cm 深度土温 23.8℃。野外调查时间为 2016 年 12 月 22 日，编号 45-132。

Ap1：0～13 cm，浊橙色（5YR 7/3，干），暗红棕色（5YR 3/4，润）；壤土，强度发育大块状结构，稍疏松，干时坚硬，多量细根和极细根；向下层平滑渐变过渡。

Ap2：13～25 cm，浊橙色（5YR 7/3，干），暗红棕色（2.5YR 3/4，润）；壤土，强度发育大块状结构，紧实，中量细根，强度亚铁反应；向下层平滑模糊过渡。

Bg1：25～53 cm，浊橙色（5YR 6/3，干），浊红棕色（2.5YR 4/3，润）；黏壤土，中等发育大块状结构，稍紧实，结构面、孔隙周围有少量的铁锰斑纹，强度亚铁反应；向下层平滑模糊过渡。

Bg2：53～85 cm，50%淡棕灰色、50%黄棕色（50% 5YR 7/2、50% 10YR 5/8，干），50%浊红棕色、50%灰色（50% 2.5YR 4/3、50% N 5/0，润）；黏壤土，弱发育大块状结构，稍紧实，结构面、孔隙周围有少量的铁锰斑纹，强度亚铁反应；向下层平滑清晰过渡。

黎木系代表性单个土体剖面

Bg3：85～100 cm，浊橙色（5YR 6/4，干），暗红棕色（5YR 3/6，润）；黏壤土，弱发育大块状结构，紧实，强度亚铁反应。

黎木系代表性单个土体物理性质

土层	深度 /cm	砾石 (>2 mm, 体积分数) /%	细土颗粒组成（粒径：mm）/（g/kg）			质地类别	容重 /（g/cm³）
			砂粒 2～0.05	粉粒 0.05～0.002	黏粒<0.002		
Ap1	0～13	5	341	397	262	壤土	1.20
Ap2	13～25	5	359	397	245	壤土	1.46
Bg1	25～53	4	261	405	334	黏壤土	1.39
Bg2	53～85	5	292	383	325	黏壤土	1.59
Bg3	85～100	15	219	394	386	黏壤土	—

黎木系代表性单个土体化学性质

深度 /cm	pH (H₂O)	有机碳	全氮（N）	全磷（P）	全钾（K）	CEC	交换性盐基总量	游离氧化铁
				/（g/kg）			/（cmol(+)/kg）	/（g/kg）
0～13	4.7	24.2	1.99	0.66	17.32	11.0	4.1	23.6
13～25	4.8	16.7	1.54	0.45	17.92	9.2	5.4	25.1
25～53	5.2	6.8	0.78	0.26	21.55	8.8	4.8	40.1
53～85	5.0	7.0	0.67	0.23	20.34	9.9	3.8	32.2
85～100	5.1	2.3	0.77	0.37	32.91	13.5	2.7	71.6

4.4.2 螺桥系（Luoqiao Series）

土　　族：黏壤质混合型非酸性热性-铁聚潜育水耕人为土
拟定者：卢　瑛，贾重建

分布与环境条件　主要分布于贺州市等山丘谷地。成土母质为洪积、冲积物。土地利用类型为耕地，种植水稻或水稻-蔬菜轮作。属南亚热带湿润季风性气候，年平均气温 19～20℃，年平均降雨量 1400～1600 mm。

螺桥系典型景观

土系特征与变幅　诊断层包括水耕表层、水耕氧化还原层；诊断特性包括人为滞水土壤水分状况、潜育特征、氧化还原特征、热性土壤温度状况。土体深厚，厚度>100 cm，耕层厚度 10～15 cm，水耕表层下有厚度 10～20 cm 具有潜育特征土层；细土质地为黏壤土，土体上部有轻度石灰反应；土壤盐基饱和，呈中性-碱性反应，pH 7.0～8.0。

对比土系　黎木系、涩塘系，属于相同亚类。黎木系土族控制层段颗粒大小级别和矿物学类型为黏壤质、混合型，涩塘系为壤质、硅质混合型；黎木系、涩塘系土壤酸碱反应类别为酸性，高热土壤温度状况。

利用性能综述　该土系呈中性-碱性反应，耕层土壤有机质和全氮、全磷含量高，钾含量低，微量元素缺乏，化肥施用易引起氮素挥发、磷素固定，肥效差。利用改良措施：实行水旱轮作，避免岩溶水灌溉；推广冬种绿肥、秸秆还田，增施有机肥，提高土壤有机质含量，培肥土壤；选用生理酸性肥料，补充钾、锌等养分供应，提高作物产量。

参比土种　石灰性田。

代表性单个土体　位于贺州市八步区莲塘镇螺桥村岭背组，24°23'04.0"N，111°38'54.7"E，海拔 89 m；宽谷垌田，成土母质为洪积、冲积物；耕地，种植水稻。50 cm 深度土温 22.9℃。

野外调查时间为 2017 年 3 月 19 日，编号 45-147。

Ap1：0~12 cm，淡灰色（2.5Y 7/1，干），橄榄棕色（2.5Y 4/4，润）；黏壤土，强度发育小块状结构，疏松，多量极细根，轻度石灰反应；向下层平滑清晰过渡。

Ap2：12~23 cm，灰色（5Y 6/1，干），灰橄榄色（5Y 4/2，润）；黏壤土，强度发育大块状结构，紧实，很少量细根，中度亚铁反应，轻度石灰反应；向下层平滑渐变过渡。

Bg：23~35 cm，90%灰色、10%亮黄棕色（90% 5Y 5/1、10% 10YR 6/6，干），90%灰橄榄色、10%黄棕色（90% 5Y 4/2、10% 10YR 5/6，润）；黏壤土，强度发育大块状结构，紧实，很少量极细根，强度亚铁反应，轻度石灰反应；向下层平滑清晰过渡。

Br1：35~60 cm，85%灰白色、15%黄色（85% 2.5Y 8/1、15% 2.5Y 8/6，干），85%淡灰色、15%亮黄棕色（85% 2.5Y 7/1、15% 10YR 6/8，润）；粉质黏壤土，强度发育大块状结构，紧实，结构面、孔隙周围有中量的铁锰斑纹，轻度石灰反应；向下层清晰平滑过渡。

螺桥系代表性单个土体剖面

Br2：60~100 cm，70%灰白色、30%橙色（70% 2.5Y 8/1、30% 5YR 6/8，干），70%淡灰色、30%红棕色（70% 2.5Y 7/1、30% 5YR 4/8，润）；粉质黏壤土，中度发育大块状结构，紧实，结构体表面、孔隙周围有中量的铁锰斑纹。

螺桥系代表性单个土体物理性质

| 土层 | 深度 /cm | 砾石（>2 mm，体积分数）/% | 细土颗粒组成（粒径：mm）/（g/kg） | | | 质地类别 | 容重 /（g/cm³） |
			砂粒 2~0.05	粉粒 0.05~0.002	黏粒<0.002		
Ap1	0~12	2	254	456	290	黏壤土	1.17
Ap2	12~23	5	270	438	292	黏壤土	1.36
Bg	23~35	2	378	347	275	黏壤土	1.49
Br1	35~60	0	78	612	310	粉质黏壤土	1.57
Br2	60~100	0	157	552	290	粉质黏壤土	1.57

螺桥系代表性单个土体化学性质

| 深度 /cm | pH（H_2O） | 有机碳 | 全氮（N） | 全磷（P） | 全钾（K） | CEC /（cmol(+)/kg） | 游离氧化铁 /（g/kg） | $CaCO_3$ 相当物 /（g/kg） |
		/（g/kg）						
0~12	7.1	18.6	2.12	2.91	6.00	18.6	28.1	3.8
12~23	7.7	18.6	1.59	1.80	10.07	16.0	27.3	13.2
23~35	7.9	7.0	0.68	0.26	4.64	11.3	31.8	9.2
35~60	8.0	1.3	0.50	0.22	9.17	16.4	33.8	4.1
60~100	7.7	1.5	0.53	0.24	9.77	13.0	44.1	0.4

4.4.3　涩塘系（**Bantang Series**）

土　　族：壤质硅质混合型酸性高热性-铁聚潜育水耕人为土
拟定者：卢　瑛，陈彦凯

分布与环境条件　　主要分布于钦州、玉林市等花岗岩山丘间冲田、谷地等排水不畅的区域。成土母质为花岗岩洪积、冲积物。土地利用类型为耕地，种植水稻等。南亚热带湿润季风性气候，年平均气温 22～23℃，年平均降雨量 1600～1800 mm。

涩塘系典型景观

土系特征与变幅　　诊断层包括水耕表层、水耕氧化还原层；诊断特性包括人为滞水土壤水分状况、潜育特征、氧化还原特征、高热土壤温度状况。耕作层厚 15～20 cm，细土质地为砂质壤土-壤土，犁底层开始具有亚铁反应；强酸性-酸性反应，pH 4.0～5.0。

对比土系　　黎木系、螺桥系，属于相同亚类。黎木系、螺桥系土族控制层段颗粒大小级别和矿物学类型为黏壤质、混合型；螺桥系土体上部具有石灰反应，土壤酸碱反应类别为非酸性，热性土壤温度状况。

利用性能综述　　土壤长期渍水，耕作层以下开始出现潜育特征，通气不良，土壤还原性有毒物质多，水稻生长不良，黑根、烂根多，早春禾苗返青慢。改良利用措施：实行土地整理，修建完善排灌水利设施，排水治潜，降低地下水位；加强田间管理，冬翻晒白；冬种绿肥，增施有机肥料，增施磷、钾肥，改良土壤结构，提高土壤肥力。

参比土种　　浅潜底田。

代表性单个土体　　位于钦州市钦北区平吉镇涩塘村委新农村；22°11'47.0"N，108°46'42.6"E，海拔 28 m；山丘冲田，成土母质为花岗岩冲积物；耕地，种植水稻。50 cm 深度土温 24.5℃。野外调查时间为 2014 年 12 月 19 日，编号 45-007。

Ap1： 0～18 cm，浊黄橙色（10YR 7/2，干），棕色（10YR 4/4，润）；壤土，强度发育中块状结构，稍疏松，中量细根，结构面、孔隙周围有中量(10%)的对比度明显、边界扩散的铁锰斑纹；向下层波状清晰过渡。

Ap2： 18～28 cm，浊黄橙色（10YR 7/2，干），灰黄棕色（10YR 6/2，润）；壤土，强度发育大块状结构，紧实，干时坚硬，很少量极细根，结构面、孔隙周围有中量(10%)的铁锰斑纹，强度亚铁反应；向下层平滑模糊过渡。

Brg1： 28～40 cm，灰白色（2.5Y 8/2，干），黄灰色（2.5Y 6/1，润）；砂质壤土，强度发育大块状结构，紧实，很少量极细根，结构面、孔隙周围有少量(5%)的铁锰斑纹，强度亚铁反应；向下层平滑清晰过渡。

Brg2： 40～63 cm，灰白色（2.5Y 8/1，干），黄灰色（2.5Y 6/1，润）；壤土，中度发育中块状结构，紧实，结构面、孔隙周围有少量(5%)铁锰斑纹；中度亚铁反应；向下层平滑清晰过渡。

涩塘系代表性单个土体剖面

Brg3： 63～112 cm，灰白色（2.5Y 8/1，干），黄灰色（2.5Y 6/1，润）；壤土，弱发育大块状结构，紧实，结构面、孔隙周围有少量(5%)的铁锰斑纹，中度亚铁反应。

涩塘系代表性单个土体物理性质

土层	深度 /cm	砾石 (>2 mm，体积分数) /%	细土颗粒组成（粒径：mm）/（g/kg）			质地类别	容重 /（g/cm³）
			砂粒 2～0.05	粉粒 0.05～0.002	黏粒<0.002		
Ap1	0～18	0	453	341	207	壤土	1.27
Ap2	18～28	0	465	336	199	壤土	1.48
Brg1	28～40	0	648	243	109	砂质壤土	1.45
Brg2	40～63	0	508	376	117	壤土	1.46
Brg3	63～112	0	375	451	174	壤土	1.41

涩塘系代表性单个土体化学性质

深度 /cm	pH (H₂O)	有机碳	全氮(N)	全磷(P)	全钾(K)	CEC	交换性盐基总量	游离氧化铁 /（g/kg）
				/（g/kg）			/（cmol(+)/kg）	
0～18	4.4	12.8	0.94	0.26	3.29	6.4	2.1	7.8
18～28	4.7	7.3	0.62	0.22	3.29	4.8	1.7	9.1
28～40	4.5	3.2	0.22	0.07	1.82	2.8	0.9	5.4
40～63	4.6	5.1	0.30	0.09	2.41	3.5	0.8	4.4
63～112	4.5	4.0	0.24	0.09	2.43	4.2	0.6	13.2

4.5　普通潜育水耕人为土

4.5.1　纳合系（Nahe Series）

土　　族：黏质伊利石型非酸性热性-普通潜育水耕人为土
拟定者：卢　瑛，秦海龙

分布与环境条件　主要分布于南宁、崇左、河池、桂林、贵港市等的山冲、地势低洼的垌田。成土母质为洪积、冲积物。土地利用类型为耕地，主要种植水稻，属亚热带季风性气候，年平均气温 19～20℃，年平均降雨量 1400～1600 mm。

纳合系典型景观

土系特征与变幅　诊断层包括水耕表层、水耕氧化还原层；诊断特性包括人为滞水土壤水分状况、潜育特征、氧化还原特征、热性土壤温度状况。由于地下水位高，水耕表层下部开始具有潜育特征，土体亚铁反应强烈，土壤剖面构型 Ap-Bg。耕层厚度 10～15 cm，细土质地粉质黏壤土-粉质黏土，粉粒含量高，>450 g/kg；土壤颜色为橄榄棕、灰黄棕、黄棕等；土壤呈弱酸性-中性反应，pH 6.0～7.0。

对比土系　松柏系、民福系，属于相同亚类。松柏系从耕作层开始具有潜育特征，民福系从犁底层开始具有潜育特征；松柏系、民福系土族控制层段颗粒大小级别和矿物学类型为黏壤质、混合型；松柏系土壤酸碱反应类别为酸性，民福系为非酸性；松柏系、民福系为高热土壤温度状况。

利用性能综述　土壤长期浸水，土壤温度相对较低、通气性差，土壤还原性强，潜育化特征明显，还原性有害物质多，秧苗回青慢，分蘖少，水稻产量不高。改良利用措施：加强农田基本水利设施建设，降低地下水位，冬翻晒白，改善土壤通气状况，改良土壤结构，改善土壤耕性；推广测土平衡施肥，合理施用肥料。

参比土种　浅浸田。

代表性单个土体　位于河池市金城江区河池镇纳合村；24°40'19.4"N，107°53'11.1"E，海拔 243 m；地势低洼垌田，成土母质为洪积、冲积物；耕地，种植单季稻。50 cm 深度土温 22.5℃。野外调查时间为 2016 年 3 月 11 日，编号 45-094。

Ap1：0～13 cm，淡黄色（2.5Y 7/3，干），橄榄棕色（2.5Y 4/4，润）；粉质黏壤土，强发育小块状结构，稍紧实，中量细根、多量极细根，孔隙和根系周围有少量(5%)的铁锰斑纹，水平结构面有中量(7%)的铁锰胶膜；向下层平滑清晰过渡。

Ap2：13～21 cm，淡黄色（2.5Y 7/4，干），橄榄棕色（2.5Y 4/3，润）；粉质黏壤土，强发育小块状结构，紧实，中量极细根；孔隙和根系周围有少量(5%)的铁锰斑纹；水平结构面有中量(7%)的铁锰胶膜；强度亚铁反应；向下层平滑渐变过渡。

Bg1：21～33 cm，浅淡黄色（2.5Y 7/4，干），黄棕色（2.5Y 5/4，润）；粉质黏壤土，中度发育大柱状结构，稍紧实，少量细根，孔隙和根系周围有少量(2%)的铁锰斑纹；垂直结构面有少量(2%)的铁锰胶膜；强度亚铁反应；向下层平滑渐变过渡。

纳合系代表性单个土体剖面

Bg2：33～60 cm，67%灰白色、33%亮黄棕色（67% 5Y 8/1、33% 10YR 6/8，干），67%灰橄榄色、33%黄棕色（67% 5Y 6/2、33% 10YR 5/8，润）；粉质黏土，中度发育大柱状结构，稍紧实，轻度亚铁反应；向下层平滑模糊过渡。

Bg3：60～105 cm，50%浅淡黄色、50%灰白色（50% 2.5Y 8/4、50% 5Y 8/1，干），50%亮黄棕色、50%黄棕色（50% 10YR 6/6、50% 2.5Y 5/4，润）；粉质黏壤土，弱发育大柱状结构，稍紧实，中度亚铁反应。

纳合系代表性单个土体物理性质

土层	深度 /cm	砾石 (>2 mm, 体积分数) /%	细土颗粒组成（粒径：mm）/（g/kg）			质地类别	容重 /（g/cm³）
			砂粒 2～0.05	粉粒 0.05～0.002	黏粒<0.002		
Ap1	0～13	0	89	552	359	粉质黏壤土	1.21
Ap2	13～21	0	84	552	365	粉质黏壤土	1.40
Bg1	21～33	0	79	552	369	粉质黏壤土	1.36
Bg2	33～60	0	52	492	456	粉质黏土	1.35
Bg3	60～105	0	42	606	352	粉质黏壤土	1.31

纳合系代表性单个土体化学性质

深度 /cm	pH (H₂O)	有机碳	全氮（N）	全磷（P）	全钾（K）	CEC	交换性盐基总量	游离氧化铁
				/ (g/kg)			/ (cmol(+)/kg)	/ (g/kg)
0～13	6.4	43.7	4.03	1.30	17.38	18.4	15.1	42.6
13～21	6.0	33.6	3.57	1.18	17.97	15.3	13.1	39.0
21～33	6.4	19.8	2.31	0.85	17.67	14.6	—	46.0
33～60	6.6	9.6	1.34	0.70	18.86	12.5	—	49.8
60～105	6.7	6.5	1.01	0.61	16.19	13.8	14.8	56.1

4.5.2 松柏系（Songbai Series）

土 族：黏壤质混合型酸性高热性–普通潜育水耕人为土
拟定者：卢 瑛，贾重建

分布与环境条件 分布于梧州、防城港、钦州市等山谷冲田或低洼坑田。成土母质为洪积、冲积物。土地利用类型为水田，种植双季水稻。属南亚热带湿润季风性气候，年平均气温 21～22℃，年平均降雨量 1400～1600 mm。

松柏系典型景观

土系特征与变幅 该土系诊断层包括水耕表层、水耕氧化还原层；诊断特性包括人为滞水土壤水分状况、潜育特征、氧化还原特征、高热土壤温度状况。该土系田面滞水，排水不良，土体稀烂，水气不协调，从耕作层开始具有强烈亚铁反应。耕作层厚度为 10～15 cm，土壤质地为黏壤土，土壤呈酸性反应，pH 4.5～5.5。

对比土系 纳合系、民福系，属于相同亚类。纳合系从犁底层以下开始具有潜育特征，民福系从犁底层开始具有潜育特征；纳合系土族控制层段颗粒大小级别和矿物学类型为黏质、伊利石型，民福系为黏壤质、混合型；纳合系、民福系土壤酸碱反应类别为非酸性；纳合系为热性土壤温度状况。

利用性能综述 受地下水或长期渍水的影响，形成土体稀烂，呈糊状，耕作困难，插秧不稳，施肥不便；长期渍水闭气，还原性物质多，水稻常见黑根、烂根，产量低。利用改良措施：实行土地整治，修建农田水利设施，开沟排水，降低地下水位。实行水旱轮作、犁冬晒白，改良土壤结构和耕性，增施磷钾肥。

参比土种 浅泚田。

代表性单个土体 位于梧州市龙圩区大坡镇松柏村沙尾组，23°15'58.6"N，111°17'39.1"E，海拔 44 m；低洼冲田，成土母质为洪积、冲积物；耕地，种植双季稻。50 cm 深度土温 23.7℃。野外调查时间为 2017 年 3 月 21 日，编号 45-153。

松柏系代表性单个土体剖面

Ap1：0～15 cm，浅淡黄色（2.5Y 8/3，干），棕色（10YR 4/4，润）；黏壤土，强度发育大块状结构，疏松，多量细根和极细根，结构面、根系和孔隙周围有少量（2%～5%）的铁锰斑纹，强度亚铁反应；向下层平滑模糊过渡。

Ap2：15～22 cm，灰白色（2.5Y 8/2，干），浊黄棕色（10YR 4/3，润）；黏壤土，强度发育大块状结构，稍疏松，中量极细根，结构面、根系和孔隙周围有中量（5%～8%）的铁锰斑纹，强度亚铁反应；向下层平滑渐变过渡。

Brg1：22～45 cm，75%淡灰色、25%亮黄棕色（75% 5Y 7/1、25% 10YR 6/6，干），75%淡灰色、25%黄棕色（75% N7/0、25% 10YR 5/8，润）；黏壤土，中度发育大块状结构，稍紧实，少量极细根，结构面、根系和孔隙周围有多量（30%）的铁锰斑纹，中度亚铁反应；向下层平滑模糊过渡。

Brg2：45～67 cm，60%橙色、40%淡灰色（60% 7.5YR 6/8、40% 5Y 7/1，干），60%橙色、40%淡灰色（60% 7.5YR 6/8、40% N 7/0，润）；黏壤土，中度发育大棱柱状结构，稍紧实，结构面和孔隙周围有很多（40%）的铁锰斑纹，中度亚铁反应；向下层平滑清晰过渡。

Bg：67～100 cm，黄灰色（2.5Y 6/1,干），黑棕色（10YR 2/2，润）；黏壤土，中度发育大块状结构，稍紧实，强度亚铁反应。

松柏系代表性单个土体物理性质

土层	深度 /cm	砾石 (>2 mm, 体积分数)/%	细土颗粒组成（粒径：mm）/（g/kg）			质地类别	容重 /（g/cm³）
			砂粒 2～0.05	粉粒 0.05～0.002	黏粒<0.002		
Ap1	0～15	3	286	367	347	黏壤土	0.94
Ap2	15～22	2	318	326	357	黏壤土	1.05
Brg1	22～45	3	398	302	300	黏壤土	1.36
Brg2	45～67	3	403	317	280	黏壤土	1.32
Bg	67～100	3	283	343	374	黏壤土	1.23

松柏系代表性单个土体化学性质

深度 /cm	pH (H₂O)	有机碳	全氮（N）	全磷（P）	全钾（K）	CEC	交换性盐基总量	游离氧化铁 /（g/kg）
		/（g/kg）				/（cmol(+)/kg）		
0～15	4.6	29.6	2.59	0.77	8.56	11.5	3.0	30.6
15～22	4.6	23.6	2.11	0.43	9.02	9.4	3.0	27.0
22～45	4.7	11.3	0.97	0.17	8.56	7.3	2.8	28.1
45～67	5.0	9.2	0.57	0.11	9.62	7.3	2.8	34.2
67～100	4.6	20.5	1.20	0.10	12.63	10.5	2.7	11.6

4.5.3 民福系（Minfu Series）

土　族：黏壤质混合型非酸性高热性-普通潜育水耕人为土
拟定者：卢　瑛，欧锦琼

分布与环境条件　主要分布于贺州、南宁、桂林、百色市等山谷长期渍水的低洼区域。成土母质为洪积、冲积物。土地利用类型为耕地，种植双季水稻。属南亚热带湿润季风性气候，年平均气温 20～21℃，年平均降雨量 1400～1600 mm。

民福系典型景观

土系特征与变幅　该土系诊断层包括水耕表层、水耕氧化还原层；诊断特性包括人为滞水土壤水分状况、潜育特征、氧化还原特征、高热土壤温度状况。该土系田面长期滞水，排水不良，土体稀烂，水气不协调，还原性强，从水耕表层开始具有强烈亚铁反应。耕作层厚度 10～15 cm，土壤质地为黏壤土，土壤盐基饱和，呈微酸性-中性，pH 6.0～7.0。

对比土系　纳合系、松柏系，属于相同亚类。纳合系从犁底层以下开始具有潜育特征，松柏系从耕作层开始具有潜育特征；纳合系土族控制层段颗粒大小级别和矿物学类型为黏质、伊利石型，松柏系为黏壤质、混合型；纳合系土壤酸碱反应类别为非酸性，松柏系为酸性；纳合系为热性土壤温度状况，松柏系为高热土壤温度状况。

利用性能综述　该土系土体稀烂，耕作困难，土性冷，还原性物质多，水稻产量低。利用改良措施：实行土地整治，修建农田水利设施，开沟排水，降低地下水位。实行水旱轮作、犁冬晒白，改良土壤结构和耕性，增施磷钾肥。排水不便的田块，可考虑调整种植结构，改种莲藕、慈姑等。

参比土种　深湴田。

代表性单个土体　位于贺州市昭平县北陀镇民福村苏花屯；23°58'12.3"N，111°1'35.7"E，海拔 113 m；低洼谷地，成土母质为洪、冲积物；耕地，种植水稻。50 cm 深度土温 23.2℃。野外调查时间为 2017 年 3 月 20 日，编号 45-150。

Ap1：0～12 cm，浊黄色（2.5Y 6/3，干），暗橄榄棕色（2.5Y 3/3，润）；黏壤土，强度发育大块状结构，疏松，多量极细根，结构面、孔隙和根系周围有少量的铁锰斑纹；向下层平滑模糊过渡。

Ap2：12～23 cm，浊黄色（2.5Y 6/3，干），暗橄榄棕色（2.5Y 3/3，润）；黏壤土，强度发育大块状结构，稍疏松，中量极细根，结构面、孔隙和根系周围有中量的铁锰斑纹，强度亚铁反应；向下层平滑模糊过渡。

Bg1：23～55 cm，黄灰色（2.5Y 6/1，干），黑棕色（2.5Y 3/2，润）；黏壤土，强度发育大块状结构，稍紧实，强度亚铁反应；向下层平滑模糊过渡。

Bg2：55～90 cm，黄灰色（2.5Y 6/1，干），黑棕色（2.5Y 3/2，润）；黏壤土，强度发育大块状结构，稍紧实，轻度亚铁反应。

民福系代表性单个土体剖面

民福系代表性单个土体物理性质

土层	深度 /cm	砾石 （>2 mm，体积分数）/%	细土颗粒组成（粒径：mm）/（g/kg）			质地类别	容重 /（g/cm³）
			砂粒 2～0.05	粉粒 0.05～0.002	黏粒<0.002		
Ap1	0～12	0	335	327	338	黏壤土	0.92
Ap2	12～23	0	317	324	359	黏壤土	1.02
Bg1	23～55	2	352	290	358	黏壤土	0.99
Bg2	55～90	0	404	312	284	黏壤土	1.14

民福系代表性单个土体化学性质

深度 /cm	pH （H₂O）	有机碳	全氮（N）	全磷（P）	全钾（K）	CEC /（cmol(+)/kg）	游离氧化铁 /（g/kg）
		/（g/kg）					
0～12	6.6	38.8	3.71	1.02	16.83	15.6	30.0
12～23	6.7	36.0	3.29	0.70	17.73	14.8	29.0
23～55	6.9	38.8	3.01	0.29	17.43	13.6	17.2
55～90	6.2	41.4	2.62	0.17	18.94	11.8	6.9

4.5.4 大兴系（Daxing Series）

土　族：壤质混合型石灰性高热性-普通潜育水耕人为土
拟定者：卢　瑛，秦海龙

分布与环境条件　分布于柳州、贺州、河池、桂林、百色、南宁市等岩溶谷地、洼地、盆地。成土母质为石灰岩洪积、冲积物。土地利用类型为耕地，种植双季水稻；属南亚热带湿润季风性气候，年平均气温 21～22℃，年平均降雨量 1400～1600 mm。

大兴系典型景观

土系特征与变幅　该土系诊断层包括水耕表层、水耕氧化还原层；诊断特性包括人为滞水土壤水分状况、潜育特征、氧化还原特征、高热土壤温度状况。土体深厚，厚度>100 cm，耕层厚度 10～15 cm，水耕表层下面有一层厚度 10～20 cm 具有潜育特征土层；细土质地为粉壤土，土壤颜色为暗橄榄棕、橄榄棕、浊黄色，通体有强烈石灰反应，碳酸钙相当物含量 80～350 g/kg；土壤呈碱性，pH 8.0～8.5。

对比土系　鸣凤系，属于相同亚类。鸣凤系成土母质为硅质岩洪积、冲积物，从耕作层开始具有潜育特征，土体内没有石灰反应，土壤酸碱反应类别为非酸性。

利用性能综述　该土系呈碱性，pH>8.0，耕层有机质和全氮含量高，磷、钾含量低，微量元素缺乏，化肥施用易引起氮素挥发、磷素固定，肥效差。利用改良措施：实行水旱轮作，减少岩溶水灌溉；推广冬种绿肥、秸秆还田，增施有机肥，提高土壤有机质含量，培肥土壤；选用生理酸性磷钾肥，施用锌等微肥，增加养分供应，提高作物产量。

参比土种　石灰性田。

代表性单个土体　位于河池市都安瑶族自治县大兴乡太阳村下楞屯；24°8'7.9"N，108°0'58.6"E，海拔 169 m；岩溶谷地，地势平坦，成土母质为石灰岩洪、冲积物；耕地，种植双季稻。50 cm 深度土温 23.0℃。野外调查时间为 2016 年 3 月 16 日，编号 45-102。

大兴系代表性单个土体剖面

Ap1：0～13 cm，灰黄色（2.5Y 7/2，干），暗橄榄棕色（2.5Y 3/3，润）；粉壤土，强度发育小块状结构，疏松，少量细根、中量极细根；强度石灰反应；向下层平滑渐变过渡。

Ap2：13～22 cm，灰黄色（2.5Y 7/2，干），暗橄榄棕色（2.5Y 3/3，润）；粉壤土，强度发育小块状结构，稍疏松，少量极细根；中度亚铁反应，强度石灰反应；向下层平滑渐变过渡。

Bg：22～37 cm，浅淡黄色（2.5Y 8/3，干），橄榄棕色（2.5Y 4/6，润）；粉壤土，中度发育小块状结构，紧实，少量极细根；结构面、孔隙和根系周围有少量(5%)的铁锰斑纹；轻度亚铁反应，强度石灰反应；向下层平滑清晰过渡。

Br1：37～72 cm，灰白色（2.5Y 8/2，干），浊黄色（2.5Y 6/3，润）；粉壤土，中度发育小块状结构，紧实；结构面和孔隙周围有中量(7%)的铁锰斑纹；极强度石灰反应；向下层平滑渐变过渡。

Br2：72～110 cm，灰白色（2.5Y 8/2，干），浊黄色（2.5Y 6/3，润）；粉壤土，中度发育中块状结构，紧实；结构面和孔隙周围有中量(7%)的铁锰斑纹；有很少(1%)的铁锰结核；强度石灰反应。

大兴系代表性单个土体物理性质

土层	深度 /cm	砾石 (>2 mm, 体积分数)/%	细土颗粒组成（粒径：mm）/（g/kg）			质地类别	容重 /（g/cm³）
			砂粒 2～0.05	粉粒 0.05～0.002	黏粒<0.002		
Ap1	0～13	2	243	656	101	粉壤土	0.99
Ap2	13～22	5	215	636	149	粉壤土	1.12
Bg	22～37	2	139	669	192	粉壤土	1.42
Br1	37～72	1	68	788	144	粉壤土	1.42
Br2	72～110	0	118	714	168	粉壤土	1.53

大兴系代表性单个土体化学性质

深度 /cm	pH (H₂O)	有机碳	全氮（N）	全磷（P）	全钾（K）	CEC /（cmol(+)/kg）	游离氧化铁 /（g/kg）	CaCO₃ 相当物 /（g/kg）
				/（g/kg）				
0～13	8.0	27.3	2.55	0.85	1.40	11.2	25.8	80.1
13～22	8.1	25.6	2.50	0.82	1.39	11.1	28.1	84.0
22～37	8.3	11.3	1.26	0.58	1.65	8.2	28.1	161.3
37～72	8.4	4.2	0.43	0.28	0.87	4.9	14.1	347.0
72～110	8.4	3.2	0.32	0.31	0.69	4.6	24.0	149.5

4.5.5 鸣凤系（**Mingfeng Series**）

土　族：壤质混合型非酸性高热性-普通潜育水耕人为土
拟定者：卢　瑛，贾重建

分布与环境条件　主要分布于河池市等的硅质岩分布的山丘冲田、地势低洼的垌田。成土母质为硅质岩洪积、冲积物。土地利用类型为耕地，种植单季稻；属亚热带季风性气候，年平均气温 21～21℃，年平均降雨量 1400～1600 mm。

鸣凤系典型景观

土系特征与变幅　诊断层包括水耕表层、水耕氧化还原层；诊断特性包括人为滞水土壤水分状况、潜育特征、氧化还原特征、高热土壤温度状况。由于土壤排水不畅，水耕表层开始具有潜育特征，土体亚铁反应强烈，土壤剖面构型 Ap-Bg-BC。耕层厚度 10～15 cm，细土质地粉壤土-粉质黏壤土，粉粒含量高，>500 g/kg；土壤颜色为橄榄棕、灰黄棕、浅淡黄等；土壤呈微酸性-中性反应，pH 6.0～7.0。土体内含有 2%～5%的角状强度风化的岩石碎屑。

对比土系　大兴系，属于相同亚类。大兴系成土母质为石灰岩洪积、冲积物，在水耕表层以下 15～20 cm 厚度土体具有潜育特征，通体剖面具有石灰反应，土壤酸碱反应与石灰性类别为石灰性。

利用性能综述　土壤长期浸水，潜育化特征明显，土壤通气性差，还原性物质较多，秧苗回青慢，分蘖少，水稻产量不高。改良利用措施：加强农田基本水利设施建设，修建排水沟，降低地下水位，冬翻晒白，改善土壤通气状况，改良土壤结构，改善土壤耕性；推广测土平衡施肥，合理施用肥料。

参比土种　浅浸田。

代表性单个土体　　位于河池市大化瑶族自治县大化镇鸣凤村那板屯；23°46'17.9"N，107°56'10.0"E，海拔 160 m；山丘谷地，地势平坦，成土母质为硅质岩洪、冲积物；耕地，种植单季稻。50 cm 深度土温 23.3℃。野外调查时间为 2016 年 3 月 15 日，编号 45-101。

鸣凤系代表性单个土体剖面

Ap1：0～12 cm，灰黄色（2.5Y 7/2，干），橄榄棕色（2.5Y 4/4，润）；粉质黏壤土，强度发育小块状结构，稍疏松，干时坚硬，少量细根、中量极细根；有很少（1%）的棱角状强度风化岩屑；结构面、孔隙和根系周围有中量(8%)的铁锰斑纹；轻度亚铁反应；向下层平滑渐变过渡。

Ap2：12～20 cm，灰黄色（2.5Y 7/2，干），橄榄棕色（2.5Y 4/4，润）；粉壤土，强度发育小块状结构，稍紧实，少量极细根；有少量(3%)的棱角状强度风化岩屑；结构面、孔隙和根系周围有中量(6%)的铁锰斑纹；中度亚铁反应；向下层平滑渐变过渡。

Bg：20～60 cm，灰白色（2.5Y 8/1，干），黄灰色（2.5Y 6/1，润）；粉壤土，中度发育小块状结构，紧实，少量极细根；有少量(5%)的棱角状强度风化岩屑；结构面和孔隙周围有少量(2%)的铁锰斑纹；中度亚铁反应；向下层平滑突变过渡。

BC：60～100 cm，67%浅淡黄色、33%灰白色（67% 2.5Y 8/4、33% 2.5Y 8/1，干），67%黄棕色、33%浅淡黄色（67%10YR 5/6、33% 2.5Y 8/3，润）；粉壤土，中度发育小块状结构，极紧实；有中量(10%)的棱角状强度风化岩屑。

鸣凤系代表性单个土体物理性质

土层	深度 /cm	砾石 (>2 mm, 体积分数)/%	细土颗粒组成（粒径：mm）/（g/kg）			质地类别	容重 /（g/cm³）
			砂粒 2～0.05	粉粒 0.05～0.002	黏粒<0.002		
Ap1	0～12	1	106	624	270	粉质黏壤土	1.20
Ap2	12～20	3	135	611	254	粉壤土	1.36
Bg	20～60	5	237	616	148	粉壤土	1.62
BC	60～100	10	351	539	110	粉壤土	1.73

鸣凤系代表性单个土体化学性质

深度 /cm	pH (H₂O)	有机碳	全氮（N）	全磷（P）	全钾（K）	CEC /（cmol(+)/kg）	游离氧化铁 /（g/kg）
		/（g/kg）					
0～12	6.1	29.2	2.70	0.53	5.45	9.6	12.3
12～20	6.1	20.0	2.01	0.54	5.38	8.0	12.5
20～60	6.6	9.9	0.84	0.12	6.71	5.2	8.1
60～100	7.0	2.6	0.29	0.42	1.83	3.5	77.0

4.6 普通铁渗水耕人为土

4.6.1 北宁系（Beining Series）

土　族：黏质高岭石混合型非酸性高热性-普通铁渗水耕人为土
拟定者：卢　瑛，陈彦凯

分布与环境条件　主要分布于南宁、崇左、玉林、百色市等低丘坡脚。成土母质为第四纪红土。土地利用类型为耕地，种植水稻等。属南亚热带湿润季风性气候，年平均气温22～23℃，年平均降雨量 1200～1400 mm。

北宁系典型景观

土系特征与变幅　该土系诊断层包括水耕表层、水耕氧化还原层；诊断特性包括人为滞水土壤水分状况、氧化还原特征、高热土壤温度状况。所在地形有一定的坡度，土壤水分长期沿坡向一侧流动，铁锰物质被漂洗淋失，在耕作层下出现灰白色漂洗层，灰白色，有黄色锈斑纹，土壤质地为黏壤土-黏土；土壤呈酸性-中性，pH 5.5～8.0。

对比土系　平木系，成土母质为花岗岩风化坡积、洪积物，具有相似的离铁离锰成土过程，水耕表层之下形成了灰白色铁渗淋亚层，因从水耕表层以下土体具有潜育特征，归属铁渗潜育水耕人为土亚类。

利用性能综述　该土系土体很厚，耕作层厚度 10～15 cm，土壤有机质和全氮含量较高，全磷、全钾含量低。利用改良措施：实行土地整理，修建和完善农田灌排设施，建设成高标准农田；冬种绿肥，秸秆还田，增施有机肥，提高土壤有机质含量，改善土壤物理、化学和生物学特性；增施磷钾肥，测土施肥，平衡土壤养分供应。

参比土种　白胶泥田。

代表性单个土体　　位于崇左市宁明县亭亮乡北宁村新屋屯；22°12'15.6"N，107°12'29.6"E，海拔 174 m；地势较平坦，成土母质为第四纪红土；耕地，种植水稻。50 cm 深度土温 24.4℃。野外调查时间为 2015 年 3 月 19 日，编号 45-032。

北宁系代表性单个土体剖面

Ap1：0～12 cm，浊黄色（2.5Y 6/3，干），浊黄棕色（10YR 4/3，润）；粉质黏壤土，强度发育小块状结构，稍紧实，多量细根，根系和孔隙周围有中量的铁锰斑纹；向下层平滑渐变过渡。

Ap2：12～21 cm，灰黄色（2.5Y 6/2，干），浊黄棕色（10YR 4/3，润）；黏壤土，强度发育中等块状结构，紧实，中量细根，根系、孔隙周围和结构面上有多量铁锰斑纹，有少量次圆状铁锰结核；向下层平滑渐变过渡。

Br1：21～51 cm，灰黄色（2.5Y 7/2，干），暗灰黄色（2.5Y 5/2，润）；粉质黏壤土，强度发育中块状结构，紧实，有少量的次圆状铁锰结核，孔隙周围和结构面上有中量的铁锰斑纹；向下层波状模糊过渡。

Br2：51～84 cm，灰黄色（2.5Y 7/2，干），暗灰黄色（2.5Y 5/2，润）；粉质黏土，中度发育中块状结构，紧实，有少量次圆状铁锰结核，孔隙周围和结构面上有中量的铁锰斑纹；向下层波状清晰过渡。

Br3：84～103 cm，亮黄棕色（10YR 6/8，干），橙色（7.5YR 6/8，润）；黏土，弱发育中块状结构，紧实，土体内有少量的次圆状铁锰结核。

北宁系代表性单个土体物理性质

| 土层 | 深度 /cm | 砾石 (>2 mm, 体积分数)/% | 细土颗粒组成（粒径：mm）/（g/kg） | | | 质地类别 | 容重 /（g/cm³） |
			砂粒 2～0.05	粉粒 0.05～0.002	黏粒<0.002		
Ap1	0～12	0	171	481	347	粉质黏壤土	1.39
Ap2	12～21	0	220	464	315	黏壤土	1.56
Br1	21～51	0	135	472	393	粉质黏壤土	1.69
Br2	51～84	0	137	444	419	粉质黏土	1.64
Br3	84～103	0	160	391	448	黏土	1.60

北宁系代表性单个土体化学性质

| 深度 /cm | pH (H₂O) | 有机碳 | 全氮（N） | 全磷（P） | 全钾（K） | CEC /（cmol(+)/kg） | 游离氧化铁 /（g/kg） |
		/（g/kg）					
0～12	5.7	23.3	1.85	0.55	7.11	15.3	30.3
12～21	6.5	16.4	1.34	0.48	7.11	13.7	37.0
21～51	7.4	3.7	0.30	0.20	7.04	17.2	27.0
51～84	7.7	2.9	0.23	0.15	6.82	19.9	28.4
84～103	7.6	2.0	0.19	0.19	5.85	24.8	72.2

4.7　复钙铁聚水耕人为土

4.7.1　大利系（Dali Series）

土　族：黏质高岭石混合型石灰性高热性-复钙铁聚水耕人为土
拟定者：卢　瑛，贾重建

分布与环境条件　主要分布于百色、河池、柳州、玉林市等峰丛、峰林谷地、洼地及溶蚀盆地。成土母质为石灰岩风化洪积、冲积物。土地利用类型为耕地，种植双季水稻或水稻-烟草轮作。属南亚热带湿润季风性气候，年平均气温 19～20℃，年平均降雨量 1400～1600 mm。

大利系典型景观

土系特征与变幅　诊断层包括水耕表层、水耕氧化还原层；诊断特性包括人为滞水土壤水分状况、氧化还原特征、石灰性、高热土壤温度状况。地处岩溶谷地、洼地、盆地，引用岩溶水灌溉，土壤复钙作用明显，碳酸钙含量向底层渐减，通体具有石灰反应；土壤粉粒含量>450 g/kg，质地为粉质黏壤土-粉质黏土；土壤呈碱性反应，pH 7.5～8.5。

对比土系　东球系，耕作层以下形成有钙和铁锰胶结的坚硬"锅巴层"，犁底层铁锰结核达 40%～50%，土表 80～100 cm 内有弱风化石灰岩层，土体厚度<1 m，耕层厚度 10～15 cm。

利用性能综述　该土系土体深厚，耕作层厚，土壤有机质和全氮含量高，磷、钾含量低，微量元素缺乏；土壤呈碱性，化肥施用易引起氮素挥发、磷素固定。利用改良措施：实行水旱轮作，减少岩溶水灌溉；推广冬种绿肥、秸秆还田，增施有机肥，培肥土壤；选用生理酸性磷钾肥，施用锌等微量元素肥料，增加土壤养分供应，提高作物产量。

参比土种　石灰性田。

代表性单个土体　位于百色市靖西市地州镇大利村足州屯；23°0'53.9"N，106°20'49.8"E，海拔 720 m；峰丛谷地，成土母质为石灰岩风化洪积、冲积物；耕地，水稻–烟草轮作。50 cm 深度土温 23.4℃。野外调查时间为 2015 年 12 月 21 日，编号 45-074。

大利系代表性单个土体剖面

Ap1：0～20 cm，淡黄色（2.5Y 7/4，干），棕色（10YR 4/4，润）；粉质黏壤土，强度发育中块状结构，稍紧实，多量细根，强度石灰反应；向下层平滑突变过渡。

Ap2：20～29 cm，浅淡黄色（2.5Y 8/4，干），黄棕色（10YR 5/6，润）；粉质黏壤土，强度发育中块状结构，紧实，少量细根，有很少的（<2%）的铁锰结核，强度石灰反应；向下层平滑渐变过渡。

Br1：29～45 cm，黄色（2.5Y 8/6，干），黄橙色（10YR 7/8，润）；粉质黏壤土，强度发育中块状结构，稍紧实，有中量（10%～15%）铁锰结核，结构面和孔隙周围有少量的铁锰斑纹，强度石灰反应；向下层平滑清晰过渡。

Br2：45～66 cm，黄色（2.5Y 8/6，干），黄橙色（10YR 7/8，润）；粉质黏土，强度发育大块状结构，紧实，有很少（<2%）的铁锰结核，结构面和孔隙周围有少量的铁锰斑纹，中度石灰反应；向下层波状渐变过渡。

Br3：66～107 cm，黄色（2.5Y 8/6，干），黄橙色（10YR 7/8，润）；粉质黏土，强度发育大块状结构，紧实，有很少的(<2%)的铁锰结核，结构面和孔隙周围有大量的斑纹，轻度石灰反应。

大利系代表性单个土体物理性质

土层	深度 /cm	砾石 (>2 mm，体积分数) /%	细土颗粒组成（粒径：mm）/（g/kg）			质地类别	容重 /（g/cm³）
			砂粒 2～0.05	粉粒 0.05～0.002	黏粒 <0.002		
Ap1	0～20	0	103	613	284	粉质黏壤土	1.23
Ap2	20～29	1	97	576	328	粉质黏壤土	1.49
Br1	29～45	5	124	520	356	粉质黏壤土	1.49
Br2	45～66	2	72	482	446	粉质黏土	1.30
Br3	66～107	0	59	460	480	粉质黏土	1.30

大利系代表性单个土体化学性质

深度 /cm	pH (H₂O)	有机碳	全氮（N）	全磷（P）	全钾（K）	CEC /（cmol(+)/kg）	游离氧化铁 /（g/kg）	CaCO₃ 相当物 /（g/kg）
		/（g/kg）						
0～20	8.0	21.2	2.53	2.07	10.79	16.8	38.4	121.7
20～29	8.2	7.8	1.04	1.02	9.89	12.9	39.8	155.7
29～45	8.3	6.2	0.84	0.88	9.44	11.4	51.5	119.5
45～66	8.1	6.2	1.03	1.05	14.24	16.9	53.4	10.8
66～107	7.9	5.5	0.96	1.02	18.74	18.5	63.0	2.8

4.7.2　东球系（**Dongqiu Series**）

土　　族：黏质高岭石混合型石灰性高热性-复钙铁聚水耕人为土
拟定者：卢　瑛，秦海龙

分布与环境条件　主要分布于百色、河池市等岩溶区峰丛、峰林谷地、溶蚀盆地或长期施用石灰的地区。成土母质为石灰岩风化物。土地利用类型为耕地，种植水稻或水稻-烟草轮作。属南亚热带湿润季风性气候，年平均气温 19～20℃，年平均降雨量 1400～1600 mm。

东球系典型景观

土系特征与变幅　诊断层包括水耕表层、水耕氧化还原层；诊断特性包括人为滞水土壤水分状况、氧化还原特征、高热土壤温度状况。在犁底层或犁底层之下形成一层钙和铁锰胶结坚硬的"锅巴层"，根系难于下扎，水、肥渗透受阻；整个土壤剖面具有石灰反应；土壤呈中性-微碱性反应，pH 7.0～8.5。

对比土系　大利系，犁底层中铁锰结核少，占体积比<2%，土表 1 m 以内没有出现母岩层，土体深厚，厚度>1 m，耕作层厚度≥20 cm。

利用性能综述　该土系土体较深厚，因犁底层为钙和铁锰胶结形成的坚硬"锅巴层"，土壤渗透性差，保蓄水分能力弱，雨涝晴旱，影响作物生长；土壤有机质和氮磷含量中等，钾含量低。利用改良措施：逐年挖掉坚硬的"锅巴层"，从根本上消除障碍层次，加深耕作层；严禁施用石灰，冬种绿肥、秸秆还田，增施有机肥，增施磷钾肥，适量施用锌等微量元素肥料。

参比土种　锅巴底田。

代表性单个土体　位于百色市靖西市同德乡东球村迟坤屯；23°7'20.6"N，106°32'1.3"E，海拔 744 m；峰丛谷地，成土母质为石灰岩风化物；耕地，水稻-烟草轮作。50 cm 深度土温 23.3℃。野外调查时间为 2015 年 12 月 20 日，编号 45-072。

Ap1：0～13 cm，淡黄色（2.5Y 7/3，干），橄榄棕色（2.5Y 4/4，润）；黏壤土，强度发育中块状结构，稍紧实，少量细根，有少量(2%～5%)的铁锰结核，轻度石灰反应；向下层平滑清晰过渡。

Ap2：13～23 cm，浊黄色（2.5Y 6/3，干），棕色（10YR 4/4，润）；壤土，强度发育中块状结构，紧实，很少量细根，有很多(40%～50%)的铁锰结核，强度石灰反应；向下层平滑清晰过渡。

Br1：23～52 cm，橙色（7.5YR 7/6，干），亮棕色（7.5YR 5/8，润）；黏土，中度发育大柱状结构，紧实，有少量(2%～5%)的铁锰结核，结构面上有少量的铁锰斑纹，中度石灰反应；向下层波状模糊过渡。

Br2：52～85 cm，橙色（7.5YR 7/6，干），亮棕色（7.5YR 5/8，润）；黏土，强度发育中块状结构，紧实，有很少(<2%)的铁锰结核，结构面上有极少量的铁锰斑纹，轻度石灰反应；向下层波状模糊过渡。

东球系代表性单个土体剖面

R：85 cm 以下，微弱风化的石灰岩。

东球系代表性单个土体物理性质

土层	深度 /cm	砾石 (>2 mm, 体积分数)/%	细土颗粒组成（粒径：mm）/（g/kg）			质地类别	容重 /（g/cm³）
			砂粒 2～0.05	粉粒 0.05～0.002	黏粒<0.002		
Ap1	0～13	2	203	469	328	黏壤土	1.34
Ap2	13～23	2	374	363	263	壤土	1.51
Br1	23～52	0	111	318	570	黏土	1.40
Br2	52～85	0	41	260	699	黏土	1.31

东球系代表性单个土体化学性质

深度 /cm	pH (H₂O)	有机碳	全氮（N）	全磷（P）	全钾（K）	CEC /（cmol(+)/kg）	游离氧化铁 /（g/kg）	CaCO₃相当物/（g/kg）
		/（g/kg）						
0～13	7.3	18.3	1.94	1.32	8.54	14.5	38.3	7.3
13～23	8.2	4.6	0.74	0.77	8.54	10.3	46.8	81.3
23～52	8.0	4.7	0.67	0.65	14.24	13.3	58.0	13.9
52～85	7.8	4.8	0.78	0.71	19.79	14.9	70.7	1.3

4.7.3 巡马系（Xunma Series）

土　族：黏质高岭石混合型非酸性高热性-复钙铁聚水耕人为土
拟定者：卢　瑛，姜　坤

分布与环境条件　主要分布于百色、河池、柳州、玉林市等峰丛、峰林谷地、洼地及溶蚀盆地。成土母质为石灰岩风化物。土地利用类型为耕地，种植双季水稻或水旱轮作。属南亚热带湿润季风性气候，年平均气温 19～20℃，年平均降雨量 1400～1600 mm。

巡马系典型景观

土系特征与变幅　诊断层包括水耕表层、水耕氧化还原层；诊断特性包括人为滞水土壤水分状况、氧化还原特征、高热土壤温度状况。地处岩溶谷地、洼地、盆地，引用岩溶水灌溉或长期施用石灰，土壤复钙作用明显，上部土体具有石灰反应；土壤粉粒含量>400 g/kg，质地为粉质黏壤土-粉质黏土；土壤呈碱性反应，pH 7.5～8.5。

对比土系　拉麻系、麦岭系、隆光系，属于相同亚类。拉麻系土体厚度<1 m，土表至 50 cm、麦岭系土表至 100 cm、隆光系土表至 70 cm 土体有石灰反应；拉麻系土族控制层段颗粒大小级别和矿物学类型为黏质、混合型，麦岭系、隆光系为黏壤质、混合型；麦岭系、隆光系石灰性和酸碱反应类别为石灰性；拉麻系、麦岭系为热性土壤温度状况。

利用性能综述　该土系土体深厚，耕作层较薄，土壤有机质和全氮含量高，但磷、钾含量低，微量元素缺乏；土壤呈碱性，化肥施用易引起氮素挥发、磷素固定，肥效差。利用改良措施：实行水旱轮作，减少岩溶水灌溉；推广冬种绿肥、秸秆还田，增施有机肥，提高土壤有机质含量，培肥土壤；选用生理酸性肥料，施用锌等微量元素肥料，增加土壤养分供应，提高作物产量。

参比土种　石灰性田。

代表性单个土体　位于百色市靖西市武平镇巡马村巡下屯；23°11'53.4"N，106°32'22.9"E，海拔 716 m；峰丛谷地，成土母质为覆盖在石灰岩上第四纪红土；耕地，水稻、玉米等轮作。50 cm 深度土温 23.3℃。野外调查时间为 2015 年 12 月 20 日，编号 45-073。

巡马系代表性单个土体剖面

Ap1：0~11 cm，淡黄色（2.5Y 7/3，干），棕色（10YR 4/4，润）；粉质黏壤土，强度发育中块状结构，稍紧实，少量细根，有 2% 左右的球状铁锰结核，强度石灰反应；向下层平滑清晰过渡。

Ap2：11~19 cm，浅淡黄色（2.5Y 8/4，干），浊黄橙色（10YR 6/4，润）；粉质黏壤土，强度发育中块状结构，紧实，干时极坚硬，很少量细根，有少量(2%)的硬的球状铁锰结核，强度石灰反应；向下层平滑渐变过渡。

Br1：19~41 cm，淡黄色（2.5Y 7/3，干），棕色（10YR 4/6，润）；粉质黏土，强度发育中块状结构，紧实，有少量(2%)的铁锰结核，结构面有极少量的铁锰斑纹，中度石灰反应；向下层平滑突变过渡。

Br2：41~75 cm，浊黄橙色（10YR 7/4，干），黄棕色（10YR 5/8，润）；粉质黏土，强度发育中块状结构，紧实，有多量(15%~25%)的铁锰结核，结构面有中量的铁锰斑纹；向下层波状模糊过渡。

Br3：75~100 cm，亮黄棕色（10YR 7/6，干），亮棕色（7.5YR 5/8，润）；粉质黏土，强度发育大块状结构，紧实，有少量(2%~5%)的铁锰结核，结构面有少量的铁锰斑纹。

巡马系代表性单个土体物理性质

土层	深度 /cm	砾石 (>2 mm, 体积分数)/%	细土颗粒组成（粒径：mm）/（g/kg）			质地类别	容重 /（g/cm³）
			砂粒 2~0.05	粉粒 0.05~0.002	黏粒<0.002		
Ap1	0~11	<1	131	576	293	粉质黏壤土	1.27
Ap2	11~19	<2	121	545	334	粉质黏壤土	1.45
Br1	19~41	0	136	441	422	粉质黏土	1.50
Br2	41~75	0	127	449	423	粉质黏土	1.35
Br3	75~100	0	76	434	490	粉质黏土	1.46

巡马系代表性单个土体化学性质

深度 /cm	pH (H₂O)	有机碳	全氮（N）	全磷（P）	全钾（K）	CEC /（cmol(+)/kg）	游离氧化铁 /（g/kg）	CaCO₃ 相当物 /（g/kg）
		/（g/kg）						
0~11	8.0	27.7	3.00	1.87	10.04	16.1	42.2	80.5
11~19	8.1	17.3	1.06	1.55	10.64	13.1	44.3	99.1
19~41	8.1	8.4	1.20	1.11	14.54	11.6	58.2	24.4
41~75	7.8	5.2	1.01	1.24	18.74	12.8	66.9	1.5
75~100	8.0	2.0	0.98	1.08	36.18	7.9	71.1	1.5

4.7.4 拉麻系（Lama Series）

土　族：黏质混合型非酸性热性-复钙铁聚水耕人为土
拟定者：卢　瑛，贾重建

分布与环境条件　主要分布于河池、桂林、柳州、玉林市等峰丛、峰林谷地、洼地及溶蚀盆地。成土母质为第四纪红土下伏石灰岩。土地利用类型为耕地，种植水稻。属中亚热带湿润季风性气候，年平均气温 17～18℃，年平均降雨量 1400～1600 mm。

拉麻系典型景观

土系特征与变幅　诊断层包括水耕表层、水耕氧化还原层；诊断特性包括人为滞水土壤水分状况、氧化还原特征、热性土壤温度状况、石质接触面。地处岩溶谷地、洼地、盆地，引用富含碳酸钙的岩溶水灌溉或施用石灰，土壤复钙作用明显，上部土体碳酸钙含量高，具有石灰反应；土壤粉粒含量>350 g/kg，质地为粉质黏壤土-黏土；水耕氧化还原层有 5%左右铁锰斑纹；土壤呈碱性反应，pH 7.5～8.5。

对比土系　巡马系、麦岭系、隆光系，属于相同亚类。巡马系、麦岭系、隆光系土体厚度>1 m；巡马系土表 40 cm 有强度-中度石灰反应，麦岭系土表 100 cm、隆光系土表 70 cm 有强度-轻度石灰反应；巡马系土族控制层段颗粒大小级别和矿物学类型为黏质、高岭石混合型，麦岭系、隆光系为黏壤质、混合型；麦岭系、隆光系土壤酸碱反应与石灰性类别为石灰性；巡马系、隆光系为高热土壤温度状况。

利用性能综述　该土系土体较深厚，耕作层较厚，有机质和全氮含量高，磷、钾含量低，微量元素缺乏；土壤呈碱性，化肥施用易引起氮素挥发、磷素固定，肥效差。利用改良措施：实行水旱轮作，减少岩溶水灌溉；推广冬种绿肥、秸秆还田，增施有机肥，提高土壤有机质含量，培肥土壤；选用生理酸性肥料，施用锌等微量元素肥料，增加土壤养分供应，提高作物产量。

参比土种 石灰性田。

代表性单个土体 位于河池市南丹县芒场镇拉麻村者杠屯；25°14'51.2"N，107°27'21.9"E，海拔 873.8 m；峰林谷地，成土母质为第四纪红土下覆石灰岩；耕地，种植单季水稻。50 cm 深度土温 21.7℃。野外调查时间为 2016 年 3 月 7 日，编号 45-085。

拉麻系代表性单个土体剖面

Ap1：0～16 cm，淡黄色（2.5Y 7/3，干），橄榄棕色（2.5Y 4/4，润）；砂质黏壤土，强度发育中块状结构，稍紧实，大量细根，强烈石灰反应；向下层平滑渐变过渡。

Ap2：16～22 cm，浊黄色（2.5Y 6/4，干），橄榄棕色（2.5Y 4/6，润）；黏壤土，强度发育中块状结构，紧实，少量细根，根系周围有很少(<2%)的铁锰斑纹，有中量(10%)的黑棕色（5YR 2/1）铁锰结核，强烈石灰反应；向下层波状清晰过渡。

Br1：22～56 cm，浊黄橙色（10YR 7/4，干），黄棕色（10YR 5/8，润）；粉质黏土，中度发育中块状结构，紧实，孔隙周围有少量(5%)的铁锰斑纹，构面上有中量(15%)的铁锰胶膜，轻度石灰反应；向下层平滑渐变过渡。

Br2：56～90 cm，浊黄橙色（10YR 7/4，干），黄棕色（10YR 5/8，润）；黏土，中度发育中块状结构，稍紧实，结构面上有少量(5%)的铁锰胶膜，有少量(5%)的球状黑棕色（5YR 2/1）铁锰结核；向下层波状突变过渡。

R：90 cm 以下，弱风化的石灰岩。

拉麻系代表性单个土体物理性质

土层	深度 /cm	砾石 (>2 mm, 体积分数) /%	细土颗粒组成（粒径：mm）/（g/kg）			质地类别	容重 /（g/cm³）
			砂粒 2～0.05	粉粒 0.05～0.002	黏粒<0.002		
Ap1	0～16	0	122	607	271	粉质黏壤土	1.25
Ap2	16～22	0	278	419	303	黏壤土	1.47
Br1	22～56	0	162	413	426	粉质黏土	1.43
Br2	56～90	0	120	359	521	黏土	1.22

拉麻系代表性单个土体化学性质

深度 /cm	pH (H₂O)	有机碳	全氮（N）	全磷（P）	全钾（K）	CEC /（cmol(+)/kg）	游离氧化铁 /（g/kg）	CaCO₃ 相当物 /（g/kg）
				/（g/kg）				
0～16	8.0	27.3	2.77	1.05	2.02	14.9	25.0	333.3
16～22	8.1	8.1	0.96	0.60	2.02	13.5	50.6	65.8
22～56	8.0	4.1	0.52	0.51	2.91	13.9	46.5	4.3
56～90	7.9	3.2	0.50	0.56	3.35	18.5	62.6	0.9

4.7.5 麦岭系（Mailing Series）

土　族：黏壤质混合型石灰性热性-复钙铁聚水耕人为土
拟定者：卢　瑛，崔启超

分布与环境条件　主要分布于百色、贺州、河池、桂林市等峰丛谷地和溶蚀平原区，地表水丰富和地下水活动频繁地段。成土母质为砂页岩风化坡积、洪积物。土地利用类型为耕地，种植水稻。属中亚热带湿润季风性气候，年平均气温 18～19℃，年平均降雨量 1600～1800 mm。

麦岭系典型景观

土系特征与变幅　诊断层包括水耕表层、水耕氧化还原层；诊断特性包括人为滞水土壤水分状况、氧化还原特征、石灰性、热性土壤温度状况。地处岩溶地区，引用岩溶水灌溉和长期施用石灰，土壤复钙作用明显，耕作层、犁底层仍可见石灰渣，犁底层碳酸钙淀积明显，通体具有石灰反应；土壤粉粒含量>450 g/kg，质地为粉质黏壤土；土壤呈碱性反应，pH 7.5～8.5。

对比土系　巡马系、拉麻系、隆光系，属于相同亚类。拉麻系土体厚度<1 m，巡马系土表至 40 cm、拉麻系土表至 50 cm、隆光系土表至 70 cm 土体有石灰反应；巡马系土族控制层段颗粒大小级别和矿物学类型为黏质、高岭石混合型，拉麻系为黏质、混合型；巡马系、拉麻系酸碱反应类别为非酸性；巡马系、隆光系为高热土壤温度状况。

利用性能综述　该土系土体深厚，质地适中，耕性好，宜种性广，土壤有机质和全氮含量高，磷、钾含量低，微量元素缺乏；土壤呈碱性，化肥施用易引起氮素挥发、磷素固定。利用改良措施：实行水旱轮作，减少岩溶水灌溉，严禁施用石灰；推广冬种绿肥、秸秆还田，增施有机肥，提高土壤有机质含量，培肥土壤；选用生理酸性肥料，施用锌等微量元素肥料，增加土壤养分供应，提高作物产量。

参比土种　石灰性淀积田。

代表性单个土体　位于贺州市富川瑶族自治县麦岭镇大坝村第六组；25°3'42.0"N，111°23'1.1"E，海拔 370 m；谷地，成土母质为砂页岩风化坡积、洪积物；耕地，种植双季稻。50 cm 深度土温 22.2℃。野外调查时间为 2017 年 3 月 17 日，编号 45-143。

Ap1：0～15 cm，浊黄橙色（10YR 7/3，干），棕色（10YR 4/4，润）；粉质黏壤土，强度发育中块状结构，稍疏松，多量细根，有很少（<2%）石灰渣，强度石灰反应；向下层平滑渐变过渡。

Ap2：15～27 cm，浊黄橙色（10YR 7/3，干），棕色（10YR 4/4，润）；粉质黏壤土，强度发育中块状结构，紧实，中量细根，有很少（<2%）石灰渣，强度石灰反应；向下层平滑渐变过渡。

Br1：27～53 cm，浊黄橙色（10YR 6/3，干），暗棕色（10YR 3/4，润）；粉质黏壤土，强度发育大块状结构，紧实，少量极细根，结构面和孔隙周围有少量(2%～5%)的铁锰斑纹，强度石灰反应；向下层平滑渐变过渡。

Br2：53～70 cm，浊黄橙色（10YR 6/4，干），棕色（10YR 4/6，润）；粉质黏壤土，弱发育中块状结构，紧实，有中量微风化的次棱状岩屑，结构面和孔隙周围有很少量的铁锰斑纹，轻度石灰反应；向下层平滑模糊过渡。

麦岭系代表性单个土体剖面

Br3：70～100 cm，淡黄橙色（10YR 8/4，干），浊橙色（7.5YR 6/4，润）；粉质黏壤土，弱发育中块状结构，紧实，有少量微风化的次棱状岩屑，结构面和孔隙周围有中量铁锰斑纹，轻度石灰反应。

麦岭系代表性单个土体物理性质

土层	深度 /cm	砾石 (>2 mm，体积分数)/%	细土颗粒组成（粒径：mm）/（g/kg）			质地类别	容重 /（g/cm³）
			砂粒 2～0.05	粉粒 0.05～0.002	黏粒<0.002		
Ap1	0～15	1	85	612	304	粉质黏壤土	1.20
Ap2	15～27	2	88	637	275	粉质黏壤土	1.46
Br1	27～53	4	129	505	366	粉质黏壤土	1.42
Br2	53～70	15	161	466	373	粉质黏壤土	1.57
Br3	70～100	5	145	492	363	粉质黏壤土	1.57

麦岭系代表性单个土体化学性质

深度 /cm	pH (H₂O)	有机碳	全氮（N）	全磷（P）	全钾（K）	CEC /（cmol(+)/kg）	游离氧化铁 /（g/kg）	CaCO₃ 相当物 /（g/kg）
		/（g/kg）						
0～15	8.0	23.3	2.36	0.95	3.98	14.3	21.8	331.2
15～27	8.3	11.5	1.13	0.47	3.68	10.4	22.5	408.0
27～53	8.3	10.7	1.02	0.39	4.89	15.6	36.0	119.8
53～70	8.3	3.8	0.47	0.25	4.81	13.6	40.7	22.6
70～100	8.3	1.8	0.30	0.15	3.76	13.86	35.7	6.8

4.7.6 隆光系（Longguang Series）

土　族：黏壤质混合型石灰性高热性-复钙铁聚水耕人为土
拟定者：卢　瑛，韦翔华

分布与环境条件　主要分布于来宾等市峰丛、峰林谷地、洼地及溶蚀盆地。成土母质为砂岩风化洪积、冲积物。土地利用类型为耕地，种植双季稻。属南亚热带湿润季风性气候，年平均气温 20～21℃，年平均降雨量 1400～1600 mm。

隆光系典型景观

土系特征与变幅　诊断层包括水耕表层、水耕氧化还原层；诊断特性包括人为滞水土壤水分状况、氧化还原特征、石灰性、高热土壤温度状况。地处岩溶谷地、洼地、盆地，引用岩溶水灌溉或长期施用石灰，土壤复钙作用明显，水耕表层碳酸钙含量高，通体具有石灰反应；土壤粉粒含量>550 g/kg，质地为粉质黏壤土；土壤呈碱性反应，pH 7.5～8.5。

对比土系　巡马系、拉麻系、麦岭系，属于相同亚类。拉麻系土体厚度<1 m；巡马系土表至 40 cm、拉麻系土表至 50 cm、麦岭系土表至 100 cm 土体有石灰反应；巡马系土族控制层段颗粒大小级别和矿物学类型为黏质、高岭石混合型，拉麻系为黏质、混合型；巡马系、拉麻系酸碱反应类别为非酸性；拉麻系、麦岭系为热性土壤温度状况。

利用性能综述　该土系土体深厚，质地适中，耕性好，宜种性广，土壤有机质和全氮含量高，但磷、钾含量低，微量元素缺乏；土壤呈碱性，化肥施用易引起氮素挥发、磷素固定，肥效低。利用改良措施：实行水旱轮作，减少岩溶水灌溉；推广冬种绿肥、秸秆还田，增施有机肥，提高土壤有机质含量，培肥土壤；选用生理酸性肥料，施用锌等微量元素肥料，增加土壤养分供应，提高作物产量。

参比土种　石灰性田。

代表性单个土体　　位于来宾市忻城县城关镇隆光村；23°58'10.6"N，108°39'32.0"E，海拔94 m；峰林谷地，成土母质为砂岩风化洪积、冲积物；耕地，种植水稻。50 cm 深度土温 23.2℃。野外调查时间为 2016 年 11 月 21 日，编号 45-123。

隆光系代表性单个土体剖面

Ap1：0～15 cm，淡黄色（2.5Y 7/3，干），浊黄棕色（10YR 4/3，润）；粉质黏壤土，强度发育小块状结构，稍紧实，多量细根，结构面、孔隙和根系周围有很少的铁锰斑纹，强度石灰反应；向下层平滑渐变过渡。

Ap2：15～23 cm，淡黄色（2.5Y 7/3，干），浊黄棕色（10YR 4/3，润）；粉质黏壤土，强度发育小块状结构，紧实，多量细根，结构面、孔隙和根系周围有很少的铁锰斑纹，强度石灰反应；向下层平滑渐变过渡。

Br1：23～50 cm，淡黄色（2.5Y 7/3，干），浊黄棕色（10YR 4/3，润）；粉质黏壤土，中度发育小块状结构，紧实，少量极细根，结构面和孔隙周围有少量(2%～5%)的铁锰斑纹，强度石灰反应；向下层平滑清晰过渡。

Br2：50～73 cm，黄棕色（2.5Y 5/3，干），暗棕色（10YR 3/4，润）；粉质黏壤土，中度发育中块状结构，紧实，结构面和孔隙周围有少量(2%～5%)的铁锰斑纹，轻度石灰反应；向下层平滑渐变过渡。

Br3：73～100 cm，浅淡黄色（2.5Y 8/4，干），黄棕色（10YR 5/6，润）；粉质黏壤土，中度发育中块状结构，紧实，结构面和孔隙周围有中量(5%～10%)的铁锰斑纹，有少量(5%)的球状铁锰结核。

隆光系代表性单个土体物理性质

| 土层 | 深度 /cm | 砾石 (>2 mm，体积分数) /% | 细土颗粒组成（粒径：mm）/ (g/kg) | | | 质地类别 | 容重 / (g/cm³) |
			砂粒 2～0.05	粉粒 0.05～0.002	黏粒<0.002		
Ap1	0～15	<1	63	653	283	粉质黏壤土	1.21
Ap2	15～23	<1	66	641	294	粉质黏壤土	1.50
Br1	23～50	<2	71	611	318	粉质黏壤土	1.41
Br2	50～73	0	77	573	350	粉质黏壤土	1.46
Br3	73～100	0	38	582	380	粉质黏壤土	1.40

隆光系代表性单个土体化学性质

| 深度 /cm | pH (H₂O) | 有机碳 | 全氮（N） | 全磷（P） | 全钾（K） | CEC / (cmol(+)/kg) | 游离氧化铁 / (g/kg) | CaCO₃ 相当物 / (g/kg) |
		/ (g/kg)						
0～15	7.9	31.3	3.25	0.91	3.72	15.0	27.2	56.1
15～23	8.1	16.6	1.86	0.72	3.57	12.2	30.0	86.2
23～50	8.3	9.7	1.18	0.62	4.33	12.4	32.1	79.0
50～73	8.0	9.6	1.17	0.65	4.93	17.5	38.3	5.5
73～100	7.7	7.9	1.18	0.66	6.60	17.4	44.2	0.4

4.8 底潜铁聚水耕人为土

4.8.1 塘蓬村系（Tangpengcun Series）

土　族：黏质伊利石型非酸性高热性-底潜铁聚水耕人为土
拟定者：卢　瑛，姜　坤

分布与环境条件　主要分布于地势略起伏的紫色砂页岩丘陵谷底垌田。成土母质为紫色砂页岩的洪积、冲积物。土地利用类型为耕地，种植双季稻。属南亚热带湿润季风性气候，年平均气温 20～21℃，年平均降雨量 1400～1600 mm。

塘蓬村系典型景观

土系特征与变幅　诊断层包括水耕表层、水耕氧化还原层；诊断特性包括人为滞水土壤水分状况、潜育特征、氧化还原特征、高热土壤温度状况。具有潜育特征土层出现在土表 80 cm 以下；耕作层厚度 10～15 cm，润态颜色为浊红棕色；Br 层有 5%～10%铁锰斑纹；细土黏粒含量>400 g/kg，土壤质地为黏土；土壤呈酸性-中性，pH 5.0～7.5。

对比土系　板劳系，属于相同亚类。板劳系成土母质为砂页岩洪积、冲积物，土族控制层段颗粒大小级别和矿物学类型为黏质、混合型，热性土壤温度状况。

利用性能综述　该土系质地偏黏，耕性较差，透水性差，保水、保肥能力强，肥效慢，发老苗，不发小苗；土壤有机质和氮磷钾养分含量较高。利用改良措施：加强农田水利设施建设，改善农业生产条件；加强管理，适时晒田，调节水、肥、气的协调供应；实行水旱轮作、犁冬晒白，改良土壤结构和耕性；冬种绿肥，秸秆还田，促进土壤熟化，测土平衡施用大、中、微量元素肥料。

参比土种　紫泥田。

代表性单个土体　位于梧州市苍梧县石桥镇塘蓬村广一组；23°48'48.2"N，111°32'30.0"E，海拔 28 m；丘陵谷地，成土母质为紫色砂页岩的洪积、冲积物；耕地，种植水稻等。50 cm 深度土温 23.3℃。野外调查时间为 2017 年 3 月 21 日，编号 45-151。

塘蓬村系代表性单个土体剖面

Ap1：0～10 cm，浊橙色（5YR 7/3，干），浊红棕色（5YR 4/4，润）；黏土，强度发育大块状结构，稍紧实，多量细根，结构面、孔隙和根系周围有中量的铁锰斑纹；向下层平滑渐变过渡。

Ap2：10～18 cm，浊橙色（5YR 7/3，干），浊红棕色（5YR 4/4，润）；黏土，强度发育大棱柱状结构，紧实，多量细根，结构面、孔隙和根系周围有多量的铁锰斑纹；向下层波状渐变过渡。

Br1：18～40 cm，浊橙色（5YR 6/3，干），浊红棕色（5YR 4/3，润）；黏土，强度发育大棱柱状结构，紧实，少量极细根，结构面、孔隙周围有少量的铁锰斑纹；向下层平滑模糊过渡。

Br2：40～80 cm，85%浊橙色、15%亮黄棕色（85% 5YR 6/3、15% 10YR 7/6，干），85%浊红棕色、15%黄棕色（85% 5YR 4/3、15% 10YR 5/8）；黏土，强度发育大棱柱状结构，紧实，结构面有少量铁锰斑纹；向下层平滑渐变过渡。

Bg：80～100 cm，85%淡棕灰色、15%亮黄棕色（85% 5YR 7/1、15% 10YR 6/6，干），85%棕灰色、15%黄棕色（85% 5YR 5/1、15% 10YR 5/8，润）；黏土，中度发育大棱柱状结构，紧实，强度亚铁反应。

塘蓬村系代表性单个土体物理性质

土层	深度 /cm	砾石 (>2 mm, 体积分数)/%	细土颗粒组成（粒径：mm）/（g/kg）			质地类别	容重 /（g/cm³）
			砂粒 2～0.05	粉粒 0.05～0.002	黏粒<0.002		
Ap1	0～10	0	258	305	437	黏土	1.22
Ap2	10～18	0	251	299	449	黏土	1.45
Br1	18～40	0	235	289	476	黏土	1.41
Br2	40～80	0	251	241	508	黏土	1.48
Bg	80～100	0	273	260	466	黏土	1.37

塘蓬村系代表性单个土体化学性质

深度 /cm	pH (H₂O)	有机碳	全氮（N）	全磷（P）	全钾（K）	CEC	交换性盐基总量	游离氧化铁 /（g/kg）
		/（g/kg）				/（cmol(+)/kg）		
0～10	5.0	28.9	2.89	0.78	26.47	14.4	7.8	27.9
10～18	5.8	24.5	2.52	0.57	26.78	13.8	10.8	34.0
18～40	7.1	18.2	1.88	0.43	27.98	13.6	—	33.4
40～80	7.2	9.7	1.13	0.45	30.39	13.1	—	43.3
80～100	5.5	11.1	1.26	0.41	27.98	12.3	9.8	44.1

4.8.2　板劳系（Banlao Series）

土　族：黏质混合型非酸性热性-底潜铁聚水耕人为土
拟定者：卢　瑛，秦海龙

分布与环境条件　主要分布于河池、桂林市等砂页岩山丘谷底，地势较平坦。成土母质为砂页岩洪积、冲积物。土地利用类型为耕地，主要种植水稻。属中亚热带湿润季风性气候，年平均气温 18～19℃，年平均降雨量 1400～1600 mm。

板劳系典型景观

土系特征与变幅　诊断层包括水耕表层、水耕氧化还原层；诊断特性包括人为滞水土壤水分状况、潜育特征、氧化还原特征、热性土壤温度状况。具有潜育特征的土层出现在土表 80 cm 以下；耕层厚度 10～15 cm，润态颜色为棕色；Br 层有 10%～15%铁锰斑纹；细土粉粒含量>450 g/kg，土壤质地粉质黏壤土-粉质黏土；土壤呈酸性，pH 4.5～6.5。

对比土系　塘蓬村系，属于相同亚类。塘蓬村成土母质为紫色砂页岩的洪积、冲积物，土族控制层段颗粒大小级别和矿物学类型为黏质、伊利石型，高热土壤温度状况。

利用性能综述　该土系土层深厚，质地和酸碱度适中，耕性及通透性良好，保水保肥能力较强，土壤有机质和氮磷钾含量较高。改良利用措施：完善农田水利设施，整治排灌渠系，科学灌溉，防止土壤黏粒流失导致土壤沙化。增施有机肥，推广秸秆还田、冬种绿肥、水旱轮作等，用地养地相结合，改良土壤，提高肥力；测土平衡施肥，协调养分平衡供应，提高农作物产量。

参比土种　砂泥田。

代表性单个土体　位于河池市南丹县罗富镇板劳村八外屯；25°2'41.5"N，107°21'2.7"E，海拔 446.7 m；地势起伏，成土母质为砂页岩洪积、冲积物；耕地，种植单季稻、油菜等。50 cm 深度土温 22.1℃。野外调查时间为 2016 年 3 月 7 日，编号 45-086。

板劳系代表性单个土体剖面

Ap1：0～15 cm，淡灰色（5Y 7/1，干），灰橄榄色（5Y 5/2，润）；粉质黏土，强度发育大块状结构，稍疏松，中量细根，有中量(10%左右)的铁锰斑纹；向下层平滑渐变过渡。

Ap2：15～24 cm，淡灰色（5Y 7/1，干），灰橄榄色（5Y 5/2，润）；粉质黏土，强度发育大块状结构，稍紧实，很少极细根，有中量(10%左右)的铁锰斑纹；向下层平滑渐变过渡。

Br1：24～50 cm，50%浅淡黄色、50%淡灰色（50% 2.5Y 8/4、50% 5Y 7/2，干），50%灰橄榄色、50%橄榄棕色（50% 5Y 5/2、50% 2.5Y 4/6，润）；粉质黏土，中度发育大块状结构，稍紧实，极少极细根，有中量(10%左右)的铁锰斑纹；向下层平滑渐变过渡。

Br2：50～85 cm，浅淡黄色（2.5Y 8/4，干），橄榄棕色（2.5Y 4/6，润）；粉质黏土，中度发育大块状结构，稍紧实，有少量(2%)中度风化的次棱角状的岩石碎屑，结构面、孔隙周围有中量(15%)的铁锰斑纹；向下层波状清晰过渡。

Bg：85～112 cm，灰色（5Y 6/1，干），灰色（5Y 4/1，润）；粉质黏壤土，弱发育大块状结构，稍紧实，垂直结构面有中量(10%左右)的铁锰胶膜，中度亚铁反应。

板劳系代表性单个土体物理性质

土层	深度 /cm	砾石 (>2 mm，体积分数) /%	细土颗粒组成（粒径：mm）/（g/kg）			质地类别	容重 /（g/cm³）
			砂粒 2～0.05	粉粒 0.05～0.002	黏粒<0.002		
Ap1	0～15	0	38	521	442	粉质黏土	1.17
Ap2	15～24	0	33	520	447	粉质黏土	1.35
Br1	24～50	0	29	497	474	粉质黏土	1.31
Br2	50～85	0	61	464	474	粉质黏土	1.21
Bg	85～112	0	138	524	338	粉质黏壤土	1.16

板劳系代表性单个土体化学性质

深度 /cm	pH (H₂O)	有机碳	全氮 (N)	全磷 (P)	全钾 (K)	CEC	交换性盐基总量	游离氧化铁 /（g/kg）
				/（g/kg）			/（cmol(+)/kg）	
0～15	4.9	20.7	2.69	0.62	25.53	13.6	10.9	32.5
15～24	6.2	11.7	1.95	0.53	25.82	15.4	13.7	42.7
24～50	6.2	6.5	1.55	0.54	26.12	16.6	11.5	64.8
50～85	6.3	9.2	1.51	0.62	23.75	15.3	13.2	60.2
85～112	6.3	19.1	2.07	0.63	24.34	13.1	11.6	78.8

4.9 普通铁聚水耕人为土

4.9.1 怀宝系（**Huaibao Series**）

土　　族：粗骨壤质硅质混合型酸性热性-普通铁聚水耕人为土
拟定者：卢　瑛，秦海龙

分布与环境条件　主要分布于柳州、河池、桂林、百色市等砂页岩缓坡梯田。成土母质为砂页岩坡积、洪积物。土地利用类型为耕地，种植水稻。属亚热带季风性气候，年平均气温 19～20℃，年平均降雨量 1600～1800 mm。

怀宝系典型景观

土系特征与变幅　诊断层包括水耕表层、水耕氧化还原层；诊断特性包括人为滞水土壤水分状况、氧化还原特征、热性土壤温度状况。由坡积、洪积母质发育，砾石含量高，土体内砂、砾、泥相混，分选性差，细土质地为壤土-粉壤土，土族控制层段内砾石含量（体积分数）>35%，颗粒大小级别为粗骨壤质。土体中游离氧化铁含量<20 g/kg，水耕氧化还原层与耕作层游离氧化铁之比>1.5，具有铁聚特征。土壤呈酸性反应，pH 5.0～5.5。

对比土系　六漫村系，属于相同亚类。成土母质为洪积物，土表至 50～60 cm 以下出现母质层，土体厚度中等；土族控制层段颗粒大小级别和矿物学类型为粗骨壤质、混合型。

利用性能综述　地处山丘梯田，土层浅薄，土壤含有大小不等砾石，且水源不足，土壤肥力水平低。利用改良措施：增施有机肥，实行秸秆还田，培肥土壤；水源缺乏区域可改种旱作；测土施肥，平衡各养分元素供应，满足作物需要。

参比土种　浅含砾砂泥田。

代表性单个土体　　位于柳州市融水苗族自治县怀宝镇东水村甲团屯；25°17'34.6"N，109°5'29.4"E，海拔 353 m；地势波状起伏，成土母质为砂页岩洪积物；种植水稻。50 cm 深度土温 22.0℃。野外调查时间为 2016 年 11 月 15 日，编号 45-109。

怀宝系代表性单个土体剖面

Ap1：0～16 cm，淡灰色（2.5Y 7/1，干），暗橄榄棕色（2.5Y 3/3，润）；粉壤土，强度发育小块状结构，稍疏松，中量细根，有多量(20%)中度风化的次棱角状的岩屑；向下层平滑渐变过渡。

Ap2：16～27 cm，灰黄色（2.5Y 7/2，干），黄棕色（2.5Y 5/3，润）；壤土，强度发育小块状结构，稍紧实，极少量细根，有约中量(15%)中度风化的次棱角状的岩屑，结构面、根系周围有少量的铁锰斑纹；向下层平滑渐变过渡。

Br：27～38 cm，浅淡黄色（2.5Y 8/3，干），黄棕色（2.5Y 5/4，润）；壤土，弱发育小块状结构，稍紧实，有约中量(10%)的微风化的次棱角状岩屑，结构面和孔隙周围有中量的铁锰斑纹；向下层波状清晰过渡。

BCr：38～62 cm，浅淡黄色（2.5Y 8/3，干），黄棕色（2.5Y 5/4，润）；壤土，弱发育小块状结构，稍疏松，有很多(约60%)的微风化的次棱角状岩石碎块，结构面有少量的铁锰斑纹。

怀宝系代表性单个土体物理性质

土层	深度 /cm	砾石 （>2 mm，体积分数) /%	细土颗粒组成（粒径：mm）/（g/kg）			质地类别	容重 /（g/cm³）
			砂粒 2～0.05	粉粒 0.05～0.002	黏粒<0.002		
Ap1	0～16	20	321	508	171	粉壤土	1.28
Ap2	16～27	15	361	462	177	壤土	1.44
Br	27～38	10	372	470	157	壤土	1.37
BCr	38～62	60	493	410	97	壤土	—

怀宝系代表性单个土体化学性质

深度 /cm	pH （H₂O）	有机碳	全氮（N）	全磷（P）	全钾（K）	CEC	交换性盐基总量	游离氧化铁
				/（g/kg）			/（cmol(+)/kg）	/（g/kg）
0～16	5.2	23.8	2.50	0.70	17.11	8.7	1.6	8.7
16～27	5.2	12.7	1.36	0.58	21.00	6.2	1.1	14.7
27～38	5.3	8.9	0.95	0.84	24.59	5.2	1.3	16.7
38～62	5.4	7.2	0.74	0.86	24.29	4.6	1.6	16.7

4.9.2　六漫村系（Liumancun Series）

土　　族：　粗骨壤质混合型酸性热性-普通铁聚水耕人为土
拟定者：　卢　瑛，贾重建

分布与环境条件　主要分布于桂林、柳州市等山区洪积扇下部梯田。成土母质为洪积物。土地利用类型为耕地，种植水稻、玉米等。属中亚热带湿润季风性气候，年平均气温 18～19℃，年平均降雨量 1600～1800 mm。

六漫村系典型景观

土系特征与变幅　诊断层包括水耕表层、水耕氧化还原层；诊断特性包括人为滞水土壤水分状况、氧化还原特征、热性土壤温度状况。该土系水耕表层之下有大量洪积砾石，砾石含量从上层到下层由少到多，底土层砾石含量 50%～80%，砾石大小不等。耕作层厚度 10～15 cm，润态颜色暗黄棕色，质地粉壤土，土壤呈强酸性-酸性反应，pH 4.0～5.5。

对比土系　怀宝系，属于相同亚类。成土母质为砂页岩坡积、洪积物，土表至 40 cm 左右出现 BC 层，土体较薄；土族控制层段颗粒大小级别和矿物学类型为粗骨壤质、硅质混合型。

利用性能综述　土层浅薄，土体中砾石较多，水耕氧化还原层砾石达 50%以上，成为影响作物生长的障碍层次，漏水漏肥，易受旱，养分供应不足，作物易早衰，产量低；土壤有机质和养分含量不高，磷钾缺乏。利用改良措施：在利用中逐年清除砾石，客土加厚土层，不宜翻耕太深，以免将底层土壤砾石翻到耕作层；实行旱作种植，秸秆还田，增施有机肥，实行少量多次施肥，满足作物生长对养分的需求。

参比土种　浅石砾底田。

代表性单个土体　位于桂林市龙胜各族自治县瓢里镇六漫村盘寨组；25°49'6.9"N，

109°48'27.7"E，海拔 193 m；洪积扇下部，成土母质为洪积物；耕地，种植水稻、玉米等。50 cm 深度土温 21.7℃。野外调查时间为 2015 年 8 月 24 日，编号 45-046。

六漫村系代表性单个土体剖面

Ap1：0～13 cm，灰白色（2.5Y 8/1，干），暗黄灰色（2.5Y 5/2，润）；粉壤土，强度发育小块状结构，疏松，中量细根、很少量中根，有少量（2%）微风化的棱角状岩石风化物；向下层平滑渐变过渡。

Ap2：13～28 cm，灰白色（2.5Y 8/2，干），黄棕色（2.5Y 5/3，润）；粉壤土，强度发育小块状结构，稍紧实，少量细根，有中量（约 10%）微风化的棱角状岩石风化物，结构面和孔隙周围有很少量铁锰斑纹；向下层平滑清晰过渡。

Br：28～56 cm，灰白色（2.5Y 8/2，干），黄棕色（2.5Y 5/3，润）；壤土，弱发育小块状结构，稍紧实，有很多（约 75%）微风化的次圆状鹅卵石，结构面和孔隙周围有很少量的铁锰斑纹；向下层平滑模糊过渡。

C：56～75 cm，岩石风化物。

六漫村系代表性单个土体物理性质

土层	深度 /cm	砾石 (>2 mm，体积分数)/%	细土颗粒组成（粒径：mm）/（g/kg）			质地类别	容重 /（g/cm³）
			砂粒 2～0.05	粉粒 0.05～0.002	黏粒<0.002		
Ap1	0～13	2	227	577	196	粉壤土	1.16
Ap2	13～28	10	237	588	175	粉壤土	1.33
Br	28～56	75	465	397	138	壤土	—

六漫村系代表性单个土体化学性质

深度 /cm	pH (H₂O)	有机碳	全氮（N）	全磷（P）	全钾（K）	CEC	交换性盐基总量	游离氧化铁 /（g/kg）
				/（g/kg）			/（cmol(+)/kg）	
0～13	4.3	16.5	1.89	0.16	18.52	7.5	2.2	4.1
13～28	4.6	9.3	1.08	0.30	20.15	5.4	1.7	5.7
28～56	5.0	3.7	0.53	0.46	19.56	3.4	2.0	9.8

4.9.3 广平系（**Guangping Series**）

土　族：黏质高岭石型酸性高热性-普通铁聚水耕人为土
拟定者：卢　瑛，崔启超

分布与环境条件　主要分布于钦州市宽谷平原。成土母质为第四纪红土。土地利用类型为耕地，种植水稻、蔬菜等。南亚热带湿润季风性气候，年平均气温 22～23℃，年平均降雨量 1600～1800 mm。

广平系典型景观

土系特征与变幅　诊断层包括水耕表层、水耕氧化还原层；诊断特性包括人为滞水土壤水分状况、氧化还原特征、高热土壤温度状况。地下水位深，土表 100 cm 以内土体没有潜育特征；耕作层厚度 10～15 cm，润态颜色为棕色；水耕氧化还原层有 2%～5%铁锈斑纹；土壤质地为黏壤土-黏土；土壤呈酸性，pH 4.5～5.5。

对比土系　波塘系，属于相同土族。成土母质为花岗岩风化物的坡积、残积物；土体深厚，厚度>1 m；因所处地形部位较高，土表 60 cm 以下土体没有受到淹水种稻水耕人为作用影响，土壤仍保留自然土壤的形态特征，土体颜色呈亮棕色。

利用性能综述　该土系土层薄，厚度<50 cm，土壤有机质和全氮含量中等，磷钾含量低。利用改良措施：实行土地整理，修建和完善农田水利设施，改善农业生产条件；合理耕作，增加耕作层的厚度；冬种绿肥、秸秆还田，增加土壤有机质积累，改良土壤；合理施用化肥，平衡土壤养分供应。

参比土种　黄泥田。

代表性单个土体　位于钦州市钦北区平吉镇广平村委黄尾村；22°11′24.1″N，108°48′17.7″E，海拔 17 m；宽谷垌田，成土母质为第四纪红土下伏泥岩；耕地，种植水稻、蔬菜等。50 cm 深度土温 24.5℃。野外调查时间为 2014 年 12 月 19 日，编号 45-008。

广平系代表性单个土体剖面

Ap1：0～10 cm，淡灰色（2.5Y 7/1，干），棕色（10YR 4/4，润）；黏壤土，强度发育小块状结构，稍紧实，中量细根，少量对比度模糊的铁锈斑纹；向下层平滑模糊过渡。

Ap2：10～18 cm，灰白色（5Y 8/1，干），棕色（10YR 4/4，润）；黏壤土，强度发育小块状结构，紧实，中量细根，少量的铁锈斑纹；向下层平滑清晰过渡。

Br：18～40 cm，橙白色（5YR 8/1，干），棕色（10YR 4/4，润）；黏土，强度发育小块状结构，紧实，很少量极细根，少量的铁锈斑纹；向下层波状清晰过渡。

BC：40～55 cm，80%淡灰色、20%黄橙色（80% 7.5Y 7/1、20% 10YR 8/6，干），80%淡灰色、20%黄橙色（80% 10Y 7/2、20% 7.5YR 7/8，润）；黏土，中度发育块状结构，紧实，很少量极细根，少量的铁锈斑纹；向下层不规则模糊过渡。

C：55～92 cm，母质层，坚硬。

广平系代表性单个土体物理性质

| 土层 | 深度 /cm | 砾石 （>2 mm，体积分数）/% | 细土颗粒组成（粒径：mm）/（g/kg） | | | 质地类别 | 容重 /（g/cm³） |
			砂粒 2～0.05	粉粒 0.05～0.002	黏粒<0.002		
Ap1	0～10	2	352	361	287	黏壤土	1.36
Ap2	10～18	4	358	360	282	黏壤土	1.50
Br	18～40	4	156	333	511	黏土	1.40
BC	40～55	2	33	302	665	黏土	1.47

广平系代表性单个土体化学性质

| 深度 /cm | pH （H₂O） | 有机碳 | 全氮（N） | 全磷（P） | 全钾（K） | CEC | 交换性盐基总量 | 游离氧化铁 /（g/kg） |
				/（g/kg）			/（cmol(+)/kg）	
0～10	4.5	17.2	1.39	0.36	5.11	9.7	3.5	15.6
10～18	4.6	16.2	1.30	0.35	5.11	9.9	3.5	15.5
18～40	4.8	8.5	0.66	0.18	11.2	16.2	6.0	31.4
40～55	4.8	5.8	0.57	0.23	17.9	22.9	4.9	19.1

4.9.4 波塘系（Botang Series）

土　族：黏质高岭石型酸性高热性-普通铁聚水耕人为土
拟定者：卢　瑛，韦翔华

分布与环境条件　主要分布于梧州、钦州、玉林、桂林市等花岗岩山丘的坡脚或谷地地势较高部位。成土母质为花岗岩风化物的坡积、残积物。土地利用类型为耕地，种植双季水稻。属南亚热带湿润季风性气候，年平均气温 21～22℃，年平均降雨量 1400～1600 mm。

波塘系典型景观

土系特征与变幅　该土系诊断层包括水耕表层、水耕氧化还原层；诊断特性包括人为滞水土壤水分状况、氧化还原特征、高热土壤温度状况。所处地形部位高，地下水位深，土壤水耕熟化受灌溉水或自然影响，水耕氧化还原层厚度中等，60 cm 以下土层没有受到水耕影响，保留母土层特征。耕作层厚度 10～15 cm，土体中砂粒含量较高，土壤质地为砂质黏壤土-黏土；土壤呈酸性-微酸性反应，pH 4.5～6.0。

对比土系　广平系，属于相同土族。成土母质为第四纪红土，下伏弱风化的泥岩，土体厚度中等，厚度 40～60 cm。

利用性能综述　土层深厚，耕作层厚度中等，质地适中，土壤有机质、全氮丰富，全磷、全钾中等。利用改良措施：推行土地整理，修建和完善农田灌排设施；种植绿肥、秸秆还田，增施有机肥料，提高土壤肥力；测土平衡施肥，协调土壤养分供应。

参比土种　浅杂砂泥田。

代表性单个土体　位于梧州市岑溪市波塘镇大公村；22°59′28.5″N，110°46′26.4″E，海拔134 m；地势略起伏，成土母质为花岗岩风化物的坡积、残积物；种植双季稻。50 cm 深度土温 23.9℃。野外调查时间为 2017 年 3 月 23 日，编号 45-157。

波塘系代表性单个土体剖面

Ap1: 0～13 cm，灰黄色（2.5Y 7/2，干），橄榄棕色（2.5Y 4/3，润）；黏壤土，强度发育小块状结构，疏松，多量细根，结构面、根系和孔隙周围有很少量的对比模糊、边界扩散的铁锰斑纹；向下层平滑渐变过渡。

Ap2: 13～22 cm，灰黄色（2.5Y 7/2，干），橄榄棕色（2.5Y 4/3，润）；砂质黏壤土，强度发育大块状结构，稍紧实，多量极细和细根，结构面、根系和孔隙周围有少量的铁锰斑纹；向下层平滑清晰过渡。

Br1: 22～34 cm，灰黄色（2.5Y 7/2，干），橄榄棕色（2.5Y 4/3，润）；砂质黏壤土，中度发育大块状结构，紧实，很少量极细根，结构面、孔隙周围有少量的铁锰斑纹；向下层平滑清晰过渡。

Br2: 34～66 cm，黄橙色（7.5YR 7/8，干），亮棕色（7.5YR 5/8，润）；黏土，中度发育大块状结构，稍紧实，结构面、孔系周围有很少量的铁锰斑纹，少量的铁锰结核；向下层平滑模糊过渡。

Bw: 66～105 cm，黄橙色（7.5YR 7/8，干），亮棕色（7.5YR 5/8，润）；黏壤土，中度发育的大块状结构，稍紧实。

波塘系代表性单个土体物理性质

土层	深度/cm	砾石（>2 mm，体积分数）/%	细土颗粒组成（粒径：mm）/（g/kg）			质地类别	容重/（g/cm³）
			砂粒 2～0.05	粉粒 0.05～0.002	黏粒<0.002		
Ap1	0～13	2	386	285	329	黏壤土	1.12
Ap2	13～22	2	453	229	318	砂质黏壤土	1.32
Br1	22～34	2	492	248	260	砂质黏壤土	1.47
Br2	34～66	5	421	170	409	黏土	1.34
Bw	66～105	5	409	227	364	黏壤土	1.36

波塘系代表性单个土体化学性质

深度/cm	pH（H₂O）	有机碳	全氮（N）	全磷（P）	全钾（K）	CEC	交换性盐基总量	游离氧化铁
		/（g/kg）				/（cmol(+)/kg）		/（g/kg）
0～13	4.9	38.0	3.43	1.00	13.51	13.2	4.5	24.6
13～22	4.9	32.5	2.99	0.99	13.51	11.8	4.1	25.4
22～34	5.3	16.0	1.37	0.46	16.22	9.4	4.4	23.8
34～66	5.4	4.7	0.62	0.58	12.30	12.9	5.1	117.1
66～105	5.6	3.4	0.50	0.61	12.91	13.3	5.3	75.4

4.9.5　港贤系（Gangxian Series）

土　族：黏质高岭石型非酸性高热性-普通铁聚水耕人为土
拟定者：卢　瑛，陈彦凯

分布与环境条件　主要分布于南宁、百色、柳州市等砂页岩丘陵梯地。成土母质为砂页岩坡积、残积物。土地利用类型为耕地，种植双季水稻。属南亚热带湿润季风性气候，年平均气温 21～22℃，年平均降雨量 1400～1600 mm。

港贤系典型景观

土系特征与变幅　该土系诊断层包括水耕表层、水耕氧化还原层；诊断特性包括人为滞水土壤水分状况、氧化还原特征、高热土壤温度状况。分布于丘陵梯地，水利条件较差，多为望天田；耕层厚度 10～15 cm，润态土壤颜色灰橄榄色，土壤质地粉质壤土-黏壤土；土壤呈酸性-微酸性反应，pH 4.5～6.0。

对比土系　广平系、波塘系，属于相同亚类。广平系成土母质为第四纪红土，下伏弱风化的泥岩，土体厚度 40～60 cm。波塘系成土母质为花岗岩风化物的坡积、残积物；土体深厚，厚度>1 m，地表 60 cm 以下土体没有受到淹水种稻水耕人为作用影响，土壤仍保留自然土壤的形态特征，土体颜色呈亮棕色。广平系、波塘系土壤酸碱反应类别为酸性。

利用性能综述　该土系土壤有机质和氮磷钾养分含量中等，质地适中，宜种性广，但熟化程度不高。利用改良措施：完善农田水利设施，改善灌溉条件；深耕改土，增加耕作层厚度，加速土壤熟化；推广冬种绿肥、秸秆还田，增施有机肥，改良土壤；测土配方施肥，平衡养分供应。

参比土种　浅壤土田。

代表性单个土体　位于南宁市上林县港贤镇万家村八二庄；23°19′7.2″N，108°38′39.4″E，海拔 132 m；地势起伏，成土母质为砂页岩洪积、冲积物；目前主要种植水稻。50 cm 深度土温 23.6℃。野外调查时间为 2015 年 3 月 16 日，编号 45-025。

Ap1：0～12 cm，灰白色（2.5Y 8/1，干），黄灰色（2.5Y 5/1，润）；粉质黏壤土，强度发育小块状结构，稍疏松，多量细根、少量粗根，根系和孔隙周围有少量的铁锰斑纹；向下层平滑渐变过渡。

Ap2：12～21 cm，浅淡黄色（2.5Y 8/4，干），橄榄棕色（2.5Y 4/4，润）；粉质黏壤土，强度发育小块状结构，紧实，少量细根，结构面和孔隙周围有很少量的铁锰斑纹；向下层平滑模糊过渡。

Br1：21～52 cm，浅淡黄色（2.5Y 8/4，干），亮黄棕色（2.5Y 7/6，润）；粉质黏土，中度发育小块状结构，紧实，很少量细根，结构面和孔隙周围有少量的铁锰斑纹；向下层平滑模糊过渡。

Br2：52～90 cm，淡黄橙色（10YR 8/4，干），亮黄棕色（10YR 6/8，润）；粉质黏土，弱发育块状结构，紧实，结构面和孔隙周围有少量的铁锰斑纹；向下层平滑模糊过渡。

港贤系代表性单个土体剖面

Bw：90～100 cm，淡黄橙色（10YR 8/4，干），亮黄棕色（10YR 6/8，润）；黏壤土，弱发育中块状结构，稍紧实，有 10%左右弱风化的砂页岩碎块。

港贤系代表性单个土体物理性质

土层	深度 /cm	砾石（>2 mm，体积分数）/%	细土颗粒组成（粒径：mm）/（g/kg）			质地类别	容重 /（g/cm³）
			砂粒 2～0.05	粉粒 0.05～0.002	黏粒<0.002		
Ap1	0～12	0	153	518	329	粉质黏壤土	1.21
Ap2	12～21	0	137	527	336	粉质黏壤土	1.45
Br1	21～52	0	135	438	427	粉质黏土	1.55
Br2	52～90	1	148	419	433	粉质黏土	1.53
Bw	90～100	10	261	360	379	黏壤土	—

港贤系代表性单个土体化学性质

深度 /cm	pH（H₂O）	有机碳	全氮（N）	全磷（P）	全钾（K）	CEC	交换性盐基总量	游离氧化铁
		/（g/kg）				/（cmol(+)/kg）		/（g/kg）
0～12	4.8	17.4	1.71	0.87	20.4	6.8	2.2	31.9
12～21	5.6	8.0	1.25	0.39	20.1	6.0	4.1	52.2
21～52	5.7	3.7	0.91	0.31	26.1	5.9	3.5	40.9
52～90	5.2	2.8	0.68	0.29	27.6	5.8	2.3	47.7
90～100	5.3	2.3	0.49	0.63	32.3	5.1	2.4	66.8

4.9.6 洛东系（Luodong Series）

土　族：黏质高岭石混合型非酸性热性-普通铁聚水耕人为土
拟定者：卢　瑛，付旋旋

分布与环境条件　主要分布于百色、河池、柳州、玉林市等峰丛、峰林谷地、洼地及溶蚀盆地。成土母质为石灰岩风化冲积物。土地利用类型为耕地，种植水稻、桑树等。属亚热带季风性气候，年平均气温 19～20℃，年平均降雨量 1400～1600 mm。

洛东系典型景观

土系特征与变幅　诊断层包括水耕表层、水耕氧化还原层；诊断特性包括人为滞水土壤水分状况、氧化还原特征、热性土壤温度状况。由棕色石灰土水耕熟化发育而成，土体以棕色为基调色，质地粉壤土-黏土，黏粒自上而下呈增加趋势，通体无石灰反应，土壤呈中性反应，pH 6.5～7.0；水耕氧化还原层有 15%～20%铁锰结核。

对比土系　雅仕系，相同土族。雅仕系成土母质为砂页岩风化物洪积、冲积物，0～20 cm 表层土壤质地为黏壤土类，整个剖面土体中没有铁锰结核。

利用性能综述　该土系土体深厚，耕作层较薄，土壤有机质和氮磷含量高，CEC 中等，缺钾和锌等元素。利用改良措施：加强水利设施建设，改善灌排条件；实行水旱轮作，推广冬种绿肥、秸秆还田，增施有机肥，提高土壤有机质含量，培肥土壤；测土配方施肥，注意钾、锌等养分补充，增加土壤养分供应，提高作物产量。

参比土种　棕泥田。

代表性单个土体　位于河池市宜州区洛东镇洛东社区吴村屯；24°29'12.5"N，108°51'31.0"E，海拔 123 m；溶蚀盆地，成土母质为石灰岩风化冲积物；耕地，种植双季稻，部分改种桑树。50 cm 深度土温 22.8℃。野外调查时间为 2016 年 3 月 10 日，编号 45-091。

洛东系代表性单个土体剖面

Ap1：0～11 cm，黄棕色（2.5Y 5/3，干），暗橄榄棕色（2.5Y 3/3，润）；粉壤土，强度发育小块状结构，稍疏松，中量细小根，根系周围有少量(2%)的铁锰斑纹，有少量(2%)的铁锰结核；向下层平滑渐变过渡。

Ap2：11～18 cm，浊黄色（2.5Y 6/3，干），橄榄棕色（2.5Y 4/3，润）；粉壤土，强度发育大块状结构，紧实，很少量的细根，根系周围有少量(2%)的铁锰斑纹，有中量(10%)的铁锰结核，有很少量(1%)的石块；向下层平滑渐变过渡。

Br1：18～33 cm，浊黄色（2.5Y 6/4，干），橄榄棕色（2.5Y 4/6，润）；黏壤土，中度发育大块状结构，紧实，很少量细根，有多量(20%)的铁锰结核；向下层平滑清晰过渡。

Br2：33～73 cm，亮黄棕色（10YR 6/6，干），黄棕色（10YR 5/8，润）；黏土，中度发育大块状结构，稍紧实，有中量(15%)的铁锰结核；向下层平滑模糊过渡。

Br3：73～105 cm，亮黄棕色（10YR 6/6，干），橙色（7.5YR 5/8，润）；粉质黏土，中度发育大块状结构，稍紧实，有少量(5%)的铁锰结核。

洛东系代表性单个土体物理性质

土层	深度 /cm	砾石 (>2 mm, 体积分数)/%	细土颗粒组成（粒径：mm）/（g/kg）			质地类别	容重 /（g/cm³）
			砂粒 2～0.05	粉粒 0.05～0.002	黏粒<0.002		
Ap1	0～11	0	223	598	180	粉壤土	1.17
Ap2	11～18	1	216	529	255	粉壤土	1.52
Br1	18～33	0	256	415	329	黏壤土	1.48
Br2	33～73	1	173	375	452	黏土	1.35
Br3	73～105	0	144	448	408	粉质黏土	1.27

洛东系代表性单个土体化学性质

深度 /cm	pH (H₂O)	有机碳	全氮（N）	全磷（P）	全钾（K）	CEC	交换性盐基总量	游离氧化铁
		/ (g/kg)				/ (cmol(+)/kg)		/ (g/kg)
0～11	6.5	28.1	2.74	1.76	3.16	15.2	10.7	60.2
11～18	6.6	18.1	1.87	1.38	3.31	13.8	10.6	75.6
18～33	6.8	6.3	0.76	1.35	3.09	12.6	12.3	83.6
33～73	6.8	3.6	0.68	1.47	4.20	12.8	12.1	90.4
73～105	6.8	3.6	0.68	1.72	4.12	13.8	10.7	97.7

4.9.7 雅仕系（Yashi Series）

土　族：黏质高岭石混合型非酸性热性-普通铁聚水耕人为土
拟定者：卢　瑛，欧锦琼

分布与环境条件　主要分布于柳州市较平坦的山丘谷地。成土母质为砂页岩风化物洪积、冲积物。土地利用类型为耕地，主要种植水稻。属中亚热带湿润季风性气候，年平均气温 19～20℃，年平均降雨量 1600～1800 mm。

雅仕系典型景观

土系特征与变幅　诊断层包括水耕表层、水耕氧化还原层；诊断特性包括人为滞水土壤水分状况、氧化还原特征、热性土壤温度状况。地下水位深，土体深厚；耕层厚度 10～15 cm，润态颜色为橄榄棕色；水耕氧化还原层有 10%～20%铁锰斑纹；土壤质地为粉质黏壤土；土壤呈酸性-微酸性反应，pH 5.0～6.0。

对比土系　洛东系，相同土族。洛东系成土母质为石灰岩风化物，0～20 cm 表层土壤质地为壤土类，水耕氧化还原层有 15%～20%铁锰结核。

利用性能综述　该土系土层深厚，质地和酸碱度适中，耕性好，适种性广，土壤有机质和氮含量较高，磷钾含量中等。改良利用措施：实行土地整治，完善农田水利设施，改善农业生产条件；增施有机肥，推广秸秆还田、冬种绿肥，用地养地相结合，改良土壤，提高肥力；测土平衡施肥，协调养分供应，提高农作物产量。

参比土种　砂泥田。

代表性单个土体　位于柳州市融安县大将镇雅仕村长耙口屯；25°13'41.8"N，109°29'26.2"E，海拔 108 m；山丘冲田，成土母质为砂页岩风化洪积、冲积物；耕地，种植水稻、金橘等。50 cm 深度土温 22.2℃。野外调查时间为 2016 年 11 月 14 日，编号 45-108。

雅仕系代表性单个土体剖面

Ap1：0～15 cm，灰白色（2.5Y 8/2，干），橄榄棕色（2.5Y 4/6，润）；粉质黏壤土，中度发育小块状结构，疏松，多量细根，结构面、孔隙和根系周围有多量(约 20%)的铁锰斑纹；向下层平滑渐变过渡。

Ap2：15～25 cm，灰白色（2.5Y 8/1，干），灰黄色（2.5Y 6/2，润）；粉质黏壤土，强度发育中块状结构，稍紧实，很少量极细根，结构面、孔隙和根系周围有多量(约 20%)的铁锰斑纹；向下层平滑清晰过渡。

Br1：25～60 cm，浅淡黄色（2.5Y 8/3，干），黄棕色（2.5Y 5/4，润）；粉质黏壤土，强度发育中块状结构，稍紧实，结构面和孔隙周围有中量(15%)的铁锰斑纹；向下层平滑渐变过渡。

Br2：60～90 cm，浅淡黄色（2.5Y 8/4，干），浊黄橙色（10YR 6/4，润）；粉质黏壤土，强度发育中块状结构，稍紧实，结构面和孔隙周围有中量(15%)的铁锰斑纹；向下层平滑模糊过渡。

Br3：90～115 cm，浅淡黄色（2.5Y 8/4，干），浊黄橙色（10YR 6/4，润）；粉质黏壤土，强度发育大块状结构，紧实，结构体表面和孔隙周围有多量(约 20%)的铁锰斑纹。

雅仕系代表性单个土体物理性质

土层	深度 /cm	砾石 (>2 mm，体积分数)/%	细土颗粒组成（粒径：mm）/（g/kg）			质地类别	容重 /（g/cm³）
			砂粒 2～0.05	粉粒 0.05～0.002	黏粒<0.002		
Ap1	0～15	0	115	492	392	粉质黏壤土	1.05
Ap2	15～25	0	117	498	385	粉质黏壤土	1.28
Br1	25～60	0	104	515	381	粉质黏壤土	1.34
Br2	60～90	0	105	506	389	粉质黏壤土	1.34
Br3	90～115	0	181	459	360	粉质黏壤土	1.45

雅仕系代表性单个土体化学性质

深度 /cm	pH (H₂O)	有机碳	全氮（N）	全磷（P）	全钾（K）	CEC	交换性盐基总量	游离氧化铁
		/（g/kg）				/（cmol(+)/kg）		/（g/kg）
0～15	5.0	20.4	2.63	0.72	22.79	10.2	4.6	17.7
15～25	5.2	14.7	1.94	0.35	23.09	7.6	4.5	18.7
25～60	5.7	9.0	1.42	0.27	23.09	8.7	7.2	45.3
60～90	5.8	6.6	1.17	0.32	24.59	11.7	8.6	36.7
90～115	5.5	4.7	1.05	0.30	21.60	9.7	6.6	35.2

4.9.8 拉岩系（Layan Series）

土　　族：黏质混合型非酸性热性-普通铁聚水耕人为土
拟定者：卢　瑛，韦翔华

分布与环境条件　主要分布于河池、桂林市等地势起伏的山丘谷地。成土母质为砂页岩风化物冲积物。土地利用类型为耕地，种植水稻、蔬菜、玉米等。属亚热带季风性气候，年平均气温 19～20℃，年平均降雨量 1400～1600 mm。

拉岩系典型景观

土系特征与变幅　诊断层包括水耕表层、水耕氧化还原层；诊断特性包括人为滞水土壤水分状况、氧化还原特征、热性土壤温度状况。地下水位深，土体深厚；耕层厚度 15～20 cm，润态颜色为黄灰色；水耕氧化还原层有 10%～20%铁锰斑纹，游离氧化铁与耕作层之比>2.0；土壤质地为黏壤土-粉质黏土；土壤呈酸性-微酸性反应，pH 5.0～6.0。

对比土系　下楞系，属于相同亚类。下楞系成土母质为第四纪红土，分布纬度和海拔较拉岩系低的区域，属高热土壤温度状况。

利用性能综述　该土系土层深厚，质地和酸碱度适中，耕性好，适种性广，土壤有机质和氮含量较高，磷钾含量偏低。改良利用措施：实行土地整治，完善农田水利设施，改善农业生产条件；增施有机肥，推广秸秆还田、冬种绿肥，提倡水旱轮作等，用地养地相结合，改良土壤，提高肥力；测土平衡施肥，协调养分供应，提高农作物产量。

参比土种　砂泥田。

代表性单个土体　位于河池市天峨县坡结乡拉岩村风更屯；25°6'23.5"N，107°9'5.3"E，海拔 641 m；山丘谷地，成土母质为砂页岩风化物冲积物；耕地，种植单季稻、蔬菜、玉米等。50 cm 深度土温 21.9℃。野外调查时间为 2016 年 3 月 8 日，编号 45-087。

Ap1：0~20 cm，灰白色（2.5Y 8/1，干），黄灰色（2.5Y 5/1，润）；粉质黏壤土，强度发育中块状结构，疏松，中量细根，根系和孔隙周围有中量(10%)的铁锰斑纹；向下层平滑渐变过渡。

Ap2：20~33 cm，灰白色（2.5Y 8/1，干），黄灰色（2.5Y 5/1，润）；粉质黏壤土，强度发育大块状结构，稍紧实，少量细根，结构面、根系和孔隙周围有中量(10%)的铁锰斑纹；向下层平滑突变过渡。

Br1：33~70 cm，浅淡黄色（2.5Y 8/3，干），亮黄棕色（2.5Y 6/6，润）；粉质黏土，中度发育大块状结构，稍紧实，结构面和孔隙周围有中量(10%)的铁锰斑纹；向下层平滑清晰过渡。

Br2：70~110 cm，浅淡黄色（2.5Y 8/4，干），亮黄棕色（2.5Y 7/6，润）；黏壤土，中度发育大块状结构，稍紧实，结构面和孔隙周围有多量(20%)的铁锰斑纹。

拉岩系代表性单个土体剖面

拉岩系代表性单个土体物理性质

土层	深度 /cm	砾石 (>2 mm, 体积分数)/%	细土颗粒组成（粒径：mm）/（g/kg）			质地类别	容重 /（g/cm³）
			砂粒 2~0.05	粉粒 0.05~0.002	黏粒<0.002		
Ap1	0~20	0	120	527	354	粉质黏壤土	1.17
Ap2	20~33	0	94	531	375	粉质黏壤土	1.36
Br1	33~70	0	136	442	422	粉质黏土	1.39
Br2	70~110	0	211	430	360	黏壤土	1.37

拉岩系代表性单个土体化学性质

深度 /cm	pH (H₂O)	有机碳	全氮（N）	全磷（P）	全钾（K）	CEC	交换性盐基总量	游离氧化铁 /（g/kg）
		/（g/kg）				/（cmol(+)/kg）		
0~20	5.4	25.1	2.84	0.50	16.07	13.0	9.4	6.5
20~33	6.1	12.9	1.62	0.29	16.37	13.1	11.7	8.6
33~70	6.5	2.7	0.62	0.36	16.37	8.2	5.3	27.2
70~110	6.5	2.7	0.58	0.33	17.84	7.1	5.1	31.5

4.9.9 下楞系 (Xialeng Series)

土　族：　黏质混合型非酸性高热性-普通铁聚水耕人为土
拟定者：卢　瑛，刘红宜

分布与环境条件　主要分布于南宁、玉林、梧州、百色市等第四纪红土覆盖的丘陵、台地及盆地中垌田。成土母质为第四纪红土。土地利用类型为耕地，水稻、蔬菜轮作。属南亚热带湿润季风性气候，年平均气温 21～22℃，年平均降雨量 1200～1400 mm。

下楞系典型景观

土系特征与变幅　该土系诊断层包括水耕表层、水耕氧化还原层；诊断特性包括人为滞水土壤水分状况、氧化还原特征、高热土壤温度状况。土体深厚，厚度>1 m，耕层厚度 10～15 cm，地下水位深，土体润态颜色主要为浊黄棕色；水耕氧化还原层有中量-多量铁锰斑纹；土壤质地为粉质黏壤土-黏土；土壤呈微酸性-中性反应，pH 5.5～7.0。

对比土系　拉岩系，属于相同亚类。拉岩系成土母质为砂页岩风化物冲积物，分布纬度和海拔较下楞系高的区域，属热性土壤温度状况。

利用性能综述　土体深厚，土壤熟化程度较高，耕性较好，无障碍层次。耕作层较厚，土壤有机质、全氮含量较高，全磷、全钾含量偏低，保肥性能中等。利用改良措施：完善农田基本排灌设施，增强抗旱排涝能力；冬种绿肥、秸秆还田，水旱轮作，改善土壤结构，培肥土壤；增施有机肥料，合理施用化肥，平衡供应土壤养分，提高作物产量。

参比土种　黄泥田。

代表性单个土体　位于南宁市西乡塘区坛洛镇下楞村 11 队；22°50'7.9"N，108°1'36.0"E，海拔 77 m；第四纪红土覆盖的盆地，成土母质为第四纪红土；种植水稻、蔬菜。50 cm 深度土温 24.0℃。野外调查时间为 2015 年 3 月 13 日，编号 45-019。

下楞系代表性单个土体剖面

Ap1: 0~16 cm，淡黄色（2.5Y 7/3，干），棕色（10YR 4/4，润）；粉质黏壤土，强度发育小块状结构，稍紧实，多量细根，结构面、根系周围有中量的铁锰斑纹；向下层平滑清晰过渡。

Ap2: 16~29 cm，淡黄色（2.5Y 7/4，干），浊黄棕色（10YR 4/3，润）；粉质黏壤土，强度发育中块状结构，紧实，少量极细根，结构面、根系周围有少量的铁锰斑纹；向下层平滑清晰过渡。

Br1: 29~42 cm，灰黄色（2.5Y 6/2，干），灰黄棕色（10YR 4/2，润）；粉质黏土，强度发育柱状结构，紧实，结构面有多量的铁锰斑纹，有很少量的扁平状黑色（7.5YR 2/2）铁锰结核；向下层平滑渐变过渡。

Br2: 42~69 cm，灰黄色（2.5Y 7/2，干），浊黄棕色（10YR 5/3，润）；粉质黏土，强度发育大块状结构，紧实，结构面有中量的铁锰斑纹；向下层平滑渐变过渡。

Br3: 69~94 cm，20%浊橙色、80%棕色（20% 7.5YR 7/3、80% 10YR 4/6，干），20%棕色、80%暗棕色（20% 10YR 4/6、80% 10YR 3/4，润）；粉质黏土，强度发育大块状结构，紧实，结构面有中量的铁锰斑纹。

下楞系代表性单个土体物理性质

土层	深度 /cm	砾石 (>2 mm, 体积分数)/%	细土颗粒组成（粒径：mm）/（g/kg）			质地类别	容重 /（g/cm³）
			砂粒 2~0.05	粉粒 0.05~0.002	黏粒<0.002		
Ap1	0~16	0	79	616	305	粉质黏壤土	1.23
Ap2	16~29	0	94	553	353	粉质黏壤土	1.61
Br1	29~42	0	111	467	422	粉质黏土	1.59
Br2	42~69	0	112	463	425	粉质黏土	1.57
Br3	69~94	0	66	478	456	粉质黏土	1.49

下楞系代表性单个土体化学性质

深度 /cm	pH (H₂O)	有机碳	全氮（N）	全磷（P）	全钾（K）	CEC	交换性盐基总量	游离氧化铁 /（g/kg）
		/（g/kg）				/（cmol(+)/kg）		
0~16	5.6	24.6	2.21	0.63	12.2	12.7	12.0	31.1
16~29	7.3	6.8	0.71	0.40	14.4	12.7	12.1	55.6
29~42	7.4	9.6	0.87	0.47	19.8	21.4	20.1	50.1
42~69	7.2	10.0	0.90	0.41	21.2	26.2	17.8	49.3
69~94	7.0	7.0	0.76	0.32	21.3	18.1	17.2	48.0

4.9.10 百达系（Baida Series）

土　族：黏壤质硅质混合型非酸性热性-普通铁聚水耕人为土
拟定者：卢　瑛，姜　坤

分布与环境条件　主要分布于百色、河池市等砂页岩山丘谷底，地势较平坦。成土母质为砂页岩洪积、冲积物。土地利用类型为耕地，种植双季水稻。属南亚热带湿润季风性气候，年平均气温 20～21℃，年平均降雨量 1200～1400 mm。

百达系典型景观

土系特征与变幅　诊断层包括水耕表层、水耕氧化还原层；诊断特性包括人为滞水土壤水分状况、氧化还原特征、热性土壤温度状况。地下水位深，土体深厚；耕层厚度 10～15 cm，润态颜色为暗灰黄色；水耕氧化还原层有 2%～5%铁锰斑纹；土壤质地为壤土-黏壤土；土壤呈酸性-中性反应，pH 5.0～7.0。

对比土系　朗联村系，属于相同土族。朗联村系成土母质为砂页岩坡积物，分布区域地形部位相对较高，土表 50 cm 以下土体没有受到淹水种稻水耕熟化过程影响，土壤呈亮红棕色；0～20 cm 表层土壤质地为壤土类。

利用性能综述　该土系土层深厚，质地和酸碱度适中，耕性好，适种性广，土壤有机质和氮含量较高，磷钾含量偏低。改良利用措施：实行土地整治，完善农田水利设施，改善农业生产条件；增施有机肥，推广秸秆还田、冬种绿肥，提倡水旱轮作等，用地养地相结合，改良土壤，提高肥力；测土平衡施肥，协调养分供应，提高农作物产量。

参比土种　砂泥田。

代表性单个土体　位于百色市田林县利周瑶族乡百达村百达屯；24°18'10.6"N，106°19'53.4"E，海拔 378 m；山丘谷地，成土母质为砂页岩洪积、冲积物；耕地，种植双季稻。50 cm 深度土温 22.7℃。野外调查时间为 2015 年 12 月 16 日，编号 45-065。

百达系代表性单个土体剖面

Ap1：0～15 cm，灰黄色（2.5Y 7/2，干），暗灰黄色（2.5Y 4/2，润）；黏壤土，强度发育小块状结构，稍紧实，中量细根，根系周围有很少的铁锰斑纹；向下层平滑渐变过渡。

Ap2：15～23 cm，灰黄色（2.5Y 7/2，干），暗灰黄色（2.5Y 4/2，润）；黏壤土，强度发育中块状结构，紧实，很少极细根，结构面和孔隙周围有少量的铁锰斑纹；向下层平滑突变过渡。

Br1：23～53 cm，淡黄色（2.5Y 7/4，干），橄榄棕色（2.5Y 4/6，润）；黏壤土，强度发育中块状结构，紧实，结构面有少量的铁锰斑纹；向下层平滑清晰过渡。

Br2：53～78 cm，灰白色（2.5Y 8/2，干），浊黄棕色（10YR 5/4，润）；壤土，中度发育中块状结构，紧实，结构面和孔隙周围有少量的铁锰斑纹；向下层平滑清晰过渡。

Br3：78～118 cm，浅淡黄色（2.5Y 8/3，干），棕色（10YR 4/4，润）；壤土，中度发育中块状结构，紧实，结构面和孔隙周围有少量的铁锰斑纹。

百达系代表性单个土体物理性质

土层	深度/cm	砾石（>2 mm，体积分数）/%	细土颗粒组成（粒径：mm）/（g/kg）			质地类别	容重/（g/cm³）
			砂粒 2～0.05	粉粒 0.05～0.002	黏粒<0.002		
Ap1	0～15	<1	210	484	306	黏壤土	1.18
Ap2	15～23	<1	216	481	303	黏壤土	1.36
Br1	23～53	<1	229	486	284	黏壤土	1.40
Br2	53～78	<1	474	352	173	壤土	1.63
Br3	78～118	<1	361	427	211	壤土	1.59

百达系代表性单个土体化学性质

深度/cm	pH（H₂O）	有机碳	全氮（N）	全磷（P）	全钾（K）	CEC	交换性盐基总量	游离氧化铁
				/（g/kg）			/（cmol(+)/kg）	/（g/kg）
0～15	5.2	28.4	2.76	0.60	12.64	12.7	9.4	13.5
15～23	5.2	17.0	1.96	0.66	13.24	9.9	8.0	22.1
23～53	6.3	7.9	0.88	0.44	13.83	8.1	7.7	64.2
53～78	6.7	3.3	0.55	0.42	14.28	5.6	5.5	26.7
78～118	6.7	3.9	0.57	0.41	14.28	6.7	6.3	27.4

4.9.11　朗联村系（Langliancun Series）

土　　族：黏壤质硅质混合型非酸性热性-普通铁聚水耕人为土
拟定者：卢　瑛，崔启超

分布与环境条件　主要分布于桂林、河池市等砂页岩丘陵坡底。成土母质为砂页岩坡积物。土地利用类型为耕地，种植水稻、蔬菜等。属中亚热带湿润季风性气候，年平均气温 19～20℃，年平均降雨量 1600～1800 mm。

朗联村系典型景观

土系特征与变幅　诊断层包括水耕表层、水耕氧化还原层；诊断特性包括人为滞水土壤水分状况、氧化还原特征、热性土壤温度状况。耕层厚度 10～15 cm，润态颜色为浊棕色；水耕氧化还原层有 2%～5%铁锰斑纹；土壤质地为壤土-黏壤土；土壤呈酸性-微酸性反应，pH 4.5～6.0。

对比土系　百达系，属于相同土族。成土母质为砂页岩洪积、冲积物，分布区域地形部位相对较低，整个土体均受到淹水种稻水耕熟化过程影响，土表 1 m 以下土体结构面和孔隙周围有铁锰斑纹；0～20 cm 表层土壤质地为黏壤土类。

利用性能综述　该土系土层深厚，质地和酸碱度适中，耕性及通透性良好，保水保肥能力较强，土壤有机质和氮磷钾含量偏低。改良利用措施：完善农田水利设施，整治排灌渠系，改善农业生产条件；增施有机肥，推广秸秆回田、冬种绿肥，提倡水旱轮作等，用地养地相结合，改良土壤，提高肥力；测土平衡施肥，协调养分平衡供应，提高农作物产量。

参比土种　浅壤土田。

代表性单个土体　位于桂林市临桂区南边山镇朗联村委朗村；24°57′45.3″N，

110°16'20.7"E，海拔 185 m；山丘谷地，成土母质为砂页岩坡积物；耕地，种植水稻、蔬菜。50 cm 深度土温 22.4℃。野外调查时间为 2015 年 8 月 25 日，编号 45-047。

Ap1： 0～13 cm，淡棕灰色（7.5YR 7/2，干），浊棕色（7.5YR 5/3，润）；壤土，强度发育小块状结构，稍紧实，中量细根，结构面、孔隙和根周围有中量的铁锰斑纹；向下层平滑清晰过渡。

Ap2： 13～23 cm，浊棕色（7.5YR 6/3，干），浊棕色（7.5YR 5/4，润）；壤土，强度发育中块状结构，紧实，少量极细根，结构面有中量的铁锰斑纹；向下层平滑过渡。

Br： 23～50 cm，浊橙色（7.5YR 7/3，干），棕色（7.5YR 4/6，润）；壤土，中度发育中块状结构，紧实，结构面有少量的铁锰斑纹；向下层波状清晰过渡。

Bw： 50～100 cm，浊橙色（7.5YR 7/4，干），亮红棕色（5YR 5/6，润）；黏壤土，中度发育中块状结构，紧实。

朗联村系代表性单个土体剖面

朗联村系代表性单个土体物理性质

土层	深度/cm	砾石（>2 mm，体积分数）/%	细土颗粒组成（粒径：mm）/（g/kg）			质地类别	容重/（g/cm³）
			砂粒 2～0.05	粉粒 0.05～0.002	黏粒<0.002		
Ap1	0～13	<1	305	473	222	壤土	1.31
Ap2	13～23	<1	378	430	192	壤土	1.52
Br	23～50	<1	374	436	190	壤土	1.54
Bw	50～100	<5	372	349	279	黏壤土	1.57

朗联村系代表性单个土体化学性质

深度/cm	pH（H₂O）	有机碳	全氮（N）	全磷（P）	全钾（K）	CEC	交换性盐基总量	游离氧化铁/（g/kg）
		/（g/kg）				/（cmol(+)/kg）		
0～13	4.8	14.5	1.58	0.47	14.22	6.9	2.9	11.7
13～23	5.3	5.4	0.70	0.31	14.22	6.5	3.2	26.9
23～50	5.6	2.9	0.43	0.32	14.74	5.2	4.6	37.2
50～100	5.8	2.3	0.41	0.59	22.23	8.4	6.3	55.5

4.9.12 岜考系（Bakao Series）

土　族：黏壤质硅质混合型非酸性高热性-普通铁聚水耕人为土
拟定者：卢　瑛，崔启超

分布与环境条件　主要分布于百色、柳州、南宁市等山冲、谷地或低丘前的洪积地带。成土母质为砂页岩洪积、冲积物。土地利用类型为耕地，种植水稻。属南亚热带湿润季风性气候，年平均气温 19～20℃，年平均降雨量 1200～1400 mm。

岜考系典型景观

土系特征与变幅　该土系诊断层包括水耕表层、水耕氧化还原层；诊断特性包括人为滞水土壤水分状况、氧化还原特征、高热土壤温度状况。有效土层较薄，40 cm 以下土体内有 35%左右微风化的次圆状岩石碎屑，土壤质地为壤土-黏壤土；水耕氧化还原层与耕作层游离氧化铁含量之比>1.5，具有铁聚特性；土壤呈酸性-微酸性反应，pH 5.0～6.5。

对比土系　道峨系、思陇系、万平系，属于相同土族。道峨系成土母质为第四纪红土，土体厚度>1 m，Br 层有多量（20%～30%）铁锰结核，0～20 cm 表土质地为黏壤土类。思陇系成土母质为花岗岩风化物，土体厚度>1 m，Br 层有中量（5%～10%）铁锰斑纹，土表 1 m 以下土体有少量（2%～5%）铁锰结核，0～20 cm 表土质地为壤土类。万平系成土母质为河流冲积物，土体厚度>1 m，耕作层厚度>20 cm，Br 层有少量—中量（2%～10%）铁锰斑纹、少量（2%～5%）铁锰结核，0～20 cm 表土质地为壤土类。

利用性能综述　该土系有效土层较薄，40 cm 以下土体内含有大量岩石碎屑，影响土壤蓄水保肥能力；土壤有机质、全氮、全钾含量中等，全磷含量偏低。利用改良措施：完善农田排灌设施，改善农业生产条件；种植绿肥、秸秆还田，增施有机肥，培肥地力；合理施用化肥，平衡土壤养分元素的供应。

参比土种　砾底泥田。

代表性单个土体　位于百色市德保县龙光乡岜考村岜考屯；23°10'50.5"N，106°44'13.5"E，海拔 587 m；谷口洪积扇垌田，成土母质为砂页岩洪积、冲积物；耕地，种植水稻。50 cm 深度土温 23.4℃。野外调查时间为 2015 年 12 月 22 日，编号 45-075。

岜考系代表性单个土体剖面

Ap1：0～15 cm，浅淡黄色（5Y 8/3，干），黄棕色（2.5Y 5/4，润）；黏壤土，强度发育小块状结构，稍紧实，少量细根，少量瓦片，根系周围有很少（<2%）的铁锰斑纹；向下层平滑突变过渡。

Ap2：15～22 cm，黄色（2.5Y 8/6，干），黄棕色（10YR 5/8，润）；黏壤土，强度发育中块状结构，紧实，很少量细根，结构面和孔隙周围有少量（2%～5%）的铁锰斑纹；向下层平滑渐变过渡。

Br：22～37 cm，黄色（2.5Y 8/6，干），亮黄棕色（10YR 6/8，润）；黏壤土，强度发育中块状结构，紧实，结构面和孔隙周围有中量（10%～15%）的铁锰斑纹；向下层波状清晰过渡。

BCr：37～80 cm，黄色（2.5Y 8/6，干），黄棕色（10YR 5/8，润）；壤土，中度发育中块状结构，紧实，有多量(35%左右)微风化的次圆状岩石碎屑，结构面和孔隙周围有中量（10%～15%）的铁锰斑纹，有中量（10%左右）形状不规则的铁锰结核。

岜考系代表性单个土体物理性质

土层	深度 /cm	砾石 (>2 mm，体积分数)/%	细土颗粒组成（粒径：mm）/（g/kg）			质地类别	容重 /（g/cm³）
			砂粒 2～0.05	粉粒 0.05～0.002	黏粒<0.002		
Ap1	0～15	0	224	492	284	黏壤土	1.27
Ap2	15～22	0	253	469	278	黏壤土	1.48
Br	22～37	0	288	436	277	黏壤土	1.48
BCr	37～80	35	378	363	259	壤土	-

岜考系代表性单个土体化学性质

深度 /cm	pH (H₂O)	有机碳	全氮（N）	全磷（P）	全钾（K）	CEC	交换性盐基总量	游离氧化铁 /（g/kg）
		/（g/kg）				/（cmol(+)/kg）		
0～15	5.2	16.1	1.75	0.42	21.28	6.5	3.7	19.5
15～22	6.2	7.0	1.02	0.37	20.68	5.0	3.0	45.5
22～37	6.4	5.3	0.75	0.31	19.48	5.7	3.5	74.7
37～80	6.4	3.5	0.64	0.33	22.48	6.5	4.2	54.0

4.9.13 道峨系（Daoe Series）

土 族：黏壤质硅质混合型非酸性高热性-普通铁聚水耕人为土
拟定者：卢 瑛，秦海龙

分布与环境条件 主要分布于百色、玉林、柳州市等溶蚀平原或峰丛宽谷的低平垌田。成土母质为第四纪红土。土地利用类型为耕地，种植双季水稻。属南亚热带湿润季风性气候，年平均气温 21～22℃，年平均降雨量 1200～1400 mm。

道峨系典型景观

土系特征与变幅 该土系诊断层包括水耕表层、水耕氧化还原层；诊断特性包括人为滞水土壤水分状况、氧化还原特征、高热土壤温度状况。土体深厚，厚度>1 m，耕作层厚度 10～15 cm，土壤质地为壤土-黏壤土，润态颜色为浊黄棕色-亮黄棕色；水耕氧化还原层中含有 20%～30%球状铁锰结核；土壤呈中性，pH 6.5～7.0。

对比土系 岜考系、思陇系、万平系，属于相同土族。岜考系成土母质为砂页岩洪冲积物，土表 40 cm 以下为 BCr 层，Br 层有中量铁锰斑纹、无铁锰结核。思陇系成土母质为花岗岩洪冲积物，土体厚度>1 m，Br 层有中量铁锰斑纹，土表 1 m 以下有少量铁锰结核，0～20 cm 表土质地为壤土类。万平系成土母质为河流冲积物，土体厚度>1 m，耕作层厚度>20 cm，Br 层有少量—中量铁锰斑纹、少量铁锰结核，0～20 cm 表土质地为壤土类。

利用性能综述 该土系质地适中，耕性好，适种性广；水利条件差、抗旱排涝能力弱；土壤有机质、全氮、全磷含量较高，全钾含量低。改良利用措施：实行土地整治，修建和完善农田水利设施，防治洪涝灾害；实行水旱轮作，增施有机肥，推广秸秆回田、冬种绿肥等，培肥土壤；测土配方施肥，协调养分供应，用地与养地相结合，不断提高地力。

参比土种 铁子底田。

代表性单个土体　　位于百色市平果县新安镇道峨村百六屯；23°16'12.1"N，107°33'51.6"E，海拔 104 m；溶蚀平原，成土母质为第四纪红土，耕地，种植双季水稻。50 cm 深度土温23.7℃。野外调查时间为 2015 年 12 月 26 日，编号 45-083。

道峨系代表性单个土体剖面

Ap1：0～14 cm，浊黄色（2.5Y 6/3，干），浊黄棕色（10YR 4/3，润）；粉壤土，强度发育小块状结构，稍紧实，中量细根，中量（10%～15%）的球状铁锰结核；向下层平滑渐变过渡。

Ap2：14～24 cm，浊黄色（2.5Y 6/3，干），浊黄棕色（10YR 4/3，润）；黏壤土，强度发育中块状结构，稍紧实，很少量细根，中量（10%～15%）的球状铁锰结核；向下层平滑清晰过渡。

Br1：24～45 cm，黄色（2.5Y 8/6，干），亮黄棕色（10YR 6/8，润）；黏壤土，强度发育中块状结构，稍紧实，多量（20%～30%）的球状铁锰结核；向下层平滑模糊过渡。

Br2：45～72 cm，亮黄棕色（10YR 7/6，干），亮黄棕色（10YR 6/8，润）；壤土，强度发育中块状结构，稍紧实，多量（20%～30%）的球状铁锰结核；向下层平滑模糊过渡。

Br3：72～102 cm，亮黄棕色（10YR 7/6，干），亮黄棕色（10YR 6/8，润）；壤土，强度发育中块状结构，稍紧实，多量（20%～30%）的球状铁锰结核。

道峨系代表性单个土体物理性质

土层	深度/cm	砾石（>2 mm，体积分数）/%	细土颗粒组成（粒径：mm）/（g/kg）			质地类别	容重/（g/cm³）
			砂粒 2～0.05	粉粒 0.05～0.002	黏粒<0.002		
Ap1	0～14	0	227	520	253	粉壤土	1.31
Ap2	14～24	0	374	333	293	黏壤土	1.57
Br1	24～45	0	362	362	276	黏壤土	1.53
Br2	45～72	0	381	441	178	壤土	1.54
Br3	72～102	0	378	366	256	壤土	1.55

道峨系代表性单个土体化学性质

深度/cm	pH（H₂O）	有机碳	全氮（N）	全磷（P）	全钾（K）	CEC	交换性盐基总量	游离氧化铁
		/（g/kg）				/（cmol(+)/kg）		/（g/kg）
0～14	6.5	19.6	1.86	1.13	5.97	12.9	11.7	85.9
14～24	6.6	6.5	0.72	0.92	4.93	8.8	8.2	129.1
24～45	6.8	2.9	0.44	0.76	5.52	9.5	9.1	130.7
45～72	6.8	2.3	0.45	0.77	6.11	10.0	8.9	139.9
72～102	6.9	2.0	0.41	0.72	6.41	9.2	8.0	154.5

4.9.14　思陇系（Silong Series）

土　族：　黏壤质硅质混合型非酸性高热性-普通铁聚水耕人为土
拟定者：　卢　瑛、崔启超

分布与环境条件　主要分布于钦州、玉林、梧州、南宁市等花岗岩山地丘陵的宽谷垌田。成土母质为花岗岩风化物的洪积、冲积物。土地利用类型为水田，主要种植水稻。属南亚热带湿润季风性气候，年平均气温 21～22℃，年平均降雨量 1400～1600 mm。

思陇系典型景观

土系特征与变幅　该土系诊断层包括水耕表层、水耕氧化还原层；诊断特性包括人为滞水土壤水分状况、氧化还原特征、高热土壤温度状况。土层深厚，耕作层厚度 10～15 cm，土壤质地砂质壤土-黏壤土，土壤呈酸性，pH 5.5～6.5。

对比土系　岜考系、道峨系、万平系，属于相同土族。岜考系成土母质为砂页岩洪冲积物，土表 40 cm 以下为 BCr 层，Br 层有中量铁锰斑纹、无铁锰结核，0～20 cm 表土质地为黏壤土类。道峨系成土母质为第四纪红土，土体厚度>1 m，Br 层有多量铁锰结核，0～20 cm 表土质地为黏壤土类。万平系成土母质为河流冲积物，土体厚度>1 m，耕作层厚度>20 cm，Br 层有少量—中量铁锰斑纹、少量铁锰结核，0～20 cm 表土质地为壤土类。

利用性能综述　土层深厚，质地适中，通透性和耕性好，土壤有机质和氮、钾含量中等，磷含量偏低，单季产量 6～7.5 t/hm^2。利用改良措施：完善农田排灌设施，改善农业生产条件，增强抗旱排涝能力；冬种绿肥、实行秸秆还田和增施有机肥，提高土壤有机质含量，改良土壤结构，培肥土壤；测土配方施肥，平衡土壤养分供应。

参比土种　杂砂田。

代表性单个土体　位于南宁市宾阳县思陇镇祥华社区邓屋村；23°9'45.4"N，

中国土系志·广西卷

108°38'49.3"E，海拔 205 m；花岗岩丘陵区垌田，成土母质为花岗岩风化物的洪积、冲积物；种植双季水稻。50 cm 深度土温 23.7℃。野外调查时间为 2015 年 3 月 14 日，编号 45-021。

思陇系代表性单个土体剖面

Ap1：0～14 cm，灰黄色（2.5Y 7/2，干），暗灰黄色（2.5Y 4/2，润）；壤土，强度发育小块状结构，疏松，多量细根，结构面、孔隙周围有中量（5%～10%）的铁锰斑纹；向下层波状模糊过渡。

Ap2：14～23 cm，灰黄色（2.5Y 7/2，干），暗灰黄色（2.5Y 5/2，润）；壤土，强度发育块状结构，稍紧实，少量细根，结构面、孔隙周围有中量（5%～10%）的铁锰斑纹；向下层波状渐变过渡。

Br1：23～40 cm，灰黄色（2.5Y 7/2，干），暗灰黄色（2.5Y 5/2，润）；壤土，强度发育块状结构，稍紧实，结构面、孔隙周围有中量（5%～10%）的铁锰斑纹，结构面有多量的铁锰胶膜；向下层波状渐变过渡。

Br2：40～65 cm，灰白色（2.5Y 8/2，干），浊黄色（2.5Y 6/3，润）；黏壤土，强度发育块状结构，稍紧实，结构面、孔隙周围有中量（5%～10%）的铁锰斑纹，结构面有多量的铁锰胶膜；向下层波状清晰过渡。

Br3：65～100 cm，灰白色（2.5Y 8/2，干），浊黄色（2.5Y 6/3，润）；砂质壤土，强度发育块状结构，稍紧实，结构面、孔隙周围有中量（5%～10%）的铁锰斑纹；向下层波状模糊过渡。

Br4：100～122 cm，灰白色（2.5Y 8/2，干），浊黄色（2.5Y 6/3，润）；粉质黏壤土，中度发育大块状结构，稍紧实，结构面有中量（5%～10%）的铁锰斑纹，有少量（2%～5%）的扁平状铁锰结核。

思陇系代表性单个土体物理性质

土层	深度 /cm	砾石 (>2 mm, 体积分数) /%	细土颗粒组成（粒径：mm）/（g/kg）			质地类别	容重 /（g/cm³）
			砂粒 2～0.05	粉粒 0.05～0.002	黏粒<0.002		
Ap1	0～14	<1	473	310	217	壤土	1.04
Ap2	14～23	<1	408	353	239	壤土	1.25
Br1	23～40	1	453	322	225	壤土	1.38
Br2	40～65	0	234	467	299	黏壤土	1.36
Br3	65～100	0	771	116	113	砂质壤土	1.35
Br4	100～122	0	159	482	359	粉质黏壤土	1.25

思陇系代表性单个土体化学性质

深度 /cm	pH （H₂O）	有机碳	全氮（N）	全磷（P）	全钾（K）	CEC	交换性盐基总量	游离氧化铁
				/ （g/kg）			/ （cmol(+)/kg）	/ （g/kg）
0～14	5.5	15.8	1.35	0.43	28.7	8.2	3.3	13.0
14～23	5.7	11.2	0.96	0.32	28.4	8.4	4.3	21.4
23～40	6.0	5.7	0.54	0.27	29.0	7.1	5.0	43.5
40～65	6.1	2.7	0.33	0.33	29.0	13.5	9.1	21.8
65～100	6.2	1.3	0.16	0.34	45.5	5.7	3.7	11.3
100～122	6.3	4.3	0.34	0.39	26.4	16.6	7.9	15.8

4.9.15　万平系（Wanping Series）

土　　族：黏壤质硅质混合型非酸性高热性-普通铁聚水耕人为土
拟定者：卢　瑛，姜　坤

分布与环境条件　主要分布于百色、南宁、玉林市等河流中下游冲积阶地和平原。成土母质为冲积物。土地利用类型为耕地，种植水稻与玉米、蔬菜等，属南亚热带湿润季风性气候，年平均气温 21～22℃，年平均降雨量 1200～1400 mm。

万平系典型景观

土系特征与变幅　该土系诊断层包括水耕表层、水耕氧化还原层；诊断特性包括人为滞水土壤水分状况、氧化还原特征、高热土壤温度状况。由河流冲积物发育土壤淹水种植水稻演变而成，耕作层厚度>20 cm，细土质地为粉壤土-黏壤土；水耕氧化还原层有少量—中量（2%～10%）铁锰斑纹、少量（2%～5%）铁锰结核；土壤呈中性，pH 6.5～7.0。

对比土系　岜考系、道峨系、思陇系，属于相同土族。岜考系成土母质为砂页岩洪积、冲积物，土表 40 cm 以下为 BCr 层，Br 层有中量铁锰斑纹、无铁锰结核，0～20 cm 表土质地为黏壤土类。道峨系成土母质为第四纪红土，土体厚度>1 m，Br 层有多量铁锰结核，0～20 cm 表土质地为黏壤土类。思陇系成土母质为花岗岩风化物的洪积、冲积物，土体厚度>1 m，Br 层有中量铁锰斑纹，土表 1 m 以下土体有少量铁锰结核。

利用性能综述　该土系质地适中，耕性好，适种性广，保水保肥、供肥性好，作物早发且有后劲，但水利条件差、抗旱排涝能力弱，产量高而不稳。改良利用措施：修建和完善农田水利设施，防治洪涝灾害；增施有机肥，实行水旱轮作，推广秸秆回田、冬种绿肥等，提高土壤肥力；测土配方施肥，协调养分供应，用地养地相结合，不断提高地力。

参比土种　潮泥田。

代表性单个土体　位于百色市田阳县那坡镇万平村水塘屯；23°44'32.5"N，106°49'33.5"E，海拔 108 m；右江阶地，地势平坦，成土母质为河流冲积物；耕地，种植水稻、玉米、蔬菜等。50 cm 深度土温 23.3℃。野外调查时间为 2015 年 12 月 23 日，编号 45-077。

Ap1：0～23 cm，淡灰色（5Y 7/2，干），灰橄榄色（5Y 4/2，润）；粉壤土，强度发育小块状结构，稍紧实，中量细根；向下层平滑清晰过渡。

Ap2：23～32 cm，淡灰色（5Y 7/2，干），灰橄榄色（5Y 5/2，润）；粉质黏壤土，强度发育大块状结构，紧实，很少量细根，结构面和孔隙周围有很少（<2%）的铁锰斑纹；有少量（2%）的铁锰结核；向下层平滑渐变过渡。

Br1：32～47 cm，淡灰色（5Y 7/2，干），灰橄榄色（5Y 5/2，润）；粉质黏壤土，强度发育大块状结构，紧实，结构面和孔隙周围有少量（2%～5%）的铁锰斑纹，有少量（2%）铁锰结核；向下层平滑模糊过渡。

Br2：47～78 cm，淡灰色（5Y 7/2，干），橄榄黄色（5Y 5/2，润）；黏壤土，强度发育大块状结构，紧实，结构面和孔隙周围有少量（4%～5%）的铁锰斑纹，有少量（2%）的铁锰结核；向下层波状模糊过渡。

万平系代表性单个土体剖面

Br3：78～100 cm，浊黄橙色（10YR 7/4，干），黄棕色（10YR 5/8，润）；黏壤土，强度发育大块状结构，紧实，结构面和孔隙周围有中量（约 10%）的铁锰斑纹，有少量（2%）的铁锰结核。

万平系代表性单个土体物理性质

土层	深度/cm	砾石（>2 mm，体积分数）/%	细土颗粒组成（粒径：mm）/（g/kg）			质地类别	容重/（g/cm³）
			砂粒 2～0.05	粉粒 0.05～0.002	黏粒<0.002		
Ap1	0～23	0	135	610	255	粉壤土	1.33
Ap2	23～32	0	166	519	315	粉质黏壤土	1.65
Br1	32～47	0	171	495	334	粉质黏壤土	1.54
Br2	47～78	0	217	486	297	黏壤土	1.55
Br3	78～100	0	241	482	278	黏壤土	1.58

万平系代表性单个土体化学性质

深度/cm	pH（H₂O）	有机碳	全氮（N）	全磷（P）	全钾（K）	CEC	游离氧化铁
		/（g/kg）				/（cmol(+)/kg）	/（g/kg）
0～23	6.6	25.1	2.20	0.71	12.14	14.7	29.8
23～32	6.8	7.8	0.77	0.79	15.89	13.1	42.2
32～47	6.7	5.5	0.74	0.82	17.39	15.9	49.9
47～78	6.8	4.9	0.68	0.64	14.84	12.3	40.0
78～100	6.8	3.7	0.59	0.44	14.54	10.3	38.9

4.9.16　长排系（Changpai Series）

土　　族：黏壤质混合型非酸性热性-普通铁聚水耕人为土
拟定者：卢　瑛，姜　坤

分布与环境条件　主要分布于河池、百色、柳州市等丘陵宽谷或平原台地的垌田。成土母质为第四纪红土，并有异源母质掺入。土地利用类型为耕地，种植水稻。属中亚热带湿润季风性气候，年平均气温 20～21℃，年平均降雨量 1400～1600 mm。

长排系典型景观

土系特征与变幅　诊断层包括水耕表层、水耕氧化还原层；诊断特性包括人为滞水土壤水分状况、氧化还原特征、热性土壤温度状况。耕层厚度 15～20 cm，润态颜色为黄棕色；水耕氧化还原层有 5%～10%铁锈斑纹；土壤粉粒含量>450 g/kg，质地为粉壤土-粉质黏壤土；土壤呈微酸性-中性反应，pH 5.5～7.0。

对比土系　妙石系、甲篆系，属于相同土族。妙石系、甲篆系成土母质为砂页岩风化物洪积、沉积物；妙石系土体中无铁锰结核，部分 Br 层有 20%铁锰斑纹；甲篆系 Br 层有 10%～25%铁锰斑纹，部分 Br 层有少量铁锰结核；妙石系 0～20 cm 表层土壤质地为黏壤土类，甲篆系为壤土类。

利用性能综述　土层深厚，质地适中，耕性好，土壤有机质和全氮含量中等，磷钾含量偏低。利用改良措施：实行土地整治，完善农田水利设施，改善农业生产条件；冬种绿肥、秸秆还田，增施有机肥，改良土壤，提高肥力；测土平衡施肥，协调养分供应，提高农作物产量。

参比土种　砂质黄泥田。

代表性单个土体　位于河池市金城江区东江镇长排村下甫屯；24°44'30.4"N，

108°5'55.0"E，海拔 206 m；丘陵谷地，成土母质为第四纪红土；耕地，种植双季稻。50 cm 深度土温 22.5℃。野外调查时间为 2016 年 3 月 11 日，编号 45-093。

Ap1：0～19 cm，灰黄色（2.5Y 7/2，干），黄棕色（2.5Y 5/3，润）；粉质黏壤土，强度发育小块状结构，稍紧实，中量细小根，结构面、根系和孔隙周围有少量（2%）的铁锰斑纹；向下层平滑渐变过渡。

Ap2：19～33 cm，浅淡黄色（2.5Y 8/4，干），橄榄棕色（2.5Y 4/4，润）；粉壤土，强度发育大块状结构，紧实，结构面、孔隙周围有少量（2%）的铁锰斑纹；向下层平滑渐变过渡。

Br1：33～72 cm，暗灰黄色（2.5Y 5/2，干），黑棕色（2.5Y 3/2，润）；粉质黏壤土，强度发育大块状结构，紧实，结构面、孔隙周围有少量（5%）的铁锰斑纹，有少量（2%）的铁锰结核；向下层平滑清晰过渡。

Br2：72～100 cm，黄色（2.5Y 8/6，干），亮黄棕色（10YR 7/6，润）；壤土，中度发育中块状结构，紧实，有少量（3%）中度风化的次圆状岩石碎屑，结构面、孔隙周围有少量（5%）铁锰斑纹，有少量（5%）的铁锰结核。

长排系代表性单个土体剖面

长排系代表性单个土体物理性质

土层	深度 /cm	砾石 (>2 mm，体积分数)/%	细土颗粒组成（粒径：mm）/（g/kg）			质地类别	容重 /（g/cm³）
			砂粒 2～0.05	粉粒 0.05～0.002	黏粒<0.002		
Ap1	0～19	<1	132	591	277	粉质黏壤土	1.30
Ap2	19～33	<2	122	630	248	粉壤土	1.65
Br1	33～72	<1	137	557	306	粉质黏壤土	1.51
Br2	72～100	3	269	479	252	壤土	1.52

长排系代表性单个土体化学性质

深度 /cm	pH (H₂O)	有机碳	全氮（N）	全磷（P）	全钾（K）	CEC	交换性盐基总量	游离氧化铁 /（g/kg）
		/ （g/kg）				/ （cmol(+)/kg）		
0～19	5.6	25.2	2.44	0.51	3.60	11.1	8.1	18.5
19～33	6.4	6.7	0.71	0.42	3.68	9.8	9.5	43.8
33～72	6.6	12.0	0.93	0.38	3.46	18.3	—	32.0
72～100	6.7	5.4	0.57	0.33	2.57	17.0	—	42.8

4.9.17 妙石系（Miaoshi Series）

土　　族：黏壤质混合型非酸性热性-普通铁聚水耕人为土
拟定者：卢　瑛，贾重建

分布与环境条件　主要分布于河池、柳州、百色市等砂页岩丘陵峒田及山区谷地。成土母质为砂页岩风化物洪积、冲积物。土地利用类型为耕地，种植水稻。属中亚热带湿润季风性气候，年平均气温 19～20℃，年平均降雨量 1400～1600 mm。

妙石系典型景观

土系特征与变幅　诊断层包括水耕表层、水耕氧化还原层；诊断特性包括人为滞水土壤水分状况、氧化还原特征、热性土壤温度状况。耕层厚度 10～15 cm，润态颜色为橄榄棕色；水耕氧化还原层有 2%～20%铁锈斑纹；土壤粉粒含量>500 g/kg，质地为粉壤土-粉质黏壤土；土壤呈酸性-微酸性反应，pH 4.5～6.5。

对比土系　长排系、甲篆系，属于相同土族。长排系成土母质为第四纪红土，甲篆系为砂页岩风化物；长排系 Br 层有 5%左右铁锰斑纹，Br 层均有铁锰结核，甲篆系 Br 层有 10～25%铁锰斑纹，部分 Br 层有少量铁锰结核；长排系 0～20 cm 表层土壤质地为黏壤土类，甲篆系为壤土类。

利用性能综述　该土系土层深厚，质地和酸碱度适中，耕性好，适种性广，土壤有机质和氮含量中等，磷钾含量偏低，灌溉水源较缺乏。改良利用措施：实行土地整治，完善农田水利设施，提高灌溉保证率；增施有机肥，推广秸秆还田、冬种绿肥，用地养地相结合，改良土壤，提高肥力；测土平衡施肥，协调养分供应，提高农作物产量。

参比土种　砂土田。

代表性单个土体　位于河池市环江毛南族自治县洛阳镇妙石村桥龙屯；25°0'46.8"N，

108°8'14.7"E，海拔 290 m；丘陵垌田，成土母质为砂页岩风化物洪积、冲积物；耕地，种植单季稻。50 cm 深度土温 22.3℃。野外调查时间为 2016 年 3 月 9 日，编号 45-089。

Ap1：0～15 cm，黄灰色（2.5Y 6/1，干），橄榄棕色（2.5Y 4/3，润）；粉质黏壤土，强度发育大块状结构，稍紧实，中量细根，结构面、根系和孔隙周围约有中量（10%）的铁锰斑纹；向下层平滑渐变过渡。

Ap2：15～26 cm，黄灰色（2.5Y 6/1，干），橄榄棕色（2.5Y 4/3，润）；粉质黏壤土，强度发育大块状结构，紧实，少量细根，结构面、根系和孔隙周围约有中量（10%）的铁锰斑纹；向下层平滑清晰过渡。

Br1：26～70 cm，黄灰色（2.5Y 6/1，干），暗灰黄色（2.5Y 4/2，润）；粉壤土，强度发育大块状结构，紧实，结构面、孔隙周围约有多量（20%）的铁锰斑纹；向下层平滑模糊过渡。

Br2：70～110 cm，灰黄色（2.5Y 6/2，干），橄榄棕色（2.5Y 4/4，润）；粉壤土，中度发育程度大块状结构，紧实，结构面、孔隙周围约有少量（2%）的铁锰斑纹。

妙石系代表性单个土体剖面

妙石系代表性单个土体物理性质

| 土层 | 深度/cm | 砾石（>2 mm，体积分数）/% | 细土颗粒组成（粒径：mm）/（g/kg） | | | 质地类别 | 容重/（g/cm³） |
			砂粒 2～0.05	粉粒 0.05～0.002	黏粒<0.002		
Ap1	0～15	0	145	553	302	粉质黏壤土	1.29
Ap2	15～26	0	181	537	282	粉质黏壤土	1.57
Br1	26～70	0	209	550	241	粉壤土	1.49
Br2	70～110	0	244	514	242	粉壤土	1.54

妙石系代表性单个土体化学性质

| 深度/cm | pH（H₂O） | 有机碳 | 全氮（N） | 全磷（P） | 全钾（K） | CEC | 交换性盐基总量 | 游离氧化铁/（g/kg） |
		/（g/kg）				/（cmol(+)/kg）		
0～15	4.5	16.7	1.81	0.38	9.96	13.4	7.2	19.6
15～26	5.5	10.1	1.21	0.27	9.51	12.6	11.9	24.9
26～70	6.6	5.4	0.83	0.27	9.81	11.3	—	34.3
70～110	6.5	5.0	0.76	0.26	9.66	11.1	—	31.2

4.9.18　甲篆系（Jiazhuan Series）

土　族：黏壤质混合型非酸性热性-普通铁聚水耕人为土
拟定者：卢　瑛，秦海龙

分布与环境条件　主要分布于河池、柳州、桂林市等砂页岩山丘谷地距村较近的垌田。成土母质为砂页岩风化物洪积、冲积物。土地利用类型为耕地，种植双季稻；属南亚热带湿润季风性气候，年平均气温20～21℃，年平均降雨量1400～1600 mm。

甲篆系典型景观

土系特征与变幅　诊断层包括水耕表层、水耕氧化还原层；诊断特性包括人为滞水土壤水分状况、氧化还原特征、热性土壤温度状况。地下水位深，土体深厚；耕层厚度10～15 cm，润态颜色为灰橄榄色；水耕氧化还原层棱柱状结构，有5%～25%铁锰斑纹；土壤质地为壤土；土壤呈微酸性-中性反应，pH 5.5～7.0。

对比土系　长排系、妙石系，属于相同土族。长排系成土母质为第四纪红土，妙石系为砂页岩风化物；长排系Br层有5%左右铁锰斑纹，Br层均有铁锰结核，妙石系土体中无铁锰结核，部分Br层有20%铁锰斑纹；长排系、妙石系0～20 cm表层土壤质地为黏壤土类。

利用性能综述　土层深厚，质地适中，耕性好，养分转化快，水肥气热比较协调，作物产量高。利用改良措施：实行土地整治，完善农田水利设施，进一步改善农业生产条件；增施有机肥，推广秸秆还田、冬种绿肥，用地养地相结合，改良土壤，提高肥力；测土平衡施肥，协调养分供应，提高农作物产量。

参比土种　油砂田。

代表性单个土体　位于河池市巴马瑶族自治县甲篆镇平安村弄劳屯；24°16'21.9"N，

107°6'5.5"E，海拔 267 m；山丘垌田，成土母质为砂页岩风化物洪积、冲积物；耕地，种植双季稻。50 cm 深度土温 22.8℃。野外调查时间为 2016 年 3 月 14 日，编号 45-098。

Ap1：0～14 cm，淡灰色（5Y 7/1，干），灰橄榄色（5Y 4/2，润）；壤土，强度发育小块状结构，稍紧实，少量细根和中量极细根，孔隙和根系周围有极少量（1%）的铁锰斑纹；极少量（1%）的陶瓷碎片、螺壳等；向下层平滑渐变过渡。

Ap2：14～23 cm，淡灰色（5Y 7/2，干），灰橄榄色（5Y 5/3，润）；壤土，强度发育小块状结构，紧实，有很少量极细根，结构面、根系和孔隙周围有中量（7%）的铁锰斑纹；向下层平滑清晰过渡。

Br1：23～45 cm，浅淡黄色（2.5Y 8/4，干），亮黄棕色（2.5Y 6/6，润）；壤土，强度发育大棱柱状结构，紧实；结构面、根系和孔隙周围有多量（25%）的铁锰斑纹；有少量（2%）的铁锰结核；向下层平滑模糊过渡。

甲篆系代表性单个土体剖面

Br2：45～76 cm，浅淡黄色（2.5Y 8/4，干），亮黄棕色（2.5Y 6/6，润）；壤土，强度发育大棱柱状结构，紧实；结构面和孔隙周围有中量（10%）的铁锰斑纹；向下层波状模糊过渡。

Br3：76～120 cm，浅淡黄色（2.5Y 8/3，干），亮黄棕色（2.5Y 6/6，润）；壤土，中度发育中块状结构，紧实；结构面和孔隙周围有中量（10%）的铁锰斑纹。

甲篆系代表性单个土体物理性质

土层	深度 /cm	砾石 (>2 mm，体积分数)/%	细土颗粒组成（粒径：mm）/（g/kg）			质地类别	容重 /（g/cm³）
			砂粒 2～0.05	粉粒 0.05～0.002	黏粒<0.002		
Ap1	0～14	0	261	476	263	壤土	1.27
Ap2	14～23	0	300	472	228	壤土	1.57
Br1	23～45	0	379	375	245	壤土	1.49
Br2	45～76	0	337	428	235	壤土	1.46
Br3	76～120	0	451	338	210	壤土	1.46

甲篆系代表性单个土体化学性质

深度 /cm	pH (H₂O)	有机碳	全氮（N）	全磷（P）	全钾（K）	CEC /（cmol(+)/kg）	游离氧化铁 /（g/kg）
				/（g/kg）			
0～14	5.9	22.4	2.28	0.57	11.06	9.6	4.8
14～23	6.4	7.2	0.89	0.37	10.61	6.6	13.3
23～45	6.6	2.2	0.44	0.35	12.24	6.3	46.8
45～76	6.8	2.2	0.43	0.29	12.54	6.4	33.0
76～120	6.8	1.5	0.36	0.27	12.24	5.2	26.2

4.9.19　古灯系（Gudeng Series）

土　　族：黏壤质混合型非酸性高热性-普通铁聚水耕人为土
拟定者：卢　瑛，欧锦琼

分布与环境条件　主要分布于来宾、柳州、南宁、百色、河池市等硅质页岩地区。成土母质为硅质页岩洪积、冲积物。土地利用类型为耕地，种植水稻、甘蔗等。属南亚热带湿润季风性气候，年平均气温 21～22℃，年平均降雨量 1400～1600 mm。

古灯系典型景观

土系特征与变幅　诊断层包括水耕表层、水耕氧化还原层；诊断特性包括人为滞水土壤水分状况、氧化还原特征、高热土壤温度状况。土体较深厚；耕层厚度 10～15 cm，润态颜色为浊黄棕色；水土壤粉粒含量>600 g/kg，质地为粉壤土-粉质黏壤土；土壤呈酸性-微酸性反应，pH 5.0～6.5。

对比土系　花马系、那塘系、中团系，属于相同土族。花马系成土母质为洪积物，那塘系、中团系为砂页岩风化坡积、洪积物；那塘系土表 1 m 以下出现地下水；花马系土体内有少量铁锰结核、Br 层有少量铁锰斑纹，那塘系土体内无铁锰结核、Br 层有少量—中量铁锰斑纹，中团系部分 Br 层下部有中量铁锰结核、Br 层有很少量—很多铁锰斑纹；花马系、那塘系、中团系 0～20 cm 表土质地为黏壤土类。

利用性能综述　土体较深厚，质地适中，耕性较好，适种性广，母土粉粒含量高；土壤有机质、全氮、全磷、全钾含量低，CEC 低，保肥性能差，养分含量贫瘠。利用改良措施：完善农田灌排设施，改善农业生产条件；增施有机肥，推广秸秆还田、冬种绿肥，改良土壤，提高肥力；测土平衡施肥，协调养分供应，提高农作物产量。

参比土种　白粉田。

代表性单个土体 位于来宾市兴宾区三五镇古灯村委狮子新屯；23°30'15.2"N，109°14'0.3"E，海拔 107 m；山丘谷地，成土母质为硅质页岩洪积、冲积物；耕地，种植水稻、甘蔗。50 cm 深度土温 23.5℃。野外调查时间为 2016 年 11 月 20 日，编号 45-119。

Ap1：0～15 cm，橙白色（10YR 8/1，干），浊黄棕色（10YR 5/4，润）；粉壤土，强度发育中块状结构，稍紧实，中量细根；向下层平滑渐变过渡。

Ap2：15～27 cm，橙白色（10YR 8/1，干），浊黄棕色（10YR 5/4，润）；粉壤土，强度发育中块状结构，紧实，中量细根；向下层平滑清晰过渡。

Br1：27～44 cm，橙白色（10YR 8/2，干），浊黄棕色（10YR 6/4，润）；粉壤土，中度发育中块状结构，紧实，结构面、孔隙周围有少量（2%～5%）的铁锰斑纹；向下层平滑清晰过渡。

Br2：44～76 cm，橙白色（10YR 8/1，干），浊黄棕色（10YR 5/4，润）；粉壤土，中度发育中块状结构，紧实，结构面、孔隙周围有中量（5%～10%）的铁锰斑纹；向下层波状清晰过渡。

古灯系代表性单个土体剖面

Br3：76～110 cm，80%淡黄橙色、20%橙白色(80% 7.5YR 8/4、20% 10YR 8/1，干)，80%橙色、20%浊橙色（80% 5YR 6/8、20% 7.5YR 7/3，润）；粉质黏壤土，中度发育中块状结构，紧实，结构面、孔隙周围有中量（5%～10%）的铁锰斑纹。

古灯系代表性单个土体物理性质

土层	深度/cm	砾石(>2 mm，体积分数)/%	细土颗粒组成（粒径：mm）/（g/kg）			质地类别	容重/（g/cm³）
			砂粒 2～0.05	粉粒 0.05～0.002	黏粒<0.002		
Ap1	0～15	<2	107	708	185	粉壤土	1.31
Ap2	15～27	2～5	124	698	178	粉壤土	1.63
Br1	27～44	<2	137	655	207	粉壤土	1.67
Br2	44～76	0	97	644	259	粉壤土	1.71
Br3	76～110	0	87	618	295	粉质黏壤土	1.65

古灯系代表性单个土体化学性质

深度/cm	pH(H₂O)	有机碳	全氮（N）	全磷（P）	全钾（K）	CEC	交换性盐基总量	游离氧化铁
		/（g/kg）				/（cmol(+)/kg）		/（g/kg）
0～15	5.1	8.5	0.95	0.22	2.36	6.6	5.5	21.2
15～27	5.4	14.5	1.52	0.30	2.44	6.7	4.5	16.0
27～44	6.3	5.7	0.42	0.15	2.82	8.3	8.1	38.1
44～76	6.4	6.6	0.45	0.14	3.42	10.0	9.4	33.1
76～110	6.4	4.9	0.43	0.14	7.20	10.1	8.7	31.2

4.9.20　花马系（Huama Series）

土　　族：黏壤质混合型非酸性高热性-普通铁聚水耕人为土
拟定者：卢　瑛，贾重建

分布与环境条件　主要分布于来宾、河池市等山冲、谷地或低丘前的洪积地带。成土母质为洪积物。土地利用类型为耕地，种植水稻。属南亚热带湿润季风性气候，年平均气温 21～22℃，年平均降雨量 1400～1600 mm。

花马系典型景观

土系特征与变幅　诊断层包括水耕表层、水耕氧化还原层；诊断特性包括人为滞水土壤水分状况、氧化还原特征、高热土壤温度状况。由洪积物母质发育，土体内砂、砾、泥相混，有 2%～10%微风化的次圆状砾石，细土质地为粉壤土-粉质黏壤土。土壤受岩溶水灌溉的影响，有复盐基作用，土壤盐基饱和，呈微酸性-微碱性反应，pH 6.0～8.0。

对比土系　古灯系、那塘系、中团系，属于相同土族。古灯系成土母质为硅质页岩洪积、冲积物，那塘系、中团系为砂页岩坡积、洪积物；那塘系土表 1 m 以下出现地下水；古灯系和那塘系土体内无铁锰结核、Br 层有少量—中量铁锰斑纹，中团系 Br 层下部有中量铁锰结核、Br 层有很少量—很多铁锰斑纹；古灯系 0～20 cm 表土质地为壤土类，那塘系、中团系为黏壤土类。

利用性能综述　土层深厚，质地适中，耕性好，土壤有机质、全氮含量高，全磷、全钾含量低。利用改良措施：实行土地整治，完善农田水利设施，改善农业生产条件；增施有机肥，推广秸秆还田、冬种绿肥，用地养地相结合，改良土壤，提高肥力；测土平衡施肥，协调养分供应，提高农作物产量。

参比土种　含砾砂泥田。

代表性单个土体　位于来宾市武宣县通挽镇花马村花马屯；23°13'52.8"N，109°19'13.2"E，海拔 98 m；山丘谷地，成土母质为洪积物；耕地，种植水稻。50 cm 深度土温 23.7℃。野外调查时间为 2016 年 11 月 19 日，编号 45-117。

Ap1：0～15 cm，淡灰色（2.5Y 7/1，干），暗灰黄色（2.5Y 4/2，润）；粉质黏壤土，强度发育小块状结构，稍紧实，多量细根，结构面、根系和孔隙周围有少量（4%）的铁锰斑纹，有蚯蚓；向下层平滑渐变过渡。

Ap2：15～27 cm，淡灰色（2.5Y 7/1，干），暗灰黄色（2.5Y 4/2，润）；粉质黏壤土，强度发育中块状结构，紧实，中量极细根，结构面、根系和孔隙周围有少量（2%～5%）的铁锰斑纹，有很少量的瓦片，有蚯蚓，轻度石灰反应；向下层波状渐变过渡。

Br1：27～52 cm，灰黄色（2.5Y 7/2，干），黄棕色（2.5Y 5/3，润）；粉壤土，中度发育大块状结构，紧实，中量极细根，有中量（10%左右）微风化次圆状砾石，结构面、孔隙周围有少量（2%～5%）的铁锰斑纹，有蚯蚓；向下层平滑渐变过渡。

花马系代表性单个土体剖面

Br2：52～75 cm，浅淡黄色（2.5Y 8/3，干），亮黄棕色（10YR 6/6，润）；粉壤土，中度发育中块状结构，紧实，有中量（10%左右）中度风化次圆状砾石，结构面、孔隙周围有少量（2%～5%）的铁锰斑纹；向下层平滑渐变过渡。

Br3：75～100 cm，浅淡黄色（2.5Y 8/4，干），亮黄棕色（10YR 6/6，润）；粉质黏壤土，中度发育中块状结构，紧实，有少量中度风化次圆状砾石，结构面、孔隙周围有少量（2%～5%）的铁锰斑纹，少量（2%～5%）的粒状铁锰结核。

花马系代表性单个土体物理性质

土层	深度/cm	砾石（>2 mm，体积分数）/%	细土颗粒组成（粒径：mm）/（g/kg）			质地类别	容重/（g/cm³）
			砂粒 2～0.05	粉粒 0.05～0.002	黏粒<0.002		
Ap1	0～15	3	171	541	289	粉质黏壤土	1.23
Ap2	15～27	5	185	530	285	粉质黏壤土	1.41
Br1	27～52	10	239	542	219	粉壤土	1.59
Br2	52～75	10	249	437	314	粉壤土	1.60
Br3	75～100	5	161	466	373	粉质黏壤土	1.56

花马系代表性单个土体化学性质

深度 /cm	pH （H₂O）	有机碳	全氮（N）	全磷（P）	全钾（K）	CEC /（cmol(+)/kg）	游离氧化铁 /（g/kg）	CaCO₃ 相当物 /（g/kg）
				/（g/kg）				
0～15	6.2	43.8	4.08	0.74	3.72	17.7	15.5	0.1
15～27	7.5	25.6	2.56	0.57	3.50	13.2	18.3	10.6
27～52	7.7	4.4	0.56	0.27	3.42	10.7	37.5	3.3
52～75	7.6	4.6	0.48	0.24	4.33	10.1	30.2	0.8
75～100	7.6	4.6	0.55	0.28	6.45	10.5	33.3	0.4

4.9.21 那塘系（Natang Series）

土　族：黏壤质混合型非酸性高热性-普通铁聚水耕人为土
拟定者：卢　瑛，姜　坤

分布与环境条件　主要分布于梧州、贺州、玉林、贵港市等砂页岩山丘谷地垌田。成土母质为砂页岩风化坡积、洪积物。土地利用类型为耕地，种植双季稻。属南亚热带湿润季风性气候，年平均气温21～22℃，年平均降雨量1400～1600 mm。

那塘系典型景观

土系特征与变幅　诊断层包括水耕表层、水耕氧化还原层；诊断特性包括人为滞水土壤水分状况、氧化还原特征、高热土壤温度状况。土体深厚；耕层厚度10～15 cm，润态颜色为棕色；土壤粉粒含量>450 g/kg，质地为粉壤土-粉质黏壤土；土壤呈酸性-中性反应，pH 5.0～7.0。

对比土系　古灯系、花马系、中团系，属于相同土族。古灯系成土母质为硅质页岩风化洪积、冲积物，花马系为洪积物，中团系为砂页岩风化坡积、洪积物；古灯系土体内无铁锰结核、Br层有少量—中量铁锰斑纹，花马系Br层下部有少量铁锰结核、Br层有少量铁锰斑纹，中团系Br层下部有中量铁锰结核、土体内有很少量—很多铁锰斑纹；古灯系0～20 cm表土质地为壤土类，花马系、中团系为黏壤土类。

利用性能综述　土体深厚，质地适中，耕性好，水肥气热比较协调，适种性广；土壤有机质、全氮含量较高，全磷、全钾含量偏低。利用改良措施：实行土地整治，完善农田水利设施，改善农业生产条件；增施有机肥，推广秸秆还田、冬种绿肥，用地养地相结合，改良土壤，提高肥力；测土平衡施肥，协调养分供应，提高农作物产量。

参比土种　砂泥田。

代表性单个土体　　位于梧州市藤县濛江镇那塘村；23°32'28.6"N，110°44'24.2"E，海拔 21 m；低丘宽谷，成土母质为砂页岩风化坡积、洪积物；耕地，种植双季稻、部分改种果树。50 cm 深度土温 23.5℃。野外调查时间为 2017 年 3 月 22 日，编号 45-155。

那塘系代表性单个土体剖面

Ap1：0～12 cm，浊橙色（7.5YR 7/3，干），棕色（7.5YR 4/4，润）；粉质黏壤土，强度发育大块状结构，疏松，多量细根，结构面、根系和孔隙周围有少量（2%～5%）的铁锰斑纹；向下层平滑渐变过渡。

Ap2：12～24 cm，浊棕色（7.5YR 6/3，干），棕色（7.5YR 4/4，润）；粉质黏壤土，强度发育大块状结构，紧实，很少量极细根，结构面、根系和孔隙周围有少量（2%～5%）的铁锰斑纹；向下层平滑渐变过渡。

Br1：24～50 cm，浊棕色（7.5YR 6/3，干），棕色（7.5YR 4/4，润）；粉质黏壤土，强度发育大块状结构，紧实，很少量极细根，结构面和孔隙周围有少量（2%～5%）的铁锰斑纹；向下层平滑清晰过渡。

Br2：50～77 cm，淡棕灰色（7.5YR 7/2，干），浊棕色（7.5YR 5/4，润）；粉质黏壤土，中度发育大块状结构，紧实，结构面和孔隙周围有中量（10%～15%）的铁锰斑纹；向下层平滑清晰过渡。

Br3：77～100 cm，淡棕灰色（5YR 7/2，干），浊红棕色（5YR 4/4，润）；粉壤土，中度发育大块状结构，紧实，结构面和孔隙周围有少量（2%～5%）的铁锰斑纹。

那塘系代表性单个土体物理性质

土层	深度 /cm	砾石 (>2 mm，体积分数) /%	细土颗粒组成（粒径：mm）/（g/kg）			质地类别	容重 /（g/cm³）
			砂粒 2～0.05	粉粒 0.05～0.002	黏粒 <0.002		
Ap1	0～12	0	185	461	354	粉质黏壤土	1.16
Ap2	12～24	0	197	451	351	粉质黏壤土	1.37
Br1	24～50	0	176	472	352	粉质黏壤土	1.50
Br2	50～77	0	187	532	281	粉质黏壤土	1.48
Br3	77～100	0	265	508	227	粉壤土	1.60

那塘系代表性单个土体化学性质

深度 /cm	pH (H₂O)	有机碳	全氮（N）	全磷（P）	全钾（K）	CEC	交换性盐基总量	游离氧化铁 /（g/kg）
		/（g/kg）				/（cmol(+)/kg）		
0～12	5.1	24.2	2.21	0.99	19.84	14.1	7.3	22.7
12～24	4.9	17.8	1.65	0.74	19.54	12.9	7.0	25.6
24～50	6.6	6.3	0.72	0.27	19.84	13.6	10.7	38.8
50～77	6.7	4.7	0.56	0.27	21.05	10.3	—	36.9
77～100	6.9	3.6	0.47	0.22	17.43	8.7	—	40.3

4.9.22 中团系（Zhongtuan Series）

土　族：黏壤质混合型非酸性高热性-普通铁聚水耕人为土
拟定者：卢　瑛，姜　坤

分布与环境条件　主要分布于来宾、玉林、百色、南宁、贵港市等砂页岩山丘谷地。成土母质为砂页岩洪积、冲积物。土地利用类型为耕地，种植双季水稻。属亚热带季风性气候，年平均气温 19～20℃，年平均降雨量 1400～1600 mm。

中团系典型景观

土系特征与变幅　诊断层包括水耕表层、水耕氧化还原层；诊断特性包括人为滞水土壤水分状况、氧化还原特征、高热土壤温度状况。地下水位深，土体深厚；耕层厚度 10～15 cm，润态颜色为橄榄棕色；土壤质地为壤土-黏壤土；土壤呈酸性-中性反应，pH 4.5～7.0。

对比土系　古灯系、花马系、那塘系，属于相同土族。古灯系成土母质为硅质页岩风化洪积、冲积物，花马系为洪积物，那塘系为砂页岩风化坡积、洪积物；那塘系土表 1 m以下出现地下水；古灯系和那塘系土体内无铁锰结核、Br 层有少量—中量铁锰斑纹，花马系 Br 层下部有少量铁锰结核、Br 层有少量铁锰斑纹；古灯系 0～20 cm 表土质地为壤土类，花马系、那塘系为黏壤土类。

利用性能综述　土体深厚，质地适中，耕性好，水肥气热比较协调，作物产量较高；土壤有机质、全氮含量较高，全磷、全钾含量偏低。利用改良措施：实行土地整治，完善农田水利设施，改善农业生产条件；增施有机肥，推广秸秆还田、冬种绿肥，用地养地相结合，改良土壤，提高肥力；测土平衡施肥，协调养分供应，提高农作物产量。

参比土种　砂泥田。

代表性单个土体　位于来宾市象州县寺村镇中团村外塘屯；23°59'10.5"N，109°51'54.4"E，海拔 100 m；山丘宽谷，成土母质为砂页岩洪积、冲积物；有连续的地表裂隙。耕地，种植双季水稻。50 cm 深度土温 23.1℃。野外调查时间为 2016 年 11 月 18 日，编号 45-115。

中团系代表性单个土体剖面

Ap1：0～13 cm，浅淡黄色（2.5Y 8/3，干），橄榄棕色（2.5Y 4/6，润）；黏壤土，强度发育中块状结构，稍疏松，多量细根，结构体表面有很少量（<2%）的铁锰斑纹；向下层平滑渐变过渡。

Ap2：13～22 cm，淡黄色（2.5Y 7/3，干），橄榄棕色（2.5Y 4/6，润）；黏壤土，强度发育中块状结构，紧实，中量细根，结构体内外有很少量（<2%）的铁锰斑纹；向下层平滑渐变过渡。

Br1：22～36 cm，淡黄色（2.5Y 7/3，干），橄榄棕色（2.5Y 4/6，润）；黏壤土，中度发育中块状结构，紧实，中量极细根，结构面、孔隙周围有很少（<2%）的铁锰斑纹；向下层突变波状过渡。

Br2：36～66 cm，浅淡黄色（2.5Y 8/4，干），亮黄棕色（10YR 6/6，润）；壤土，中度发育中块状结构，紧实，结构面、孔隙周围有很多（40%～50%）的铁锰斑纹；中量（5% ～10%）的铁锰结核；向下层平滑渐变过渡。

Br3：66～110 cm，橙白色（10YR 8/2，干），浊黄橙色（10YR 7/3，润）；壤土，中度发育中块状结构，紧实，结构面有很多（70%）的铁锰斑纹，中量（10%）的铁锰结核。

中团系代表性单个土体物理性质

| 土层 | 深度 /cm | 砾石 (>2 mm，体积分数) /% | 细土颗粒组成（粒径：mm）/（g/kg） | | | 质地类别 | 容重 /（g/cm³） |
			砂粒 2～0.05	粉粒 0.05～0.002	黏粒<0.002		
Ap1	0～13	0	233	385	383	黏壤土	1.17
Ap2	13～22	0	253	414	333	黏壤土	1.48
Br1	22～36	0	270	391	339	黏壤土	1.49
Br2	36～66	0	368	367	265	壤土	1.51
Br3	66～110	0	416	349	236	壤土	1.52

中团系代表性单个土体化学性质

| 深度 /cm | pH (H₂O) | 有机碳 | 全氮（N） | 全磷（P） | 全钾（K） | CEC | 交换性盐基总量 | 游离氧化铁 /（g/kg） |
		/（g/kg）				/（cmol(+)/kg）		
0～13	4.9	25.6	2.59	0.54	19.20	10.4	5.9	32.0
13～22	6.3	8.4	1.07	0.31	18.01	9.4	8.8	49.2
22～36	6.7	8.4	0.66	0.18	19.50	8.8	—	53.0
36～66	6.9	5.2	0.46	0.17	17.41	5.5	—	42.2
66～110	6.4	4.5	0.48	0.18	18.31	5.4	—	42.1

4.9.23　江塘系（Jiangtang Series）

土　族：壤质硅质混合型非酸性高热性-普通铁聚水耕人为土
拟定者：卢　瑛，韦翔华

分布与环境条件　主要分布于桂东南的钦州、玉林、来宾、梧州、贺州、南宁市等花岗岩山丘坡脚。成土母质为花岗岩风化坡积物。土地利用类型为耕地，种植双季稻。属南亚热带湿润季风性气候，年平均气温 20～21℃，年平均降雨量 1400～1600 mm。

江塘系典型景观

土系特征与变幅　诊断层包括水耕表层、水耕氧化还原层；诊断特性包括人为滞水土壤水分状况、氧化还原特征、高热土壤温度状况。耕层厚度 10～15 cm，润态颜色为橄榄棕色；水耕氧化还原层有 2%～5%铁锰斑纹；土壤砂粒含量>450 g/kg，质地为砂质壤土；土壤呈酸性-微酸性反应，pH 5.0～6.5。

对比土系　马屋地系、坡脚村系，属于相同土族。马屋地系成土母质为砂岩风化坡积、洪积物，土体厚度>1 m；坡脚村系成土母质为河流冲积物，土体厚度 50～60 cm，土体内有次圆状的岩石碎屑；马屋地系 Br 层有少量（2%～5%）铁锰结核、有少量—多量（2%～40%）铁锰斑纹，坡脚村系土体内无铁锰结核、Br 层有很少量—少量（1%～3%）铁锰斑纹。

利用性能综述　该土系土层深厚，质地轻，酸碱度适中，耕性好，土壤有机质和氮磷钾含量偏低，灌溉水源较缺乏。改良利用措施：修建和完善农田水利设施，提高灌溉保证率；增施有机肥，推广秸秆还田、冬种绿肥，用地养地相结合，改良土壤，提高肥力；测土平衡施肥，协调养分供应，提高农作物产量。

参比土种　浅杂砂田。

代表性单个土体　位于贺州市昭平县马江镇江塘村江口峒；23°52'35.9"N，111°2'49.7"E，海拔 24 m；花岗岩丘陵坡脚，成土母质为花岗岩风化坡积物；耕地，种植水稻。50 cm 深度土温 23.3℃。野外调查时间为 2017 年 3 月 20 日，编号 45-149。

江塘系代表性单个土体剖面

Ap1：0～13 cm，灰白色（2.5Y 8/2，干），橄榄棕色（2.5Y 4/4，润）；壤土，强度发育小块状结构，稍紧实，多量细根，结构面、孔隙和根系周围有少量（2%～5%）的铁锰斑纹；向下层平滑渐变过渡。

Ap2：13～23 cm，85%浅淡黄色、15%亮黄棕色（85% 2.5Y 8/3、15% 10YR 7/6，干），85%浊黄橙色、15%黄棕色（85% 10YR 6/4、15% 10YR 5/8，润）；壤土，强度发育小块状结构，紧实，中量细根，结构面、孔隙和根系周围有中量（10%～15%）的铁锰斑纹；向下层波状渐变过渡。

Br1：23～42 cm，亮黄棕色（10YR 7/6，干），黄棕色（10YR 5/8，润）；砂质壤土，中度发育中块状结构，紧实，很少量极细根，结构面、孔隙周围有多量（15%～20%）的铁锰斑纹；向下层波状渐变过渡。

Br2：42～67 cm，橙色（7.5YR 7/6，干），亮棕色（7.5YR 5/8，润）；砂质壤土，中度发育中块状结构，紧实，结构面、孔隙周围有少量（2%～5%）的铁锰斑纹；向下层平滑模糊过渡。

Bw：67～110 cm，橙色（7.5YR 7/6，干），亮棕色（7.5YR 5/8，润）；砂质壤土，中度发育中块状结构，紧实。

江塘系代表性单个土体物理性质

土层	深度 /cm	砾石 (>2 mm, 体积分数)/%	细土颗粒组成（粒径：mm）/（g/kg）			质地类别	容重 /（g/cm³）
			砂粒 2～0.05	粉粒 0.05～0.002	黏粒<0.002		
Ap1	0～13	0	487	315	199	壤土	1.23
Ap2	13～23	0	490	306	204	壤土	1.50
Br1	23～42	0	604	236	160	砂质壤土	1.54
Br2	42～67	0	583	223	193	砂质壤土	1.60
Bw	67～110	0	622	212	166	砂质壤土	1.60

江塘系代表性单个土体化学性质

深度 /cm	pH (H₂O)	有机碳	全氮（N）	全磷（P）	全钾（K）	CEC	交换性盐基总量	游离氧化铁
			/（g/kg）				/（cmol(+)/kg）	/（g/kg）
0～13	5.4	15.7	1.63	0.64	13.51	5.5	3.5	11.7
13～23	5.5	7.7	0.91	0.33	12.91	4.0	2.7	33.1
23～42	6.1	3.5	0.45	0.27	12.30	4.3	4.2	68.4
42～67	6.3	1.5	0.37	0.30	14.41	3.6	3.2	30.0
67～110	6.2	1.2	0.34	0.30	14.41	3.3	2.9	27.8

4.9.24 马屋地系（Mawudi Series）

土　族：壤质硅质混合型非酸性高热性-普通铁聚水耕人为土
拟定者：卢　瑛，秦海龙

分布与环境条件　主要分布于玉林、来宾市等砂岩丘陵坡脚及山丘谷地。成土母质为砂岩风化坡积、洪积物。土地利用类型为耕地，种植双季稻。属南亚热带湿润季风性气候，年平均气温 22～23℃，年平均降雨量 1600～1800 mm。

马屋地系典型景观

土系特征与变幅　诊断层包括水耕表层、水耕氧化还原层；诊断特性包括人为滞水土壤水分状况、氧化还原特征、高热土壤温度状况。耕层厚度 10～15 cm，润态颜色为暗橄榄棕色；水耕氧化还原层有 5%～20%铁锰斑纹；土壤砂粒含量>500 g/kg，质地为砂质壤土-壤土；土壤呈酸性-微酸性反应，pH 5.0～6.5。

对比土系　江塘系、坡脚村系，属于相同土族。江塘系成土母质为花岗岩风化坡积物，土体厚度>1 m，土表 70 cm 以下土体没有受到水耕熟化改变；坡脚村系成土母质为河流冲积物，土体厚度 50～60 cm，土体内有次圆状的岩石碎屑；江塘系土体内无铁锰结核、Br 层有少量—多量铁锰斑纹，坡脚村系土体内无铁锰结核、Br 层有很少量—少量铁锰斑纹。

利用性能综述　该土系土层深厚，质地轻，酸碱度适中，耕性好，土壤有机质和氮磷钾含量偏低，灌溉水源较缺乏。改良利用措施：修建和完善农田水利设施，提高灌溉保证率；增施有机肥，推广秸秆还田、冬种绿肥，用地养地相结合，改良土壤，提高肥力；测土平衡施肥，协调养分供应，提高农作物产量。

参比土种　砂土田。

代表性单个土体　　位于玉林市博白县凤山镇龙城村马屋地队；22°4'57.5"N，109°59'57.0"E，海拔 70 m；砂岩丘陵坡脚，成土母质为砂岩风化坡积、洪积物；耕地，种植水稻。50 cm 深度土温 24.6℃。野外调查时间为 2016 年 12 月 25 日，编号 45-138。

马屋地系代表性单个土体剖面

Ap1：0～10 cm，淡灰色（2.5Y 7/1，干），暗橄榄棕色（2.5Y 3/3，润）；砂质壤土，强度发育的小块状结构，稍紧实，多量细根；向下层平滑清晰过渡。

Ap2：10～20 cm，灰黄色（2.5Y 7/2，干），橄榄棕色（2.5Y 4/4，润）；砂质壤土，强度发育大块状结构，紧实，少量细根，结构面、孔隙和根系周围有中量（10%）的铁锰斑纹；向下层平滑渐变过渡。

Br1：20～36 cm，灰白色（2.5Y 8/1，干），灰黄色（2.5Y 7/2，润）；砂质壤土，强度发育大块状结构，紧实，多量细根，结构面、孔隙周围有多量（17%）铁锰斑纹，有少量（2%～5%）的球状铁锰结核；向下层平滑渐变过渡。

Br2：36～66 cm，灰白色（2.5 Y 8/2，干），淡黄色（2.5Y 7/4，润）；壤土，中度发育大块状结构，紧实，结构面、孔隙周围有中量（7%）铁锰斑纹；向下层波状渐变过渡。

Br3：66～100 cm，灰白色（2.5Y 8/2，干），淡黄色（2.5Y 7/3，润）；砂质壤土，中度发育中块状结构，紧实，结构面、孔隙周围有少量（2%～5%）的铁锰斑纹，有少量（2%～5%）的球状铁锰结核。

马屋地系代表性单个土体物理性质

| 土层 | 深度/cm | 砾石（>2 mm，体积分数）/% | 细土颗粒组成（粒径：mm）/（g/kg） | | | 质地类别 | 容重/（g/cm³） |
			砂粒 2～0.05	粉粒 0.05～0.002	黏粒<0.002		
Ap1	0～10	3	625	258	117	砂质壤土	1.22
Ap2	10～20	5	625	257	119	砂质壤土	1.51
Br1	20～36	2	525	314	161	砂质壤土	1.40
Br2	36～66	2	511	323	166	壤土	1.48
Br3	66～100	0	617	246	138	砂质壤土	1.46

马屋地系代表性单个土体化学性质

| 深度/cm | pH（H₂O） | 有机碳 | 全氮（N） | 全磷（P） | 全钾（K） | CEC | 交换性盐基总量 | 游离氧化铁/（g/kg） |
		/（g/kg）				/（cmol(+)/kg）		
0～10	5.2	14.8	1.36	0.58	9.77	5.1	2.8	8.2
10～20	5.5	3.6	0.40	0.39	11.13	3.7	2.6	15.7
20～36	5.9	2.3	0.28	0.10	14.29	4.0	—	19.0
36～66	6.0	1.5	0.25	0.14	14.44	4.1	—	23.0
66～100	6.3	1.4	0.20	0.09	13.84	3.5	—	5.6

4.9.25 坡脚村系（Pojiaocun Series）

土　　族：壤质硅质混合型非酸性高热性-普通铁聚水耕人为土

拟定者：卢　瑛，韦翔华

分布与环境条件　主要分布于玉林、贺州市等河漫滩或河流改道后的旧河床谷地围垦而成。成土母质为河流冲积物。土地利用类型为耕地，种植双季稻。属南亚热带湿润季风性气候，年平均气温 21～22℃，年平均降雨量 1600～1800 mm。

坡脚村系典型景观

土系特征与变幅　诊断层包括水耕表层、水耕氧化还原层；诊断特性包括人为滞水土壤水分状况、氧化还原特征、高热土壤温度状况。底土层多量大小不等的卵石，土壤砂粒含量>500 g/kg，质地为壤质砂土-砂质黏壤土；土壤呈酸性-微酸性反应，pH 5.0～6.0。

对比土系　江塘系、马屋地系，属于相同土族。江塘系成土母质为花岗岩风化坡积物，土体厚度>1 m，土表 70 cm 以下土体没有受到水耕熟化改变；马屋地系成土母质为砂岩风化坡积、洪积物，土体厚度>1 m；江塘系土体内无铁锰结核、Br 层有少量—多量铁锰斑纹，马屋地系 Br 层有少量铁锰结核、有少量—多量铁锰斑纹。

利用性能综述　质地适中，耕性好，但土体浅薄，耕层薄，底层漏水漏肥。利用改良措施：完善农田水利设施，实行水旱轮作；增施有机肥，推广秸秆还田、冬种绿肥，用地养地相结合，改良土壤，提高肥力；测土平衡施肥，协调养分供应，提高农作物产量。

参比土种　浅卵石底田。

代表性单个土体　位于玉林市陆川县乌石镇坡脚村；22°9'1.5"N，110°16'2.4"E，海拔 72 m；旧河床谷地，成土母质为河流冲积物；耕地，种植水稻。50 cm 深度土温 24.5℃。野外调查时间为 2016 年 12 月 24 日，编号 45-135。

坡脚村系代表性单个土体剖面

Ap1：0～11 cm，淡灰色（2.5Y 7/1，干），暗灰黄色（2.5Y 4/2，润）；壤土，强度发育小块状结构，疏松，多量细根，有很少（约1%）次圆状的岩石碎屑，结构面、孔隙和根系周围有少量（2%～5%）的铁锰斑纹；向下层平滑渐变过渡。

Ap2：11～26 cm，淡灰色（2.5Y 7/1，干），暗灰黄色（2.5Y 45/2，润）；砂质黏壤土，中发育的大块状结构，紧实，中量极细根，有少量（约2%）次圆状的岩石碎屑，结构面、孔隙和根系周围有多量（20%）的铁锰斑纹；向下层平滑突变过渡。

Br1：26～42 cm，灰白色（2.5Y 8/2，干），浊黄色（2.5Y 6/3，润）；砂质壤土，中度发育大块状结构，紧实，中量极细根，有少量（约3%）次圆状的岩石碎屑，结构面、孔隙和根系周围有少量（3%）的铁锰斑纹；向下层平滑渐变过渡。

Br2：42～53 cm，黄橙色（10YR 7/8，干），亮黄棕色（10YR 6/8，润）；壤质砂土，弱度发育小块状结构，紧实，有多量（35%）次圆状的岩石碎屑，结构面和孔隙周围有很少（1%）铁锰斑纹，有连续胶结的铁磐；向下层平滑模糊过渡。

Cr：53～100 cm，黄橙色（10YR 7/8，干），亮黄棕色（10YR 6/8，润）；有很多（75%）次圆状的岩石碎屑，结构面和孔隙周围有中量（5%～10%）的铁锰斑纹，有少量（2%～5%）的球状铁锰结核。

坡脚村系代表性单个土体物理性质

土层	深度/cm	砾石（>2 mm，体积分数）/%	细土颗粒组成（粒径：mm）/（g/kg）			质地类别	容重/（g/cm³）
			砂粒 2～0.05	粉粒 0.05～0.002	黏粒<0.002		
Ap1	0～11	1	502	289	209	壤土	1.18
Ap2	11～26	2	532	258	210	砂质黏壤土	1.41
Br1	26～42	3	626	227	147	砂质壤土	1.45
Br2	42～53	35	832	96	72	壤质砂土	1.51

坡脚村系代表性单个土体化学性质

深度/cm	pH（H₂O）	有机碳	全氮（N）	全磷（P）	全钾（K）	CEC	交换性盐基总量	游离氧化铁/（g/kg）
		/（g/kg）				/（cmol(+)/kg）		
0～11	5.0	23.7	1.87	0.54	16.23	6.5	2.7	6.8
11～26	5.2	14.3	1.09	0.62	14.73	5.1	2.6	16.2
26～42	5.5	4.3	0.44	0.24	18.04	3.3	2.5	8.0
42～53	5.6	2.0	0.23	0.15	15.33	1.5	1.4	30.5

4.10 弱盐简育水耕人为土

4.10.1 联民系（Lianmin Series）

土　族：壤质硅质混合型非酸性高热性-弱盐简育水耕人为土
拟定者：卢　瑛，刘红宜

分布与环境条件　分布于钦州、北海、防城港市沿海地区老围田内，地势平坦。成土母质为滨海沉积物。土地利用类型为水田，种植水稻。属南亚热带湿润季风性气候，年平均气温 22～23℃，年平均降雨量 2000～2200 mm。

联民系典型景观

土系特征与变幅　该土系诊断层包括水耕表层、水耕氧化还原层；诊断特性包括人为滞水土壤水分状况、氧化还原特征、高热土壤温度状况。由盐渍土壤经长期淡水灌溉脱盐而成，土壤中可溶性盐分<3 g/kg，具有盐积现象；耕作层厚度 10～15 cm，细土质地为砂质壤土-黏壤土；土壤呈酸性-微碱性反应，pH 5.0～8.0。

对比土系　康熙岭系、大陶系，分布区域相邻，成土母质相同，属含硫潜育水耕人为土亚类。康熙岭系土族控制层段颗粒大小级别和矿物学类型为砂质、硅质混合型，大陶系为黏壤质、硅质混合型；康熙岭系、大陶系酸碱反应类别为酸性。

利用性能综述　该土系围垦种植水稻时间长，耕作层土壤已脱盐不受咸害，土体内无障碍层次；质地适中，土壤耕性好，宜种性广，土壤有机质和氮磷钾含量中等，土壤保肥性能一般。利用改良措施：修建和完善农田水利设施，改善农业生产条件；推广冬种绿肥、秸秆还田，增施有机肥料，培肥土壤；测土平衡施肥，提高土壤生产率。

参比土种　咸田。

代表性单个土体　　位于钦州市钦南区犀牛脚镇联民村三队；21°38'10.9"N，108°47'11.4"E，海拔–4 m；地势平坦，成土母质为滨海沉积物；种植水稻。50 cm 深度土温 25.0℃。野外调查时间为 2014 年 12 月 17 日，编号 45-001。

联民系代表性单个土体剖面

Ap1：0～11 cm，淡黄色（2.5Y 7/3，干），浊黄棕色（10YR 5/4，润）；黏壤土，强度发育小块状结构，疏松，中量细根，结构面、根系周围有多量的铁锰斑纹；向下层平滑清晰过渡。

Ap2：11～20 cm，浊黄色（2.5Y 6/3，干），浊黄棕色（10YR 5/3，润）；黏壤土，中度发育中块状结构，紧实，少量细根，结构面有少量的铁锰斑纹；向下层平滑渐变过渡。

Br1：20～40 cm，浊黄色（2.5Y 6/3，干），浊黄棕色（10YR 5/3，润）；黏壤土，中度发育中块状结构，紧实，结构面有少量的铁锰斑纹；向下层平滑渐变过渡。

Br2：40～53 cm，浊黄色（2.5Y 6/3，干），浊黄棕色（10YR 5/3，润）；壤土，中度发育中块状土壤结构，紧实，结构面有少量的铁锰斑纹；向下层平滑清晰过渡。

Br3：53～100 cm，50%浊黄色、50%黄灰色（50% 2.5Y 6/3、50% 2.5Y 6/1，干），50%浊黄棕色、50%暗橄榄灰色（50% 10YR 4/3、50% 2.5GY 4/1，润）；砂质壤土，弱发育大块状结构，紧实，结构面有少量的铁锰斑纹，有大量的螺壳。

联民系代表性单个土体物理性质

土层	深度 /cm	砾石 (>2 mm, 体积分数) /%	细土颗粒组成（粒径：mm）/（g/kg）			质地类别	容重 /（g/cm³）
			砂粒 2～0.05	粉粒 0.05～0.002	黏粒<0.002		
Ap1	0～11	1	238	412	350	黏壤土	1.15
Ap2	11～20	1	209	410	381	黏壤土	1.48
Br1	20～40	2	309	376	315	黏壤土	1.49
Br2	40～53	5	423	348	229	壤土	1.51
Br3	53～100	5	632	232	136	砂质壤土	1.54

联民系代表性单个土体化学性质

深度 /cm	pH (H₂O)	有机碳	全氮（N）	全磷（P）	全钾（K）	CEC	交换性盐基总量	游离氧化铁 /（g/kg）	可溶性盐 /（g/kg）
		/（g/kg）				/（cmol(+)/kg）			
0～11	5.1	14.2	1.42	0.34	14.1	13.7	5.6	25.3	0.8
11～20	7.1	6.1	0.69	0.30	15.3	13.6	9.1	31.6	2.1
20～40	7.2	2.7	0.32	0.33	14.1	12.3	9.1	26.2	1.3
40～53	7.7	2.0	0.24	0.32	13.8	10.5	8.5	20.3	2.0
53～100	7.0	3.7	0.23	0.16	11.2	8.3	7.3	12.3	1.2

4.11　复钙简育水耕人为土

4.11.1　塘利系（Tangli Series）

土　族：黏壤质混合型石灰性热性-复钙简育水耕人为土
拟定者：卢　瑛，秦海龙

分布与环境条件　零星分布于河池、柳州、贵港市等第四纪红土与石灰岩交错分布的区域。成土母质为洪、冲积物。土地利用类型为耕地，种植水稻、桑树等。属亚热带季风性气候，年平均气温 20～21℃，年平均降雨量 1400～1600 mm。

塘利系典型景观

土系特征与变幅　该土系诊断层包括水耕表层、水耕氧化还原层；诊断特性包括人为滞水土壤水分状况、氧化还原特征、石灰性、热性土壤温度状况。润态土壤颜色呈暗橄榄棕色、黑棕色、棕色，土壤质地为壤土-粉质黏土；土体内有 2%～5%铁锰结核，土体具有石灰反应，耕层和犁底层石灰含量较高，向下显著减少，土壤呈中性-碱性反应，pH 7.0～8.0。

对比土系　茶山系，属于相同土族。茶山系分布于岩溶地区的紫色土区，成土母质为紫色砂页岩风化物，土体深厚，厚度>1 m；土体上部复钙明显，水耕表层碳酸盐相当物含量 150～190 g/kg，明显高于塘利系。

利用性能综述　土壤有机质、全氮、全磷含量高，全钾含量低，土壤肥力不高。利用改良措施：修建农田灌排设施，改善农业生产条件，增强抗旱排涝能力；水旱轮作或改种旱作，改善土壤耕性和通透性能；增施磷钾肥，平衡土壤养分供应，提高土壤肥力。

参比土种　石灰性铁子田。

代表性单个土体　位于河池市宜州区北山镇塘利村板角屯；24°16'26.8"N，108°28'29.3"E，海拔 244 m；地势起伏，成土母质为洪积、冲积物；耕地，种植单季水稻。50 cm 深度土温 22.8℃。野外调查时间为 2016 年 3 月 10 日，编号 45-092。

塘利系代表性单个土体剖面

Ap1：0～15 cm，浊黄色（2.5Y 6/3，干），暗橄榄棕色（2.5Y 3/3，润）；粉壤土，强度发育小块状结构，疏松，中量极细根、少量细根，强度石灰反应；向下层平滑渐变过渡。

Ap2：15～30 cm，黄棕色（2.5Y 5/3，干），暗橄榄棕色（2.5Y 3/3，润）；粉壤土，强度发育中块状结构，稍紧实，很少量极细根，有少量（5%）的铁锰结核，有很少（1%左右）螺壳，强度石灰反应；向下层平滑渐变过渡。

Br1：30～44 cm，浊黄棕色（10YR 5/3，干），黑棕色（10YR 2/3，润）；壤土，中等发育大柱状结构，稍紧实，很少量细根，结构面有少量的铁锰斑纹，有少量（2%）铁锰结核，中度石灰反应；向下层平滑清晰过渡。

Br2：44～60 cm，浊黄橙色（10YR 6/4，干），棕色（10YR 4/6，润）；粉质黏土，中等发育大块状结构，稍紧实，结构面有少量的铁锰斑纹，轻度石灰反应。

R：60 cm 以下，坚硬未风化的基岩。

塘利系代表性单个土体物理性质

| 土层 | 深度 /cm | 砾石（>2 mm，体积分数）/% | 细土颗粒组成（粒径：mm）/（g/kg） | | | 质地类别 | 容重 /（g/cm³） |
			砂粒 2～0.05	粉粒 0.05～0.002	黏粒<0.002		
Ap1	0～15	1	265	546	189	粉壤土	0.97
Ap2	15～30	1	205	564	231	粉壤土	1.09
Br1	30～44	0	250	496	254	壤土	0.93
Br2	44～60	0	108	468	424	粉质黏土	0.94

塘利系代表性单个土体化学性质

| 深度 /cm | pH（H₂O） | 有机碳 | 全氮（N） | 全磷（P） | 全钾（K） | CEC /（cmol(+)/kg） | 游离氧化铁 /（g/kg） | CaCO₃ 相当物 /（g/kg） |
		/（g/kg）						
0～15	7.4	45.2	4.42	2.42	6.27	22.5	50.0	105.3
15～30	7.6	37.9	3.72	2.34	6.34	21.3	53.5	112.2
30～44	7.6	55.1	4.17	1.57	6.27	27.6	56.5	51.5
44～60	7.6	20.6	1.82	1.70	5.75	18.2	66.7	27.3

4.11.2 茶山系（Chashan Series）

土　族：黏壤质混合型石灰性热性-复钙简育水耕人为土
拟定者：卢　瑛，崔启超

分布与环境条件　主要分布于贺州、来宾市等紫色岩地区峒田或岩溶地区的紫色土区。成土母质为紫色砂页岩风化物。土地利用类型为耕地，种植双季水稻。属中亚热带湿润季风性气候，年平均气温 18～19℃，年平均降雨量 1600～1800 mm。

茶山系典型景观

土系特征与变幅　诊断层包括水耕表层、水耕氧化还原层；诊断特性包括人为滞水土壤水分状况、氧化还原特征、石灰性、热性土壤温度状况。土体深厚，耕作层较厚，厚度15～20 cm；土壤粉粒含量>400 g/kg，质地为粉壤土-壤土；耕作层和犁底层碳酸钙含量高，含量150～200 g/kg，石灰反应极强烈，土壤呈碱性反应，pH 7.5～8.5。

对比土系　塘利系，属于相同土族。塘利系分布于第四纪红土与石灰岩交错的区域，成土母质为洪、冲积物，在地表 60 cm 以下出现坚硬岩石层，土体厚度中等，土体上部复钙明显，水耕表层碳酸盐相当物含量 100～120 g/kg，明显低于茶山系。

利用性能综述　该土系质地适中，耕性和通透性较好，宜种性广；土壤有机质含量较低；土壤碱性较强，影响有效养分供给，肥料利用率低。利用改良措施：完善农田灌排设施，水旱轮作，减少岩溶水灌溉；重施有机肥，种植绿肥，实行秸秆还田，培肥土壤；合理施用氮磷钾肥料和微肥，选用酸性或生理酸性肥料，提高肥料利用率。

参比土种　石灰性紫砂泥田。

代表性单个土体　位于贺州市富川瑶族自治县朝东镇茶山村委；25°5'54.3"N，111°14'57.9"E，海拔 350 m；宽谷峒田，成土母质为紫色砂页岩；土地利用类型为耕地，种植水稻或水稻−烟草轮作。50 cm 深度土温 22.1℃。野外调查时间为 2017 年 3 月 17 日，编号 45-144。

茶山系代表性单个土体剖面

Ap1：0～19 cm，浊黄橙色（10YR 7/2，干），浊黄棕色（10YR 5/4，润）；粉壤土，强度发育大块状结构，稍紧实，多量细根及少量中根，极强烈石灰反应；向下层平滑渐变过渡。

Ap2：19～30 cm，浊黄橙色（10YR 7/4，干），黄棕色（10YR 5/6，润）；粉壤土，强度发育大块状结构，紧实，多量细根，极强烈石灰反应；向下层平滑渐变过渡。

Br1：30～53 cm，浊橙色（7.5YR 6/4，干），棕色（7.5YR 4/4，润）；壤土，强度发育大块状结构，紧实，结构面有少量的铁锰斑纹，有少量球形铁锰结核，轻度石灰反应；向下层平滑渐变过渡。

Br2：53～100 cm，浊黄橙色（10YR 7/4，干），黄棕色（10YR 5/6，润）；壤土，中度发育中块状结构，紧实，结构面有少量的铁锰斑纹，有多量（40%）球形铁锰结核，轻度石灰反应。

茶山系代表性单个土体物理性质

土层	深度 /cm	砾石（>2 mm，体积分数）/%	细土颗粒组成（粒径：mm）/（g/kg）			质地类别	容重 /（g/cm³）
			砂粒 2～0.05	粉粒 0.05～0.002	黏粒<0.002		
Ap1	0～19	1	238	523	239	粉壤土	1.25
Ap2	19～30	3	234	538	228	粉壤土	1.55
Br1	30～53	1	337	406	257	壤土	1.56
Br2	53～100	6	358	403	239	壤土	1.51

茶山系代表性单个土体化学性质

深度 /cm	pH （H₂O）	有机碳	全氮（N）	全磷（P）	全钾（K）	CEC /（cmol(+)/kg）	游离氧化铁 /（g/kg）	CaCO₃ 相当物 /（g/kg）
		/（g/kg）						
0～19	7.8	15.0	1.63	0.80	8.57	9.8	23.2	157.8
19～30	8.3	5.5	0.71	0.41	8.12	8.5	27.5	186.8
30～53	8.1	4.8	0.62	0.38	8.87	12.1	30.1	10.5
53～100	8.2	2.7	0.46	0.37	9.02	9.1	28.3	4.6

4.12　底潜简育水耕人为土

4.12.1　兴庐系（Xinglu Series）

土　族：黏壤质混合型非酸性热性-底潜简育水耕人为土
拟定者：卢　瑛，欧锦琼

分布与环境条件　主要分布于贺州、南宁、崇左、玉林市地势低洼的冲田或谷口垌田，属古沼泽地带。母土为砂页岩坡积物上形成的泥炭沼泽土。属南亚热带湿润季风性气候，年平均气温 19～20℃，年平均降雨量 1600～1800 mm。

兴庐系典型景观

土系特征与变幅　诊断层包括水耕表层、水耕氧化还原层；诊断特性包括人为滞水土壤水分状况、氧化还原特征、潜育特征、热性土壤温度状况。覆盖在砂页岩坡积物上泥炭沼泽土发育而成。土体上部为黑棕色的黑泥层，质地黏重，具有胀缩性，有间断的地表裂隙；耕作层有机质含量高，但炭化程度高，黑而不肥。土壤呈微酸性反应，pH 5.5～6.5。

对比土系　清江系、周洛屯系，属相同亚类。清江系土族控制层段颗粒大小级别和矿物学类型为黏壤质、混合型，周洛屯系为壤质、硅质混合型；清江系属高热土壤温度状况。

利用性能综述　耕作层质地黏重，结构性差，耕作困难，常有较多的泥核和泥团外湿内干，不易耙融；水稻生长期间重晒会导致泥裂，漏水漏肥、断根，影响水稻生长。有机质、全氮含量高，磷钾含量低。利用改良措施：通过客土或掺砂改良耕层土壤质地，冬种绿肥、秸秆还田，改善土壤结构和耕性；测土平衡施肥，协调土壤养分供应。

参比土种　黑泥黏田。

代表性单个土体　位于贺州市钟山县公安镇公安村委兴庐屯；24°28'41.4"N，

111°10'3.6"E，海拔 159 m；谷口垌田，母土为砂页岩形成的泥炭沼泽土；耕地，种植双季水稻，50 cm 深度土温 22.7℃。野外调查时间为 2017 年 3 月 16 日，编号 45-142。

兴庐系代表性单个土体剖面

Ap1：0～13 cm，灰黄棕色（10YR 5/2，干），黑棕色（10YR 2/2，润）；黏土，强度发育中块状结构，疏松，多量细根；向下层平滑渐变过渡。

Ap2：13～25 cm，灰黄棕色（10YR 5/2，干），黑棕色（10YR 2/2，润）；黏土，强度发育中块状结构，稍紧实，中量极细根，结构面、孔隙和根系周围有很少量的铁锰斑纹；向下层平滑渐变过渡。

Br1：25～48 cm，棕灰色（7.5YR 5/1，干），黑色（7.5YR 2/1，润）；粉质黏壤土，强度发育中柱状结构，稍紧实，少量极细根，结构面和孔隙周围有很少量的铁锰斑纹；向下层波状突变过渡。

Br2：48～65 cm，70%暗棕灰色、30%黄棕色（70%7.5YR 7/1、30% 10YR 5/6，干），70%灰棕色、30%棕色（70% 7.5YR 5/2、30% 10R 4/6，润）；壤土，中度发育大块状结构，紧实，有中量的铁锰斑纹；向下层平滑模糊过渡。

Bg：65～100 cm，80%橙白色、20%亮黄棕色（80% 7.5YR 8/1，20% 10YR 7/6，干），80%淡棕灰色、20%黄棕色（80% 7.5YR 7/1、20% 10YR 5/6，润）；壤土，弱发育中块状结构，紧实，有很少量的铁锰斑纹，轻度亚铁反应。

兴庐系代表性单个土体物理性质

| 土层 | 深度 /cm | 砾石 (>2 mm，体积分数)/% | 细土颗粒组成（粒径：mm）/ (g/kg) | | | 质地类别 | 容重 / (g/cm³) |
			砂粒 2～0.05	粉粒 0.05～0.002	黏粒<0.002		
Ap1	0～13	0	165	370	465	黏土	1.07
Ap2	13～25	0	184	365	452	黏土	1.24
Br1	25～48	<1	152	488	361	粉质黏壤土	1.21
Br2	48～65	<1	268	484	248	壤土	1.52
Bg	65～100	2	401	330	269	壤土	1.43

兴庐系代表性单个土体化学性质

| 深度 /cm | pH (H₂O) | 有机碳 | 全氮（N） | 全磷（P） | 全钾（K） | CEC | 交换性盐基总量 | 游离氧化铁 / (g/kg) |
		/ (g/kg)				/ (cmol(+)/kg)		
0～13	5.9	34.1	2.92	0.70	8.57	19.5	12.0	20.5
13～25	5.9	29.6	2.48	0.55	7.97	17.0	12.6	20.5
25～48	6.1	28.8	1.97	0.51	7.82	17.4	12.4	7.9
48～65	6.5	3.2	0.39	0.13	7.06	8.7	7.8	11.1
65～100	6.4	1.8	0.29	0.11	5.71	7.6	7.2	3.0

4.12.2 清江系（Qingjiang Series）

土　　族：黏壤质混合型非酸性高热性-底潜简育水耕人为土
拟定者：卢　瑛，熊　凡

分布与环境条件　主要分布于北海市地势低洼，前期为炭质沼泽土地带的稻田，在沿海地区的台地和平原中，地势低洼的"坡塘"（盆形地）垌田也有分布。成土母质为古浅海沉积物。土地利用类型为耕地，种植水稻、蔬菜或甘蔗。属亚热带湿润季风性气候，年平均气温 22～23℃，年平均降雨量 1800～2000 mm。

清江系典型景观

土系特征与变幅　诊断层包括水耕表层、水耕氧化还原层；诊断特性包括人为滞水土壤水分状况、氧化还原特征、潜育特征、高热性土壤温度状况。古沼泽炭质黑泥土经种植水稻发育而成。土体上部为黑色的黑泥土与覆盖物（多为冲积物）的混土层，质地为壤土-黏壤土，耕作层疏松，结构松散，土色较浅，耕作层之下为稍紧实的犁底层，黑棕色；犁底层之下为黑色的黑泥层。耕层有机质炭化程度高，黑而不肥。土壤呈酸性-微酸性反应，pH 4.5～6.0。

对比土系　兴庐系、周洛屯系，属于相同亚类。兴庐系土族控制层段颗粒大小级别和矿物学类型为黏壤质、混合型，周洛屯系为壤质、硅质混合型；兴庐系、周洛屯系属热性土壤温度状况。

利用性能综述　该土系土壤松散，黏性低，保蓄水肥能力低；土壤有机质含量高，但品质差，全氮、全磷含量中等以上，全钾含量低，作物产量不高。利用改良措施：完善农田灌排设施，增强抗旱排涝能力；实行水旱轮作，尤其是与豆科作物轮作，促进腐殖质分解和品质的改善；增施磷钾肥，平衡土壤养分供应。

参比土种　黑泥散田。

代表性单个土体　位于北海市合浦县廉州镇清江村委水井村；21°43'35.9"N，109°17'28.0"E，海拔 9 m；低洼台地，母土为古浅海沉积物发育的沼泽土；耕地，种植水稻、蔬菜等。50 cm 深度土温 24.9℃。野外调查时间为 2014 年 12 月 21 日，编号 45-013。

清江系代表性单个土体剖面

Ap1：0～11 cm，灰黄棕色（10YR 6/2，干），黑棕色（10YR 2/2，润）；砂质壤土，强度发育小块状结构，稍紧实，大量细根，根系和孔隙周围、结构面上有很少量的铁锰斑纹，结构面有少量黄橙色（7.5YR 7/8）的铁锰胶膜；向下层平滑清晰过渡。

Ap2：11～20 cm，棕灰色（10YR 5/1，干），黑棕色（10YR 2/2，润）；砂质黏壤土，强度发育小块状结构，紧实，很少量极细根，孔隙周围、结构面有很少量的铁锰斑纹，结构面有少量黄橙色（7.5YR 7/8）的铁锰胶膜，轻度亚铁反应；向下层不规则清晰过渡。

Br1：20～52 cm，黑棕色（2.5Y 3/1，干），黑色（2.5Y 2/1，润）；壤土，强度发育小块状结构，疏松，很少量极细根，结构体表面、孔隙周围有很少量的铁锰斑纹；向下层波状清晰过渡。

Br2：52～72 cm，黑棕色（2.5Y 3/1，干），黑色（2.5Y 2/1，润）；黏壤土，强度发育小块状结构，稍紧实，结构面、孔隙周围有中量铁锰斑纹；向下层不规则清晰过渡。

Bg：72～90 cm，橙白色（10YR 8/1，干），浊黄橙色（10YR 7/2，润）；壤土，弱发育大块状结构，紧实，结构面、孔隙周围有少量的铁锰斑纹，轻度亚铁反应。

清江系代表性单个土体物理性质

土层	深度 /cm	砾石 (>2 mm, 体积分数) /%	细土颗粒组成（粒径：mm）/（g/kg）			质地类别	容重 /（g/cm³）
			砂粒 2～0.05	粉粒 0.05～0.002	黏粒<0.002		
Ap1	0～11	0	567	259	174	砂质壤土	1.31
Ap2	11～20	0	516	270	214	砂质黏壤土	1.51
Br1	20～52	0	486	283	231	壤土	1.00
Br2	52～72	0	342	337	321	黏壤土	1.23
Bg	72～90	0	399	357	244	壤土	1.60

清江系代表性单个土体化学性质

深度	pH	有机碳	全氮（N）	全磷（P）	全钾（K）	CEC	交换性盐基总量	游离氧化铁
/cm	(H₂O)			/（g/kg）			/（cmol(+)/kg）	/（g/kg）
0～11	6.0	26.2	2.06	1.21	2.43	11.0	7.8	12.2
11～20	5.8	27.6	1.77	0.71	2.88	9.8	4.6	11.6
20～52	4.7	75.4	2.65	0.66	3.03	28.7	1.0	2.2
52～72	4.7	32.9	1.39	0.37	3.62	19.1	0.9	2.9
72～90	4.7	3.1	0.25	0.15	3.11	5.2	0.8	2.0

4.12.3　周洛屯系（Zhouluotun Series）

土　　族：壤质硅质混合型非酸性热性-底潜简育水耕人为土
拟定者：卢　瑛，秦海龙

分布与环境条件　主要分布河池市等山间谷地。成土母质为冲积物。土地利用类型为耕地，种植水稻、油菜等，属中亚热带湿润季风性气候。年平均气温 19～20℃，年平均降雨量 1400～1600 mm。

周洛屯系典型景观

土系特征与变幅　诊断层包括水耕表层、水耕氧化还原层；诊断特性包括人为滞水土壤水分状况、氧化还原特征、潜育特征、热性土壤温度状况。土壤砂粒、粉粒含量高，质地为砂质壤土-壤土；土壤呈酸性-微酸性反应，pH 5.0～6.0。

对比土系　兴庐系、清江系，属于相同亚类。兴庐系、清江系土族控制层段颗粒大小级别和矿物学类型为黏壤质、混合型；清江系属高热土壤温度状况。

利用性能综述　该土系土壤质地偏砂，有机质矿化作用强烈，有机质和氮磷钾含量低，CEC<10 cmol(+)/kg，土壤保水保肥能力弱。利用改良措施：修建和完善农田水利设施，改善农业生产条件；冬种绿肥、秸秆还田，增施有机肥，提高土壤有机质含量，培肥土壤；测土配方施肥，平衡土壤养分供应，提高土壤生产力。

参比土种　潮砂田。

代表性单个土体　位于河池市东兰县长江乡兰洋村周洛屯；24°35'38.1"N，107°19'44.8"E，海拔 242 m；山间谷地，成土母质为冲积物；耕地，种植水稻、蔬菜。50 cm 深度土温 22.6℃。野外调查时间为 2016 年 3 月 13 日，编号 45-095。

Ap1：0～13 cm，浅淡黄色（2.5Y 8/3，干），黄棕色（2.5Y 5/4，润）；砂质壤土，强度发育的小块状结构，疏松，中量极细根，结构面、孔隙和根系周围有中量（10%）的铁锰斑纹，有少量（2%）的铁锰胶膜；向下层平滑渐变过渡。

Ap2：13～28 cm，浅淡黄色（2.5Y 8/3，干），黄棕色（2.5Y 5/4，润）；砂质壤土，强度发育小块状结构，稍紧实，少量极细根，结构面和孔隙周围有中量（5%～10%）铁锰斑纹，中量（10%左右）铁锰胶膜；向下层平滑突变过渡。

Br1：28～46 cm，灰白色（2.5Y 8/2，干），黄棕色（2.5Y 5/3，润）；壤土，中度发育小块状结构，稍紧实，很少量极细根，结构面、孔隙周围有中量（15%）的铁锰斑纹，有多量（25%左右）的铁锰胶膜；向下层平滑渐变过渡。

Br2：46～66 cm，灰白色（2.5Y 8/2，干），橄榄棕色（2.5Y 4/6，润）；壤土，中度发育小块状结构，紧实，结构面、孔隙周围有中量（7%左右）的铁锰斑纹，有中量（15%）铁锰胶膜；向下层波状模糊过渡。

周洛屯系代表性单个土体剖面

Bg：66～110 cm，灰白色（2.5Y 8/2，干），暗灰黄色（2.5Y 5/2，润）；壤土，中度发育的中块状结构，紧实，结构面和孔隙周围有中量（10%左右）的铁锰斑纹，有多量（20%）的铁锰胶膜；强烈亚铁反应。

周洛屯系代表性单个土体物理性质

土层	深度 /cm	砾石 (>2 mm，体积分数) /%	细土颗粒组成（粒径：mm）/（g/kg）			质地类别	容重 /（g/cm³）
			砂粒 2～0.05	粉粒 0.05～0.002	黏粒<0.002		
Ap1	0～13	0	590	324	87	砂质壤土	1.25
Ap2	13～28	0	625	286	89	砂质壤土	1.39
Br1	28～46	0	446	415	140	壤土	1.32
Br2	46～66	0	464	402	135	壤土	1.43
Bg	66～110	0	427	408	165	壤土	1.51

周洛屯系代表性单个土体化学性质

深度 /cm	pH (H₂O)	有机碳	全氮（N）	全磷（P）	全钾（K）	CEC	交换性盐基总量	游离氧化铁
		/（g/kg）				/（cmol(+)/kg）		/（g/kg）
0～13	5.7	9.9	0.98	0.44	16.78	5.4	4.7	16.6
13～28	5.6	7.1	0.90	0.36	16.78	4.7	3.5	17.1
28～46	5.4	10.2	0.71	0.34	14.12	5.6	4.0	14.3
46～66	5.4	7.4	0.98	0.30	14.42	5.3	3.7	22.1
66～110	5.6	7.1	0.73	0.33	15.01	5.9	4.9	20.4

4.13　普通简育水耕人为土

4.13.1　仁良系（Renliang Series）

土　　族：黏质高岭石型非酸性高热性-普通简育水耕人为土
拟定者：卢　瑛，贾重建

分布与环境条件　　主要分布于崇左、南宁、百色市等第四纪红土覆盖的台地及盆地中垌田。成土母质为第四纪红土。土地利用类型为耕地，种植水稻。属亚热带季风性气候，年平均气温 22～23℃，年平均降雨量 1200～1400 mm。

仁良系典型景观

土系特征与变幅　　诊断层包括水耕表层、水耕氧化还原层；诊断特性包括人为滞水土壤水分状况、氧化还原特征、高热土壤温度状况。土体深厚，耕作层厚度 10～15 cm，土壤质地为粉质黏壤土-黏土，土壤呈微酸性反应，pH 5.5～6.0。

对比土系　　坛洛系，属于相同土族，成土母质相同，相对地形部位较高，水耕氧化还原层较薄，Br 层厚度 20～30 cm，土表 50 cm 以下土体没有受到水耕熟化影响，呈现亮红棕色，全部土壤剖面层次均含有铁锰结核；0～20 cm 表层土壤质地为黏壤土类。

利用性能综述　　土体深厚，土壤有机质、氮含量中等，磷、钾含量低。利用改良措施：完善农田水利设施，改善农业生产条件；水旱轮作，用地养地相结合；增施有机肥，推广秸秆还田、冬种绿肥，提高肥力；测土平衡施肥，协调养分供应，提高农作物产量。

参比土种　　黄泥田。

代表性单个土体　　位于崇左市江州区濑瑞镇仁良村委弄广屯；22°28'56.6"N，107°28'54.9"E，海拔 79 m；盆地垌田，成土母质为第四纪红土；耕地，种植水稻。50 cm

深度土温 24.3℃。野外调查时间为 2015 年 3 月 18 日，编号 45-030。

Ap1：0～13 cm，浊黄橙色（10YR 7/4，干），棕色（10YR 4/4，润）；黏土，强度发育小块状结构，稍紧实，多量细根，孔隙周围和结构面上有少量的铁锰斑纹；向下层波状渐变过渡。

Ap2：13～22 cm，浊黄橙色（10YR 6/4，干），黄棕色（10YR 5/6，润）；黏土，强度发育中块状结构，紧实，中量细根，孔隙周围和结构面有中量的铁锰斑纹；向下层平滑清晰过渡。

Br1：22～42 cm，亮黄棕色（10YR 6/6，干），黄棕色（10YR 5/6，润）；黏土，强度发育小块状结构，紧实，少量细根，结构面上有中量的铁锰斑纹；向下层平滑渐变过渡。

Br2：42～66 cm，亮黄棕色（10YR 7/6，干），黄棕色（10YR 5/6，润）；粉质黏壤土，强度发育大块状结构，紧实，很少量细根，结构面上有多量的铁锰斑纹，少量扁平的黑棕色(5YR 2/1)铁锰结核；向下层波状渐变过渡。

仁良系代表性单个土体剖面

Br3：66～100 cm，浊黄橙色（10YR 7/4，干），浊黄橙色（10YR 6/4，润）；粉质黏壤土，强度发育大块状结构，紧实，很少量扁平的黑棕色(5YR 2/1)铁锰结核。

仁良系代表性单个土体物理性质

土层	深度 /cm	砾石 （>2 mm，体积 分数）/%	细土颗粒组成（粒径：mm）/（g/kg）			质地类别	容重 /（g/cm³）
			砂粒 2～0.05	粉粒 0.05～0.002	黏粒<0.002		
Ap1	0～13	0	20	361	620	黏土	1.23
Ap2	13～22	0	20	354	626	黏土	1.43
Br1	22～42	0	27	386	587	黏土	1.53
Br2	42～66	0	145	464	391	粉质黏壤土	1.39
Br3	66～100	0	123	497	379	粉质黏壤土	1.57

仁良系代表性单个土体化学性质

深度 /cm	pH （H₂O）	有机碳	全氮（N）	全磷（P）	全钾（K）	CEC	交换性盐基总量	游离氧化铁
		/（g/kg）				/（cmol(+)/kg）		/（g/kg）
0～13	5.5	21.8	1.80	0.64	9.3	21.0	8.0	58.9
13～22	5.6	16.5	1.44	0.54	8.7	18.8	8.9	62.9
22～42	5.6	8.5	0.83	0.48	8.1	11.3	6.8	67.9
42～66	5.6	5.9	0.59	0.42	10.5	12.6	7.0	63.0
66～100	5.7	6.1	0.59	0.41	12.7	13.6	9.6	52.7

4.13.2　坛洛系（Tanluo Series）

土　　族：黏质高岭石型非酸性高热性-普通简育水耕人为土
拟定者：卢　瑛，刘红宜

分布与环境条件　主要分布于南宁、崇左、百色市等溶蚀盆地或溶蚀平原地势较高的区域。成土母质为第四纪红土。土地利用类型为耕地，种植水稻等。属南亚热带湿润季风性气候，年平均气温 21～22℃，年平均降雨量 1200～1400 mm。

坛洛系典型景观

土系特征与变幅　诊断层包括水耕表层、水耕氧化还原层；诊断特性包括人为滞水土壤水分状况、氧化还原特征、高热土壤温度状况。土体深厚，地下水位深，水耕熟化程度低，50 cm 以下为母土层，土体中含有球状铁锰结核，耕作层较厚，润态颜色为浊黄棕色，水耕氧化还原层质地黏重，土壤呈微酸性-中性反应，pH 5.5～7.5。

对比土系　仁良系，属于相同土族，成土母质相同，地形部位较低，水耕氧化还原层深厚，Br 层厚度>80 cm，部分 Br 层含有极少量—少量铁锰结核；0～20 cm 表层土壤质地为黏土类。

利用性能综述　土体深厚，耕作层质地适中，耕性好，土壤有机质、氮含量中等，磷、钾含量低。利用改良措施：实行土地整治，完善农田水利设施，改善农业生产条件；水旱轮作，用地养地相结合；增施有机肥，推广秸秆还田、冬种绿肥，提高肥力；测土平衡施肥，协调养分供应，提高农作物产量。

参比土种　浅铁子田。

代表性单个土体　位于南宁市西乡塘区坛洛镇上中村；22°48'6.6"N，108°0'15.4"E，海拔 62 m；溶蚀盆地地势高处，成土母质为第四纪红土；耕地，种植水稻，种植历史>60 年。

50 cm 深度土温 24.1℃。野外调查时间为 2015 年 3 月 13 日，编号 45-020。

Ap1：0～16 cm，淡黄色（2.5Y 7/4，干），浊黄棕色（10YR 5/4，润）；粉质黏壤土，强度发育中块状结构，稍紧实，中量细根，很少量的球状铁锰结核；向下层平滑模糊过渡。

Ap2：16～30 cm，亮黄棕色（10YR 7/6，干），黄棕色（10YR 5/6，润）；黏土，强度发育中块状结构，紧实，很少量极细根，很少量的球状铁锰结核；向下层平滑渐变过渡。

Br：30～52 cm，亮黄棕色（10YR 6/6，干），亮棕色（7.5YR 5/8，润）；黏土，中度发育中块状结构，紧实，很少量极细根，中量(10%)的球状和扁平状铁锰结核；向下层平滑渐变过渡。

Bw：52～100 cm，橙色（5YR 6/8，干），亮红棕色（5YR 5/8，润）；黏土，弱发育中块状结构，紧实，中量(15%)的球状和扁平状铁锰结核。

坛洛系代表性单个土体剖面

坛洛系代表性单个土体物理性质

土层	深度 /cm	砾石 (>2 mm，体积分数)/%	细土颗粒组成（粒径：mm）/（g/kg）			质地类别	容重 /（g/cm³）
			砂粒 2～0.05	粉粒 0.05～0.002	黏粒<0.002		
Ap1	0～16	0	124	594	282	粉质黏壤土	1.28
Ap2	16～30	0	69	383	548	黏土	1.48
Br	30～52	0	91	367	542	黏土	1.49
Bw	52～100	1	54	301	644	黏土	1.36

坛洛系代表性单个土体化学性质

深度 /cm	pH (H₂O)	有机碳	全氮（N）	全磷（P）	全钾（K）	CEC	交换性盐基总量	游离氧化铁
		/（g/kg）				/（cmol(+)/kg）		/（g/kg）
0～16	6.6	18.9	1.78	0.70	8.6	11.1	8.6	45.4
16～30	7.3	7.3	0.66	0.38	11.5	13.9	8.7	53.2
30～52	7.0	6.3	0.55	0.34	6.85	13.9	6.3	55.9
52～100	5.7	6.0	0.53	0.32	6.55	10.7	5.3	80.8

4.13.3　白合系（Baihe Series）

土　　族：黏质高岭石混合型非酸性热性-普通简育水耕人为土
拟定者：卢　瑛，韦翔华

分布与环境条件　主要分布于柳州、来宾、河池市等丘陵谷地。成土母质为砂页岩洪积、冲积物。土地利用类型为耕地，种植双季水稻。属南亚热带湿润季风性气候，年平均气温 19～20℃，年平均降雨量 1400～1600 mm。

白合系典型景观

土系特征与变幅　诊断层包括水耕表层、水耕氧化还原层；诊断特性包括人为滞水土壤水分状况、氧化还原特征、热性土壤温度状况。土体深厚，耕作层厚度 15～20 cm，土壤质地为粉质黏土，润态颜色为浊黄棕色；水耕氧化还原层浊黄棕色、黄橙色；土壤呈微酸性-中性反应，pH 5.5～7.5。

对比土系　仁良系、坛洛系，属于相同亚类。仁良系、坛洛系成土母质为第四纪红土；仁良系部分 Br 层含有极少量—少量铁锰结核；坛洛系水耕氧化还原层较薄，Br 层厚度 20～30 cm，土表 50 cm 以下土体没有受到水耕熟化影响，呈现亮红棕色，全部土壤剖面层次均含有铁锰结核；仁良系、坛洛系属于高热土壤温度状况。

利用性能综述　土体深厚，耕作层较厚，土壤有机质、氮含量中等，磷、钾含量偏低。利用改良措施：改善农田灌排设施，增强抗旱排涝能力；实行水旱轮作，用地养地相结合；增施有机肥，推广秸秆还田、冬种绿肥，提高肥力；测土平衡施肥，协调养分供应，提高农作物产量。

参比土种　砂泥田。

代表性单个土体　位于柳州市鹿寨县四排镇白合村新寨屯；24°21'14.0"N，109°56'49.8"E，海拔 140 m；丘陵谷地，成土母质为砂页岩洪积、冲积物；耕地，种植双季水稻。50 cm

深度土温 22.8℃。野外调查时间为 2016 年 11 月 17 日，编号 45-113。

Ap1：0～16 cm，灰白色（2.5Y 8/2，干），浊黄棕色（10YR 5/4，润）；粉质黏土，强度发育小块状结构，疏松，中量细根，结构面、孔隙和根系周围有中量的铁锰斑纹；向下层平滑渐变过渡。

Ap2：16～24 cm，灰白色（2.5Y 8/2，干），浊黄棕色（10YR 5/3，润）；粉质黏壤土，强度发育中块状结构，稍紧实，少量细根，结构面、孔隙和根系周围有中量的铁锰斑纹，很少量的铁锰结核；向下层平滑模糊过渡。

Br1：24～50 cm，灰白色（2.5Y 8/1，干），浊黄色（2.5Y 6/3，润）；粉质黏土，强度发育大棱柱状结构，紧实，很少量极细根，结构面和孔隙周围有少量的铁锰斑纹；向下层平滑模糊过渡。

Br2：50～66 cm，浅淡黄色（2.5Y 8/3，干），黄棕色（2.5Y 5/3，润）；粉质黏壤土，强度发育大棱柱状结构，紧实，结构面有少量的铁锰斑纹；向下层平滑清晰过渡。

白合系代表性单个土体剖面

Br3：66～100 cm，80% 灰白色、20% 黄橙色（80% 2.5Y 8/2、20% 10YR 7/8，干），80%浊黄橙、20%亮棕色（80% 10YR 6/3、20% 7.5YR 5/8 润）；粉质黏壤土，中度发育大棱柱状结构，紧实，结构面有中量的铁锰斑纹，很少量的铁锰结核。

白合系代表性单个土体物理性质

土层	深度 /cm	砾石 (>2 mm，体积分数)/%	细土颗粒组成（粒径：mm）/（g/kg）			质地类别	容重 /（g/cm³）
			砂粒 2～0.05	粉粒 0.05～0.002	黏粒<0.002		
Ap1	0～16	0	60	473	466	粉质黏土	1.15
Ap2	16～24	0	80	537	383	粉质黏壤土	1.26
Br1	24～50	0	56	489	455	粉质黏土	1.46
Br2	50～66	0	89	565	346	粉质黏壤土	1.54
Br3	66～100	0	100	588	312	粉质黏壤土	1.60

白合系代表性单个土体化学性质

深度 /cm	pH (H₂O)	有机碳	全氮（N）	全磷（P）	全钾（K）	CEC	交换性盐基总量	游离氧化铁 /（g/kg）
		/ (g/kg)				/ (cmol(+)/kg)		
0～16	5.6	24.2	2.75	0.82	21.00	17.0	16.3	35.4
16～24	6.8	18.7	2.15	0.59	21.00	17.4	—	36.6
24～50	7.5	9.8	1.23	0.30	21.30	18.1	—	42.2
50～66	7.4	6.9	0.85	0.22	15.92	13.6	—	42.0
66～100	7.2	5.3	0.71	0.19	12.03	11.3	—	37.1

4.13.4　渡江村系（Dujiangcun Series）

土　　族：黏质高岭石混合型非酸性高热性-普通简育水耕人为土
拟定者：卢　瑛，姜　坤

分布与环境条件　主要分布于来宾、柳州、河池、南宁、百色市等砂页岩谷地。成土母质为砂页岩风化坡积、冲积物。土地利用类型为耕地，种植双季稻、桑树等。属南亚热带湿润季风性气候，年平均气温 20～21℃，年平均降雨量 1400～1600 mm。

渡江村系典型景观

土系特征与变幅　诊断层包括水耕表层、水耕氧化还原层；诊断特性包括人为滞水土壤水分状况、氧化还原特征、高热土壤温度状况。土体深厚，水耕熟化程度较高，耕作层10～15 cm，润态颜色为橄榄棕色，土壤粉粒含量>450 g/kg，质地为粉质黏壤土-粉质黏土，土壤呈中性反应，pH 6.5～7.5。

对比土系　丰塘系、槐前系，属于相同土族。丰塘系成土母质为砂页岩风化物，槐前系为第四纪红土；丰塘系 Br 层厚度 30～40 cm，土表 65 cm 以下土体没有受到水耕熟化影响，呈现亮红棕色，土体内无铁锰结核，Br 层少量铁锰斑纹；槐前系剖面各层次均有铁锰结核、Br 层有中量铁锰斑纹；丰塘系 0～20 cm 表土质地为黏壤土类，槐前系为壤土类。

利用性能综述　土体深厚，耕作层偏薄，土壤有机质、氮含量中等，磷、钾含量偏低。利用改良措施：改善农田灌排设施，增强抗旱排涝能力；实行水旱轮作，用地养地相结合；增施有机肥，推广秸秆还田、冬种绿肥，提高肥力；测土平衡施肥，协调养分供应，提高农作物产量。

参比土种　砂泥田。

代表性单个土体　位于来宾市忻城县红渡镇渡江村那兰屯；23°57′55.3″N，108°37′28.1″E，海拔 80 m；丘陵谷地，成土母质为砂页岩风化坡积、冲积物；耕地，种植水稻。50 cm 深度土温 23.2℃。野外调查时间为 2016 年 11 月 21 日，编号 45-122。

Ap1：0～14 cm，淡黄色（2.5Y 7/3，干），橄榄棕色（2.5Y 4/6，润）；粉质黏土，强度发育中块状结构，稍紧实，中量细根，结构面、孔隙和根系周围有少量（2%～5%）的铁锰斑纹；向下层平滑渐变过渡。

Ap2：14～27 cm，淡黄色（2.5Y 7/3，干），橄榄棕色（2.5Y 4/6，润）；粉质黏土，强度发育中块状结构，紧实，少量细根，结构面、孔隙和根系周围有少量（2%～5%）的铁锰斑纹；向下层平滑渐变过渡。

Br1：27～52 cm，灰黄色（2.5Y 7/2，干），浊黄棕色（10YR 4/3，润）；粉质黏土，中度发育中块状结构，紧实，很少量细根，结构面和孔隙周围有少量（2%～5%）的铁锰斑纹；向下层波状清晰过渡。

渡江村系代表性单个土体剖面

Br2：52～78 cm，灰白色（2.5Y 8/2，干），浊黄橙色（10YR 6/3，润）；粉质黏壤土，中度发育大块状结构，紧实，结构面和孔隙周围有中量（5%～10%）的铁锰斑纹，有中量（5%～10%）的铁锰结核；向下层平滑模糊过渡。

Br3：78～110 cm，灰白色（2.5Y 8/2，干），浊黄橙色（10YR 6/3，润）；粉质黏壤土，中度发育大块状结构，紧实，结构面和孔隙周围有中量（10%～15%）的铁锰斑纹，有中量（5%～10%）的铁锰结核。

渡江村系代表性单个土体物理性质

土层	深度 /cm	砾石 (>2 mm，体积分数)/%	细土颗粒组成（粒径：mm）/（g/kg）			质地类别	容重 /（g/cm³）
			砂粒 2～0.05	粉粒 0.05～0.002	黏粒<0.002		
Ap1	0～14	0	28	517	454	粉质黏土	1.27
Ap2	14～27	0	24	502	474	粉质黏土	1.54
Br1	27～52	0	54	472	473	粉质黏土	1.37
Br2	52～78	0	129	478	393	粉质黏壤土	1.54
Br3	78～110	2	160	487	353	粉质黏壤土	1.51

渡江村系代表性单个土体化学性质

深度 /cm	pH (H₂O)	有机碳	全氮（N）	全磷（P）	全钾（K）	CEC / (cmol(+)/kg)	游离氧化铁 / （g/kg）
				/ (g/kg)			
0～14	6.5	23.3	2.09	0.88	13.50	15.4	39.9
14～27	6.9	11.5	1.25	0.53	13.20	15.6	39.5
27～52	7.0	11.5	1.15	0.55	14.41	16.1	39.6
52～78	6.9	5.6	0.90	0.61	18.34	16.4	43.0
78～110	6.9	4.3	0.76	0.73	18.04	16.7	44.0

4.13.5 丰塘系（Fengtang Series）

土　族：黏质高岭石混合型非酸性高热性-普通简育水耕人为土
拟定者：卢　瑛，贾重建

分布与环境条件　主要分布于贵港、玉林、南宁、崇左、贺州市等砂页岩山丘缓坡梯田。成土母质为砂页岩风化的残积、坡积物。土地利用类型为耕地，种植双季稻、蔬菜等。属南亚热带湿润季风性气候，年平均气温 21～22℃，年平均降雨量 1400～1600 mm。

丰塘系典型景观

土系特征与变幅　诊断层包括水耕表层、水耕氧化还原层；诊断特性包括人为滞水土壤水分状况、氧化还原特征、高热土壤温度状况。土体深厚，耕作层厚度 15～20 cm，土壤质地为黏壤土，润态颜色为橄榄棕色；土壤呈微酸性反应，pH 5.5～6.5。

对比土系　渡江村系、槐前系，属于相同土族。渡江村系成土母质为砂页岩风化物，槐前系为第四纪红土；渡江村系 Br 层有少量—中量铁锰斑纹、部分 Br 层有铁锰结核，槐前系通体有铁锰结核、Br 层有中量铁锰斑纹；渡江村系 0～20 cm 表土质地为黏土类，槐前系为壤土类。

利用性能综述　土体深厚，耕层土壤质地适中，耕性好，通透性好，土壤有机质、全氮含量中等，磷钾含量较低，灌溉条件差。利用改良措施：修建农田水利设施，改善灌排条件，灌溉水源不充足的可改种旱作或水旱轮作；增施有机肥，实行秸秆还田、冬种绿肥，培肥土壤；测土施肥，氮磷钾等元素平衡施用。

参比土种　浅砂土田。

代表性单个土体　位于贵港市平南县丹竹镇丰塘村炳志岭屯；23°28'40.1"N，110°31'1.7"E，海拔 13 m；缓坡梯田，成土母质为砂页岩风化的残积、坡积物；耕地，种植双季水稻。50 cm 深度土温 23.6℃。野外调查时间为 2016 年 12 月 19 日,编号 45-125。

丰塘系代表性单个土体剖面

Ap1:0~18 cm,淡黄色(2.5Y 7/4 干),橄榄棕色(2.5Y 4/6 润);黏壤土,强度发育大块状结构,稍紧实,中量细根,结构面、孔隙和根系周围有少量(2%~5%)的铁锰斑纹;向下层平滑渐变过渡。

Ap2:18~27 cm,浅淡黄色(2.5Y 8/4 干),橄榄棕色(2.5Y 4/6 润);黏壤土,强度发育大块状结构,紧实,极少量细根,结构面、孔隙围有少量(2%~5%)的铁锰斑纹;向下层平滑渐变过渡。

Br1:27~42 cm,浊黄棕色(10YR 7/4 干),黄棕色(10YR 5/6 润);黏土,强度发育中块状结构,紧实,结构面、孔隙周围有少量的铁锰斑纹;向下层平滑渐变过渡。

Br2:42~66 cm,亮黄棕色(10YR 7/6 干),亮棕色(7.5YR 5/8 润);黏土,中度发育中块状结构,紧实,结构面、孔隙周围有少量(2%~5%)的铁锰斑纹;向下层平滑渐变过渡。

Bw:66~110 cm,黄橙色(7.5YR 7/8 干),亮红棕色(5YR 5/8 润);黏土,中度发育中块状结构,紧实。

丰塘系代表性单个土体物理性质

| 土层 | 深度 /cm | 砾石 (>2 mm,体积分数)/% | 细土颗粒组成(粒径:mm)/(g/kg) | | | 质地类别 | 容重 /(g/cm³) |
			砂粒 2~0.05	粉粒 0.05~0.002	黏粒<0.002		
Ap1	0~18	0	254	380	366	黏壤土	1.40
Ap2	18~27	0	211	394	395	黏壤土	1.60
Br1	27~42	0	221	368	411	黏土	1.58
Br2	42~66	0	198	320	482	黏土	1.56
Bw	66~110	0	254	290	457	黏土	1.48

丰塘系代表性单个土体化学性质

| 深度 /cm | pH (H₂O) | 有机碳 | 全氮(N) | 全磷(P) | 全钾(K) | CEC | 交换性盐基总量 | 游离氧化铁 |
		/(g/kg)				/(cmol(+)/kg)		/(g/kg)
0~18	6.4	16.0	1.42	0.97	6.98	10.3	8.5	53.1
18~27	6.5	9.3	0.86	0.58	8.19	8.7	6.8	59.1
27~42	6.4	8.4	0.80	0.37	8.79	10.3	6.9	51.5
42~66	6.4	5.5	0.69	0.28	8.64	11.3	5.7	51.9
66~110	6.5	3.8	0.47	0.35	6.37	7.3	4.9	61.4

4.13.6　槐前系（Huaiqian Series）

土　族：黏质高岭石混合型非酸性高热性-普通简育水耕人为土
拟定者：卢　瑛，崔启超

分布与环境条件　主要分布于百色、玉林、柳州市等溶蚀平原或峰丛宽谷的低平垌田。成土母质为第四纪红土。土地利用类型为耕地，种植双季稻。属南亚热带海洋季风性气候，年平均气温 21～22℃，年平均降雨量 1200～1400 mm。

槐前系典型景观

土系特征与变幅　诊断层包括水耕表层、水耕氧化还原层；诊断特性包括人为滞水土壤水分状况、氧化还原特征、高热土壤温度状况。土体深厚，耕作层厚度 10～15 cm，土壤质地为粉壤土-黏土，润态颜色为浊黄橙色-黄棕色；水耕氧化还原层中含有 10%～30% 球状铁锰结核；土壤呈微碱性反应，pH 7.5～8.0。

对比土系　渡江村系、丰塘系，属于相同土族。渡江村系、丰塘系成土母质为砂页岩风化物；渡江村系 Br 层少量—中量铁锰斑纹、部分 Br 层有铁锰结核；丰塘系 Br 层厚度 30～40 cm，土表 65 cm 以下土体没有受到水耕熟化影响，呈现亮红棕色，土体内无铁锰结核，Br 层少量铁锰斑纹；渡江村系 0～20 cm 表土质地为黏土类，丰塘系为黏壤土类。

利用性能综述　该土系质地适中，耕性好，适种性广；水利条件差、抗旱排涝能力弱；土壤有机质、全氮、全磷含量较高，全钾含量低。改良利用措施：实行土地整治，修建和完善农田水利设施；增施有机肥，实行水旱轮作，推广秸秆回田、冬种绿肥等，培肥土壤；测土配方施肥，协调养分供应，用地与养地相结合，不断提高地力。

参比土种　铁子底田。

代表性单个土体　位于百色市平果县果化镇槐前村槐前屯；23°24'48.2"N，107°23'43.0"E，海拔 123 m；宽谷垌田，成土母质为第四纪红土，耕地，种植双季稻。50 cm 深度土温

23.6℃。野外调查时间为 2015 年 12 月 25 日，编号 45-081。

Ap1：0～11 cm，浊黄色（2.5Y 6/3，干），浊黄橙色（10YR 5/3，润）；粉壤土，强度发育小块状结构，疏松，中量细根。有少量（2%～5%）的铁锰斑纹，少量（2%～5%）球状铁锰结核。向下层平滑渐变过渡。

Ap2：11～20 cm，浊黄色（2.5Y 6/3，干），浊黄橙色（10YR 5/3，润）；粉壤土，潮，强度发育中块状结构，稍紧实，少量极细根。有少量（2%～5%）的铁锰斑纹，少量（2%～5%）球状铁锰结核。向下层平滑清晰过渡。

Br1：20～33 cm，淡黄色（2.5Y 7/3，干），灰黄色（2.5Y 6/2，润）；壤土，强度发育中块状结构，紧实，有中量（5%～10%）的铁锰斑纹，多量（15%～20%）的球状铁锰结核。向下层平滑清晰过渡。

Br2：33～68 cm，亮黄棕色（10YR 6/6，干），黄棕色（10YR 5/8，润）；黏壤土，强度发育中块状结构，紧实，有中量（5%～10%）的铁锰斑纹，多量（30%左右）的球状铁锰结核。向下层波状渐变过渡。

槐前系代表性单个土体剖面

Br3：68～100 cm，亮黄棕色（10YR 6/6，干），黄棕色（10YR 5/8，润）；黏土，强度发育大块状结构，紧实，有中量（5%～10%）的铁锰斑纹，中量（10%左右）的球状铁锰结核。

槐前系代表性单个土体物理性质

土层	深度 /cm	砾石 （>2 mm，体积分数）/%	细土颗粒组成（粒径：mm）/（g/kg）			质地类别	容重 /（g/cm³）
			砂粒 2～0.05	粉粒 0.05～0.002	黏粒<0.002		
Ap1	0～11	0	280	515	205	粉壤土	1.09
Ap2	11～20	0	254	528	218	粉壤土	1.23
Br1	20～33	0	369	391	240	壤土	1.53
Br2	33～68	0	317	306	377	黏壤土	1.55
Br3	68～100	0	174	236	590	黏土	1.41

槐前系代表性单个土体化学性质

深度 /cm	pH （H₂O）	有机碳	全氮（N）	全磷（P）	全钾（K）	CEC /（cmol(+)/kg）	游离氧化铁 /（g/kg）	CaCO₃ 相当物 /（g/kg）
		/（g/kg）						
0～11	7.7	36.9	3.42	1.17	5.52	17.2	99.9	9.5
11～20	7.6	27.4	2.63	1.09	5.52	15.2	96.4	15.5
20～33	7.7	5.5	0.75	0.98	5.08	11.9	117.3	3.5
33～68	7.7	2.6	0.60	0.72	7.59	22.7	115.8	1.1
68～100	7.6	2.8	0.62	0.50	10.55	29.9	104.4	1.3

4.13.7 沙塘系（Shatang Series）

土　　族：黏质混合型非酸性高热性-普通简育水耕人为土
拟定者：卢　瑛，秦海龙

分布与环境条件　主要分布于玉林、来宾、贵港、梧州市等紫色砂页岩地区宽谷垌田和低丘梯田。成土母质为紫色砂页岩风化冲积物。土地利用类型为耕地，种植双季稻。属南亚热带湿润季风性气候，年平均气温 21～22℃，年平均降雨量 1400～1600 mm。

沙塘系典型景观

土系特征与变幅　诊断层包括水耕表层、水耕氧化还原层；诊断特性包括人为滞水土壤水分状况、氧化还原特征、高热土壤温度状况。土体深厚，耕作层厚度 10～15 cm，土壤质地为黏壤土，润态颜色为棕色；水耕氧化还原层棕色、浊棕色；土壤呈微酸性-中性反应，pH 6.0～7.0。

对比土系　燕山村系，属于相同亚类。燕山村系成土母质为第四纪红土，土体内无铁锰结核，Br 层有少量—多量（2%～40%）铁锰斑纹；土族控制层段颗粒大小级别和矿物学类型为黏壤质、硅质混合型，热性土壤温度状况。

利用性能综述　土体深厚，耕作层偏薄，土壤有机质、氮含量中等，磷、钾含量偏低。利用改良措施：改善农田灌排设施，增强抗旱排涝能力；实行水旱轮作，用地养地相结合；增施有机肥，推广秸秆还田、冬种绿肥，提高肥力；测土平衡施肥，协调养分供应，提高农作物产量。

参比土种　紫砂泥田。

代表性单个土体　位于玉林市兴业县沙塘镇合成村牛皮糖队；22°54'57.1"N，109°51'44.0"E，海拔 63 m；宽谷垌田，地势较平坦，成土母质为紫色砂页岩风化冲积物；

耕地,种植水稻。50 cm深度土温24.0℃。野外调查时间为2016年12月26日,编号45-139。

沙塘系代表性单个土体剖面

Ap1:0~13 cm,浊棕色（7.5YR 6/3,干）,棕色（7.5YR 4/3,润）；黏壤土,强度发育小块状结构,疏松,多量细根；向下层平滑渐变过渡。

Ap2:13~22 cm,浊棕色（7.5YR 6/3,干）,棕色（7.5YR 4/3,润）；黏壤土,强度发育中块状结构,稍紧实,中量细根,结构面、孔隙和根系周围有少量（2%～5%）的铁锰斑纹；向下层平滑渐变过渡。

Br1:22~63 cm,浊棕色（7.5YR 6/3,干）,棕色（7.5YR 4/3,润）；黏壤土,中度发育大块状结构,紧实,多量细根,结构面和孔隙周围有少量（2%～5%）的铁锰斑纹；向下层平滑模糊过渡。

Br2:63~100 cm,浊橙色（7.5YR 6/4,干）,浊棕色（7.5YR 5/4,润）；黏壤土,中度发育大块状结构,紧实,结构面、孔隙周围有中量（5%～10%）的铁锰斑纹。

沙塘系代表性单个土体物理性质

| 土层 | 深度 /cm | 砾石（>2 mm,体积分数）/% | 细土颗粒组成（粒径:mm）/（g/kg） | | | 质地类别 | 容重 /（g/cm³） |
			砂粒 2~0.05	粉粒 0.05~0.002	黏粒<0.002		
Ap1	0~13	0	240	370	390	黏壤土	1.16
Ap2	13~22	0	256	361	383	黏壤土	1.31
Br1	22~63	0	279	352	369	黏壤土	1.50
Br2	63~100	0	287	388	325	黏壤土	1.51

沙塘系代表性单个土体化学性质

| 深度 /cm | pH （H₂O） | 有机碳 | 全氮（N） | 全磷（P） | 全钾（K） | CEC | 游离氧化铁 |
		/ （g/kg）				/ （cmol(+)/kg）	/ （g/kg）
0~13	6.2	36.5	3.33	1.22	14.73	17.7	24.2
13~22	6.5	19.3	1.89	0.71	14.73	15.4	28.8
22~63	6.8	9.0	0.90	0.22	14.73	14.2	28.2
63~100	6.8	3.1	0.41	0.15	12.92	11.0	34.9

4.13.8 燕山村系（Yanshancun Series）

土　族：黏壤质硅质混合型非酸性热性-普通简育水耕人为土
拟定者：卢　瑛，崔启超

分布与环境条件　主要分布于桂林、河池、百色市等第四纪红土覆盖的台地及盆地中垌田。成土母质为第四纪红土。土地利用类型为耕地，种植水稻。属亚热带季风性气候，年平均气温 19～20℃，年平均降雨量 1600～1800 mm。

燕山村系典型景观

土系特征与变幅　诊断层包括水耕表层、水耕氧化还原层；诊断特性包括人为滞水土壤水分状况、氧化还原特征、热性土壤温度状况。土体深厚，耕作层厚度 10～15 cm，土壤质地为粉质黏壤土-黏土，土壤呈酸性-中性反应，pH 5.0～7.0。

对比土系　沙塘系，属于相同亚类。沙塘系成土母质为紫色页岩风化冲积物，土体内无铁锰结核，Br 层有少量—中量（2%～10%）铁锰斑纹；土族控制层段颗粒大小级别和矿物学类型为黏质、混合型，高热土壤温度状况。

利用性能综述　土体深厚，土壤有机质、氮含量中等，磷、钾含量低。利用改良措施：实行土地整治，完善农田水利设施，改善农业生产条件；水旱轮作，用地养地相结合；增施有机肥，推广秸秆还田、冬种绿肥，提高肥力；测土平衡施肥，协调养分供应，提高农作物产量。

参比土种　黄泥田。

代表性单个土体　位于桂林市临桂区会仙镇燕山村委唐家村；25°4'47.5"N，110°9'43.0"E，海拔 147 m；宽谷垌田，成土母质为第四纪红土；耕地，种植双季水稻，种植年限超过 40 年，单季产量 7.5 t/hm²。50 cm 深度土温 22.3℃。野外调查时间为 2015 年 8 月 25 日，编号 45-048。

燕山村系代表性单个土体剖面

Ap1: 0～12 cm，橄榄黄色（5Y 6/3，干），橄榄棕色（2.5Y 4/4，润）；黏土，强度发育中块状结构，稍紧实，中量细根，结构面、根系周围有很少量（<2%）的铁锰斑纹；向下层平滑渐变过渡。

Ap2: 12～21 cm，橄榄黄色（5Y 6/3，干），橄榄棕色（2.5Y 4/4，润）；黏土，强度发育中块状结构，紧实，少量极细根，结构面、根系周围有很少（<2%）的铁锰斑纹；向下层平滑渐变过渡。

Br1: 21～40 cm，橄榄黄色（5Y 6/3，干），暗橄榄棕色（2.5Y 3/3，润）；粉质黏壤土，强度发育中块状结构，紧实，少量极细根，结构面和孔隙周围有少量（2%～5%）的铁锰斑纹；向下层波状清晰过渡。

Br2: 40～100 cm，淡黄橙色（10YR 8/4，干），橙色（7.5YR 6/8，润）；黏壤土，强度发育的中块状土壤结构，紧实，结构面有多量（30%～40%）的铁锰斑纹。

燕山村系代表性单个土体物理性质

| 土层 | 深度 /cm | 砾石 (>2 mm，体积分数) /% | 细土颗粒组成（粒径：mm）/（g/kg） | | | 质地类别 | 容重 /（g/cm³） |
			砂粒 2～0.05	粉粒 0.05～0.002	黏粒<0.002		
Ap1	0～12	0	191	399	411	黏土	1.24
Ap2	12～21	0	207	392	402	黏土	1.53
Br1	21～40	0	197	440	363	粉质黏壤土	1.47
Br2	40～100	0	310	373	317	黏壤土	1.62

燕山村系代表性单个土体化学性质

| 深度 /cm | pH (H₂O) | 有机碳 | 全氮（N） | 全磷（P） | 全钾（K） | CEC | 交换性盐基总量 | 游离氧化铁 /（g/kg） |
		/（g/kg）				/（cmol(+)/kg）		
0～12	5.4	20.9	2.05	0.81	9.63	12.2	9.9	40.1
12～21	6.2	8.5	0.93	0.47	9.71	10.6	9.7	45.6
21～40	6.5	8.0	0.74	0.37	11.47	11.1	10.1	38.7
40～100	6.7	2.0	0.34	0.38	10.45	8.6	8.0	53.2

4.13.9　板山系（**Banshan Series**）

土　族：黏壤质硅质混合型非酸性高热性-普通简育水耕人为土
拟定者：卢　瑛，崔启超

分布与环境条件　主要分布于崇左、南宁、玉林市等紫色砂页岩丘陵冲田或垌田。成土母质为紫色砂页岩洪积、冲积物。土地利用类型为耕地，种植水稻。属南亚热带湿润季风性气候，年平均气温 22～23℃，年平均降雨量 1400～1600 mm。

板山系典型景观

土系特征与变幅　诊断层包括水耕表层、水耕氧化还原层；诊断特性包括人为滞水土壤水分状况、氧化还原特征、高热土壤温度状况。土体深厚，耕作层较厚，土壤质地为砂质壤土-黏壤土，土壤呈酸性-中性反应，pH 5.0～7.0。

对比土系　渠座系，属于相同土族。渠座系成土母质为砂页岩风化冲积物，Br 层有多量—很多（>30%）铁锰斑纹，土体内无铁锰结核；0～20 cm 表土质地为黏壤土类。

利用性能综述　土体深厚，耕作层质地适中，耕性好，耕层土壤有机质、氮、钾含量中等，磷含量低。利用改良措施：改善农田灌溉排水设施；水旱轮作，增施有机肥，推广秸秆还田、冬种绿肥，用地养地结合，提高肥力；测土平衡施肥，协调养分供应，提高农作物产量。

参比土种　紫砂田。

代表性单个土体　位于崇左市宁明县寨安乡板山村頓凌屯；22°3'2.0"N，107°0'59.5"E，海拔 186 m；紫色砂页岩丘陵冲田，成土母质为紫色砂页岩洪积、冲积物；耕地，种植水稻。50 cm 深度土温 24.5℃。野外调查时间为 2015 年 3 月 20 日，编号 45-033。

板山系代表性单个土体剖面

Ap1：0～16 cm，浊橙色（7.5YR 7/3，干），浊棕色（7.5YR 5/3，润）；黏壤土，强度发育小块状结构，疏松，多量细根，结构面和孔隙周围有多量（15%～20%）的铁锰斑纹；向下层波状清晰过渡。

Ap2：16～27 cm，浊橙色（7.5YR 7/3，干），浊棕色（7.5YR 5/3，润）；黏壤土，强度发育中块状结构，稍紧实，少量极细根，结构面和孔隙周围有中量（10%～15%）的铁锰斑纹；向下层波状渐变过渡。

Br1：27～50 cm，淡棕灰色（7.5YR 7/2，干），棕色（7.5YR 4/4，润）；黏壤土，强度发育柱状结构，稍紧实，很少量极细根，结构面和孔隙周围有中量（10%～15%）的铁锰斑纹；向下层波状清晰过渡。

Br2：50～84 cm，淡棕灰色（7.5YR 7/2，干），棕色（7.5YR 4/4，润）；壤土，中度发育块状结构，紧实，结构面和孔隙周围有多量（30%～40%）的铁锰斑纹；向下层平滑模糊过渡。

Br3：84～120 cm，淡棕灰色（7.5YR 7/2，干），棕色（7.5YR 4/4，润）；砂质壤土，弱发育块状结构，紧实，结构面和孔隙周围有多量（30%～40%）的铁锰斑纹，少量（2%～5%）扁平状的铁锰结核。

板山系代表性单个土体物理性质

土层	深度/cm	砾石（>2 mm，体积分数）/%	细土颗粒组成（粒径：mm）/（g/kg）			质地类别	容重/（g/cm³）
			砂粒 2～0.05	粉粒 0.05～0.002	黏粒<0.002		
Ap1	0～16	0	303	382	315	黏壤土	1.20
Ap2	16～27	0	287	405	308	黏壤土	1.46
Br1	27～50	0	313	374	313	黏壤土	1.37
Br2	50～84	0	483	318	199	壤土	1.42
Br3	84～120	0	598	260	142	砂质壤土	1.60

板山系代表性单个土体化学性质

深度/cm	pH（H₂O）	有机碳	全氮（N）	全磷（P）	全钾（K）	CEC	交换性盐基总量	游离氧化铁/（g/kg）
		/（g/kg）				/（cmol(+)/kg）		
0～16	5.0	13.5	1.06	0.36	23.27	11.7	7.9	25.2
16～27	6.2	5.7	0.51	0.36	24.75	11.0	10.8	32.8
27～50	6.7	4.6	0.43	0.35	24.90	11.1	—	33.2
50～84	7.0	2.6	0.29	0.32	24.01	9.8	—	25.9
84～120	6.7	2.1	0.22	0.37	21.78	9.4	—	23.9

4.13.10 渠座系（Quzuo Series）

土　族：黏壤质硅质混合型非酸性高热性-普通简育水耕人为土
拟定者：卢　瑛，崔启超

分布与环境条件　主要分布于崇左、南宁、百色市山丘宽谷平原，地势平坦。成土母质为砂页岩风化冲积物。土地利用类型为耕地，主要种植水稻、甘蔗等。属南亚热带湿润季风性气候，年平均气温 22～23℃，年平均降雨量 1200～1400 mm。

渠座系典型景观

土系特征与变幅　诊断层包括水耕表层、水耕氧化还原层；诊断特性包括人为滞水土壤水分状况、氧化还原特征、高热土壤温度状况。土体深厚，水耕熟化程度较高，耕作层较薄，润态颜色为浊黄棕色，土壤粉粒含量>400 g/kg，质地为黏壤土，土壤呈酸性-中性反应，pH 4.5～7.5。

对比土系　板山系，属于相同土族。板山系成土母质为紫色砂页岩洪积、冲积物，Br 层有中量—多量（10%～40%）铁锰斑纹，部分 Br 层有少量（2%～5%）铁锰结核；0～20 cm 表土质地为黏壤土类。

利用性能综述　土体深厚，耕作层质地适中，耕性好，土壤有机质、氮含量中等，磷、钾含量低。利用改良措施：改善农田水利设施，增强抗旱排涝能力；水旱轮作，用地养地相结合；增施有机肥，推广秸秆还田、冬种绿肥，提高肥力；测土平衡施肥，协调养分供应，提高农作物产量。

参比土种　砂泥田。

代表性单个土体　位于崇左市江州区江州镇渠座村委渠座屯；22°19'36.7"N，107°26'25.5"E，海拔 133 m；宽谷平原，成土母质为砂页岩风化物冲积物；耕地，种植水稻。50 cm 深度土温 24.4℃。野外调查时间为 2015 年 3 月 19 日，编号 45-031。

渠座系代表性单个土体剖面

Ap1：0～10 cm，灰黄色（2.5Y 7/2，干），浊黄棕色（10YR 4/3，润）；黏壤土，强度发育小块状结构，稍紧实，多量细根，结构面和孔隙周围有中量（10%～15%）的铁锰斑纹；向下层平滑渐变过渡。

Ap2：10～20 cm，灰黄色（2.5Y 6/2，干），浊黄棕色（10YR 4/3，润）；黏壤土，强度发育中块状结构，紧实，少量极细根，结构面和孔隙周围有中量（10%～15%）的铁锰斑纹；向下层平滑清晰过渡。

Br1：20～56 cm，淡灰色（5Y 7/1，干），黑棕色（2.5Y 3/2，润）；粉质黏壤土，强度发育大块状结构，紧实，很少量细根，结构面和孔隙周围有很多（50%）的铁锰斑纹；向下层波状清晰过渡。

Br2：56～105 cm，灰白色（5Y78/2，干），淡灰色（10Y 7/2，润）；黏壤土，中度发育大块状结构，紧实，结构面有多量（30%～40%）的铁锰斑纹，有少量的岩石碎屑。

渠座系代表性单个土体物理性质

土层	深度 /cm	砾石 (>2 mm，体积分数)/%	细土颗粒组成（粒径：mm）/（g/kg）			质地类别	容重 /（g/cm³）
			砂粒 2～0.05	粉粒 0.05～0.002	黏粒<0.002		
Ap1	0～10	0	209	428	363	黏壤土	1.15
Ap2	10～20	0	231	421	348	黏壤土	1.37
Br1	20～56	0	196	483	321	粉质黏壤土	1.42
Br2	56～105	0	268	446	286	黏壤土	1.67

渠座系代表性单个土体化学性质

深度 /cm	pH (H₂O)	有机碳	全氮（N）	全磷（P）	全钾（K）	CEC	交换性盐基总量	游离氧化铁
		/（g/kg）				/（cmol(+)/kg）		/（g/kg）
0～10	4.9	25.1	1.93	0.44	16.89	17.6	14.4	33.5
10～20	6.2	21.0	1.61	0.48	16.45	17.6	—	39.0
20～56	7.3	6.7	0.54	0.26	14.52	14.4	—	47.7
56～105	7.2	1.5	0.12	0.17	10.67	8.5	—	37.3

4.13.11 里贡系（**Ligong Series**）

土　族：黏壤质混合型石灰性热性-普通简育水耕人为土
拟定者：卢　瑛，贾重建

分布与环境条件　主要分布于柳州、河池、桂林市等岩溶区宽谷、盆地管理水平高的垌田。成土母质为石灰岩洪冲积物。土地利用类型为耕地，种植水稻、蔬菜。属亚热带季风性气候，年平均气温 20～21℃，年平均降雨量 1400～1600 mm。

里贡系典型景观

土系特征与变幅　诊断层包括水耕表层、水耕氧化还原层；诊断特性包括人为滞水土壤水分状况、氧化还原特征、石灰性、热性土壤温度状况。耕种时间长，土壤熟化程度较高，母土以石灰岩风化物发育为主，也有由分布在岩溶盆地的第四纪红土或砂页岩坡积物发育而成，由于长期引用溶洞水灌溉或施用石灰，土壤碳酸钙含量高，具有石灰反应。土壤质地为粉壤土-黏壤土，土壤呈碱性反应，pH 7.5～8.5。

对比土系　保仁系、守育系，属于相同亚类。保仁系、守育系成土母质为砂页岩洪积、冲积物；保仁系 Br 层有中量铁锰斑纹、有很少量铁锰结核，守育系 Br 层有少量—多量铁锰斑纹、部分 Br 层有少量铁锰结核；保仁系、守育系土壤酸碱反应与石灰性类别为非酸性；保仁系为热性土壤温度状况，守育系为高热土壤温度状况。

利用性能综述　该土系土体深厚，耕作层较薄，土壤有机质和全氮含量中等，磷、钾含量低，微量元素缺乏；土壤呈碱性，化肥施用易引起氮素挥发、磷素固定，肥效差。利用改良措施：完善农田灌排设施，减少岩溶水灌溉；增施有机肥，合理轮作，提高土壤有机质含量，培肥土壤；选用生理酸性肥料，施用锌等微量元素肥料，增加土壤养分供应，提高作物产量。

参比土种　石灰性泥肉田。

代表性单个土体　位于柳州市柳江区三都镇里贡村坡累屯；24°12′52.2″N，109°11′40.8″E，海拔 161 m；岩溶盆地，地势平坦，成土母质为石灰岩洪冲积物；耕地，种植水稻、蔬菜。50 cm 深度土温 22.9℃。野外调查时间为 2016 年 11 月 16 日，编号 45-112。

里贡系代表性单个土体剖面

Ap1：0～14 cm，灰色（5Y 6/1，干），橄榄黑色（5Y 3/1，润）；粉壤土，强度发育小粒状结构，疏松，少量细根，有少量瓦片、煤渣等，强度石灰反应；向下层平滑渐变过渡。

Ap2：14～23 cm，淡灰色（2.5Y 7/1，干），黄灰色（2.5Y 4/1，润）；粉壤土，强度发育小块状结构，稍紧实，少量细根，有少量煤渣等，有蚯蚓，强度石灰反应；向下层平滑清晰过渡。

Br1：23～40 cm，浅淡黄色（2.5Y 8/3，干），橄榄棕色（2.5Y 4/6，润）；粉壤土，中度发育大块状结构，紧实，很少量极细根，结构面、孔隙周围有少量（2%～5%）的铁锰斑纹，很少量的铁锰结核，很少量螺壳，有蚯蚓，强度石灰反应；向下层平滑清晰过渡。

Br2：40～80 cm，浅淡黄色（2.5Y 8/3，干），橄榄棕色（2.5Y 4/6，润）；粉质黏壤土，中度发育大块状结构，紧实，结构面、孔系周围有少量（2%～5%）的铁锰斑纹，很少（<2%）的铁锰结核，少量螺壳，强度石灰反应；向下层平滑渐变过渡。

Br3：80～115 cm，浅淡黄色（2.5Y 8/3，干），橄榄棕色（2.5Y 4/6，润）；壤土，中度发育大块状结构，紧实，结构面、孔系周围有少量（2%～5%）的铁锰斑纹，很少（<2%）的铁锰结核，有中量螺壳，强度石灰反应。

里贡系代表性单个土体物理性质

土层	深度 /cm	砾石 （>2 mm，体积分数）/%	细土颗粒组成（粒径：mm）/（g/kg）			质地类别	容重 /（g/cm³）
			砂粒 2～0.05	粉粒 0.05～0.002	黏粒<0.002		
Ap1	0～14	1	116	621	263	粉壤土	1.17
Ap2	14～23	<1	99	633	268	粉壤土	1.30
Br1	23～40	<1	95	636	269	粉壤土	1.62
Br2	40～80	<1	152	577	271	粉质黏壤土	1.57
Br3	80～115	<1	235	499	266	壤土	1.53

里贡系代表性单个土体化学性质

深度 /cm	pH (H₂O)	有机碳	全氮（N）	全磷（P）	全钾（K）	CEC / (cmol(+)/kg)	游离氧化铁 / (g/kg)	CaCO₃ 相当物 / (g/kg)
				/ (g/kg)				
0～14	7.8	17.7	1.94	1.86	3.16	16.3	22.9	88.5
14～23	8.0	20.7	1.95	1.40	2.93	15.7	22.0	93.4
23～40	8.3	8.0	0.98	0.59	2.71	10.0	27.5	122.1
40～80	8.4	4.4	0.56	0.45	2.63	8.7	24.7	103.3
80～115	8.3	4.5	0.54	0.56	2.33	8.1	24.6	65.2

4.13.12 保仁系（Baoren Series）

土　　族：黏壤质混合型非酸性热性-普通简育水耕人为土
拟定者：卢　瑛，欧锦琼

分布与环境条件　主要分布于柳州、来宾、河池市等略起伏的低山、丘陵地区谷地。成土母质为砂页岩洪积、冲积物。土地利用类型为耕地，主要种植水稻。属亚热带季风性气候，年平均气温 20～21℃，年平均降雨量 1400～1600 mm。

保仁系典型景观

土系特征与变幅　诊断层包括水耕表层、水耕氧化还原层；诊断特性包括人为滞水土壤水分状况、氧化还原特征、热性土壤温度状况。土体深厚，厚度>1 m，耕作层厚度 10～15 cm，土壤质地为粉壤土，润态颜色为橄榄棕色；水耕氧化还原层橄榄棕色、浊黄橙色；土壤呈微酸性-中性，pH 5.5～7.5。

对比土系　里贡系、守育系，属于相同亚类。里贡系成土母质为石灰岩洪冲积物，守育系为砂页岩洪积、冲积物；里贡系 Br 层有少量（2%～5%）中铁锰斑纹、有很少量（<2%）铁锰结核，守育系 Br 层少量—多量（2%～30%）铁锰斑纹、部分 Br 层有少量（2%～5%）铁锰结核；里贡系通体有强度石灰反应，土壤酸碱反应与石灰性类别为石灰性，守育系为非酸性；里贡系为热性土壤温度状况，守育系为高热土壤温度状况。

利用性能综述　土体深厚，耕作层较薄，土壤有机质、氮、磷、钾含量偏低。利用改良措施：改善农田灌排设施，增强抗旱排涝能力；实行水旱轮作，用地养地相结合；增施有机肥，推广秸秆还田、冬种绿肥，提高肥力；测土平衡施肥，协调养分供应，提高农作物产量。

参比土种　砂泥田。

代表性单个土体 位于柳州市柳江区里高镇保仁村甘社屯；24°8′42.6″N，108°58′3.5″E，海拔 236 m；地势较起伏，成土母质为砂页岩洪冲积物；耕地，种植双季水稻。50 cm 深度土温 22.9℃。野外调查时间为 2016 年 11 月 16 日，编号 45-111。

Ap1：0～14 cm，浅淡黄色（2.5Y 8/3，干），橄榄棕色（2.5Y 4/6，润）；粉壤土，强度发育中块状结构，稍紧实，中量细根，根系周围有少量（2%～5%）的铁锰斑纹；向下层平滑渐变过渡。

Ap2：14～23 cm，浅淡黄色（2.5Y 8/3，干），橄榄棕色（2.5Y 4/6，润）；粉壤土，强度发育大块状结构，紧实，少量极细根，结构面、根系周围有少量（2%～5%）的铁锰斑纹，有很少（<2%）粒状铁锰结核；向下层平滑清晰过渡。

Br1：23～42 cm，灰白色（2.5Y 8/1，干），橄榄棕色（2.5Y 4/3，润）；粉壤土，中度发育大块状结构，紧实，很少量极细根，结构面和根系周围有中量（5%～10%）的铁锰斑纹，有很少（<2%）粒状铁锰结核；向下层平滑渐变过渡。

保仁系代表性单个土体剖面

Br2：42～80 cm，灰白色（2.5Y 8/2，干），浊黄棕色（10YR 5/3，润）；粉壤土，中度发育大块状结构，紧实，结构面有中量（5%～10%）的铁锰斑纹，有很少（<2%）粒状铁锰结核；向下层平滑模糊过渡。

Br3：80～112 cm，灰白色（2.5Y 8/2，干），浊黄橙色（10YR 6/3，润）；粉质黏壤土，中度发育中块状结构，紧实，结构体表面有中量（5%～10%）的铁锰斑纹，有很少（<2%）的粒状铁锰结核。

保仁系代表性单个土体物理性质

土层	深度 /cm	砾石（>2 mm，体积分数）/%	砂粒 2～0.05	粉粒 0.05～0.002	黏粒<0.002	质地类别	容重 /（g/cm³）
Ap1	0～14	0	150	620	230	粉壤土	1.34
Ap2	14～23	<1	177	623	200	粉壤土	1.51
Br1	23～42	0	127	632	242	粉壤土	1.57
Br2	42～80	0	106	666	228	粉壤土	1.64
Br3	80～112	0	90	624	285	粉质黏壤土	1.56

保仁系代表性单个土体化学性质

深度 /cm	pH （H₂O）	有机碳	全氮（N）	全磷（P）	全钾（K）	CEC /（cmol(+)/kg）	游离氧化铁 /（g/kg）
			/（g/kg）				
0～14	5.8	10.3	1.25	0.65	2.63	7.1	19.5
14～23	6.6	6.1	0.94	0.55	2.48	7.7	21.9
23～42	7.2	3.1	0.52	0.51	3.01	8.8	24.1
42～80	7.4	2.8	0.48	0.44	2.86	8.7	17.2
80～112	7.2	3.2	0.57	0.49	3.23	10.1	20.5

4.13.13 守育系（**Shouyu Series**）

土　　族：黏壤质混合型非酸性高热性-普通简育水耕人为土
拟定者：卢　瑛，韦翔华

分布与环境条件　主要分布于玉林、南宁、梧州市等溶蚀盆地。成土母质为覆盖在溶蚀盆地上砂页岩的洪积、冲积物。土地利用类型为耕地，种植水稻或水稻-莲藕轮作。属南亚热带湿润季风性气候，年平均气温 22～23℃，年平均降雨量 1600～1800 mm。

守育系典型景观

土系特征与变幅　该土系诊断层包括水耕表层、水耕氧化还原层；诊断特性包括人为滞水土壤水分状况、氧化还原特征、高热土壤温度状况。因长期引用富含钙、镁的岩溶水灌溉或长期施用石灰，土壤复钙作用加剧，水耕表层和水耕氧化还原层上部具有不同程度的石灰反应。土壤质地为壤质砂土-黏壤土，土壤呈碱性反应，pH 7.5～8.0。

对比土系　里贡系、保仁系，属于相同亚类。里贡系成土母质为石灰岩洪冲积物，保仁系为砂页岩洪积、冲积物；里贡系 Br 层有少量（2%～5%）中铁锰斑纹、有很少量（<2%）铁锰结核，保仁系 Br 层有中量（5%～10%）铁锰斑纹、有很少量（<2%）铁锰结核；里贡系通体有强度石灰反应，土壤酸碱反应与石灰性类别为石灰性，保仁系为非酸性；里贡系、保仁系为热性土壤温度状况。

利用性能综述　该土系土体深厚，耕作层较厚，土壤有机质和全氮含量中等，磷、钾含量低，微量元素缺乏；土壤呈碱性，化肥施用易引起氮素挥发、磷素固定，肥效差。利用改良措施：完善农田灌排设施，减少岩溶水灌溉；增施有机肥，合理轮作，提高土壤有机质含量，培肥土壤；选用生理酸性肥料，施用锌等微量元素肥料，增加土壤养分供应，提高作物产量。

参比土种　石灰性田。

代表性单个土体　位于玉林市博白县三滩镇守育村荔枝山屯；22°12'51.3"N，110°0'0.3"E，海拔 60 m；溶蚀盆地，成土母质为砂页岩风化洪积、冲积物；耕地，种植水稻、莲藕等。50 cm 深度土温 24.5℃。野外调查时间为 2016 年 12 月 25 日，编号 45-137。

守育系代表性单个土体剖面

Ap1：0~16 cm，灰黄色（2.5Y 7/2，干），暗橄榄棕色（2.5Y 3/3，润）；壤土，强度发育小块状结构，稍紧实，多量细根，极少量螺壳，中度石灰反应；向下层平滑渐变过渡。

Ap2：16~26 cm，灰黄色（2.5Y 7/2，干），暗橄榄棕色（2.5Y 3/3，润）；壤土，强度发育小块状结构，紧实，少量细根，少量螺壳，中度石灰反应；向下层平滑清晰过渡。

Br1：26~40 cm，灰黄色（2.5Y 7/2，干），黄棕色（2.5Y 5/4，润）；壤土，中等发育中块状结构，紧实，多量细根，结构面和孔隙周围有少量（2%~5%）的铁锰斑纹，有少量（2%）的粒状铁锰结核，少量的螺壳、瓦片，轻度的石灰反应；向下层平滑渐变过渡。

Br2：40~52 cm，灰白色（2.5Y 8/1，干），黄棕色（2.5Y 5/3，润）；黏壤土，中度发育中块状结构，紧实，结构面和孔隙周围有少量（2%~5%）的铁锰斑纹；向下层平滑渐变过渡。

Br3：52~80 cm，灰白色（2.5Y 8/2，干），淡黄色（2.5Y 7/3，润）；黏壤土，弱发育大块状结构，紧实，结构面和孔隙周围有多量（20%~30%）的铁锰斑纹；向下层平滑清晰过渡。

Br4：80~110cm，橙白色（10YR 8/1，干），浊黄橙色（10YR 7/2，润）；壤质砂土，弱发育中块状结构，紧实，结构体表面和孔隙周围有中量（10%）铁锰斑纹。

守育系代表性单个土体物理性质

土层	深度 /cm	砾石 (>2 mm, 体积分数) /%	细土颗粒组成（粒径：mm）/（g/kg）			质地类别	容重 /（g/cm³）
			砂粒 2~0.05	粉粒 0.05~0.002	黏粒<0.002		
Ap1	0~16	2	404	378	218	壤土	1.25
Ap2	16~26	2	447	351	202	壤土	1.55
Br1	26~40	3	446	315	239	壤土	1.48
Br2	40~52	5	315	404	281	黏壤土	1.50
Br3	52~80	2	338	383	279	黏壤土	1.47
Br4	80~110	0	838	69	93	壤质砂土	1.55

守育系代表性单个土体化学性质

深度 /cm	pH （H₂O）	有机碳	全氮（N）	全磷（P） /（g/kg）	全钾（K）	CEC /（cmol(+)/kg）	游离氧化铁 /（g/kg）	CaCO₃ 相当物 /（g/kg）
0～16	7.5	21.3	2.22	1.40	10.98	10.0	22.4	21.6
16～26	7.6	18.6	1.99	1.30	10.83	8.9	24.0	22.3
26～40	8.0	4.9	0.64	0.29	10.37	6.3	29.2	4.6
40～52	7.7	4.1	0.34	0.14	10.22	6.8	14.5	0.5
52～80	7.6	1.6	0.34	0.15	13.99	7.0	27.1	0.5
80～110	7.7	0.7	0.15	0.07	4.34	2.1	2.1	0.3

4.13.14　平福系（Pingfu Series）

土　　族：壤质硅质混合型酸性高热性-普通简育水耕人为土
拟定者：卢　瑛，刘红宜

分布与环境条件　主要分布于钦州、北海、防城港市等花岗岩山丘谷底垌田。成土母质为花岗岩洪积、冲积物。土地利用类型为耕地，种植双季水稻。属南亚热带湿润季风性气候，年平均气温 21～22℃，年平均降雨量 1600～1800 mm。

平福系典型景观

土系特征与变幅　该土系诊断层包括水耕表层、水耕氧化还原层；诊断特性包括人为滞水土壤水分状况、氧化还原特征、高热土壤温度状况。土体深厚，厚度>1 m，地下水位低。细土质地为粉壤土-壤土，耕作层厚度 10～15 cm；水耕氧化还原层结构面上有中量（5%～15%）铁锰斑纹。土壤呈强酸性-酸性反应，pH 4.0～5.5。

对比土系　普贤村系、大程系，属于相同亚类。普贤村系成土母质为河流冲积物，土体深厚，厚度>1 m；大程系成土母质为页岩风化冲积物，土体厚度中等，厚度 50～60 cm；普贤村系 Br 层有少量—中量铁锰斑纹，大程系 Br 层有很少量—少量铁锰斑纹；普贤村系土壤酸碱反应与石灰性类别为非酸性，热性土壤温度状况；大程系为非酸性，高热土壤温度状况。

利用性能综述　质地适中，通透性和耕性好，保水、保肥能力一般，土壤有机质和氮磷钾含量中等。利用改良措施：完善农田水利设施，改善农业生产条件；冬种绿肥、实行秸秆还田和增施有机肥，改良土壤结构，培肥土壤；测土配方施肥，平衡土壤养分供应。

参比土种　杂砂田。

代表性单个土体　位于钦州市钦南区那蒙镇平福村委那楼村；22°12'4.8"N，

108°28'48.2"E，海拔 20 m；成土母质为花岗岩洪积、冲积物；耕地，种植水稻。50 cm 深度土温 24.5℃。野外调查时间为 2014 年 12 月 19 日，编号 45-009。

Ap1：0～14 cm，灰白色（2.5Y 8/2，干），浊黄棕色（10YR 4/3，润）；粉壤土，强度发育小块状结构，稍紧实，中量细根，结构面、根系周围有少量（2%～5%）的铁锰斑纹，结构面上有很少量（<2%）的铁锰胶膜；向下层平滑模糊过渡。

Ap2：14～24 cm，灰白色（2.5Y 8/2，干），浊黄棕色（10YR 4/3，润）；粉壤土，强度发育小块状结构，紧实，中量细根，结构面、根系周围有少量（2%～5%）的铁锰斑纹；向下层平滑清晰过渡。

Br1：24～38 cm，浅淡黄色（2.5Y 8/3，干），灰黄棕色（10YR 6/2，润）；壤土，中度发育中块状结构，紧实，很少量极细根，结构面、孔隙周围有多量（15%～20%）的铁锰斑纹；向下层平滑清晰过渡。

平福系代表性单个土体剖面

Br2：38～79 cm，灰白色（2.5Y 8/2，干），灰黄棕色（10YR 6/2，润）；粉壤土，中度发育中块状结构，紧实，结构面、孔隙周围有多量（20%～30%）的铁锰斑纹；向下层平滑模糊过渡。

Br3：79～105 cm，67%灰白色、33%亮黄棕色（67% 5Y 8/1、33% 10YR 6/8，干），67%灰黄棕色、33%亮棕色（67% 10YR 5/2、33% 7.5YR 5/8，润）；壤土，中度发育中块状结构，紧实，结构面、孔隙周围有很多量（50%）的铁锰斑纹。

平福系代表性单个土体物理性质

土层	深度 /cm	砾石 (>2 mm，体积分数) /%	细土颗粒组成（粒径：mm）/（g/kg）			质地类别	容重 /（g/cm³）
			砂粒 2～0.05	粉粒 0.05～0.002	黏粒<0.002		
Ap1	0～14	0	272	512	216	粉壤土	1.27
Ap2	14～24	0	275	505	220	粉壤土	1.45
Br1	24～38	0	397	424	179	壤土	1.49
Br2	38～79	0	249	531	219	粉壤土	1.48
Br3	79～105	15	477	362	161	壤土	1.47

平福系代表性单个土体化学性质

深度 /cm	pH (H₂O)	有机碳	全氮（N）	全磷（P）	全钾（K）	CEC	交换性盐基总量	游离氧化铁
		/（g/kg）				/（cmol(+)/kg）		/（g/kg）
0～14	4.7	14.0	1.08	1.11	21.6	11.5	3.2	10.9
14～24	4.3	13.5	0.96	1.05	20.8	11.3	2.8	10.7
24～38	4.6	7.1	0.44	0.37	24.7	8.3	2.3	12.6
38～79	4.8	5.4	0.37	0.25	22.3	7.9	4.2	11.0
79～105	5.0	3.2	0.20	0.28	23.7	6.3	4.0	40.6

4.13.15　普贤村系（Puxiancun Series）

土　　族：壤质硅质混合型非酸性热性-普通简育水耕人为土
拟定者：卢　瑛，韦翔华

分布与环境条件　主要分布于桂林、河池、柳州市等河流阶地和平原近河地带。成土母质为河流冲积物。土地利用类型为耕地，种植水稻、蔬菜等。属中亚热带湿润季风性气候，年平均气温 18～19℃，年平均降雨量 1800～2000 mm。

普贤村系典型景观

土系特征与变幅　诊断层包括水耕表层、水耕氧化还原层；诊断特性包括人为滞水土壤水分状况、氧化还原特征、热性土壤温度状况。土体深厚，厚度>1 m，耕作层厚度 10～15 cm，土壤以砂粒为主，含量 350～600 g/kg，质地为壤土-黏壤土，CEC 低，<10 cmol(+)/kg，保肥能力低；土壤呈酸性-中性反应，pH 5.5～6.5。

对比土系　平福系、大程系，属于相同亚类。平福系成土母质为花岗岩洪积、冲积物，土体厚度>1 m，大程系成土母质为页岩风化冲积物，土体厚度 50～60 cm；平福系 Br 层多量—很多的铁锰斑纹，大程系 Br 层有很少量—少量铁锰斑纹；平福系土壤酸碱反应与石灰性类别为酸性，高热土壤温度状况，大程系为非酸性，高热土壤温度状况。

利用性能综述　该土系质地适中，疏松易耕，宜种性广；有机质矿化作用较强，土壤有机质含量较低。利用改良措施：完善农田灌排设施，增强农田抗旱排涝能力；重施有机肥，实行秸秆还田，培肥土壤；氮磷钾肥料配合施用，提高肥料利用率。

参比土种　潮砂田。

代表性单个土体　位于桂林市灵川县三街镇普贤村委军营村；25°27′33.0″N，110°23′59.5″E，海拔 167 m；近河地带，距漓江约 100 m，成土母质为河流冲积物；耕地，种植水稻。50 cm 深度土温 22.0℃。野外调查时间为 2015 年 8 月 26 日，编号 45-049。

Ap1：0～15 cm，灰白色（2.5Y 8/2，干），浊黄棕色（10YR 4/3，润）；壤土，强度发育中块状结构，稍紧实，中量细根，结构面、根系周围有中量（5%～10%）的铁锰斑纹；向下层平滑渐变过渡。

Ap2：15～25 cm，灰黄色（2.5Y 7/2，干），浊黄棕色（10YR 4/3，润）；黏壤土，强度发育中块状结构，紧实，少量细根，孔隙和根系周围有中量（5%～10%）的铁锰斑纹；向下层平滑清晰过渡。

Br1：25～45 cm，灰黄色（2.5Y 7/2，干），棕色（10YR 4/4，润）；砂质黏壤土，强度发育中块状结构，紧实，少量细根，有少量（2%～5%）的铁锰斑纹；向下层平滑清晰过渡。

Br2：45～90 cm，灰白色（2.5Y 8/2，干），棕色（10YR 4/4，润）；砂质壤土，中度发育中块状结构，紧实，有少量（2%～5%）的铁锰斑纹；向下层平滑模糊过渡。

普贤村系代表性单个土体剖面

Br3：90～122 cm，浅淡黄色（2.5Y 8/3 干），棕色（10YR 4/6，润）；壤土，中度发育中块状结构，紧实，有中量（10%～15%）的铁锰斑纹。

普贤村系代表性单个土体物理性质

土层	深度 /cm	砾石 (>2 mm，体积分数)/%	细土颗粒组成（粒径：mm）/（g/kg）			质地类别	容重 /（g/cm³）
			砂粒 2～0.05	粉粒 0.05～0.002	黏粒<0.002		
Ap1	0～15	0	383	407	210	壤土	1.27
Ap2	15～25	0	424	176	399	黏壤土	1.55
Br1	25～45	0	559	154	287	砂质黏壤土	1.68
Br2	45～90	0	604	265	131	砂质壤土	1.59
Br3	90～122	0	471	373	156	壤土	1.52

普贤村系代表性单个土体化学性质

深度 /cm	pH (H₂O)	有机碳	全氮（N）	全磷（P）	全钾（K）	CEC	交换性盐基总量	游离氧化铁
			/ (g/kg)			/ (cmol(+)/kg)		/ (g/kg)
0～15	5.7	14.6	1.49	0.76	24.30	7.9	4.7	19.1
15～25	6.0	9.7	1.10	0.54	23.42	6.8	5.5	23.2
25～45	6.3	4.7	0.60	0.41	22.95	5.5	5.3	29.7
45～90	6.5	3.0	0.39	0.39	24.01	5.1	5.0	22.8
90～122	6.5	4.1	0.49	0.43	25.79	6.5	5.9	26.4

4.13.16　大程系（Dacheng Series）

土　　族：壤质硅质混合型非酸性高热性-普通简育水耕人为土
拟定者：卢　瑛，陈彦凯

分布与环境条件　　主要分布于南宁市等山丘宽谷平原。成土母质为页岩风化物冲积物。土地利用类型为耕地，种植水稻或水稻-蔬菜轮作。属南亚热带湿润季风性气候，年平均气温 21～22℃，年平均降雨量 1400～1600 mm。

大程系典型景观

土系特征与变幅　　诊断层包括水耕表层、水耕氧化还原层；诊断特性包括人为滞水土壤水分状况、氧化还原特征、高热土壤温度状况。土体深度较浅，地下水位深，水耕熟化程度低，50 cm 以下为母质层，耕作层较厚，润态颜色为灰橄榄色，土壤盐基饱和，呈中性反应，pH 6.5～7.5。

对比土系　　平福系、普贤村系，属于相同亚类。平福系成土母质为花岗岩洪积、冲积物，土体厚度>1 m；普贤村系成土母质为河流冲积物，土体厚度>1 m；平福系 Br 层多量—很多铁锰斑纹，普贤村系 Br 层少量—中量铁锰斑纹；平福系土壤酸碱反应与石灰性类别为酸性，高热土壤温度状况，普贤村系为非酸性，热性土壤温度状况。

利用性能综述　　耕作层质地适中，耕性好，土壤有机质、氮、磷、钾含量较低。利用改良措施：实行土地整治，完善农田水利设施，改善农业生产条件；水旱轮作，用地养地相结合；增施有机肥，实行秸秆还田、冬种绿肥，提高肥力；测土平衡施肥，协调养分供应，提高农作物产量。

参比土种　　砂泥田。

代表性单个土体　　位于南宁市宾阳县大桥镇大程村委泰山村；23°13'13.9"N，

108°54'40.2"E,海拔 62 m;宽谷平原,成土母质为页岩风化物冲积物;耕地,种植水稻、蔬菜等。50 cm 深度土温 23.7℃。野外调查时间为 2015 年 3 月 15 日,编号 45-023。

Ap1: 0~15 cm,灰白色(5Y 8/1,干),灰橄榄色(5Y 4/2,润);粉壤土,强度发育小块状结构,稍紧实,多量细根,根系周围和结构面上有很少(<2%)的铁锰斑纹;向下层平滑模糊过渡。

Ap2: 15~23 cm,灰白色(5Y 8/1,干),灰橄榄色(5Y 5/2,润);粉壤土,强度发育小块状结构,紧实,少量细根,根系周围和结构面上有很少(<2%)的铁锰斑纹;向下层波状突变过渡。

Br: 23~51 cm,灰白色(10Y 8/1,干),淡灰色(10Y 7/1,润);粉壤土,中度发育柱状结构,紧实,很少量极细根,根系周围和结构面上有少量(2%~5%)的铁锰斑纹;向下层波状渐变过渡。

C: 51~100 cm,灰白色(10Y 8/1,干),淡灰色(10Y 7/1,润);页岩风化物。

大程系代表性单个土体剖面

大程系代表性单个土体物理性质

土层	深度 /cm	砾石 (>2 mm,体积分数)/%	细土颗粒组成(粒径:mm)/(g/kg)			质地类别	容重 /(g/cm³)
			砂粒 2~0.05	粉粒 0.05~0.002	黏粒<0.002		
Ap1	0~15	0	187	751	62	粉壤土	1.44
Ap2	15~23	0	134	745	121	粉壤土	1.67
Br	23~51	0	31	805	164	粉壤土	1.77

大程系代表性单个土体化学性质

深度 /cm	pH (H₂O)	有机碳	全氮(N)	全磷(P)	全钾(K)	CEC	游离氧化铁
				/(g/kg)		/(cmol(+)/kg)	/(g/kg)
0~15	6.5	10.8	0.98	0.27	0.55	6.1	6.1
15~23	7.2	4.3	0.42	0.14	0.47	5.0	6.2
23~51	7.4	1.0	0.11	0.07	0.86	7.6	5.4

第5章 铁 铝 土

5.1 普通黄色湿润铁铝土

5.1.1 南康系（Nankang Series）

土　族：砂质硅质混合型酸性高热性-普通黄色湿润铁铝土
拟定者：卢　瑛，刘红宜

分布与环境条件　分布于钦州、北海市的近海台地和平原；成土母质为浅海沉积物；土地利用类型为耕地，主要种植木薯、甘蔗等。属南亚热带海洋性季风性气候，年平均气温 22～23℃，年平均降雨量 1800～2000 mm。

南康系典型景观

土系特征与变幅　诊断层包括淡薄表层、铁铝层；诊断特性包括湿润土壤水分状况、高热土壤温度状况。该土系土体深厚，土体厚度>100 cm；腐殖质层较厚，厚度 10～20 cm，均已开垦种植。细土质地为砂质黏壤土。土壤呈强酸性-酸性反应，pH 4.0～5.0。

对比土系　山口系，分布区域相邻，成土母质相同，土体颜色更红，色调为 5YR，属普通简育湿润铁铝土。

利用性能综述　土体深厚，质地适中，但结构松散，土壤有机质含量低，氮、磷、钾等营养元素缺乏，CEC 低，<10 cmol(+)/kg，土壤保水保肥性差，现已开垦为农地，种植甘蔗、木薯等。改良利用措施：因水热条件优越，考虑热带作物发展，选择抗旱耐瘠薄的特种作物栽培，如剑麻、橡胶、桉树、木麻黄等，水源充足可种植甘蔗、木薯等作物。

种植绿肥或增施有机肥，合理施用氮磷钾肥，提高土壤肥力。

参比土种 海积砖红土。

代表性单个土体 位于北海市铁山港区南康镇水鸭塘村委新禾村；21°36'34.2"N，109°25'27.2"E，海拔 19 m；地势较平坦，成土母质为浅海沉积物；耕地，种植木薯等。50 cm 深度土温 25.0℃。野外调查时间为 2014 年 12 月 22 日，编号 45-015。

Ap: 0～20 cm，浊黄橙色（10YR 6/4，干），棕色（10YR 4/6，润）；砂质黏壤土，强度发育小块状结构，极疏松，中量细根，少量很小的次圆石英颗粒；向下层波状模糊过渡。

Bw1: 20～40 cm，浊黄橙色（10YR 6/4，干），黄棕色（10YR 5/6，润）；砂质黏壤土，强度发育小块状结构，疏松，很少量极细根，少量很小的次圆石英颗粒；向下层平滑模糊过渡。

Bw2: 40～65 cm，浊黄橙色（10YR 6/4，干），黄棕色（10YR 5/6，润）；砂质黏壤土，强度发育小块状结构，疏松，很少量极细根，少量很小的次圆石英颗粒；向下层波状模糊过渡。

Bw3: 65～110 cm，亮黄棕色（10YR 7/6，干），黄棕色（10YR 5/6，润）；砂质黏壤土，弱发育的小的小块状结构，疏松，少量很小的次圆石英颗粒。

南康系代表性单个土体剖面

南康系代表性单个土体物理性质

土层	深度/cm	砾石（>2 mm，体积分数）/%	细土颗粒组成（粒径：mm）/（g/kg）			质地类别	容重/（g/cm³）
			砂粒 2～0.05	粉粒 0.05～0.002	黏粒<0.002		
Ap	0～20	0	678	84	238	砂质黏壤土	1.35
Bw1	20～40	0	656	92	252	砂质黏壤土	1.50
Bw2	40～65	0	655	91	254	砂质黏壤土	1.50
Bw3	65～110	<1	649	93	257	砂质黏壤土	1.49

南康系代表性单个土体化学性质

深度/cm	pH		有机碳	全氮（N）	全磷（P）	全钾（K）	CEC$_7$	ECEC	盐基饱和度/%	铝饱和度/%	游离氧化铁/（g/kg）	铁游离度/%
	H₂O	KCl		/（g/kg）			/（cmol(+)/kg 黏粒）					
0～20	4.6	3.7	8.6	0.61	0.38	1.49	23.4	11.9	9.0	75.7	18.6	75.2
20～40	4.4	3.9	5.8	0.41	0.17	1.49	17.9	10.1	8.1	80.6	18.1	71.4
40～65	4.3	3.9	4.1	0.29	0.17	1.49	16.3	9.8	7.4	83.3	18.5	71.6
65～110	4.3	3.9	3.7	0.29	0.18	1.86	13.9	9.3	7.4	85.0	19.4	69.2

5.2　黄色简育湿润铁铝土

5.2.1　白水塘系（**Baishuitang Series**）

土　族：黏壤质硅质混合型酸性高热性-黄色简育湿润铁铝土
拟定者：卢　瑛，陈彦凯

分布与环境条件　主要分布于南宁市南部丘陵区。成土母质为页岩风化物。土地利用类型为次生林地，主要植被有桉树、苦楝树和铁芒萁杂草等。属南亚热带季风性气候，年平均气温 20～21℃，年平均降雨量 1400～1600 mm。

白水塘系典型景观

土系特征与变幅　诊断层包括淡薄表层、铁铝层；诊断特性包括湿润土壤水分状况、高热土壤温度状况。由页岩风化物发育而成，土体构型为 Ah-Bw-C，土体深厚，厚度>80 cm，腐殖质层厚度>20 cm，以浊黄橙色为基调色，细土质地为壤土-黏土；土壤呈强酸性-酸性反应，pH 4.5～5.5。

对比土系　犀牛脚系，成土母质为花岗岩风化物，土壤色调为 5YR，属普通简育湿润铁铝土亚类，土族控制层段颗粒大小级别为黏质，矿物学类别为高岭石型。

利用性能综述　地处低山丘陵，光热水资源丰富；土层深厚，质地较黏；土壤有机质、氮磷钾含量低，CEC 低，土壤保肥性差，土壤肥力不高。改良利用措施：因地制宜种植杉树、松树和竹、油茶、八角等经济林；有条件地方可修成水平梯田，开垦种植茶叶、柑橘、荔枝等；防止水土流失，保护生态环境；间（套）种绿肥作物或施用有机肥，培肥土壤，增施氮磷钾肥料，提高土壤生产力。

参比土种　厚层黏质赤红土。

代表性单个土体 位于南宁市宾阳县宾州镇新廖村委白水塘村；23°14'28.2"N，108°51'9.0"E，海拔 125.5 m；地势起伏，成土母质为硅质砂页岩；主要种植桉树。50 cm 深度土温 23.7℃。野外调查时间为 2015 年 3 月 15 日，编号 45-024。

Oi： +1～0 cm；枯枝落叶层。

Ah： 0～31 cm，灰黄色（2.5Y 7/2，干），暗灰黄色（2.5Y 4/2，润）；壤土，强度发育小块状结构，疏松，中量粗根、多量细根，有蚯蚓；向下层波状渐变过渡。

Bw1：31～64 cm，浅淡黄色（2.5Y 8/3，干），浊黄橙色（10YR 6/4，润）；黏壤土，强度发育小块状结构，紧实，很少量粗根和细根；向下层平滑模糊过渡。

Bw2：64～100 cm，淡黄橙色（10YR 8/3，干），浊黄橙色（10YR 7/4，润）；黏壤土，强度发育小块状结构，紧实，很少量粗根和细根；向下层平滑模糊过渡。

Bw3：100～141 cm，橙白色（10YR 8/2，干），浊黄橙色（10YR 7/3，润）；黏土，中度发育中块状结构，紧实，很少量粗根和细根。

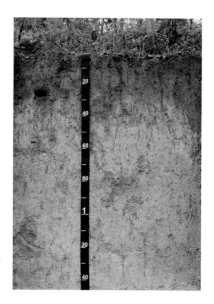

白水塘系代表性单个土体剖面

白水塘系代表性单个土体物理性质

土层	深度 /cm	砾石 （>2 mm，体积分数）/%	细土颗粒组成（粒径：mm）/（g/kg）			质地类别	容重 /（g/cm³）
			砂粒 2～0.05	粉粒 0.05～0.002	黏粒<0.002		
Ah	0～31	0	389	418	193	壤土	1.28
Bw1	31～64	<1	317	367	315	黏壤土	1.64
Bw2	64～100	5	298	335	366	黏壤土	1.67
Bw3	100～141	<1	186	394	420	黏土	1.69

白水塘系代表性单个土体化学性质

深度 /cm	pH		有机碳	全氮 （N）	全磷 （P）	全钾 （K）	CEC₇	ECEC	盐基饱和度 /%	铝饱和度 /%	游离氧化铁 /（g/kg）	铁游离度 /%
	H₂O	KCl			/（g/kg）		/（cmol(+)/kg 黏粒）					
0～31	5.1	3.9	7.1	0.48	0.19	0.32	21.8	12.4	16.8	61.1	6.4	80.7
31～64	4.9	3.8	2.2	0.16	0.24	0.49	9.7	7.6	18.9	66.5	9.2	82.2
64～100	4.7	3.7	2.0	0.15	0.27	0.58	8.7	7.2	21.9	63.9	11.6	82.4
100～141	4.7	3.8	1.5	0.13	0.34	0.65	8.5	6.6	22.3	62.2	8.6	75.0

5.3 普通简育湿润铁铝土

5.3.1 山口系（Shankou Series）

土　　族：砂质硅质混合型酸性高热性-普通简育湿润铁铝土
拟定者：卢　瑛，刘红宜

分布与环境条件　主要分布于钦州、北海市等近海平坦台地。成土母质为浅海沉积物。土地利用类型为次生林地，主要种植桉树等。属南亚热带海洋性季风气候，年平均气温22～23℃，年平均降雨量 2000～2200 mm。

山口系典型景观

土系特征与变幅　诊断层包括淡薄表层、铁铝层；诊断特性包括湿润土壤水分状况、高热土壤温度状况。土体深厚，厚度>100 cm，细土质地砂质黏壤土-砂质黏土；土壤颜色为红棕色，土壤呈强酸性-酸性反应，pH 4.0～5.0。

对比土系　犀牛脚系，属相同亚类，控制层段颗粒大小级别和矿物学类型分别为黏质和高岭石型。南康系，位于相似地貌区域，成土母质相同，土族控制层段颗粒大小级别和矿物学类别、土壤酸碱反应类别和温度状况相同，土壤色调比 7.5YR 更黄，为普通黄色湿润铁铝土亚类。

利用性能综述　水热条件好，土壤疏松，容易耕作，宜种性广。土壤有机质、氮磷钾养分含量低，土壤 CEC 低，保肥性能差，土壤肥力低。改良利用措施：增施有机肥料，提高土壤有机质含量，改良土壤结构培肥土壤；合理施用氮、磷、钾肥，增加土壤养分供应，提高土壤生产力。

参比土种　海积砖红泥土。

代表性单个土体　位于北海市合浦县山口镇新圩村烟墩岭；21°31'25.6"N，109°43'57.5"E，海拔 60.9 m；地势微度起伏，成土母质为浅海沉积物；次生林地，主要种植桉树等。50 cm 深度土温 25.0℃。野外调查时间为 2014 年 12 月 24 日，编号 45-018。

Oi：　+1～0 cm；枯枝落叶层。

Ah：　0～17 cm，棕色（7.5YR 4/6，干），暗红棕色（5YR 3/6，润）；砂质黏壤土，强度发育小块状结构，疏松，少量粗根、中量细根；向下层平滑模糊过渡。

Bw1：17～40 cm，棕色（7.5YR 4/6，干），浊红棕色（5YR 4/4，润）；砂质黏壤土，强度发育小块状结构，疏松，很少量细根，有蚯蚓、虫窝及其排泄物；向下层平滑模糊过渡。

Bw2：40～85 cm，棕色（7.5Y 4/6，干），暗红棕色（5YR 3/4，润）；砂质黏壤土，强度发育小块状结构，疏松；向下层平滑模糊过渡。

Bw3：85～110 cm，亮棕色（7.5YR 5/6，干），红棕色（5YR 4/6，润）；砂质黏土，中度发育小块状结构，疏松。

山口系代表性单个土体剖面

山口系代表性单个土体物理性质

土层	深度/cm	砾石（>2 mm，体积分数）/%	细土颗粒组成（粒径：mm）/（g/kg）			质地类别	容重/（g/cm³）
			砂粒 2～0.05	粉粒 0.05～0.002	黏粒<0.002		
Ah	0～17	0	596	123	281	砂质黏壤土	1.28
Bw1	17～40	0	576	111	313	砂质黏壤土	1.45
Bw2	40～85	0	561	103	335	砂质黏壤土	1.38
Bw3	85～110	0	526	115	360	砂质黏土	1.39

山口系代表性单个土体化学性质

深度/cm	pH		有机碳	全氮（N）	全磷（P）	全钾（K）	CEC₇	ECEC	盐基饱和度/%	铝饱和度/%	游离氧化铁/（g/kg）	铁游离度/%
	H₂O	KCl			/ （g/kg）			/ (cmol(+)/kg 黏粒)				
0～17	4.7	3.7	13.5	0.97	0.59	1.75	37.3	13.5	13.8	52.1	33.0	70.9
17～40	4.4	3.7	6.6	0.44	0.39	1.83	19.9	10.9	7.2	78.8	36.8	74.9
40～85	4.2	3.7	7.2	0.40	0.51	2.13	18.5	10.8	6.9	79.4	41.7	74.9
85～110	4.3	3.7	5.0	0.36	0.52	2.05	15.9	9.8	13.5	69.6	43.0	75.7

5.3.2　犀牛脚系（Xiniujiao Series）

土　　族：黏质高岭石型酸性高热性-普通简育湿润铁铝土
拟定者：卢　瑛，李　博，黄伟濠

分布与环境条件　分布在钦州、北海、防城港等市北纬 22°以南的花岗岩低丘地带。成土母质为花岗岩风化物。土地利用类型为林地，原生植被有黄牛木、旅行草、芒萁等，现为人工种植桉树等。属南亚热带海洋性季风气候，年平均气温 22～23℃，年平均降雨量 2000～2200 mm。

犀牛脚系典型景观

土系特征与变幅　诊断层包括淡薄表层、铁铝层；诊断特性包括湿润土壤水分状况、高热土壤温度状况。该土系矿物风化彻底，淋溶强烈，黏土矿物以高岭石为主；土体深厚，厚度>100 cm，土体颜色以浊黄橙为基调色；腐殖质层厚度中等，厚度 10～20 cm。土体中石英颗粒较多，细土颗粒组成以砂粒和黏粒为主，质地黏壤土-黏土。土壤呈酸性反应，pH 4.5～5.5。

对比土系　山口系，属相同亚类，分布区域相邻，成土母质为浅海沉积物，土族控制层段颗粒大小级别和矿物学类型分别为砂质和硅质混合型。

利用性能综述　该土系土体深厚，但土壤有机质和养分含量不高，土壤呈酸性；由于水热条件优越，植物生长迅速，生物物质循环旺盛，但由于管理不善，存在土壤侵蚀，土壤生产力不高。改良利用措施：严禁滥砍乱伐，防止水土流失；有计划地发展经济林木及果树，提高经济效益；增施有机肥，因土配施磷钾肥，轮作豆科作物，间种绿肥，以地养地，改良土壤，提高土壤肥力。

参比土种　杂砂砖红土。

代表性单个土体　位于钦州市钦南区犀牛脚镇犀牛脚村；21°38'23.5"N，108°46'0.9"E，海拔 7 m；低丘，地势微起伏，成土母质为花岗岩风化物。次生林地，种植桉树。50 cm 深度土温 24.8℃。野外调查时间为 2017 年 12 月 22 日，编号 45-160。

Ah：　0～15 cm，浊澄色（7.5YR 6/4，干），棕色（7.5YR 4/6，润）；砂质黏壤土，强度发育小块状结构，稍紧实，少量粗、中、细根，多量次圆状石英颗粒；向下层平滑清晰过渡。

Bw1：15～55 cm，淡黄橙色（7.5YR 8/4，干），橙色（5YR 7/8，润）；黏土，强度发育中块状结构，紧实，少量细根，多量次圆状石英颗粒；向下层平滑模糊过渡。

Bw2：55～121 cm，淡黄橙色（7.5YR 8/4，干），橙色（5YR 7/8，润）；黏土，强度发育中块状结构，紧实，少量细根，多量次圆状石英颗粒；向下层波状渐变过渡。

Bw3：121～175 cm，淡黄橙色（7.5YR 8/4，干），橙色（5YR 7/8，润）；黏壤土，强度发育中块状结构，紧实，多量次圆状石英颗粒。

犀牛脚系代表性单个土体剖面

犀牛脚系代表性单个土体物理性质

土层	深度 /cm	砾石 (>2 mm，体积分数)/%	细土颗粒组成（粒径：mm）/（g/kg）			质地类别	容重 /（g/cm³）
			砂粒 2～0.05	粉粒 0.05～0.002	黏粒<0.002		
Ah	0～15	15	610	127	263	砂质黏壤土	1.32
Bw1	15～55	10	360	169	471	黏土	1.52
Bw2	55～121	10	336	241	422	黏土	1.59
Bw3	121～175	10	364	264	372	黏壤土	1.65

犀牛脚系代表性单个土体化学性质

深度 /cm	pH		有机碳	全氮 (N)	全磷 (P)	全钾 (K)	CEC_7	ECEC	盐基饱和度 /%	铝饱和度 /%	游离氧化铁 /（g/kg）	铁游离度 /%
	H₂O	KCl			/（g/kg）		/（cmol(+)/kg 黏粒）					
0～15	5.3	4.5	16.7	1.13	0.34	2.35	25.1	17.0	61.6	8.1	33.4	85.5
15～55	4.9	4.1	1.8	0.13	0.30	4.03	11.3	5.4	25.2	43.3	51.9	91.4
55～121	4.9	4.1	1.5	0.11	0.32	4.84	11.7	6.5	27.2	47.9	52.1	89.5
121～175	5.0	4.1	1.3	0.06	0.33	4.62	11.3	6.8	27.8	50.3	47.4	90.6

第6章 变 性 土

6.1 普通钙积潮湿变性土

6.1.1 大和系（Dahe Series）

土　族：黏质蒙脱石混合型高热性-普通钙积潮湿变性土
拟定者：卢　瑛，贾重建

分布与环境条件　集中分布于百色市右江区河谷阶地。该区域历史上曾经是浅湖，上层为古沼泽湖积物，下层为第三纪泥岩，成土母质具有二元结构。土地利用类型为耕地，种植甘蔗、水果等。属南亚热带季风性气候，年平均气温 21～22℃，年平均降雨量 1200～1400 mm。

大和系典型景观

土系特征与变幅　诊断层包括淡薄表层、钙积层；诊断特性包括潮湿土壤水分状况、高热土壤温度状况、石灰性、变性特征、氧化还原特征。剖面层次特征明显，上层为古沼泽湖积物发育土层，厚度 30～50 cm，下部为泥岩风化物发育土壤，土体以黄棕色为主，土壤质地黏重，细土质地为粉质黏土-黏土，通体剖面有中度-强度石灰反应，干时坚硬，易收缩开裂成棱角明显的土块，裂隙多，表层土壤碎块不断掉入裂隙内，具有自吞作用，湿时黏滑，裂隙自动黏合，土壤胀缩性大。黏土矿物以 2:1 型蒙脱石为主，CEC 20～30 cmol(+)/kg，盐基饱和，以交换性钙、镁离子为主，土壤呈微碱性，pH 8.0～8.5。

对比土系　四塘系，相同土族，分布区域相邻，成土母质相同，但上层古沼泽湖积物发育土层较薄，厚度 <30 cm。

利用性能综述 地势平缓，土体深厚，厚度>100 cm，耕作层厚度>20 cm；因细土质地黏重，胀缩性大，干时裂隙大，湿时裂隙封闭，在土壤干湿交替过程中，植物根系易折断，影响生长发育。改良利用措施：利用客土法或增施有机肥料改良土壤黏性，合理施用磷、钾肥；因地制宜地发展果树。

参比土种 黑黏土。

代表性单个土体 位于百色市右江区龙景街道青年农场（大和村那爷屯）；23°49'17.9"N，106°40'33.8"E，海拔 174 m；地势略起伏，成土母质为第三纪泥岩；耕地，种植甘蔗、柑橘等。50 cm 深度土温 23.2℃。野外调查时间为 2015 年 12 月 19 日，编号 45-071。

Apv：0~25 cm，浊黄色（2.5Y 6/3，干），浊黄棕色（10YR 4/3，润）；粉质黏土，强度发育小块状结构，疏松，干时土体内有裂隙，土壤胀缩性大，少量细根，中度石灰反应；向下层平滑模糊过渡。

ABvr：25~48 cm，浊黄色（2.5Y 6/3，干），浊黄棕色（10YR 4/3，润）；粉质黏土，强度发育中块状结构，稍紧实，干时土体内有裂隙，土壤胀缩性大，少量细根，土体内有少量（2%）铁锰结核，有少量（5%）的铁锰斑纹，强度石灰反应；向下层平滑渐变过渡。

Bkvr1：48~70 cm，浅淡黄色（2.5Y 8/4，干），浊黄橙色（10YR 6/4，润）；粉质黏土，中度发育大块状结构，紧实，干时土体内有裂隙，土壤胀缩性大，有少量（2%）铁锰结核，有中量（10%~15%）的铁锰斑纹，强度石灰反应；向下层波状清晰过渡。

大和系代表性单个土体剖面

Bkvr2：70~103 cm，75%灰白色、25%黄色（75% 2.5Y 8/2、25% 2.5Y 8/8，干），75%灰白色、25%淡黄橙色（75% 2.5Y 8/1、25% 10YR 8/3，润）；黏土，中度发育大块状结构，紧实，有少量（2%~5%）的铁锰结核，有多量（20%左右）的铁锰斑纹，强度石灰反应。

大和系代表性单个土体物理性质

土层	深度/cm	砾石（>2 mm，体积分数）/%	细土颗粒组成（粒径：mm）/（g/kg）			质地类别	容重/（g/cm³）
			砂粒 2~0.05	粉粒 0.05~0.002	黏粒<0.002		
Apv	0~25	<1	98	424	478	粉质黏土	1.20
ABvr	25~48	<1	93	428	479	粉质黏土	1.30
Bkvr1	48~70	2	80	409	511	粉质黏土	1.40
Bkvr2	70~103	<1	67	388	545	黏土	1.52

大和系代表性单个土体化学性质

深度 /cm	pH （H₂O）	有机碳	全氮（N）	全磷（P）	全钾（K）	CEC /（cmol(+)/kg）	游离氧化铁 /（g/kg）	CaCO₃ 相当物 /（g/kg）
				/（g/kg）				
0～25	8.3	16.4	1.79	0.89	15.88	28.6	67.1	30.0
25～48	8.0	14.0	1.76	0.69	15.88	27.5	60.5	59.5
48～70	8.2	6.4	1.27	0.64	13.48	21.8	55.4	169.3
70～103	8.3	3.0	1.10	0.65	14.38	19.0	57.1	188.0

6.1.2 四塘系（Sitang Series）

土　族：黏质蒙脱石混合型高热性-普通钙积潮湿变性土
拟定者：卢　瑛，阳　洋

分布与环境条件　主要分布于百色市右江区河谷阶地。分布地区历史上曾经是浅湖，上层为古沼泽湖积物，下层为第三纪泥岩风化物，成土母质具有二元结构。土地利用类型为耕地，种植玉米、芝麻、甘蔗等。属南亚热带季风性气候，年平均气温 21～22℃，年平均降雨量 1200～1400 mm。

四塘系典型景观

土系特征与变幅　诊断层包括淡薄表层、钙积层；诊断特性包括潮湿土壤水分状况、高热土壤温度状况、石灰性、变性特征、氧化还原特征、潜育特征。剖面上层为古沼泽湖积物发育土壤，厚度<30 cm，下部为泥岩风化物发育土壤，以黄棕色为主，质地黏重，细土质地为粉质黏土-黏土，通体剖面有中度-强度石灰反应，干时坚硬，易开裂成棱角明显的土块，裂隙多，具有自吞作用，土壤胀缩性大。黏土矿物以 2∶1 型蒙脱石为主，CEC 15～35 cmol(+)/kg，盐基饱和，交换性阳离子以钙、镁离子为主，土壤呈微碱性，pH 8.0～8.5。

对比土系　大和系，相同土族，分布区域相邻，成土母质相同，但上层古沼泽湖积物发育土壤较厚，厚度为 30～50 cm。

利用性能综述　地势平缓，土体厚，厚度>100 cm，耕作层>20 cm；因细土质地黏重，胀缩性大，干时裂隙大，湿时裂隙封闭，在土壤干湿交替过程中，植物根系易折断，影响生长发育。改良利用措施：利用客土法或增施有机肥料改良土壤黏性，合理施用磷、钾肥；因地制宜地发展果树、种植农作物。

参比土种　黑黏土。

代表性单个土体　　位于百色市右江区四塘镇社马村那豆屯；23°50'18.2"N，106°42'39.1"E，海拔 168.2 m；地势波状起伏，母质为第三纪泥岩风化物，上覆 20～30 cm 河湖相沉积物；利用类型为耕地，种植玉米、芝麻、甘蔗。50 cm 深度土温 23.2℃。野外调查时间为 2016 年 8 月 16 日，编号 45-104。

四塘系代表性单个土体剖面

Apv: 0～22 cm，黄棕色（2.5Y 5/4，干），橄榄棕色（2.5Y 4/3，润）；黏土，强度发育小块状结构；稍紧实，干时土体内有裂隙，土壤胀缩性大，中量细根，有 5%木炭等侵入体；中度石灰反应；向下层波状清晰过渡。

ABkv: 22～45 cm，80%灰白色、20%浅淡黄色（80% 2.5Y 8/2、20% 2.5Y 8/4，干）；80%淡黄色、20%浅灰色（80% 2.5Y 7/4、20% 2.5Y 7/1，润）；粉质黏土，中度发育中块状结构；紧实，干时土体内有裂隙，土壤胀缩性大，有上覆土层土壤物质；少量中根，极强度石灰反应；向下层平滑渐变过渡。

Bkvr1: 45～80 cm，60%灰白色、40%浅淡黄色（60% 2.5Y 8/1、40% 2.5Y 8/4，干）；60%灰白色、40%黄色（60% 2.5Y8、40% 2.5Y 8/6，润）；粉质黏土，中度发育的柱状结构；紧实，有多量（40%）的铁锰斑纹，极强的石灰反应，轻度亚铁反应；向下层平滑模糊过渡。

Bkvr2：80～110 cm，浅淡黄色（2.5Y 8/4，干），亮黄棕色（10YR 6/8，润）；中度发育柱状结构；紧实，有多量（40%）的铁锰斑纹，极强的石灰反应，轻度亚铁反应。

四塘系代表性单个土体物理性质

土层	深度 /cm	砾石 （>2 mm，体积分数）/%	细土颗粒组成（粒径：mm）/（g/kg）			质地类别
			砂粒 2～0.05	粉粒 0.05～0.002	黏粒<0.002	
Apv	0～22	<1	66	386	548	黏土
ABkv	22～45	0	31	483	487	粉质黏土
Bkvr1	45～80	0	28	435	536	粉质黏土
Bkvr2	80～110	0	36	403	562	粉质黏土

四塘系代表性单个土体化学性质

深度 /cm	pH (H₂O)	有机碳 /(g/kg)	全氮 (N) /(g/kg)	全磷 (P) /(g/kg)	全钾 (K) /(g/kg)	CEC /（cmol(+)/kg）	游离氧化铁 /(g/kg)	铁游离度 /%	CaCO₃ 相当物 /(g/kg)
0～22	8.1	14.3	1.86	0.44	14.72	32.0	51.4	69.0	48.6
22～45	8.3	4.3	1.34	0.26	12.03	18.0	38.0	72.3	296.4
45～80	8.3	2.9	1.50	0.32	13.52	17.3	31.6	62.9	262.7
80～110	8.4	2.3	1.64	0.37	14.72	17.9	37.3	62.2	211.8

6.2 普通简育潮湿变性土

6.2.1 林驼系（Lintuo Series）

土　族：极黏质蒙脱石型非酸性高热性-普通简育潮湿变性土
拟定者：卢　瑛，崔启超

分布与环境条件　主要分布于百色市田东县古沼泽地带的丘陵缓坡地。成土母质为古沼泽地带第三纪泥岩。地表有长 4 mm、宽 6～12 cm、间距 8～20 mm 裂隙。土地利用类型为耕地，种植玉米、甘蔗等。属南亚热带季风性气候，年平均气温 21～22℃，年平均降雨量 1200～1400 mm。

林驼系典型景观

土系特征与变幅　诊断层包括淡薄表层；诊断特性包括潮湿土壤水分状况、高热土壤温度状况、变性特征、氧化还原特征、腐殖质特性。土壤质地黏重，为粉质黏土-黏土。土壤黏土矿物主要为蒙脱石，土壤胀缩性大；土壤呈中性-微碱性，pH 6.5～8.0。

对比土系　林逢系，分布于相邻区域，具有腐殖质特性，没有氧化还原特征，为湿润土壤水分状况，属于普通腐殖湿润变性土亚类，土族控制层段颗粒大小级别为黏质，古沼泽湖积物发育土层深厚，厚度>60 cm。

利用性能综述　地势平缓，土体深厚，厚度>100 cm，因细土质地黏重，胀缩性大，干时裂隙大，湿时裂隙封闭，在土壤干湿交替过程中，植物根系易折断，影响生长发育。利用改良措施：利用客土或掺砂改良土壤黏性，增施有机肥料，合理施用氮、磷、钾肥；不宜施用石灰，也不宜用煤渣（灰）改良土壤黏性，合理耕作，不断培肥土壤。

参比土种　黑黏泥土。

代表性单个土体　位于百色市田东县林逢镇林驮村；23°34'52.1"N，107°14'34.0"E，海拔 103 m；地势略起伏，成土母质为泥岩，上覆 40～50 cm 古河湖相沉积物；耕地，种植玉米、甘蔗等。50 cm 深度土温 23.4℃。野外调查时间为 2015 年 12 月 24 日，编号 45-079。

林驮系代表性单个土体剖面

Apv：0～13 cm，黄灰色（2.5Y 4/1，干），暗灰黄色（2.5Y 4/2，润）；粉质黏土，强度发育大块状结构，稍紧实，干时土体内有裂隙，土壤胀缩性大，少量细根；有很少（<2%）的球形铁锰结核，有很少（<2%）的石灰渣；向下层平滑渐变过渡。

ABv：13～26 cm，棕灰色（10YR 4/1，干），黑棕色（10YR 2/2，润）；黏土，强度发育大块状结构，稍紧实，干时土体内有裂隙，土壤胀缩性大，少量细根；有很少（<2%）球形铁锰结核，有很少（<2%）的石灰渣；向下层平滑清晰过渡。

Bv1：26～48 cm，黑色（10YR 2/1，干），黑棕色（10YR 3/1，润）；粉质黏土，强度发育大块状结构，稍紧实，干时土体内有裂隙，土壤胀缩性大；有很少（<2%）球形铁锰结核，中度石灰反应；向下层波状突变过渡。

Bv2：48～85 cm，浊黄橙色（10YR 6/3，干），棕色（10YR 4/4，润）；黏土，强度发育大块状结构，稍紧实，干时土体内有裂隙，土壤胀缩性大；有很少（<2%）球形铁锰结核；向下层波状模糊过渡。

Bv3：85～105 cm，亮黄棕色（2.5YR 7/6，干），黄棕色（2.5Y 5/6，润）；黏土，强度发育大棱块状结构，稍紧实，干时土体内有裂隙，土壤胀缩性大；有很少（<2%）球形铁锰结核。

林驮系代表性单个土体物理性质

土层	深度/cm	砾石(>2 mm，体积分数)/%	细土颗粒组成(粒径：mm)/(g/kg)			质地类别	容重/(g/cm³)
			砂粒 2～0.05	粉粒 0.05～0.002	黏粒<0.002		
Apv	0～13	0	94	407	499	粉质黏土	1.35
ABv	13～26	0	83	370	547	黏土	1.35
Bv1	26～48	0	58	403	539	粉质黏土	1.27
Bv2	48～85	0	54	262	684	黏土	1.29
Bv3	85～105	0	60	262	678	黏土	1.22

林驼系代表性单个土体化学性质

深度 /cm	pH (H₂O)	有机碳	全氮(N)	全磷(P)	全钾(K)	CEC /(cmol(+)/kg)	游离氧化铁 /(g/kg)	CaCO₃ 相当物 /(g/kg)
			/(g/kg)					
0～13	6.7	21.9	1.66	0.50	11.39	37.8	57.7	0.1
13～26	7.5	15.1	1.05	0.28	10.64	43.1	63.1	0.6
26～48	7.7	11.3	1.06	0.31	11.09	35.6	50.4	14.5
48～85	7.9	6.0	0.86	0.24	13.34	36.0	55.0	1.0
85～105	7.8	3.2	0.60	0.22	13.64	34.0	56.3	0.8

6.3 普通腐殖湿润变性土

6.3.1 林逢系（Linfeng Series）

土　　族：黏质蒙脱石型非酸性高热性-普通腐殖湿润变性土
拟定者：卢　瑛，阳　洋

分布与环境条件　主要分布于百色市古沼泽地带丘陵缓坡地。成土母质为古沼泽湖积物，下伏第三纪泥岩。土地利用类型为园地，种植香蕉。属亚热带季风性气候，年平均气温 21～22℃，年平均降雨量 1200～1400 mm。

林逢系典型景观

土系特征与变幅　诊断层包括淡薄表层；诊断特性包括潮湿土壤水分状况、高热土壤温度状况、石灰性、变性特征、腐殖质特性。地表裂隙宽度 4 mm，长度 6～12 cm，间距 8～20 mm。土层深厚，厚度>100 cm，耕作层厚度≥20 cm；质地黏重，为粉质黏土-黏土。土壤黏土矿物主要为蒙脱石，土壤胀缩性大；CEC 高，>30 cmol(+)/kg；土壤呈微碱性，pH 7.5～8.5。

对比土系　林驮系，位于相邻区域，没有腐殖质特性，有氧化还原特征，为潮湿土壤水分状况，属于普通简育潮湿变性土亚类，土族控制层段颗粒大小级别为极黏质，古沼泽湖积物发育土壤厚度为 30～60 cm。

利用性能综述　因细土质地黏重，胀缩性大，干时裂隙大，湿时裂隙封闭，在土壤干湿交替过程中，植物根系易折断，影响生长发育。改良利用措施：利用客土或掺砂改良土壤黏性，增施有机肥料，合理施用氮、磷、钾肥；不宜施用石灰，也不宜用煤渣（灰）改良土壤黏性；合理耕作，不断培肥土壤。

参比土种　黑黏泥土。

代表性单个土体　位于百色市田东县林逢镇林驼村；23°34'32.1"N，107°14'58.5"E，海拔 107 m；地势略起伏，成土母质为古沼泽湖积物，下伏第三纪泥岩；园地，种植香蕉。50 cm 深度土温 23.4℃。野外调查时间为 2016 年 8 月 17 日，编号 45-105。

林逢系代表性单个土体剖面

Apv：0～20 cm，橄榄棕色（2.5Y 4/4，干），暗橄榄棕色（2.5Y 3/3，润）；粉质黏土，强度发育小块状结构，疏松，干时土体内有裂隙，土壤胀缩性大，中量细根，有蚂蚁窝；向下层平滑模糊过渡。

Bv1：20～40 cm，橄榄棕色（2.5Y 4/4，干），暗橄榄棕色（2.5Y 3/3，干）；粉质黏土，强度发育小块状结构，稍紧实，干时土体内有裂隙，土壤胀缩性大，少量极细根；向下层平滑渐变过渡。

Bv2：40～80 cm，黑棕色（2.5Y 3/2，干），黑色（2.5Y 2/1，润）；粉质黏土，中度发育小块状结构，紧实，干时土体内有裂隙，土壤胀缩性大，少量极细根；向下层平滑突变过渡。

Btv：80～110 cm，浊黄色（2.5Y 6/4，干），黄棕色（2.5Y 5/4，润）；黏土，强度发育中柱状结构，紧实，干时土体内有裂隙，土壤胀缩性大。

林逢系代表性单个土体物理性质

土层	深度 /cm	砾石 (>2 mm，体积分数)/%	细土颗粒组成(粒径：mm)/(g/kg)			质地 类别
			砂粒 2～0.05	粉粒 0.05～0.002	黏粒<0.002	
Apv	0～20	<1	61	414	525	粉质黏土
Bv1	20～40	0	63	452	485	粉质黏土
Bv2	40～80	0	78	416	506	粉质黏土
Btv	80～110	0	44	337	620	黏土

林逢系代表性单个土体化学性质

深度 /cm	pH (H₂O)	有机碳	全氮 (N)	全磷 (P)	全钾 (K)	CEC /(cmol(+)/kg)	CEC₇ /(cmol(+)/kg 黏粒)	游离氧化铁 /(g/kg)	铁游离度 /%	CaCO₃ 相当物 /(g/kg)
		/(g/kg)								
0～20	8.2	14.9	1.56	0.37	11.70	36.4	69.3	50.4	72.6	3.6
20～40	7.6	13.3	1.56	0.43	11.70	37.2	76.6	53.0	76.3	0.8
40～80	7.6	11.7	1.33	0.27	11.40	38.7	76.5	56.8	73.9	0.3
80～110	8.1	4.5	1.21	0.25	14.24	30.6	49.5	49.3	66.7	44.5

第7章 盐 成 土

7.1 海积潮湿正常盐成土

7.1.1 沙尾系（Shawei Series）

土 族：砂质硅质混合型非酸性高热性-海积潮湿正常盐成土

拟定者：卢 瑛，韦翔华

分布与环境条件 主要分布于钦州、北海、防城港市沿海滩涂的中潮至高潮地带之间。成土母质为滨海沉积物。土地利用类型为沿海滩涂，主要植被为秋茄树，属热带北缘海洋性季风性气候，年平均气温22～23℃，年平均降雨量1800～2000 mm。

沙尾系典型景观

土系特征与变幅 诊断层包括淡薄表层、盐积层；诊断特性包括潮湿土壤水分状况、高热土壤温度状况、潜育特征。由滨海沉积物发育而成，质地为壤质砂土-砂质黏壤土。整个剖面呈强还原特征，土体呈青灰色，亚铁反应强烈；土体内有红树植被枯枝和残根，因红树植被人工种植时间不久，土体内可溶性硫酸盐含量低，土壤呈酸性，pH 5.5～6.5；土体中盐分含量高，多为10～20 g/kg，盐分组成以氯化物为主。

对比土系 黄泥坎系、白沙头系，分布区域相邻或相近，成土母质相同。均没有盐积层，表层以下均具有潜育特征，因此归属简育正常潜育土土类。

利用性能综述 含盐分高，一般植物难以生长，但宜种植耐盐耐酸的红树植被，是沿海地区防风林基地，能固沙护土，也有利于海生生物生长繁殖和栖息。改良利用措施：加强红树植被管理，严禁人为破坏，充分发挥红树林的生态作用。

参比土种 壤质潮滩盐土。

代表性单个土体 位于北海市合浦县白沙镇沙尾村；21°34'31.3"N，109°36'44.4"E，海拔 −16 m；成土母质为浅海沉积物。沿海滩涂，主要植被为秋茄树，植被覆盖度 80%。50 cm 深度土温 25.0℃。野外调查时间为 2014 年 12 月 23 日，编号 45-017。

Agz: 0～12 cm，灰白色（2.5Y 8/1，干），灰色（7.5Y 4/1，润）；壤土，中度发育大块状结构，疏松，中量粗根、很少量细根，中量次圆石英颗粒，中量螃蟹，强度亚铁反应；向下层平滑模糊过渡。

Bgz1: 12～35 cm，灰白色（5Y 8/1，干），灰色（5Y 4/1，润）；砂质黏壤土，弱发育小块状结构，疏松，很少量极细根，很少量次圆石英颗粒，少量螃蟹，强度亚铁反应；向下层平滑模糊过渡。

Bgz2: 35～50 cm，灰白色（2.5Y 8/1，干），橄榄黄色（5Y 6/3，润）；壤质砂土，弱发育小块状结构，紧实，多量次圆石英颗粒，强度亚铁反应。

沙尾系代表性单个土体剖面

沙尾系代表性单个土体物理性质

土层	深度 /cm	砾石 （>2 mm，体积分数）/%	细土颗粒组成（粒径：mm）/（g/kg）			质地类别	容重 /（g/cm³）
			砂粒 2～0.05	粉粒 0.05～0.002	黏粒<0.002		
Agz	0～12	5	456	305	238	壤土	0.91
Bgz1	12～35	5	554	218	228	砂质黏壤土	0.95
Bgz2	35～50	5	857	64	79	壤质砂土	1.60

沙尾系代表性单个土体化学性质

深度 /cm	pH		有机碳	全氮 （N）	全磷 （P）	全钾 （K）	CEC /（cmol(+)/kg）	游离氧化铁 /（g/kg）	铁游离度 /%	可溶性盐 /（g/kg）
	H₂O	KCl	/（g/kg）							
0～12	5.7	5.5	19.8	1.29	0.36	12.1	11.4	13.6	43.2	20.6
12～35	6.2	6.0	18.8	1.02	0.37	11.3	10.9	12.7	41.3	14.6
35～50	5.8	5.5	7.1	0.42	0.15	4.76	3.7	4.7	37.3	6.7

第8章 潜育土

8.1 酸性简育正常潜育土

8.1.1 黄泥坎系（**Huangnikan Series**）

土　族：砂质硅质混合型高热性-酸性简育正常潜育土
拟定者：卢　瑛，刘红宜

分布与环境条件　分布于沿海潮间带，多在低潮线附近，有较多草本耐盐植物。成土母质为滨海沉积物。土地利用类型为草滩地。属亚热带季风性气候，年平均气温 22～23℃，年平均降雨量 2000～2200 mm。

黄泥坎系典型景观

土系特征与变幅　诊断层包括淡薄表层；诊断特性包括常潮湿土壤水分状况、高热土壤温度状况、硫化物物质、潜育特征。细土质地偏砂，为壤质砂土-砂质壤土，地表有海沙草等耐盐草本植物生长；土体内有草本植物残体，可溶性盐分含量<10 g/kg，具有盐渍特征，盐分组成主要为氯化物和硫酸盐；土壤水溶性硫酸盐含量<1.5 g/kg，土壤呈强酸性，pH 2.5～4.5。

对比土系　白沙头系，位于滨海潮滩地带，具有盐积现象，土壤呈微酸性-酸性，属弱盐简育正常潜育土亚类。

利用性能综述　地面生长大米草、海沙草、互花米草、结缕草等草本植物，根系发达，固沙保土，对防浪促淤护堤有良好作用，注意保护地面植被。

参比土种 砂质草甸潮滩盐土。

代表性单个土体 位于钦州市钦南区康熙岭镇横山村委黄泥坎村；21°53'5.2"N，108°30'38.8"E，海拔−5.9 m；地势较平坦，成土母质为滨海沉积物；沿海潮间带，生长水草、关草、绿豆草等。50 cm 深度土温 24.8℃。野外调查时间为 2014 年 12 月 18 日，编号 45-004。

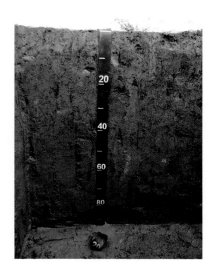

黄泥坎系代表性单个土体剖面

Ah： 0～7 cm，67%浊黄橙色、33%灰色（67% 10YR 7/3、33% N 4/0，干），67%黄棕色、33%灰色（67% 10YR 5/6、335 N 4/0，润）；砂质壤土，中度发育小块状结构，稍紧实，中量细根，少量次圆的石英颗粒；向下层波状清晰过渡。

AB： 7～20 cm，90%灰色、10%橙色（90% N 5/0、10% 7.5YR 6/6，干），90%灰色、10% 黄棕色（90% N 4/0、10% 10YR 5/6，润）；砂质壤土，中度发育小块状结构，疏松，中量细根，少量次圆的石英颗粒；向下层平滑模糊过渡。

Bg1： 20～38 cm，橙色（7.5YR 6/6，干），橄榄黑色（5Y 2/2，润）；砂质壤土，弱发育块状结构，疏松，少量次圆的石英颗粒，轻度亚铁反应；向下层平滑模糊过渡。

Bg2： 38～90 cm，灰色（N 6/0，干），橄榄黑色（5Y 2/2，润）；壤质砂土，弱发育块状结构，疏松，中量次圆的石英颗粒；轻度亚铁反应。

黄泥坎系代表性单个土体物理性质

土层	深度/cm	砾石(>2 mm，体积分数)/%	细土颗粒组成(粒径：mm)/(g/kg)			质地类别	容重/(g/cm³)
			砂粒 2～0.05	粉粒 0.05～0.002	黏粒<0.002		
Ah	0～7	2	784	100	116	砂质壤土	1.32
AB	7～20	2	781	88	131	砂质壤土	1.44
Bg1	20～38	2	780	93	127	砂质壤土	1.60
Bg2	38～90	8	829	73	98	壤质砂土	1.62

黄泥坎系代表性单个土体化学性质

深度/cm	pH(H₂O)	有机碳	全氮(N)	全磷(P)	全钾(K)	CEC/(cmol(+)/kg)	游离氧化铁/(g/kg)	可溶性盐	水溶性硫酸盐
		/(g/kg)						/(g/kg)	
0～7	4.3	7.6	0.55	0.18	7.39	5.7	11.4	3.2	0.2
7～20	2.8	18.0	0.52	0.08	7.83	7.0	8.8	8.1	1.2
20～38	2.8	13.6	0.47	0.08	7.39	6.4	9.4	7.0	1.4
38～90	2.8	9.4	0.32	0.06	6.51	4.9	8.4	6.5	1.2

8.2　弱盐简育正常潜育土

8.2.1　白沙头系（Baishatou Series）

土　　族：砂质硅质混合型非酸性高热性-弱盐简育正常潜育土
拟定者：卢　瑛，李　博，黄伟濠

分布与环境条件　分布于钦州、北海、防城港市沿海潮间带。成土母质为滨海沉积物。土地利用类型为沿海滩涂，植被主要为秋茄树等红树植物。属亚热带季风性气候，年平均气温 22～23℃，年平均降雨量 2000～2200 mm。

白沙头系典型景观

土系特征与变幅　诊断特性包括常潮湿土壤水分状况、高热土壤温度状况、潜育特征、盐积现象。细土质地为砂质壤土-壤土，地表有耐盐草本植物、红树植物生长；土体内有尚未完全腐解的植物残体，可溶性盐分含量<10 g/kg，具有盐渍特征，盐分组成主要为氯化物；土壤呈微酸性-中性，pH 5.0～7.0。

对比土系　黄泥坎系，位于滨海潮滩地带，具有硫化物物质诊断特征，土壤呈强酸性，属酸性简育正常潜育土。

利用性能综述　土体深厚，质地适中，但养分含量、CEC 低，盐分含量较高，目前种植有红树植物。建议不宜开发利用，保护好红树植被，保护潮间带生态环境。

参比土种　壤质草甸潮滩盐土。

代表性单个土体　位于北海市合浦县闸口镇群珠村白沙头盐场；21°40'9.7"N，109°31'40.8"E，海拔-1.4 m；地势平坦，成土母质为滨海沉积物；滨海滩涂，植被主要为秋茄树等。50 cm 深度土温 24.9℃。野外调查时间为 2017 年 12 月 23 日，编号 45-161。

A: 0～22 cm，淡黄色（2.5Y 7/3，干），黄棕色（2.5Y 5/4，润）；砂质壤土，中度发育中块状结构，稍紧实，多量粗、中、细根；向下层平滑渐变过渡。

Bg1：22～47 cm，黄灰色（2.5Y 7/1，干），黄灰色（2.5Y 4/1，润）；砂质壤土，强度发育大棱块状结构，稍紧实，多量粗、中、细根，轻度亚铁反应；向下层波状清晰过渡。

Bg2：47～84 cm，灰白色（7.5Y 8/1，干），灰橄榄色（7.5Y 6/2，润）；砂质壤土，强度发育大棱块状结构，稍紧实，中量细根，轻度亚铁反应；向下层波状清晰过渡。

Bg3：84～115 cm，灰白色（7.5Y 8/2，干），淡灰色（7.5Y 7/2，润）；壤土，中度发育大块状结构，稍紧实，中量细根，轻度亚铁反应。

白沙头系代表性单个土体剖面

白沙头系代表性单个土体物理性质

土层	深度 /cm	砾石 (>2 mm，体积分数)/%	细土颗粒组成（粒径：mm）/（g/kg）			质地类别	容重 /（g/cm³）
			砂粒 2～0.05	粉粒 0.05～0.002	黏粒<0.002		
A	0～22	0	779	126	95	砂质壤土	1.66
Bg1	22～47	0	744	128	128	砂质壤土	1.56
Bg2	47～84	0	742	129	130	砂质壤土	1.48
Bg3	84～115	0	427	325	248	壤土	1.12

白沙头系代表性单个土体化学性质

深度 /cm	pH (H₂O)	有机碳	全氮（N）	全磷（P）	全钾（K）	CEC /（cmol(+)/kg)	游离氧化铁 /（g/kg）	可溶性盐 /（g/kg）
		/（g/kg）						
0～22	6.1	6.2	0.29	0.15	7.48	3.9	8.9	6.9
22～47	5.2	23.0	0.44	0.09	7.34	7.1	2.8	9.2
47～84	5.5	14.4	0.24	0.09	12.76	5.7	1.3	7.7
84～115	6.9	10.9	0.39	0.12	21.40	2.5	2.1	9.1

第 9 章 富 铁 土

9.1 黏化富铝常湿富铁土

9.1.1 竹海系（**Zhuhai Series**）

土　　族：壤质硅质混合型酸性热性-黏化富铝常湿富铁土
拟定者：卢　瑛，韦翔华，付旋旋

分布与环境条件　主要分布于桂林、百色、河池等市海拔 500～1000 m 的花岗岩山地。成土母质为花岗岩残积、坡积物。土地利用类型为林地，植被有杉树、松树等。中亚热带季风性气候，年平均气温 17～18℃，年平均降雨量 1600～1800 mm。

竹海系典型景观

土系特征与变幅　诊断层包括淡薄表层、低活性富铁层、黏化层；诊断特性包括常湿润土壤水分状况、热性土壤温度状况、富铝特性。该土系发育于花岗岩残积物、坡积物，在植被覆盖良好环境下，腐殖质积累过程明显，形成腐殖质表层；在脱硅富铁铝化作用下，形成了低活性富铁层；黏粒淋溶淀积明显，形成了黏化层；因土体常潮湿，土壤黄化作用显著，土壤中的铁化合物成为多水化合物，如针铁矿、水化针铁矿，使土体呈黄橙色等。土壤剖面层次分明，腐殖质层厚 10～20 cm，细土质地为砂质壤土-砂质黏壤土；土壤铝饱和度>75%，土壤呈强酸性，pH 4.0～5.0。

对比土系　猫儿山系、九牛塘系、回龙寺系，成土母质相同，地处垂直带谱之上，土壤发育程度弱，脱硅富铝化作用不明显，有雏形层，土壤腐殖质积累明显，属于腐殖铝质常湿雏形土亚类。

利用性能综述 土体较深厚，40～80 cm，表层土壤有机质、全氮含量高，自然肥力较高，土体湿润，林木立地条件良好，适宜经济价值高的树木生长。改良利用措施：要搞好封山育林，防止水土流失，保护现有植被，有计划地合理砍伐与营林相结合；大力发展杉、松等林木。

参比土种 中层杂砂黄红土。

代表性单个土体 位于桂林市兴安县猫儿山自然保护区竹海梯田石牌附近；25°51'48.5"N，110°29'37.9"E，海拔 890 m；地势陡峭，成土母质为花岗岩残积、坡积物；林地，植被有杉树、松树等，林下有薄层枯枝落叶层。50 cm 深度土温 21.2℃。野外调查时间为 2015 年 8 月 22 日，编号 45-041。

Oi： +1～0 cm，枯枝落叶层。

Ah： 0～12 cm，浊黄橙色（10YR 6/3，干），暗棕色（10YR 3/4，润）；砂质黏壤土，强度发育小块状结构，疏松，少量粗根和多量细根；向下层平滑渐变过渡。

AB： 12～30 cm，浊黄橙色（10YR 7/4，干），棕色（10YR 4/6，润）；砂质黏壤土，强度发育小块状结构，疏松，少量粗根和中量细根，有中量（10%）中等风化的次棱角状的花岗岩碎块；向下层平滑清晰过渡。

Bt： 30～65 cm，淡黄橙色（10YR 8/4，干），亮棕色（7.5YR 5/8，润）；砂质黏壤土，中度发育小块状结构，稍紧实，中量细根；向下层平滑渐变过渡。

BC： 65～80 cm，淡黄橙色（7.5YR 8/4，干），橙色（7.5YR 6/8，润）；砂质壤土，弱发育小块状结构，稍紧实，少量细根，有多量（20%）中等风化次棱角状的花岗岩碎块。

C： 80 cm 以下，花岗岩风化物。

竹海系代表性单个土体剖面

竹海系代表性单个土体物理性质

土层	深度 /cm	砾石 (>2 mm，体积分数)/%	细土颗粒组成（粒径：mm）/（g/kg）			质地类别	容重 /（g/cm³）
			砂粒 2～0.05	粉粒 0.05～0.002	黏粒<0.002		
Ah	0～12	1	547	247	206	砂质黏壤土	1.05
AB	12～30	10	573	213	214	砂质黏壤土	1.11
Bt	30～65	1	516	223	261	砂质黏壤土	1.29
BC	65～80	20	702	188	110	砂质壤土	1.27

竹海系代表性单个土体化学性质

深度 /cm	pH		有机 碳	全氮 （N）	全磷 （P）	全钾 （K）	CEC$_7$	ECEC	盐基饱 和度 /%	铝饱 和度 /%	游离氧 化铁	铁游 离度 /%
	H$_2$O	KCl			/ （g/kg）		/ （cmol(+)/kg 黏粒）				/ （g/kg）	
0～12	4.2	3.9	21.5	1.86	0.28	29.22	46.1	24.9	7.5	79.8	21.9	72.7
12～30	4.5	4.0	11.2	0.86	0.24	33.72	30.6	17.4	8.5	80.9	24.1	72.8
30～65	4.6	4.0	5.5	0.51	0.19	33.24	22.5	14.4	8.1	84.3	28.2	72.8
65～80	4.9	4.1	2.0	0.20	0.19	32.72	51.6	35.4	8.9	82.9	27.3	83.6

9.2 腐殖富铝湿润富铁土

9.2.1 高寨系（Gaozhai Series）

土　族：粗骨黏质高岭石混合型酸性热性-腐殖富铝湿润富铁土
拟定者：卢　瑛，韦翔华，付旋旋

分布与环境条件　主要分布于广西北纬 24°30′以北、海拔 800 m 以下的花岗岩低山、丘陵区。成土母质为花岗岩风化坡积物。土地利用类型为林地，植被有松树、杉树、毛竹、铁芒萁等，属中亚热带季风性气候，年平均气温 17～18℃，年平均降雨量 1600～1800 mm。

高寨系典型景观

土系特征与变幅　诊断层包括淡薄表层、低活性富铁层；诊断特性包括湿润土壤水分状况、热性土壤温度状况、腐殖质特性、富铝特性。土体深厚，厚度>100 cm；土体中含较多岩石碎块，细土质地为黏壤土-黏土，土壤颜色为暗棕色、棕色、亮棕色；土壤呈强酸性-酸性反应，pH 4.0～5.0。

对比土系　竹海系，成土母质相同，位于垂直带谱之上，为常湿润土壤水分状况，黏粒淀积明显，属黏化富铝常湿富铁土，土体内>2 mm 砾石、岩石碎块少，土族控制层段颗粒大小级别为壤质，矿物学类型为硅质混合型。

利用性能综述　土体深厚，质地适中，有机质及养分含量较丰富，宜种性广，适合多种林木和农作物生长，但土壤较松散，土体中岩石碎块较多，容易产生土壤侵蚀。改良利用措施：合理规划布局，发展用材林和经济林，高丘种松树、毛竹等用材林，山腰种茶、油茶、油桐等经济林木，低丘缓坡种植柑橘、沙田柚、板栗、柿、枣、白果等果树；进行土地整理，修筑水平梯地，实行等高种植，防止水土流失。

参比土种　厚层杂砂红土。

代表性单个土体　位于桂林市兴安县华江乡高寨村猫儿山公路回头弯处；25°50′41.4″N，110°29′35.5″E，海拔 640 m；成土母质为花岗岩风化物；林地，种植柏树、松树、杉树、毛竹。50 cm 深度土温 21.3℃。野外调查时间为 2015 年 8 月 22 日，编号 45-042。

Ah：0～25 cm，浊黄橙色（10YR 6/3，干），暗棕色（10YR 3/4，润）；粉质黏壤土，强度发育小块状结构，很疏松，少量粗根和多量细根，有多量（25%）微风化的中等大小的棱角状的花岗岩碎块；向下层平滑清晰过渡。

Bw1：25～60 cm，浊黄橙色（10YR 7/4，干），棕色（10YR 4/6，润）；壤土，强度发育小块状结构，疏松，中量细根，有多量（35%）微风化的大的棱角状的花岗岩碎块；向下层平滑模糊过渡。

Bw2：60～115 cm，浊黄橙色（10Y 7/4，干），棕色（10YR 4/6，润）；壤土，中度发育小块状结构，疏松，少量细根，有很多（50%）微风化的大的棱角状的花岗岩碎块。

高寨系代表性单个土体剖面

高寨系代表性单个土体物理性质

土层	深度 /cm	砾石（>2 mm，体积分数）/%	细土颗粒组成（粒径：mm）/（g/kg）			质地类别	容重 /（g/cm³）
			砂粒 2～0.05	粉粒 0.05～0.002	黏粒 <0.002		
Ah	0～25	25	181	455	364	粉质黏壤土	0.97
Bw1	25～60	35	194	396	410	黏土	1.12
Bw2	60～115	50	191	388	422	黏土	1.16

高寨系代表性单个土体化学性质

深度 /cm	pH		有机碳	全氮（N）	全磷（P）	全钾（K）	CEC₇	ECEC	盐基饱和度 /%	铝饱和度 /%	游离氧化铁 /（g/kg）	铁游离度 /%
	H₂O	KCl	/（g/kg）				/（cmol(+)/kg 黏粒）					
0～25	4.1	3.8	29.7	2.65	0.54	18.97	49.2	22.5	4.9	83.2	40.1	67.5
25～60	4.4	3.9	12.3	1.29	0.47	21.04	25.8	14.4	5.7	84.8	42.5	65.2
60～115	4.7	4.0	6.7	1.00	0.49	21.34	21.2	11.2	7.1	82.1	43.2	62.8

9.3 腐殖黏化湿润富铁土

9.3.1 马步系（Mabu Series）

土　　族：黏质高岭石型非酸性高热性-腐殖黏化湿润富铁土
拟定者：卢　瑛，贾重建

分布与环境条件　广泛分布于南宁、崇左、钦州、玉林、来宾市等北纬 24°30′以南的第四纪红土低丘、平原、台地和溶蚀盆地，海拔多在 200 m 以下。土地利用类型为耕地，种植木薯、花生、番薯、甘蔗、大豆等。亚热带季风性气候，年平均气温 21～22℃，年平均降雨量 1400～1600 mm。

马步系典型景观

土系特征与变幅　诊断层包括淡薄表层、低活性富铁层、黏化层；诊断特性包括湿润土壤水分状况、高热土壤温度状况、腐殖质特性。该土系起源于第四纪红土，土体深厚，厚度>100 cm，耕作层厚度>20 cm。细土中黏粒含量>450 g/kg，质地为黏土。土体呈棕色、亮红棕色，脱硅富铝化作用强烈，黏粒淋溶淀积明显，形成黏化层和低活性富铁层；0～65 cm 土层盐基饱和度>50%，铝饱和度极低，土壤呈酸性-微酸性，pH 4.5～7.0。

对比土系　骥马系，分布区域地形条件相似，成土母质相同，没有腐殖质特性，属黄色黏化湿润富铁土亚类；土族控制层段颗粒大小级别、矿物学类型、酸碱反应类别均相同，但为热性土壤温度状况。

利用性能综述　地势低缓，土体深厚，水热条件好，宜种性广，是广西主要旱作土壤之一，但土壤黏性强、结构性差，土壤钾含量低。改良利用措施：对于酸性较强的土壤适当施用石灰等碱性改良剂中和土壤酸性；多施有机肥，增施磷、钾肥；合理轮作与套种，如甘蔗、玉米与豆科作物间套种；有条件地方可掺砂改土，改良土壤质地。

参比土种　赤红泥土。

代表性单个土体　位于来宾市武宣县武宣镇马步村；23°31'54.9"N，109°38'42.8"E，海拔 73 m；成土母质为第四纪红土；耕地，种植木薯、花生、番薯、甘蔗、大豆等。50 cm 深度土温 23.5℃。野外调查时间为 2016 年 11 月 19 日，编号 45-118。

马步系代表性单个土体剖面

Ap：0～25 cm，亮棕色（7.5YR 5/6，干），棕色（7.5YR 4/6，润）；黏土，强度发育小粒状结构，疏松，多量中根；向下层平滑渐变过渡。

AB：25～35 cm，亮棕色（7.5YR 5/6，干），棕色（7.5YR 4/6，润）；黏土，强度发育中粒状结构，稍疏松，多量粗根；向下层平滑渐变过渡。

Bt1：35～65 cm，橙色（7.5YR 6/6，干），亮红棕色（5YR 5/6，润）；黏土，强度发育小块状结构，稍紧实，少量细根；向下层平滑模糊过渡。

Bt2：65～102 cm，橙色（7.5YR 6/6，干），亮红棕色（5YR 5/6，润）；黏土，强度发育小块状结构，稍紧实；向下层平滑渐变过渡。

Bt3：102～122 cm，亮黄棕色（10YR 6/6，干），亮棕色（7.5YR 5/8，润）；黏土，强度发育小块状结构，稍紧实。

马步系代表性单个土体物理性质

土层	深度 /cm	砾石（>2 mm，体积分数）/%	细土颗粒组成（粒径：mm）/（g/kg）			质地类别	容重 /（g/cm³）
			砂粒 2～0.05	粉粒 0.05～0.002	黏粒<0.002		
Ap	0～25	0	200	330	470	黏土	1.16
AB	25～35	0	187	331	482	黏土	1.05
Bt1	35～65	0	119	237	644	黏土	1.23
Bt2	65～102	0	96	206	697	黏土	1.04
Bt3	102～122	0	113	186	702	黏土	1.21

马步系代表性单个土体化学性质

深度 /cm	pH		有机碳	全氮（N）	全磷（P）	全钾（K）	CEC_7	ECEC	盐基饱和度 /%	铝饱和度 /%	游离氧化铁 /（g/kg）	铁游离度 /%
	H_2O	KCl			/（g/kg）			/（cmol(+)/kg 黏粒）				
0～25	6.4	4.6	13.4	1.37	1.11	3.65	34.7	18.5	52.6	0.9	93.2	79.4
25～35	6.6	—	9.5	1.18	0.88	3.80	26.3	19.8	74.7	0.5	94.8	81.0
35～65	6.5	5.1	10.2	1.11	0.83	4.25	21.1	11.4	53.0	1.0	93.8	80.7
65～102	5.7	4.3	6.8	0.98	0.93	5.09	18.2	7.0	33.5	10.5	94.6	78.5
102～122	4.8	4.0	5.7	0.89	1.00	5.01	22.8	5.0	12.5	39.3	94.9	78.3

9.4 黄色黏化湿润富铁土

9.4.1 闸口系 (Zhakou Series)

土　　族：砂质硅质混合型酸性高热性-黄色黏化湿润富铁土
拟定者：卢　瑛，熊　凡

分布与环境条件　分布在钦州、防城港市南部砂页岩低丘。成土母质为砂页岩风化物。土地利用类型为次生林地，种植桉树等。属热带北缘海洋性季风性气候，年平均气温 22～23℃，年平均降雨量 1800～2000 mm。

闸口系典型景观

土系特征与变幅　诊断层包括淡薄表层、低活性富铁层、黏化层；诊断特性包括湿润土壤水分状况、高热土壤温度状况。该土系土体深厚，厚度>100 cm；表土层厚≥20 cm。砂粒含量>600 g/kg，细土质地为砂质壤土。在高温多雨条件下，土体中黏粒淋溶和淀积明显，脱硅富铝化过程强烈，黏粒中次生矿物以高岭石为主。土壤呈酸性，pH 5.0～5.5。

对比土系　骥马系、玉石系、民范村系，相同亚类。骥马系和民范村系成土母质分别为第四纪红土和花岗岩风化物；骥马系、玉石系、民范村系土族控制层段颗粒大小级别和矿物学类型分别为极黏质和高岭石型；骥马系土壤酸碱反应类别为非酸性，土壤温度状况为热性。

利用性能综述　所处地势为低丘，水热条件好，质地偏砂，保水保肥能力低，土壤有机质、氮磷钾养分含量低，土壤瘠瘠，现为次生疏林或幼林，有效土层深厚，适宜种植林果和花生、番薯、甘蔗等农作物。改良利用措施：施用有机肥，与豆科作物轮、间作，提高土壤有机质含量，合理增施磷、钾肥，改善土壤养分供应，提高土壤肥力。

参比土种　砖红砂土。

代表性单个土体　位于北海市合浦县闸口镇佛子村 325 国道附近；21°41′5.5″N，109°25′13.8″E，海拔 37 m；地势微起伏，成土母质为砂页岩风化物；林地，种植桉树等。50 cm 深度土温 24.9℃。野外调查时间为 2014 年 12 月 23 日，编号 45-016。

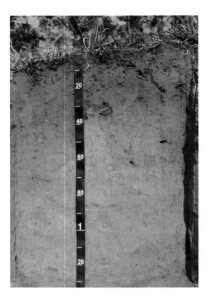

Ah：0~27 cm，浊黄橙色（10YR 7/3，干），棕色（7.5YR 4/4，润）；砂质壤土，强度发育小块状结构，稍紧实，少量粗根及中量细根，多量蚂蚁；向下层波状模糊过渡。

Bt1：27~47 cm，浊黄橙色（10YR 7/4，干），黄棕色（7.5YR 5/6，润）；砂质壤土，强度发育小块状结构，紧实，少量粗根和细根，多量蚂蚁；向下层波状模糊过渡。

Bt2：47~84 cm，亮黄棕色（10YR 7/6，干），亮黄棕色（10YR 6/6，润）；砂质壤土，强度发育小块状结构，紧实，很少量粗根和细根；向下层平滑模糊过渡。

Bt3：84~132 cm，亮黄棕色（10YR 7/6，干），亮黄棕色（10YR 6/6，润）；砂质壤土，中度发育小块状结构，紧实，很少量细根，少量（5%）次棱角状的中度风化的岩屑。

闸口系代表性单个土体剖面

闸口系代表性单个土体物理性质

土层	深度 /cm	砾石 （>2 mm，体积分数）/%	细土颗粒组成（粒径：mm）/（g/kg）			质地类别	容重 /（g/cm³）
			砂粒 2~0.05	粉粒 0.05~0.002	黏粒<0.002		
Ah	0~27	<1	764	138	99	砂质壤土	1.41
Bt1	27~47	0	619	185	196	砂质壤土	1.63
Bt2	47~84	0	635	193	173	砂质壤土	1.60
Bt3	84~132	5	674	170	156	砂质壤土	1.65

闸口系代表性单个土体化学性质

深度 /cm	pH ｜H₂O	pH ｜KCl	有机碳	全氮（N）	全磷（P）	全钾（K）	CEC₇	ECEC	盐基饱和度 /%	铝饱和度 /%	游离氧化铁 /（g/kg）	铁游离度 /%
			/（g/kg）				/（cmol(+)/kg 黏粒）					
0~27	5.2	4.1	5.5	0.41	0.12	5.06	29.3	22.1	42.6	33.1	15.7	77.7
27~47	5.1	3.8	2.8	0.25	0.10	7.44	19.1	13.8	19.4	65.9	17.3	69.2
47~84	5.2	3.8	2.2	0.20	0.10	7.44	23.3	13.4	19.2	57.7	17.4	70.1
84~132	5.3	3.8	1.4	0.12	0.10	6.55	19.7	13.5	27.3	50.1	15.8	72.8

9.4.2　骥马系（Jima Series）

土　　族：极黏质高岭石型非酸性热性-黄色黏化湿润富铁土
拟定者：卢　瑛，刘红宜

分布与环境条件　分布在桂林、柳州市等北纬 24°30'以北的中亚热带、海拔<200 m 的溶蚀盆地或谷地。成土母质为第四纪红土。土地利用类型为园地或耕地，种植柑橘、玉米、红薯等。属中亚热带季风性气候，年平均气温 19～20℃，年平均降雨量 1600～1800 mm。

骥马系典型景观

土系特征与变幅　诊断层包括淡薄表层、低活性富铁层、黏化层；诊断特性包括湿润土壤水分状况、热性土壤温度状况。该土系土体深厚，厚度>100 cm；黏粒含量>500 g/kg，细土质地为黏土。高温多雨条件下，土体中黏粒淋溶和淀积明显，脱硅富铝化作用明显，黏粒中次生矿物以高岭石为主，土体底层中近似球状的铁锰结核可达 30%～50%。因受周边石灰岩溶蚀作用影响，土壤盐基饱和度>50%，土壤呈微酸性-中性反应，pH 6.0～7.0。

对比土系　闸口系、玉石系、民范村系，属相同亚类。闸口系、玉石系成土母质为砂页岩风化物，民范村系成土母质为花岗岩风化物；闸口系土族控制层段颗粒大小级别为砂质，矿物学类型为硅质混合型，土壤酸碱反应类别为酸性，土壤温度状况为高热性。

利用性能综述　该土系质地偏黏，耕性差，通透性不好，盐基饱和度高，目前多用于种植柑橘、花生、木薯、番薯等作物，产量不高。改良利用措施：防止水土流失；种植旱地绿肥压青，增施有机肥，改良土壤，培肥地力；有条件的地方可适当地掺砂，改良土壤质地；水源不足的地方要改善灌溉设施；此外在施肥技术上要因地制宜，平衡施肥。

参比土种　铁子底红泥土。

代表性单个土体　位于桂林市阳朔县阳朔镇骥马村；24°45'13.7"N，110°27'24.3"E，海拔 130 m；成土母质为第四纪红土；园地，种植柑橘。50 cm 深度土温 22.6℃。野外调查时间为 2015 年 8 月 28 日，编号 45-054。

骥马系代表性单个土体剖面

Ah：0～15 cm，浊黄橙色（10YR 6/4，干），棕色（10YR 4/6，润）；黏土，强度发育小块状结构，稍疏松，中量细根、少量粗根，少量球形红黑色（2.5YR 2/1）的铁锰结核，有蚯蚓；向下层平滑清晰过渡。

Bt1：15～45 cm，亮黄棕色（10YR 6/6，干），亮棕色（7.5YR 5/8，润）；黏土，强度发育中块状结构，紧实，少量细根、很少量粗根，结构面有中量的黏粒胶膜，有少量球形或角块状红黑色（2.5YR 2/1）铁锰结核；向下层平滑模糊过渡。

Bt2：45～77 cm，橙色（7.5YR 6/8，干），亮红棕色（5YR 5/8，润）；黏土，强度发育中块状结构，紧实，很少量细根，结构面有很多的黏粒胶膜，有多量红黑色（2.5YR 2/1）铁锰结核；向下层平滑渐变过渡。

Bt3：77～138 cm，橙色（7.5YR 6/8，干），亮红棕色（5YR 5/8，润）；黏土，强度发育中块状结构，紧实，结构面有极多的黏粒胶膜，有很多红黑色（2.5YR 2/1）铁锰结核。

骥马系代表性单个土体物理性质

土层	深度 /cm	砾石 （>2 mm，体积分数）/%	细土颗粒组成（粒径：mm）/（g/kg）			质地类别	容重 /（g/cm³）
			砂粒 2～0.05	粉粒 0.05～0.002	黏粒<0.002		
Ah	0～15	<1	105	366	529	黏土	1.28
Bt1	15～45	0	38	260	701	黏土	1.35
Bt2	45～77	0	18	218	764	黏土	1.37
Bt3	77～138	0	30	231	739	黏土	1.36

骥马系代表性单个土体化学性质

深度 /cm	pH		有机碳	全氮 (N)	全磷 (P)	全钾 (K)	CEC₇	ECEC	盐基饱和度	铝饱和度	游离氧化铁	铁游离度
	H₂O	KCl	/（g/kg）				/（cmol(+)/kg 黏粒）		/%	/%	/（g/kg）	/%
0～15	6.3	6.4	19.0	2.05	1.48	16.66	36.0	36.2	100	0.2	80.0	84.4
15～45	6.4	6.1	8.3	1.22	0.82	17.55	25.4	18.8	73.7	0.5	93.3	87.8
45～77	6.4	6.1	4.7	1.00	0.95	17.85	19.2	16.7	86.4	0.3	97.5	80.8
77～138	6.6	6.1	2.9	0.90	0.94	18.74	20.9	17.0	80.9	0.3	97.3	87.5

9.4.3 玉石系（Yushi Series）

土　　族：极黏质高岭石混合型酸性高热性-黄色黏化湿润富铁土
拟定者：卢　瑛，欧锦琼

分布与环境条件　主要分布于北纬 24°30′以南、海拔 500 m 以下砂页岩山地、丘陵地区。成土母质为砂页岩风化残积、坡积物。土地利用类型为林地，植被有桉树、松树、草本植物等。属亚热带季风性气候，年平均气温 20～21℃，年平均降雨量 1400～1600 mm。

玉石系典型景观

土系特征与变幅　诊断层包括淡薄表层、黏化层、低活性富铁层；诊断特性包括湿润土壤水分状况、高热土壤温度状况、铝质特性。该土系起源于砂页岩风化的坡积物、残积物，土体厚度 40～80 cm，腐殖质层厚度 10～20 cm。土壤颜色亮棕色-橙色，黏粒含量>550 g/kg，细土质地为黏土。土壤盐基饱和度<10%，铝饱和度>80%；土壤呈酸性反应，pH 4.0～5.0。

对比土系　闸口系、骥马系、民范村系，属相同亚类。骥马系和民范村系成土母质分别为第四纪红土和花岗岩风化物；骥马系、民范村系矿物学类型与玉石系相同，均为高岭石型，闸口系土族控制层段颗粒大小级别为砂质，矿物学类型为硅质混合型；骥马系土壤酸碱反应类别为非酸性，土壤温度状况为热性。

利用性能综述　土体厚度中等，土质黏重，土壤有机质和氮磷养分含量低、钾素较丰富。自然植被以马尾松、杉木和常绿阔叶林及芒萁等为主，一般覆盖度较好。改良利用措施：宜保护好现有林木，防止乱砍滥伐引起水土流失，宜发展杉、松等针阔叶混交林和油茶、竹等经济林木；土壤管理上，要多施有机肥，增施磷肥等，提高土壤生产力和经济效益。

参比土种　中层砂泥赤红土。

代表性单个土体   位于贺州市八步区仁义镇玉石村委扑床岭；24°2'2.0"N，111°35'39.4"E，海拔 350 m；地势起伏，成土母质为砂页岩风化残积、坡积物；林地，植被类型为桉树、油茶、竹等，植被覆盖度≥80%。50 cm 深度土温 23.1℃。野外调查时间为 2017 年 3 月 18 日，编号 45-145。

玉石系代表性单个土体剖面

Ah：   0～15 cm，淡黄橙色（7.5YR 8/4，干），亮棕色（7.5YR 5/8，润）；黏土，强度发育大块状结构，稍疏松，多量中根、少量细根；向下层波状渐变过渡。

Bt1：15～54 cm，淡黄橙色（7.5YR 8/4，干），亮棕色（7.5YR 5/8，润）；黏土，强度发育大块状结构，紧实，少量细根和很少量中根；向下层波状渐变过渡。

Bt2：54～80 cm，淡黄橙色（10YR 8/4，干），橙色（7.5YR 6/8，润）；黏土，强度发育大块状结构，紧实；向下层波状清晰过渡。

C：   80 cm 以下，弱风化大块状红色砂页岩。

玉石系代表性单个土体物理性质

土层	深度 /cm	砾石 (>2 mm, 体积分数) /%	细土颗粒组成（粒径：mm）/（g/kg）			质地类别	容重 /（g/cm³）
			砂粒 2～0.05	粉粒 0.05～0.002	黏粒<0.002		
Ah	0～15	<2	126	301	573	黏土	1.04
Bt1	15～54	0	74	249	677	黏土	1.35
Bt2	54～80	0	78	238	684	黏土	1.28

玉石系代表性单个土体化学性质

深度 /cm	pH		有机碳	全氮（N）	全磷（P）	全钾（K）	CEC$_7$	ECEC	盐基饱和度 /%	铝饱和度 /%	游离氧化铁 /（g/kg）	铁游离度 /%
	H₂O	KCl		/（g/kg）			/（cmol(+)/kg·黏粒）					
0～15	4.4	3.3	11.7	1.49	0.24	37.93	24.4	19.8	10.0	82.9	56.6	78.9
15～54	4.5	3.3	8.0	1.28	0.23	43.66	25.3	18.6	8.3	85.0	62.9	78.5
54～80	4.6	3.3	5.0	1.03	0.28	42.80	20.4	17.2	8.6	86.2	64.5	77.9

9.4.4 民范村系（**Minfancun Series**）

土　　族：黏质高岭石型酸性高热性-黄色黏化湿润富铁土
拟定者：卢　瑛，崔启超

分布与环境条件　分布于桂东及桂东南的钦州、玉林、贵港、梧州、贺州、南宁、崇左市等海拔 800 m 以下的花岗岩低山、丘陵区。成土母质为花岗岩残积、坡积物。土地利用类型为林地，种植桉树、松树、杉树等。南亚热带季风性气候，年平均气温 21～22℃，年平均降雨量 1400～1600 mm。

民范村系典型景观

土系特征与变幅　诊断层包括淡薄表层、低活性富铁层、黏化层；诊断特性包括湿润土壤水分状况、高热土壤温度状况。该土系土体深厚，厚度>100 cm；黏粒含量>400 g/kg，细土质地为黏土。在高温多雨条件下，土体中黏粒淋溶和淀积明显，脱硅富铝化过程强烈，黏粒中次生矿物以高岭石为主，形成黏化层和低活性富铁层。盐基饱和度<30%，铝饱和度>60%，土壤呈强酸性-酸性，pH 4.0～5.5。

对比土系　闸口系、骥马系、玉石系，属相同亚类。闸口系土族控制层段颗粒大小级别为砂质，矿物学类型为硅质混合型；骥马系、玉石系土族控制层段颗粒大小级别为极黏质；骥马系土壤酸碱反应类别为非酸性，土壤温度状况为热性。

利用性能综述　所处地势为低山丘陵，有效土层深厚，适宜各种经济作物和林木的种植，开发不当，易造成水土流失。改良利用措施：积极发展果树和经济林、用材林，缓坡和丘陵坡脚可种植柑橘、荔枝等果树，山丘宜发展肉桂、八角、油茶、山竹等经济林木和松树、杉树、桉树等用材林，但要采取措施防止水土流失；施用有机肥和磷、钾肥等，保持水土，提高土壤肥力。

参比土种　厚层杂砂赤红土。

代表性单个土体　位于南宁市宾阳县新桥镇民范村委民范村 5 队；23°12'39.1"N，108°42'45.0"E，海拔 223 m；微起伏丘陵，成土母质为花岗岩残积、坡积物；林地，种植桉树。50 cm 深度土温 23.6℃。野外调查时间为 2015 年 3 月 14 日，编号 45-022。

民范村系代表性单个土体剖面

Oi：+1～0 cm，半分解和未分解的枯枝落叶、植物残体。

Ah：0～19 cm，浊橙色（7.5YR 7/4，干），橙色（7.5YR 4/6，润）；黏土，强度发育小块状结构，疏松，很少量粗根、多量细根，少量次圆和薄片状石英颗粒；向下层波状渐变过渡。

Bt1：19～40 cm，橙色（7.5YR 7/6，干），亮棕色（7.5YR 5/6，润）；黏土，强度发育小块状结构，稍紧实，很少量粗根、中量细根，少量次圆石英颗粒；向下层平滑模糊过渡。

Bt2：40～85 cm，橙色（5YR 7/8，干），橙色（5YR 6/8，润）；黏土，强度发育小块状结构，紧实，少量细根，少量次圆石英颗粒；向下层平滑模糊过渡。

Bt3：85～125 cm，橙色（5YR 7/8，干），橙色（5YR 6/8，润）；黏土，强度发育小块状结构，稍紧实，很少量细根，少量次圆石英颗粒。

民范村系代表性单个土体物理性质

土层	深度 /cm	砾石 (>2 mm，体积分数)/%	细土颗粒组成（粒径：mm）/（g/kg）			质地类别	容重 /（g/cm³）
			砂粒 2～0.05	粉粒 0.05～0.002	黏粒<0.002		
Ah	0～19	5	376	202	422	黏土	1.26
Bt1	19～40	2	330	162	508	黏土	1.38
Bt2	40～85	5	296	165	540	黏土	1.44
Bt3	85～125	5	290	212	498	黏土	1.47

民范村系代表性单个土体化学性质

深度 /cm	pH		有机碳	全氮（N）	全磷（P）	全钾（K）	CEC₇	ECEC	盐基饱和度	铝饱和度	游离氧化铁	铁游离度
	H₂O	KCl	/（g/kg）				/（cmol(+)/kg 黏粒）		/%	/%	/（g/kg）	/%
0～19	5.3	3.7	12.9	0.92	0.58	5.81	26.7	12.8	8.5	76.4	30.4	68.5
19～40	4.4	3.7	7.0	0.51	0.51	4.17	16.1	10.7	10.3	79.4	37.6	78.5
40～85	4.7	3.7	4.0	0.37	0.43	3.42	16.1	9.0	17.6	63.4	44.0	75.5
85～125	5.4	3.8	2.2	0.20	0.40	3.56	19.2	8.0	5.1	82.6	41.7	76.7

9.5　盐基黏化湿润富铁土

9.5.1　西岭系（Xiling Series）

土　族：极黏质高岭石混合型非酸性热性-盐基黏化湿润富铁土
拟定者：卢　瑛，韦翔华

分布与环境条件　主要分布在桂林、柳州市等北纬 24°30′以北的中亚热带的溶蚀盆地或谷地。成土母质为第四纪红土。土地利用类型为园地，种植桃树等。属中亚热带季风性气候，年平均气温 19～20℃，年平均降雨量 1600～1800 mm。

西岭系典型景观

土系特征与变幅　诊断层包括淡薄表层、低活性富铁层、黏化层；诊断特性包括湿润土壤水分状况、热性土壤温度状况、盐基饱和度。该土系土体深厚，厚度>100 cm；黏粒含量>600 g/kg，砂粒含量<100 g/kg，细土质地为黏土。在高温多雨条件下，土体中黏粒淋溶和淀积明显，脱硅富铝化作用明显，黏粒中次生矿物以高岭石为主，形成黏化层和低活性富铁层。因受周边石灰岩溶蚀作用影响，土壤盐基饱和度>35%，土壤呈微酸性反应，pH 5.5～6.5。

对比土系　多荣系，相同亚类，成土母质为石灰岩风化物，土族控制层段颗粒大小级别为黏质，土壤温度状况为高热性。

利用性能综述　质地偏黏，耕性差，通透性不好，盐基饱和度较高，目前多用于种植桃树、柑橘、花生、木薯、番薯等作物，产量不高。改良利用措施：防止水土流失；间种、套种绿肥，增施有机肥，改良土壤，培肥地力；有条件的地方可适当的掺砂，改良土壤质地；此外在施肥技术上要因地制宜，增施磷钾肥，提高土壤生产力。

中国土系志·广西卷

参比土种 红土。

代表性单个土体 位于桂林市恭城瑶族自治县西岭乡虎尾村委虎尾村；24°56'17.0"N，110°49'29.9"E，海拔 176 m；地势明显起伏，成土母质为第四纪红土；园地，种植桃树等。50 cm 深度土温 22.4℃。野外调查时间为 2015 年 8 月 27 日，编号 45-051。

西岭系代表性单个土体剖面

Ah：0～10 cm，亮棕色（7.5YR 5/6，干），棕色（7.5YR 4/6，润）；黏土，强度发育小块状结构，疏松，中量粗根，有蚂蚁及蚂蚁窝；向下层平滑渐变过渡。

AB：10～28 cm，亮棕色（7.5YR 5/6，干），棕色（7.5YR 4/6，润）；黏土，强度发育中块状结构，稍紧实，少量粗根；向下层平滑清晰过渡。

Bt1：28～65 cm，亮红棕色（5YR 5/8，干），红棕色（2.5YR 4/6，润）；黏土，强度发育中块状结构，紧实，少量细根，结构面有对比模糊的黏粒胶膜；向下层平滑模糊过渡。

Bt2：65～110 cm，橙色（5YR 6/8，干），亮红棕色（2.5YR 5/8，润）；黏土，强度发育中块状结构，紧实，结构面上有对比模糊的黏粒胶膜。

西岭系代表性单个土体物理性质

土层	深度 /cm	砾石 （>2 mm，体积分数）/%	细土颗粒组成（粒径：mm）/（g/kg）			质地类别	容重 /（g/cm³）
			砂粒 2~0.05	粉粒 0.05~0.002	黏粒<0.002		
Ah	0～10	0	48	352	600	黏土	1.25
AB	10～28	0	47	337	616	黏土	1.27
Bt1	28～65	0	15	152	833	黏土	1.35
Bt2	65～110	0	14	117	870	黏土	1.38

西岭系代表性单个土体化学性质

深度 /cm	pH		有机碳	全氮 (N)	全磷 (P)	全钾 (K)	CEC₇	ECEC	盐基饱和度 /%	铝饱和度 /%	游离氧化铁 /（g/kg）	铁游离度 /%
	H₂O	KCl		/（g/kg）			/（cmol(+)/kg 黏粒）					
0～10	6.1	5.4	18.3	1.41	0.58	9.47	28.2	19.1	67.0	0.7	80.1	88.1
10～28	5.6	4.1	17.1	1.36	0.49	9.76	24.6	15.1	51.6	13.3	77.2	87.2
28～65	5.7	4.8	8.7	1.02	0.48	12.25	15.5	9.1	56.8	1.6	108.1	86.9
65～110	5.5	4.6	4.7	0.87	0.50	12.84	14.7	6.2	38.8	6.4	103.9	82.2

9.5.2 多荣系（Duorong Series）

土　族：黏质高岭石混合型非酸性高热性-盐基黏化湿润富铁土
拟定者：卢　瑛，姜　坤

分布与环境条件　主要分布于百色、桂林市等石灰岩区域海拔 500～1000 m 的山区。成土母质为石灰岩风化物。土地利用类型为耕地，种植甘蔗、玉米、红薯、大豆等。属南亚热带季风性气候，年平均气温 19～20℃，年平均降雨量 1200～1400 mm。

多荣系典型景观

土系特征与变幅　诊断层包括淡薄表层、低活性富铁层、黏化层；诊断特性包括湿润土壤水分状况、高热土壤温度状况、盐基饱和度。该土系土体深厚，厚度>100 cm；黏粒含量>400 g/kg，细土质地为黏土。在高温多雨条件下，土体中黏粒淋溶和淀积明显，脱硅富铝化作用明显，黏粒中次生矿物富含高岭石。土壤盐基饱和度>50%，土壤呈微酸性反应，pH 5.5～6.5。

对比土系　西岭系，相同亚类，成土母质为第四纪红土，土族控制层段颗粒大小级别为极黏质，土壤温度状况为热性。

利用性能综述　该土系地处石灰岩山区，地势较高，分布零散，生产条件较差，缺乏灌溉水源，耕作大多粗放，以种植旱作为主，土壤质地偏黏，耕性不好；土壤有机质、氮磷钾等养分偏低，土壤肥力中下等。改良利用措施：套（间）种豆科作物或绿肥，推广秸秆还田；增施有机肥，合理施用化肥，提高农作物产量。

参比土种　黄色石灰泥土。

代表性单个土体　位于百色市德保县巴头乡多荣村多荣屯；23°26'54.4"N，106°29'17.6"E，海拔 840 m；地势起伏，成土母质为石灰岩风化物；耕地，种植玉米、红薯等。50 cm 深度土温 23.0℃。野外调查时间为 2015 年 12 月 22 日，编号 45-076。

Ah：0～13 cm，亮棕色（7.5YR 5/6，干），红棕色（5YR 4/8，润）；粉质黏土，强度发育小块状结构，稍紧实，少量细根，土体内有少量（3%）的微风化的小的次棱角状的岩石碎屑；向下层平滑清晰过渡。

Bt1：13～41 cm，橙色（5YR 6/6，干），红棕色（5YR 4/8，润）；黏土，强度发育小块状结构，稍紧实，极少量细根；向下层平滑模糊过渡。

Bt2：41～73 cm，橙色（5YR 6/6，干），红棕色（5YR 4/8，润）；黏土，强度发育小块状结构，稍紧实；向下层平滑渐变过渡。

Bt3：73～113 cm，橙色（5YR 6/6，干），红棕色（5YR 4/8，润）；黏土，强度发育小块状结构，稍紧实。

多荣系代表性单个土体剖面

多荣系代表性单个土体物理性质

土层	深度 /cm	砾石 （>2 mm，体积分数）/%	细土颗粒组成（粒径：mm）/（g/kg）			质地类别	容重 /（g/cm³）
			砂粒 2～0.05	粉粒 0.05～0.002	黏粒<0.002		
Ah	0～13	3	154	420	426	粉质黏土	1.30
Bt1	13～41	<1	107	281	612	黏土	1.36
Bt2	41～73	2	128	309	564	黏土	1.34
Bt3	73～113	0	92	334	574	黏土	1.32

多荣系代表性单个土体化学性质

深度 /cm	pH		有机碳	全氮（N）	全磷（P）	全钾（K）	CEC₇	ECEC	盐基饱和度 /%	铝饱和度 /%	游离氧化铁 /（g/kg）	铁游离度 /%
	H₂O	KCl			/（g/kg）			/（cmol(+)/kg 黏粒）				
0～13	6.2	5.8	15.5	1.78	1.00	9.44	31.4	24.9	78.5	0.4	83.6	77.4
13～41	6.1	5.2	5.9	1.12	0.74	10.04	20.9	12.2	57.5	1.1	96.5	79.7
41～73	6.3	6.2	4.8	0.91	0.73	9.74	21.5	13.2	61.0	0.7	95.0	80.2
73～113	6.3	6.3	4.9	0.98	0.78	10.34	21.5	13.6	62.9	0.3	100.9	84.2

9.6　普通黏化湿润富铁土

9.6.1　兴全系（Xingquan Series）

土　族：黏质高岭石型非酸性高热性-普通黏化湿润富铁土
拟定者：卢　瑛，欧锦琼

分布与环境条件　主要分布于南宁、崇左、百色、贵港、贺州、钦州市等海拔 500 m 以下低山、丘陵地区。成土母质为砂岩风化物。土地利用类型为耕地，种植花生、红薯、玉米、柑橘等。属亚热带季风性气候，年平均气温 20～21℃，年平均降雨量 1400～1600 mm。

兴全系典型景观

土系特征与变幅　诊断层包括淡薄表层、低活性富铁层、黏化层；诊断特性包括湿润土壤水分状况、高热土壤温度状况。该土系土体深厚，厚度>100 cm；黏化层黏粒含量>400 g/kg，细土质地为粉壤土-黏土。在高温多雨条件下，土体中黏粒淋溶和淀积明显，脱硅富铝化作用强烈，黏粒中次生矿物以高岭石为主。上部土层盐基饱和度>50%，土壤呈酸性-微酸性反应，pH 5.0～6.5。

对比土系　羌圩系、福行系，属于相同亚类，成土母质相同，土族控制层段颗粒大小级别相同；羌圩系、福行系矿物学类型为高岭石混合型，羌圩系土壤酸碱反应类别为酸性。

利用性能综述　该土系土体深厚，质地黏重，土壤有机质和氮磷钾养分含量低。改良利用措施：实行等高种植，防止水土流失；实行土地整理，修建农田水利设施，改善农业生产条件；增施有机肥，间（套）种绿肥、豆科作物，培肥土壤。

参比土种　赤壤土。

代表性单个土体　位于贺州市八步区铺门镇兴全村岗龙顶；23°51'10.0"N，111°47'46.1"E，海拔 45 m；地势较平坦，成土母质为砂岩风化物；耕地，种植花生、红薯、砂糖橘等。50 cm 深度土温 23.3℃。野外调查时间为 2017 年 3 月 18 日，编号 45-146。

兴全系代表性单个土体剖面

Ap：0～13 cm，橙色（7.5YR 6/8，干），亮红棕色（5YR 5/6，润）；粉壤土，强度发育小块状结构，稍紧实，多量细根；向下层平滑清晰过渡。

Bt1：13～43 cm，橙色（5YR 6/8，干），亮红棕色（5YR 5/8，润）；黏土，强度发育小块状结构，稍紧实，中量细根，结构面上有中量对比度明显的黏粒胶膜；向下层波状模糊过渡。

Bt2：43～78 cm，橙色（2.5YR 6/8，干），红棕色（2.5YR 4/8，润）；黏土，润，强度发育小块状结构，紧实，结构面上有中量对比度明显的黏粒胶膜；向下层平滑模糊过渡。

Bt3：78～105 cm，橙色（2.5YR 6/8，干），红棕色（2.5YR 4/8，润）；黏土，中度发育小块状结构，紧实，结构面上有中量对比度明显的黏粒胶膜，有少量（2%）微风化次棱角状的岩石碎屑。

兴全系代表性单个土体物理性质

土层	深度 /cm	砾石 （>2 mm，体积分数）/%	细土颗粒组成（粒径：mm）/（g/kg）			质地类别	容重 /（g/cm³）
			砂粒 2～0.05	粉粒 0.05～0.002	黏粒<0.002		
Ap	0～13	2	319	538	143	粉壤土	1.38
Bt1	13～43	0	233	327	440	黏土	1.39
Bt2	43～78	0	170	373	457	黏土	1.42
Bt3	78～105	2	182	380	438	黏土	1.45

兴全系代表性单个土体化学性质

深度 /cm	pH		有机碳	全氮（N）	全磷（P）	全钾（K）	CEC₇	ECEC	盐基饱和度 /%	铝饱和度 /%	游离氧化铁 /（g/kg）	铁游离度 /%
	H₂O	KCl		/（g/kg）			/（cmol(+)/kg 黏粒）					
0～13	6.4	5.7	7.3	0.78	0.32	3.08	33.2	35.0	99.2	0.2	30.5	82.9
13～43	6.5	5.5	3.8	0.45	0.27	7.15	17.2	11.9	68.6	0.1	64.5	82.6
43～78	6.6	5.8	1.9	0.37	0.27	8.88	21.7	12.2	56.2	0.3	75.3	88.7
78～105	5.0	3.7	1.4	0.29	0.29	9.26	24.2	11.9	16.2	63.7	70.4	88.0

9.6.2 羌圩系（Qiangxu Series）

土　族：黏质高岭石混合型酸性高热性-普通黏化湿润富铁土
拟定者：卢　瑛，韦翔华

分布与环境条件　主要分布于南宁、崇左、贵港、河池、百色市等页岩丘陵区。成土母质为页岩风化坡积物。土地利用类型为林地，植被类型为桉树、松树，植被覆盖度为40%～80%。属南亚热带季风性气候，年平均气温 21～22℃，年平均降雨量 1400～1600 mm。

羌圩系典型景观

土系特征与变幅　诊断层包括淡薄表层、低活性富铁层、黏化层；诊断特性包括湿润土壤水分状况、高热土壤温度状况。该土系土体深厚，厚度>100 cm；黏粒含量>350 g/kg，细土质地为黏壤土-黏。在高温多雨条件下，土体中黏粒淋溶和淀积明显，脱硅富铝化作用强烈，黏粒中次生矿物以高岭石、1.42 nm 过渡矿物为主。盐基饱和度<20%，铝饱和度>75%，土壤呈酸性，pH 4.5～5.5。

对比土系　兴全系、福行系，属于相同亚类，成土母质相同，土族控制层段颗粒大小级别相同；兴全系矿物学类别为高岭石型；福行系土壤酸碱反应类别为非酸性。

利用性能综述　该土系土体深厚，质地偏黏，耕性差，通透性不好，土壤有机质、氮磷钾含量偏低。改良利用措施：防止水土流失；因地制宜种植松树、杉树，也可种植竹、油茶、八角等经济林木，有条件地方可进行土地整理，修建水平梯地，种植茶树、柑橘、荔枝等；开垦利用后，要增施有机肥，平衡化肥施肥，提高土壤肥力。

参比土种　厚层黏质赤红土。

代表性单个土体　位于河池市大化瑶族自治县羌圩乡羌圩村那兴山；23°58'41.1"N，107°27'31.9"E，海拔 204 m；地势起伏，成土母质为页岩风化物坡积物；林地，植被为桉树、松树。50 cm 深度土温 23.1℃。野外调查时间为 2016 年 3 月 14 日，编号 45-099。

羌圩系代表性单个土体剖面

Ah：0～15 cm，浊黄橙色（10YR 7/4，干），亮棕色（7.5YR 5/6，润）；黏壤土，强度发育小块状结构，稍紧实，很少量粗根和中量细根，有蚂蚁；向下层平滑渐变过渡。

AB：15～36 cm，浊黄橙色（10YR 7/4，干），亮棕色（7.5YR 5/6，润）；粉质黏壤土，强度发育小块状结构，紧实，很少量粗根和少量细根；向下层波状模糊过渡。

Bt1：36～85 cm，淡黄橙色（7.5YR 8/6，干），亮红棕色（5YR 5/8，润）；黏土，强度发育中块状结构，紧实，很少量粗根和少量细根；结构面有多量（25%）的对比度明显黏粒胶膜；向下层波状模糊过渡。

Bt2：85～145 cm，淡黄橙色（7.5YR 8/6，干），亮红棕色（5YR 5/8，润）；黏土，强度发育大块状结构，紧实，很少量粗根和细根。

羌圩系代表性单个土体物理性质

土层	深度/cm	砾石（>2 mm，体积分数）/%	细土颗粒组成（粒径：mm）/（g/kg）			质地类别	容重/（g/cm³）
			砂粒 2～0.05	粉粒 0.05～0.002	黏粒<0.002		
Ah	0～15	0	212	416	371	黏壤土	1.17
AB	15～36	0	170	439	391	粉质黏壤土	1.40
Bt1	36～85	0	129	385	486	黏土	1.35
Bt2	85～145	0	129	385	486	黏土	1.40

羌圩系代表性单个土体化学性质

深度/cm	pH		有机碳	全氮（N）	全磷（P）	全钾（K）	CEC_7	ECEC	盐基饱和度/%	铝饱和度/%	游离氧化铁/（g/kg）	铁游离度/%
	H_2O	KCl	/（g/kg）				/（cmol(+)/kg 黏粒）					
0～15	4.5	3.5	11.6	1.00	0.30	11.35	27.3	23.6	14.8	75.8	41.0	87.7
15～36	4.5	3.6	8.0	0.79	0.26	12.83	26.5	22.7	9.8	82.0	45.6	87.2
36～85	4.7	3.8	5.0	0.71	0.30	17.12	18.6	16.1	10.2	83.3	60.7	86.5
85～145	5.1	3.9	3.2	0.55	0.27	17.42	16.2	12.5	9.9	83.2	60.6	84.5

9.6.3 福行系（Fuxing Series）

土　族：黏质高岭石混合型非酸性高热性–普通黏化湿润富铁土
拟定者：卢　瑛，韦翔华

分布与环境条件　主要分布于南宁、崇左、贵港、贺州、梧州市等地势略起伏的丘陵地区。成土母质为砂页岩风化物。土地利用类型为园地或林地，种植茶树、竹、杉树。属亚热带季风性气候，年平均气温 19～20℃，年平均降雨量 1600～1800 mm。

福行系典型景观

土系特征与变幅　诊断层包括淡薄表层、低活性富铁层、黏化层；诊断特性包括湿润土壤水分状况、高热土壤温度状况。该土系土体深厚，厚度>100 cm；黏化层黏粒含量>450 g/kg，细土质地为黏壤土–黏土。在高温多雨条件下，土体中黏粒淋溶和淀积明显，脱硅富铝化作用强烈，黏粒中次生矿物以高岭石为主。上部土层盐基饱和度<50%，土壤呈微酸性反应，pH 5.5～6.5。

对比土系　兴全系、羌圩系，属于相同亚类，成土母质相同，土族控制层段颗粒大小级别相同；兴全系矿物学类别为高岭石型，羌圩系土壤酸碱反应为酸性。

利用性能综述　该土系土体较深厚，质地黏重，土壤呈酸性反应，耕性差，通透性不好，土壤较瘦瘠，土壤有机质、氮素含量以及磷、钾含量均较低，土壤肥力低。改良利用措施：增施有机肥，改善土壤质地和结构，培肥地力；实行测土配方施肥。

参比土种　赤壤土。

代表性单个土体　位于贺州市昭平县走马镇福行村委罗兰村；24°13'30.2"N，110°53'16.7"E，海拔 64 m；地势起伏，成土母质为砂页岩风化物；园地，种植茶树。50 cm 深度土温 23.0℃。野外调查时间为 2017 年 3 月 19 日，编号 45-148。

Ah：0～15 cm，亮黄棕色（10YR 7/6，干），亮棕色（7.5YR 5/8，润）；砂质黏壤土，强度发育小块状结构，稍紧实，多量细根；向下层平滑渐变过渡。

Bt1：15～33 cm，亮黄棕色（10YR 6/6，干），棕色（7.5YR 4/6，润）；黏土，强度发育小块状结构，稍紧实，多量细根；向下层波状渐变过渡。

Bt2：33～77 cm，橙色（7.5YR 7/6，干），亮红棕色（5YR 5/8，润）；黏土，强度发育小块状结构，紧实，中量中根；向下层平滑模糊过渡。

Bt3：77～115 cm，橙色（7.5YR 7/6，干），亮红棕色（5YR 5/8，润）；黏土，强度发育小块状结构，紧实，少量中根。

福行系代表性单个土体剖面

福行系代表性单个土体物理性质

| 土层 | 深度 /cm | 砾石 (>2 mm, 体积分数) /% | 细土颗粒组成（粒径：mm）/（g/kg） | | | 质地类别 | 容重 /（g/cm³） |
			砂粒 2～0.05	粉粒 0.05～0.002	黏粒<0.002		
Ah	0～15	1	530	265	205	砂质黏壤土	1.51
Bt1	15～33	0	260	270	471	黏土	1.41
Bt2	33～77	0	222	248	530	黏土	1.41
Bt3	77～115	0	230	258	512	黏土	1.37

福行系代表性单个土体化学性质

| 深度 /cm | pH | | 有机碳 | 全氮（N） | 全磷（P） | 全钾（K） | CEC₇ | ECEC | 盐基饱和度 /% | 铝饱和度 /% | 游离氧化铁 /（g/kg） | 铁游离度 /% |
	H₂O	KCl		/（g/kg）			/（cmol(+)/kg 黏粒）					
0～15	5.9	4.3	5.9	0.67	0.35	5.85	30.8	15.7	47.6	3.6	25.1	73.8
15～33	5.5	3.6	10.3	0.87	0.41	10.52	22.2	12.8	35.1	33.8	53.6	80.0
33～77	5.5	3.6	6.3	0.76	0.39	11.88	19.0	10.5	24.2	49.6	58.4	78.8
77～115	5.6	3.8	4.1	0.65	0.43	12.63	19.7	8.2	16.5	53.8	57.5	77.5

9.7 腐殖简育湿润富铁土

9.7.1 玉保系（Yubao Series）

土　族：黏质高岭石混合型酸性热性-腐殖简育湿润富铁土
拟定者：卢　瑛，贾重建

分布与环境条件　主要分布于百色、柳州、桂林、崇左、梧州、贺州市等海拔 500～1000 m 的山地。成土母质为红色砂页岩。土地利用类型为林地，植被类型为茶树、八角、杉木等，植被覆盖度 40%～80%。属亚热带季风性气候，年平均气温 18～19℃，年平均降雨量 1400～1600 mm。

玉保系典型景观

土系特征与变幅　诊断层包括淡薄表层、低活性富铁层；诊断特性包括湿润土壤水分状况、热性土壤温度状况、腐殖质特性。土体深厚，厚度>100 cm，细土质地为黏壤土-黏土，土壤颜色主要为暗棕色、棕色、橙色。土壤呈强酸性-酸性反应，pH 4.0～5.0。

对比土系　明山系、鸭塘系，属于相同亚类，均具有腐殖质特性。明山系土壤温度状况为高热性；鸭塘系土族控制层段颗粒大小级别为黏壤质，矿物学类型为硅质混合型。

利用性能综述　该土系是广西主要的林业生产基地，土层深厚，适合于多种经济林木的生长，但土壤磷钾养分含量低。改良利用措施：加强封山育林，严禁乱砍滥伐，保护生态环境；积极发展用材林和经济林，发展八角、油茶、油桐、核桃、板栗、杉树等经济林和用材林；缓坡地带实行土地整理，修建水平梯地，种植经济林果，发展柑橘、刺梨等水果，防止水土流失。

参比土种　厚层砂泥黄红土。

代表性单个土体　位于百色市凌云县玉洪瑶族乡玉保村；24°30′58.6″N，106°32′36.5″E，海拔 708 m；地势起伏，成土母质为红色砂页岩风化物；林地，种植油茶、八角、杉树等。50 cm 深度土温 22.3℃。野外调查时间为 2015 年 12 月 17 日，编号 45-067。

Ah：0～22 cm，浊橙色（7.5YR 7/3，干），暗棕色（7.5YR 3/4，润）；粉质黏壤土，强度发育小块状结构，疏松，中量细根；向下层平滑渐变过渡。

AB：22～43 cm，浊橙色（7.5YR 6/4，干），棕色（7.5YR 4/4，润）；黏土，强度发育小块状结构，稍疏松，少量细根；向下层平滑渐变过渡。

Bw1：43～103 cm，黄橙色（7.5YR 8/8，干），橙色（5YR 6/8，润）；黏土，强度发育中块状结构，紧实，少量细根，有少量（5%）次棱角状的微风化岩石碎屑；向下层波状模糊过渡。

Bw2：103～140 cm，黄橙色（7.5YR 8/8，干），橙色（5YR 6/8，润）；黏土，强度发育中块状结构，紧实，少量细根，有多量（20%）大的次棱角状的微风化岩石碎屑。

玉保系代表性单个土体剖面

玉保系代表性单个土体物理性质

土层	深度/cm	砾石（>2 mm，体积分数）/%	细土颗粒组成（粒径：mm）/（g/kg）			质地类别	容重/（g/cm³）
			砂粒 2～0.05	粉粒 0.05～0.002	黏粒<0.002		
Ah	0～22	<2	193	430	377	粉质黏壤土	1.13
AB	22～43	<2	186	397	417	黏土	1.22
Bw1	43～103	5	182	393	426	黏土	1.40
Bw2	103～140	20	233	358	409	黏土	1.37

玉保系代表性单个土体化学性质

深度/cm	pH		有机碳	全氮（N）	全磷（P）	全钾（K）	CEC₇	ECEC	盐基饱和度/%	铝饱和度/%	游离氧化铁/（g/kg）	铁游离度/%
	H₂O	KCl		/（g/kg）			/（cmol(+)/kg 黏粒）					
0～22	4.5	3.7	32.4	2.11	0.41	10.56	39.9	32.3	28.8	59.5	42.0	88.0
22～43	4.3	3.7	18.9	1.28	0.33	11.15	30.7	27.0	24.1	67.9	47.5	88.8
43～103	4.4	3.7	6.9	0.73	0.30	13.24	21.6	24.0	40.6	58.9	51.2	86.4
103～140	4.9	3.9	4.1	0.66	0.35	16.81	21.0	18.6	21.1	71.6	59.0	82.4

9.7.2 明山系（Mingshan Series）

土　　族：黏质高岭石混合型酸性高热性-腐殖简育湿润富铁土
拟定者：卢　瑛，崔启超

分布与环境条件　主要分布于南宁、崇左、百色市等北纬 24°30'以北、海拔 500 m 以下的丘陵区，或北纬 24°30'以南、海拔 500～800 m 的山地。成土母质为砂页岩风化物。土地利用类型为林地，植被类型为松树、八角等，植被覆盖度大于 80%。属亚热带季风性气候，年平均气温 21～22℃，年平均降雨量 1400～1600 mm。

明山系典型景观

土系特征与变幅　诊断层包括暗瘠表层、低活性富铁层；诊断特性包括湿润土壤水分状况、高热土壤温度状况、腐殖质特性。由砂页岩风化的残积、坡积物母质经腐殖质积累过程和脱硅富铝化过程发育而成，土体深厚，厚度>100 cm，土壤表层有机质积累明显；Bw1 层结构面和孔隙壁上有 5%～10%对比度明显的腐殖质淀积胶膜；细土质地为黏壤土-黏土；盐基淋溶强烈，盐基饱和度<20%，铝饱和度>60%，土壤呈强酸性-酸性，pH 4.0～5.0。

对比土系　玉保系、鸭塘系，属于相同亚类，具有腐殖质特性。玉保系和鸭塘系土壤温度状况为热性；鸭塘系土族控制层段颗粒大小级别为黏壤质，矿物学类型为硅质混合型。

利用性能综述　所处地势多为低山、丘陵中、下部，水热条件好，土壤管理方便，土体深厚、土壤质地适中，是农、林、牧业发展的主要土壤资源；原植被多已破坏，现多为次生林。改良利用措施：保护现有森林植被，严禁乱砍滥伐和毁林开垦，防止水土流失；因土种植，合理布局，充分利用和提高土壤生产潜力，低丘和缓坡宜农地应修水平梯地，发展茶叶和水果；对坡度在 25°以上的山丘，可发展松、杉等用材林和油茶、油桐、山竹等经济林木。

参比土种　厚层砂泥红土。

代表性单个土体　位于南宁市武鸣区两江镇大明山自然保护区上山公路 12～13 km 之间；23°32'3.4"N，108°20'57.3"E，海拔 704 m；地势陡峭，成土母质为砂页岩风化物；次生林地，种植松树、八角等。50 cm 深度土温 23.1℃。野外调查时间为 2015 年 9 月 23 日，编号 45-060。

明山系代表性单个土体剖面

Ah：　0～10 cm，浊黄棕色（10YR 5/3，干），黑棕色（10YR 2/3，润）；黏壤土，强度发育小块状结构，疏松，多量细根、中量粗根，有蚯蚓；向下层波状渐变过渡。

AB：　10～33 cm，浊黄棕色（10YR 5/3，干），黑棕色（7.5YR 2/2，润）；黏壤土，强度发育小块状结构，疏松，中量细根、少量粗根，有中量动物穴；向下层平滑清晰过渡。

Bw1：33～85 cm，黄橙色（10YR 8/6，干），橙色（7.5YR 6/8，润）；黏壤土，强度发育中块状结构，稍紧实，有少量动物穴，垂直结构面有少量模糊的黏粒胶膜，有少量棱角状岩石碎块；向下层平滑模糊过渡。

Bw2：85～107 cm，黄橙色（10YR 8/6，干），橙色（7.5YR 6/8，润）；黏土，强度发育中块状结构，稍紧实，垂直结构面有少量模糊的黏粒胶膜，有少量棱角状岩石碎块。

明山系代表性单个土体物理性质

土层	深度 /cm	砾石（>2 mm，体积分数）/%	细土颗粒组成（粒径：mm）/（g/kg）			质地类别	容重 /（g/cm³）
			砂粒 2～0.05	粉粒 0.05～0.002	黏粒<0.002		
Ah	0～10	0	229	419	353	黏壤土	0.86
AB	10～33	0	242	418	340	黏壤土	0.90
Bw1	33～85	2	247	378	376	黏壤土	1.28
Bw2	85～107	3	223	371	406	黏土	1.31

明山系代表性单个土体化学性质

深度 /cm	pH		有机碳	全氮（N）	全磷（P）	全钾（K）	CEC₇	ECEC	盐基饱和度/%	铝饱和度 /%	游离氧化铁 /（g/kg）	铁游离度 /%
	H₂O	KCl		/（g/kg）			/（cmol(+)/kg 黏粒）					
0～10	4.4	3.5	40.4	2.81	0.46	21.57	60.2	34.3	16.2	66.3	32.9	75.9
10～33	4.3	3.6	31.1	1.93	0.43	20.40	54.3	29.7	6.2	82.4	35.1	76.9
33～85	4.4	3.5	6.7	0.83	0.32	23.04	34.6	20.4	3.8	87.4	39.1	81.8
85～107	4.6	3.6	5.3	0.80	0.38	25.97	23.2	16.2	6.1	84.8	42.4	75.9

9.7.3　鸭塘系（Yatang Series）

土　族：黏壤质硅质混合型酸性热性-腐殖简育湿润富铁土
拟定者：卢　瑛，韦翔华，付旋旋

分布与环境条件　主要分布于北纬 24°30′以北、海拔 500 m 以下的花岗岩山地、丘陵区以及广西南部花岗岩山地部分地段。成土母质为花岗岩风化物。土地利用类型为林地，植被有毛竹、杉树、松树、铁芒萁等。属亚热带季风性气候，年平均气温 17～18℃，年平均降雨量 1600～1800 mm。

鸭塘系典型景观

土系特征与变幅　诊断层包括淡薄表层、低活性富铁层；诊断特性包括湿润土壤水分状况、热性土壤温度状况、腐殖质特性。土层深厚，厚度>100 cm；土体中含有岩石风化碎屑，土壤砂粒含量>450 g/kg，质地为砂质黏壤土，土壤颜色为棕色、黄棕色、亮棕色；土壤呈强酸性-酸性反应，pH 4.0～5.0。

对比土系　明山系、玉保系，属于相同亚类，均具有腐殖质特性。明山系和玉保系土族控制层段颗粒大小级别为黏质，矿物学类型为高岭石混合型；明山系为高热土壤温度状况。

利用性能综述　该土系土体深厚，质地适中，有机质及养分含量较丰富，宜种性广，适合多种林木和农作物生长，但土壤结构较松散，容易产生土壤侵蚀和水土流失。改良利用措施：合理规划布局，发展用材林和经济林，高丘种松树、毛竹等用材林，山腰种茶、油茶、油桐等经济林木，低丘缓坡种植柑橘、沙田柚、板栗、柿、枣、白果等果树；进行土地整理，修筑水平梯地，实行等高种植，防止水土流失。

参比土种　厚层杂砂红土。

代表性单个土体　位于桂林市兴安县华江乡高寨村委鸭塘村后山猫儿山上山入口 1 km 路左边约 500 m 处；25°51'32.5"N，110°29'2.4"E，海拔 460 m；成土母质为花岗岩风化物；次生林地，植被有竹、杉树、铁芒萁、蕨类等。50 cm 深度土温 21.5℃。野外调查时间为 2015 年 8 月 22 日，编号 45-043。

鸭塘系代表性单个土体剖面

Ah：0～12 cm，浊黄橙色（10YR 6/3，干），棕色（10YR 4/4，润）；砂质黏壤土，强度发育小粒状结构，疏松，多量细树根、少量很粗树根；向下层平滑渐变过渡。

AB：12～32 cm，浊黄橙色（10YR 7/4，干），黄棕色（10YR 5/6，润）；砂质黏壤土，强度发育小块状结构，疏松，多量细根、少量粗根；向下层平滑清晰过渡。

Bw1：32～68 cm，淡黄橙色（10YR 8/4，干），亮棕色（7.5YR 5/6，润）；砂质黏壤土，中度发育小块状结构，稍疏松，中量细根、很少量粗根，有中量（15%）的微风化次棱角状花岗岩碎块；向下层平滑模糊过渡。

Bw2：68～110 cm，淡黄橙色（10YR 8/4，干），亮棕色（7.5YR 5/8，润）；砂质黏壤土，中度发育小块状结构，稍疏松，中量细根、很少量粗根，有多量（25%）的微风化块棱角状花岗岩。

鸭塘系代表性单个土体物理性质

土层	深度 /cm	砾石 (>2 mm，体积分数)/%	细土颗粒组成（粒径：mm）/（g/kg）			质地类别	容重 /（g/cm³）
			砂粒 2～0.05	粉粒 0.05～0.002	黏粒<0.002		
Ah	0～12	<1	465	240	296	砂质黏壤土	1.05
AB	12～32	2	458	241	302	砂质黏壤土	1.18
Bw1	32～68	15	461	228	311	砂质黏壤土	1.26
Bw2	68～110	25	459	225	316	砂质黏壤土	1.28

鸭塘系代表性单个土体化学性质

深度 /cm	pH		有机碳	全氮（N）	全磷（P）	全钾（K）	CEC₇	ECEC	盐基饱和度 /%	铝饱和度 /%	游离氧化铁 /（g/kg）	铁游离度 /%
	H₂O	KCl	/（g/kg）				/（cmol(+)/kg 黏粒）					
0～12	4.3	3.9	21.9	1.99	0.40	28.31	39.4	20.3	7.6	79.4	24.4	52.6
12～32	4.4	4.0	16.0	1.34	0.38	28.60	33.0	17.9	6.8	81.7	25.6	55.0
32～68	4.5	4.0	10.0	0.93	0.36	31.83	25.4	14.6	8.1	80.3	25.6	50.5
68～110	4.7	4.0	8.0	0.75	0.35	33.29	21.9	12.7	9.5	77.5	25.2	49.9

9.8　黄色简育湿润富铁土

9.8.1　丹洲系（Danzhou Series）

土　族：粗骨黏质高岭石混合型酸性热性-黄色简育湿润富铁土
拟定者：卢　瑛，欧锦琼

分布与环境条件　主要分布于柳州、桂林、梧州市等北纬 24°30′以北、海拔 500 m 以下的页岩丘陵区。成土母质为页岩风化残积、坡积物。土地利用类型为林地，主要植被有松树、桉树、小灌木和铁芒萁，植被覆盖度≥80%。属亚热带季风性气候，年平均气温 18～19℃，年平均降雨量 1600～1800 mm。

丹洲系典型景观

土系特征与变幅　诊断层包括淡薄表层、低活性富铁层；诊断特性包括湿润土壤水分状况、热性土壤温度状况、准石质接触面。该土系土体厚度 40～80 cm，土体构型为 Ah-AB-Bw-C，块状结构，土壤颜色为橄榄棕色-亮黄棕色；土体中中等风化的岩石碎块达到 35%～50%，细土质地为粉质黏土-黏土；土壤呈酸性，pH 4.5～5.5。

对比土系　播细系，属于相同亚类。播细系成土母质为砂页岩风化物，分布于海拔较丹洲系高的区域，土体深厚，砾石含量少，土族控制层段颗粒大小级别和矿物学类型为壤质、硅质混合型。

利用性能综述　土层厚度中等，土体内岩石碎块较多，细土质地较黏，保肥能力较强，土壤有机质和氮磷钾养分含量中等。改良利用措施：发展林业，种植经济林和生态林，严禁乱砍滥伐，提高植被覆盖率，防止水土流失；低丘缓坡种植水果、茶叶等经济作物。

参比土种　中层黏质红土。

代表性单个土体 位于柳州市三江侗族自治县丹洲镇板江村委七星屯；25°23'39.8"N，109°27'3.5"E；海拔 106 m，地势起伏，母质为页岩风化坡积物，林地，植被有松树、桉树、小灌木等。50 cm 深度土温 22.1℃。野外调查时间为 2016 年 11 月 13 日，编号 45-106。

丹洲系代表性单个土体剖面

Ah：0～25 cm，浅淡黄色（2.5Y 8/3，干），橄榄棕色（2.5Y 4/6，润）；粉质黏土，中度发育小块状结构；稍疏松；中量粗根和少量细根，中量（约 10%）中等风化的棱角状岩石碎屑；向下层平滑渐变过渡。

AB：25～45 cm，淡黄橙色（10YR 8/4，干），亮黄棕色（10YR 6/8，润）；粉质黏土，中度发育大块状结构，稍紧实，少量细草，有很多（约 50%）中度风化的棱角状岩石碎屑，多量蚂蚁；向下层平滑模糊过渡。

Bw：45～75 cm，淡黄橙色（10YR 8/4，干），亮黄棕色（10YR 6/8，润）；黏土，中度发育中块状结构，紧实，少量细根，有很多（50%）中度风化的棱角状岩石碎屑；向下层平滑模糊过渡。

C：75 cm 以下，弱风化的页岩碎块。

丹洲系代表性单个土体物理性质

土层	深度 /cm	砾石（>2 mm，体积分数）/%	细土颗粒组成（粒径：mm）/（g/kg）			质地类别
			砂粒 2～0.05	粉粒 0.05～0.002	黏粒<0.002	
Ah	0～25	10	146	404	450	粉质黏土
AB	25～45	50	106	407	487	粉质黏土
Bw	45～75	50	111	370	519	黏土

丹洲系代表性单个土体化学性质

深度 /cm	pH		有机碳	全氮（N）	全磷（P）	全钾（K）	CEC_7	ECEC	盐基饱和度 /%	铝饱和度 /%	游离氧化铁 /（g/kg）	铁游离度 /%
	H₂O	KCl		/（g/kg）			/（cmol(+)/kg 黏粒）					
0～25	4.9	3.5	24.6	2.16	0.56	27.58	36.6	26.3	15.6	73.0	56.5	80.7
25～45	4.5	3.6	11.1	1.33	0.61	28.17	25.0	18.9	8.0	84.6	58.9	80.2
45～75	4.5	3.5	6.7	1.15	0.67	28.47	21.9	16.3	7.7	83.9	62.5	80.2

9.8.2 大番坡系（Dafanpo Series）

土　族：砂质硅质混合型酸性高热性-黄色简育湿润富铁土
拟定者：卢　瑛，李　博，黄伟濠

分布与环境条件　主要分布于北纬 22°以南沿海地带砂页岩低丘区。成土母质为砂页岩风化物。土地利用类型为林地，植被主要包括桃金娘、华山矾、野牡丹、粗面榕、白背桐、铁芒萁等。属亚热带季风性气候，年平均气温 22～23℃，年平均降雨量 2000～2200 mm。

大番坡系典型景观

土系特征与变幅　诊断层包括淡薄表层、低活性富铁层；诊断特性包括湿润土壤水分状况、高热土壤温度状况。地处低纬度地带，高温多雨条件导致岩石风化、矿物分解和盐基淋溶，土壤脱硅富铝化作用强烈，黏土矿物以高岭石为主，黏粒活性低。土壤砂粒含量>500 g/kg，细土质地为砂质壤土、砂质黏壤土；土壤呈强酸性-酸性反应，pH 4.0～5.0。

对比土系　山角村系，分布区域相邻，属于相同土族。成土母质不同，山角村系成土母质为浅海沉积物，通体土壤质地均一，土体内没有岩石碎屑，表层土壤 pH>5.5。

利用性能综述　土体深厚，风化淋溶作用强烈，土壤磷、钾含量低，土壤瘠瘦，酸性强。改良利用措施：种植耐瘠薄的林木如松树、桉树、木麻黄等，缓坡平缓地带可开垦种植剑麻、菠萝等，实行等高种植，防止土壤侵蚀和水土流失。

参比土种　厚层砂泥砖红土。

代表性单个土体　位于钦州市钦南区大番坡镇大番坡村委；21°51'0.1"N，108°38'43.0"E，海拔 31 m；地势起伏，成土母质为砂页岩风化物；次生林地，种植松树、桉树、桃金娘等。50 cm 深度土温 24.8℃。野外调查时间为 2017 年 12 月 22 日，编号 45-159。

Ah: 0~13 cm，浊黄橙色（10YR 7/2，干），暗棕色（10YR 3/4，
　　润）；砂质壤土，强度发育小块状结构，疏松，少量粗、
　　中、细根，有少量微风化的次棱角状岩石碎屑；向下层
　　波状渐变过渡。

AB: 13~25 cm，浊黄橙色（10YR 7/3，干），棕色（10YR 4/4，
　　润）；砂质黏壤土，强度发育小块状结构，稍紧实，少
　　量细根，有少量微弱风化的次棱角状岩石碎屑；向下层
　　波状渐变过渡。

Bw1: 25~55 cm，淡黄橙色（10YR 8/4，干），橙色（7.5YR 6/8，
　　润）；砂质黏壤土，强度发育中块状结构，紧实，多量
　　细草根系，有少量微弱风化的次棱角状岩石碎屑；向下
　　层平滑模糊过渡。

Bw2: 55~115 cm，淡黄橙色（10YR 8/4，干），橙色（7.5YR 7/6，
　　润）；砂质黏壤土，强度发育中块状结构，紧实，有少量
　　微弱风化的次棱角状岩石碎屑；向下层平滑模糊过渡。

大番坡系代表性单个土体剖面

Bw3: 115~140 cm，淡黄橙色（10YR 8/4，干），橙色（7.5YR 7/6，润）；砂质黏壤土，强度发育中
　　块状结构，紧实，有少量微弱风化的次棱角状岩石碎屑。

大番坡系代表性单个土体物理性质

土层	深度/cm	砾石（>2 mm，体积分数）/%	细土颗粒组成（粒径：mm）/（g/kg）			质地类别	容重/（g/cm³）
			砂粒 2~0.05	粉粒 0.05~0.002	黏粒<0.002		
Ah	0~13	5	623	204	174	砂质壤土	1.24
AB	13~25	5	598	198	204	砂质黏壤土	1.49
Bw1	25~55	2	577	185	238	砂质黏壤土	1.66
Bw2	55~115	5	553	187	260	砂质黏壤土	1.65
Bw3	115~140	5	518	209	273	砂质黏壤土	1.64

大番坡系代表性单个土体化学性质

深度/cm	pH		有机碳	全氮（N）	全磷（P）	全钾（K）	CEC_7	ECEC	盐基饱和度/%	铝饱和度/%	游离氧化铁/（g/kg）	铁游离度/%
	H₂O	KCl		/（g/kg）			/（cmol(+)/kg 黏粒）					
0~13	4.3	3.5	17.2	1.19	0.21	3.01	57.7	32.9	8.8	78.5	12.6	76.4
13~25	4.3	3.7	6.8	0.50	0.19	3.67	33.9	21.2	8.4	82.1	17.0	77.9
25~55	4.3	3.8	2.9	0.29	0.21	4.40	24.8	15.4	9.7	80.4	21.1	82.4
55~115	4.3	3.8	1.8	0.20	0.20	4.40	20.0	13.9	12.4	79.4	20.1	85.1
115~140	4.7	3.9	1.7	0.21	0.26	5.50	18.4	12.9	11.5	81.5	24.6	84.6

9.8.3 山角村系（Shanjiaocun Series）

土　　族：砂质硅质混合型酸性高热性-黄色简育湿润富铁土
拟定者：卢　瑛，李　博，黄伟濠

分布与环境条件　主要分布于钦州、北海市近海台地和平原，地势平坦、开阔。成土母质为浅海沉积物。土地利用类型为次生林地，主要植物有桉树、黄牛木、垂叶榕、白背桐等。属热带季风性气候，年平均气温 22～23℃，年平均降雨量 2000～2200 mm。

山角村系典型景观

土系特征与变幅　诊断层包括淡薄表层、低活性富铁层；诊断特性包括湿润土壤水分状况、高热土壤温度状况。该土系土体深厚，厚度>100 cm，层次过渡不明显，土壤砂性强，砂粒含量>750 g/kg，土壤剖面质地均一，为砂质壤土；土壤呈酸性-微酸性反应，pH 4.5～6.0。

对比土系　大番坡系，分布区域相邻，属于相同土族。成土母质不同，大番坡系成土母质为砂页岩风化物，B 层土壤质地均一，土体内有少量微弱风化的岩石碎屑，表层土壤 pH<5.5。

利用性能综述　该土系土体深厚，地势平坦，便于开发利用。但土壤结构松散，质地偏砂，土壤有机质、氮磷钾等养分含量低，蓄水保肥性能差，土壤肥力低。改良利用措施：充分利用该区域优越的水热条件，发展热带作物，选择耐旱耐瘠薄的树种和特种作物栽培，如剑麻、橡胶、桉树、木麻黄等，水源充足处可种植甘蔗、油料等经济作物；设置防风林带，减少台风危害，种植草本植物和绿肥，提高地表覆盖率，固沙、防止水土流失。

参比土种　海积砖红土。

代表性单个土体　　位于钦州市合浦县山口镇山角村委会；21°35'28.7"N，109°42'7.1"E，海拔 16 m；地势平坦，成土母质为浅海沉积物，次生林地，主要种植桉树等。50 cm 深度土温 25.0℃。野外调查时间为 2017 年 12 月 24 日，编号 45-162。

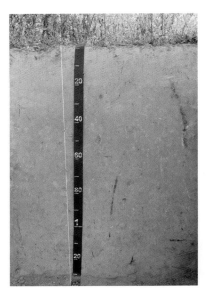

山角村系代表性单个土体剖面

Ah：0～12 cm，浊黄橙色（10YR 7/3，干），浊黄澄色（10YR 6/4，润）；砂质壤土，中度发育小块状结构，疏松，干时松散，少量细根；向下层平滑模糊过渡。

Bw1：12～35 cm，浊黄橙色（10YR 7/4，干），亮黄棕色（10YR 6/6，润）；砂质壤土，中度发育小块状结构，疏松，少量细根，结构面有少量的对比明显的腐殖质胶膜；向下层平滑模糊过渡。

Bw2：35～78 cm，浊黄橙色（10YR 7/4，干），亮黄棕色（10YR 6/6，润）；砂质壤土，中度发育小块状结构，疏松，少量细根，结构面有少量的对比明显的腐殖质胶膜；向下层平滑模糊过渡。

Bw3：78～130 cm，浊黄橙色（10YR 7/4，干），亮黄棕色（10YR 6/6，润）；砂质壤土，中度发育小块状结构，疏松，少量细根，结构面有少量的对比明显的腐殖质胶膜。

山角村系代表性单个土体物理性质

土层	深度 /cm	砾石 （>2 mm，体积分数）/%	细土颗粒组成（粒径：mm）/（g/kg）			质地类别	容重 /（g/cm³）
			砂粒 2～0.05	粉粒 0.05～0.002	黏粒<0.002		
Ah	0～12	0	801	87	112	砂质壤土	1.61
Bw1	12～35	0	798	77	125	砂质壤土	1.57
Bw2	35～78	0	793	77	130	砂质壤土	1.57
Bw3	78～130	0	794	82	124	砂质壤土	1.66

山角村系代表性单个土体化学性质

深度 /cm	pH		有机碳	全氮 （N）	全磷 （P）	全钾 （K）	CEC$_7$	ECEC	盐基饱和度 /%	铝饱和度 /%	游离氧化铁 /（g/kg）	铁游离度 /%
	H$_2$O	KCl			/（g/kg）			/（cmol(+)/kg 黏粒）				
0～12	5.6	4.3	3.9	0.29	0.09	0.75	22.4	17.0	48.9	34.3	6.8	74.8
12～35	5.0	4.2	2.6	0.19	0.08	0.66	17.8	11.6	26.4	59.4	7.4	81.5
35～78	4.7	4.2	2.2	0.18	0.10	0.65	18.7	12.9	28.3	58.4	7.7	81.7
78～130	4.8	4.2	2.0	0.13	0.10	0.66	18.4	14.0	42.1	39.5	8.4	84.7

9.8.4 沙井系（Shajing Series）

土　族：黏质高岭石型酸性高热性-黄色简育湿润富铁土
拟定者：卢　瑛，贾重建

分布与环境条件　主要分布于钦州、玉林、梧州、南宁、贵港、崇左市等海拔 500 m 以下的花岗岩丘陵区。成土母质为花岗岩残积、坡积物。土地利用类型为林地，植被有桉树、草本植物。属南亚热带季风性气候，年平均气温 21～22℃，年平均降雨量 1600～1800 mm。

沙井系典型景观

土系特征与变幅　诊断层包括淡薄表层、低活性富铁层；诊断特性包括湿润土壤水分状况、高热土壤温度状况。土体深厚，厚度>100 cm，细土质地为黏壤土-黏土；土壤呈强酸性-酸性反应，pH 4.0～5.0。

对比土系　两江系，属于相同土族；成土母质和 0～20 cm 表层土壤质地类别不同，两江系成土母质为砂页岩风化物，0～20 cm 表层土壤质地类别为黏壤土类。

利用性能综述　该土系土层深厚，土壤有机质、氮磷钾养分含量偏低，土壤质地适中，适宜多种经济作物和林木种植。但多分布于山丘，不合理的开发利用，易造成水土流失。改良利用措施：大力发展热带水果和经济林、用材林，在缓坡及丘陵坡脚等高种植柑橘、荔枝、龙眼、杧果等热带水果，山丘可种植肉桂、八角、油茶、油桐等经济林木和马尾松、杉树、桉树、木麻黄等用材林；开垦时要采取措施防止水土流失，增施有机肥料和合理施用化肥，提高土壤养分，促进果树、经济林木生长。

参比土种　厚层杂砂赤红土。

代表性单个土体　位于玉林市陆川县乌石镇沙井村委山下队；22°9'30"N，110°15'8.3"E，海拔 70 m；地势略起伏，成土母质为花岗岩坡积物；次生林地，主要种植桉树等。50 cm 深度土温 24.5℃。野外调查时间为 2016 年 12 月 24 日，编号 45-136。

沙井系代表性单个土体剖面

Ah：0～13 cm，浊橙色（7.5YR 7/4，干），亮棕色（7.5YR 5/8，润）；黏土，强度发育大块状结构，稍紧实，中量细根，有小的次棱角状中度风化的岩石碎屑；向下层波状渐变过渡。

AB：13～30 cm，淡黄橙色（7.5YR 8/6，干），橙色（7.5YR 6/8，润）；黏土，中度发育大块状结构，紧实，少量细根，有少量次棱角状中度风化的岩石碎屑；向下层波状模糊过渡。

Bw1：30～85 cm，淡黄橙色（7.5YR 8/4，干），橙色（7.5YR 6/8，润）；黏壤土，中度发育中块状结构，紧实，少量极细根，有中量次棱角状中度风化的岩石碎屑；向下层平滑渐变过渡。

Bw2：85～116 cm，淡黄橙色（7.5YR 8/4，干），橙色（7.5YR 6/8，润）；黏壤土，弱发育中块状结构，紧实，有少量次棱角状中度风化的岩石碎屑。

沙井系代表性单个土体物理性质

土层	深度 /cm	砾石 (>2 mm，体积分数) /%	细土颗粒组成（粒径：mm）/（g/kg）			质地类别	容重 /（g/cm³）
			砂粒 2～0.05	粉粒 0.05～0.002	黏粒<0.002		
Ah	0～13	2	378	211	411	黏土	1.14
AB	13～30	2	380	191	428	黏土	1.31
Bw1	30～85	10	381	223	397	黏壤土	1.49
Bw2	85～116	2	360	271	369	黏壤土	1.50

沙井系代表性单个土体化学性质

深度 /cm	pH		有机碳	全氮 (N)	全磷 (P)	全钾 (K)	CEC₇	ECEC	盐基饱和度 /%	铝饱和度 /%	游离氧化铁 /（g/kg）	铁游离度 /%
	H₂O	KCl		/（g/kg）			/（cmol(+)/kg 黏粒）					
0～13	4.4	3.3	14.2	1.01	0.19	9.77	28.1	26.2	10.7	83.6	26.6	66.2
13～30	4.4	3.4	7.8	0.57	0.20	12.18	20.2	20.3	13.4	82.2	32.9	72.7
30～85	4.7	3.6	3.6	0.31	0.18	12.48	21.0	15.9	14.6	76.8	33.3	70.5
85～116	4.9	3.7	2.7	0.20	0.18	14.14	24.3	16.9	15.2	75.1	34.1	68.1

9.8.5 两江系（Liangjiang Series）

土　族：黏质高岭石型酸性高热性–黄色简育湿润富铁土
拟定者：卢　瑛，姜　坤

分布与环境条件　主要分布于南宁、崇左、百色、柳州、梧州、来宾、贵港、贺州市等北纬 24°30'以南的海拔 500 m 以下砂页岩丘陵中、下部或坡脚。成土母质为砂页岩风化物。土地利用类型为耕地、林地。属亚热带季风性气候，年平均气温 21～22℃，年平均降雨量 1400～1600 mm。

两江系典型景观

土系特征与变幅　诊断层包括淡薄表层、低活性富铁层；诊断特性包括湿润土壤水分状况、高热土壤温度状况。土层深厚，厚度>100 cm，土体层次分异明显，剖面构型 Ah-AB-Bw-C；在高温多雨气候条件下，风化淋溶作用强烈，脱硅富铝化作用明显，黏土矿物以高岭石及三水铝石为主；粉粒含量>400 g/kg，细土质地壤土–黏壤土；盐基饱和度<10%，铝饱和度>75%，土壤呈强酸性–酸性反应，pH 4.0～5.0。

对比土系　沙井系，属于相同土族；成土母质和 0～20 cm 表层土壤质地类别不同，沙井系成土母质为花岗岩风化物，0～20 cm 表层土壤质地类别为黏土类。

利用性能综述　该土系土体深厚，质地适中，表层有机质和氮磷钾养分含量较高，肥力中等，宜种性广。改良利用措施：发展针、阔混交林、经济林，宜种植杉树、松树、桉树、木麻黄、台湾相思和竹、油茶等用材林和经济林；有条件地方可开垦成水平梯地发展热带水果如荔枝、龙眼、柑橘及桑树、茶叶等，还可种植药材。

参比土种　厚层砂泥赤红土。

代表性单个土体　位于南宁市武鸣区两江镇大明山脚木材检查站旁；23°31'44.6"N，

108°19'58.9"E，海拔 235 m；地势强度起伏，成土母质为砂页岩风化物；耕地，种植有木薯、桉树等，植被覆盖率>80%。50 cm 深度土温 23.4℃。野外调查时间为 2015 年 9 月 22 日，编号 45-055。

Ah：0～18 cm，浊黄橙色（10YR 6/4，干），棕色（10YR 4/6，润）；黏壤土，强度发育小粒状结构，疏松，少量细根，有少量棱角状的微风化岩石碎块；向下层平滑渐变过渡。

AB：18～46 cm，浊黄橙色（10YR 6/4，干），棕色（10YR 4/6，润）；黏壤土，强度发育小块状结构，稍紧实，少量极细根；向下层波状清晰过渡。

Bw：46～100 cm，亮黄棕色（10YR 7/6，干），亮棕色（7.5YR 5/8，润）；黏壤土，强度发育中块状结构，稍紧实，垂直结构面上有多量的对比显著的腐殖质胶膜；向下层平滑渐变过渡。

C：100 cm 以下，砂页岩风化物。

两江系代表性单个土体剖面

两江系代表性单个土体物理性质

土层	深度/cm	砾石（>2 mm，体积分数）/%	细土颗粒组成（粒径：mm）/（g/kg）			质地类别	容重/（g/cm³）
			砂粒 2～0.05	粉粒 0.05～0.002	黏粒<0.002		
Ah	0～18	2	287	407	307	黏壤土	1.07
AB	18～46	<1	251	407	342	黏壤土	1.30
Bw	46～100	<1	216	418	366	黏壤土	1.27

两江系代表性单个土体化学性质

深度/cm	pH		有机碳	全氮（N）	全磷（P）	全钾（K）	CEC₇	ECEC	盐基饱和度/%	铝饱和度/%	游离氧化铁/（g/kg）	铁游离度/%
	H₂O	KCl	/（g/kg）				/（cmol(+)/kg 黏粒）					
0～18	4.3	3.6	19.4	1.35	0.51	16.51	41.4	23.6	7.7	78.8	44.4	81.1
18～46	4.2	3.8	10.3	0.78	0.39	18.70	30.8	18.6	5.9	84.7	45.7	73.3
46～100	4.3	3.8	5.3	0.66	0.39	22.95	23.3	14.8	5.6	85.6	56.8	76.5

9.8.6 伏六系（Fuliu Series）

土　族：黏质高岭石型非酸性高热性-黄色简育湿润富铁土
拟定者：卢　瑛，欧锦琼

分布与环境条件　主要分布于钦州、玉林、梧州、南宁、贵港、崇左市等海拔 500 m 以下的花岗岩丘陵区。成土母质为花岗岩风化残积、坡积物。土地利用类型为林地，植被有竹、松树、杉树、肉桂等。属亚热带季风性气候，年平均气温 21～22℃，年平均降雨量 1400～1600 mm。

伏六系典型景观

土系特征与变幅　诊断层包括淡薄表层、低活性富铁层；诊断特性包括湿润土壤水分状况、高热土壤温度状况。土体深厚，厚度>100 cm，细土质地为黏壤土-黏土；土壤呈微酸性-酸性反应，pH 5.0～6.0。

对比土系　沙井系、两江系，属于相同亚类；土族控制层段颗粒大小级别、矿物学类型、土壤温度状况均相同，但沙井系、两江系土壤酸碱反应类别为酸性。

利用性能综述　该土系土层深厚，土壤有机质、氮磷钾养分含量偏低，土壤质地适中，适宜多种经济作物和林木种植。但多分布于山丘，不合理的开发利用，易造成水土流失。改良利用措施：大力发展热带水果和经济林、用材林，在缓坡及丘陵坡脚等高种植柑橘、荔枝、龙眼、杧果等热带水果，山丘可种植肉桂、八角、油茶、油桐等经济林木和马尾松、杉树、桉树、木麻黄等用材林；开垦时要采取措施防止水土流失，增施有机肥料和合理施用化肥，提高土壤养分，促进果树、经济林木生长。

参比土种　厚层杂砂赤红土。

代表性单个土体　位于梧州市岑溪市马路镇伏六村；22°57'31.3"N，111°52'23.5"E，海拔

64 m；成土母质为花岗岩风化坡积物；次生林地，种植有竹、松树、杉树、肉桂等。50 cm 深度土温 23.9℃。野外调查时间为 2017 年 3 月 23 日，编号 45-158。

Ah：0～20 cm，亮黄棕色（10YR 7/6，干），亮棕色（7.5YR 5/8，润）；黏土，强度发育小块状结构，稍紧实，多量细根、极少量粗根；向下层平滑模糊过渡。

Bw1：20～65 cm，亮黄棕色（10YR 7/6，干），亮棕色（7.5YR 5/8，润）；黏土，强度发育中块状结构，稍紧实，多量细根、中量中根；向下层平滑渐变过渡。

Bw2：65～110 cm，橙色（7.5YR 7/6，干），亮棕色（7.5YR 5/8，润）；黏土，强度发育中块状结构，稍紧实，中量细根；向下层平滑渐变过渡。

Bw3：110～145 cm，橙色（7.5YR 7/6，干），亮红棕色（5YR 5/8，润）；黏壤土，强度发育中块状结构，紧实，中量细根、很少量中根。

伏六系代表性单个土体剖面

伏六系代表性单个土体物理性质

土层	深度 /cm	砾石 (>2 mm，体积分数)/%	细土颗粒组成（粒径：mm）/（g/kg）			质地类别	容重 /（g/cm³）
			砂粒 2～0.05	粉粒 0.05～0.002	黏粒<0.002		
Ah	0～20	5	385	187	428	黏土	1.28
Bw1	20～65	5	402	182	416	黏土	1.35
Bw2	65～110	5	396	181	423	黏土	1.36
Bw3	110～145	10	415	193	392	黏壤土	1.43

伏六系代表性单个土体化学性质

深度 /cm	pH		有机碳	全氮 (N)	全磷 (P)	全钾 (K)	CEC₇	ECEC	盐基饱和度 /%	铝饱和度 /%	游离氧化铁 /（g/kg）	铁游离度 /%
	H₂O	KCl	/（g/kg）				/（cmol(+)/kg 黏粒）					
0～20	5.1	3.7	15.4	1.33	0.46	15.62	24.2	14.8	43.2	25.4	61.1	82.4
20～65	5.2	3.8	8.0	0.75	0.45	15.92	22.1	13.3	38.1	33.8	61.3	82.9
65～110	5.9	5.1	8.1	0.88	0.46	15.32	20.4	15.1	73.3	0.5	64.3	81.7
110～145	5.5	4.1	4.1	0.49	0.54	14.72	16.0	10.4	32.0	47.0	65.5	83.9

9.8.7 播细系（Boxi Series）

土　族：壤质硅质混合型酸性热性-黄色简育湿润富铁土
拟定者：卢　瑛，秦海龙

分布与环境条件　主要分布于河池、桂林市等北纬 24°30' 以北、海拔 500～1000 m 砂页岩中山地带。成土母质为砂页岩风化物。土地利用类型为林地，植被有松树、杜鹃、茅草等。属亚热带季风性气候，年平均气温 18～19℃，年平均降雨量 1400～1600 mm。

播细系典型景观

土系特征与变幅　诊断层包括暗瘠表层、低活性富铁层；诊断特性包括湿润土壤水分状况、热性土壤温度状况。土体深厚，厚度>100 cm，细土质地为壤土-黏壤土，土壤颜色主要为亮黄棕色。土壤呈酸性反应，pH 4.5～5.5。

对比土系　丹洲系，属于相同亚类。丹洲系成土母质为页岩风化物，分布于海拔较播细系低的区域，土体厚度中等，砾石含量多，土族控制层段颗粒大小级别和矿物学类型为粗骨黏质、高岭石混合型。

利用性能综述　该土系是广西主要的林业生产基地，土层深厚，土壤质地适中，适合于多种经济林木的生长，但土壤磷、钾养分含量极低。改良利用措施：加强封山育林，严禁乱砍滥伐，保护生态环境；积极发展用材林和经济林，发展八角、油茶、油桐、核桃、板栗、杉树等经济林和用材林；缓坡地带实行土地整理，修建水平梯地，种植柑橘、刺梨等水果；利用过程中需采取措施防止水土流失，增施磷钾肥，提高土壤肥力。

参比土种　厚层砂泥黄红土。

代表性单个土体　位于河池市南丹县六寨镇播细村平田屯；25°22'6.9"N，107°14'58.0"E，海拔 882 m；地势起伏，成土母质为砂页岩风化；次生林地，植被类型有松树、灌木等。

50 cm 深度土温 21.6℃。野外调查时间为 2016 年 3 月 6 日，编号 45-084。

播细系代表性单个土体剖面

Ah： 0～25 cm，棕灰色（10YR 5/1，干），黑色（10YR 2/1，润）；壤土，强度发育小块状结构，稍疏松，大量细根和少量粗根，有中量（10%左右）的微风化的棱角状的岩石碎屑，有少量蚯蚓；向下层波状清晰过渡。

Bw1： 25～68 cm，浅淡黄色（2.5Y 8/3，干），亮黄棕色（10YR 6/6，润）；壤土，强度发育小块状结构，紧实，少量粗根，有中量（10%左右）的微风化的棱角状的岩石碎屑，垂直结构面有很少（<2%）的腐殖质胶膜；向下层波状渐变过渡。

Bw2： 68～110 cm，浅淡黄色（2.5Y 8/3，干），亮黄棕色（10YR 6/6，润）；壤土，强度发育中块状结构，紧实，有中量（10%左右）的中等风化的次棱角状的岩石碎屑；向下层波状模糊过渡。

BC： 110～140 cm，浅淡黄色（2.5Y 8/3，干），亮黄棕色（10YR 6/6，润）；壤土，中度发育中块状结构，紧实，有多量（20%左右）的中等风化的次棱角状的岩石碎屑，波状模糊过渡。

C： 140 cm 以下，砂页岩风化物。

播细系代表性单个土体物理性质

| 土层 | 深度 /cm | 砾石 (>2 mm，体积分数)/% | 细土颗粒组成（粒径：mm）/（g/kg） | | | 质地类别 | 容重 /（g/cm³） |
			砂粒 2～0.05	粉粒 0.05～0.002	黏粒<0.002		
Ah	0～25	10	472	400	128	壤土	1.23
Bw1	25～68	10	459	404	137	壤土	1.46
Bw2	68～110	10	450	394	157	壤土	1.49
BC	110～140	20	515	331	154	壤土	1.51

播细系代表性单个土体化学性质

| 深度 /cm | pH | | 有机碳 | 全氮（N） | 全磷（P） | 全钾（K） | CEC7 | ECEC | 盐基饱和度 /% | 铝饱和度 /% | 游离氧化铁 /（g/kg） | 铁游离度 /% |
	H₂O	KCl	/（g/kg）				/（cmol(+)/kg 黏粒）					
0～25	5.5	4.2	28.1	1.72	0.31	0.61	88.8	48.4	37.8	28.5	11.5	87.8
25～68	5.1	4.2	3.1	0.28	0.22	0.73	23.3	16.4	30.0	53.2	12.0	86.6
68～110	5.0	4.3	2.1	0.23	0.19	0.88	18.8	12.5	22.3	62.2	11.8	83.5
110～140	5.0	4.2	1.5	0.18	0.20	1.03	19.6	12.9	19.8	65.3	13.2	88.4

9.9 斑纹简育湿润富铁土

9.9.1 龙合系（Longhe Series）

土　族：黏壤质硅质混合型非酸性高热性-斑纹简育湿润富铁土
拟定者：卢　瑛，刘红宜

分布与环境条件　主要分布于南宁、崇左市等第四纪红土地带的平原、台地及低丘缓坡。成土母质为第四纪红土。土地利用类型为耕地，种植甘蔗、玉米等。属亚热带季风性气候，年平均气温 21～22℃，年平均降雨量 1200～1400 mm。

龙合系典型景观

土系特征与变幅　诊断层包括淡薄表层、低活性富铁层；诊断特性包括湿润土壤水分状况、高热土壤温度状况、氧化还原特征。该土系为第四纪红土母质发育土壤经旱耕发育而成，土层深厚，厚度>100 cm，粉粒含量> 500 g/kg，土壤质地为粉壤土，土壤呈酸性-微酸性反应，pH 5.0～6.5。

对比土系　永靖系，成土母质相同，但土体内没有铁锈斑纹，为湿润土壤水分状况，属于普通简育湿润富铁土亚类。永靖系土壤质地为黏土，土族控制层段颗粒大小级别为黏质，矿物学类型为高岭石型，土壤酸碱反应类别为酸性。

利用性能综述　该土系所处地区水热条件好，地势平缓，土层深厚，宜种性广，是桂南主要的旱作土壤之一，但土壤有机质和氮磷钾养分含量低，土壤肥力不高。改良利用措施：实行土地整理，修建和完善农田基本设施，增强抗旱排涝能力，改善农业生产条件；合理轮作和套种，如甘蔗、玉米和豆科作物间（套）种，秸秆还田；增施有机肥和磷钾肥，培肥土壤，提高土壤生产力。

参比土种　赤红泥土。

代表性单个土体　位于崇左市江州区左州镇龙合村渠茗屯；22°41'49.0"N，107°26'11.8"E，海拔 173.4 m；地势略起伏，成土母质为第四纪红土；耕地，种植甘蔗等。50 cm 深度土温 24.1℃。野外调查时间为 2015 年 3 月 18 日，编号 45-029。

龙合系代表性单个土体剖面

Ap：0～19 cm，淡红灰色（2.5YR 7/2，干），浊红棕色（2.5YR 5/3，润）；粉壤土，强度发育小块状结构，稍紧实，中量细根，有少量蚯蚓；向下层平滑清晰过渡。

Bw1：19～40 cm，淡红灰色（2.5YR 7/2，干），浊红棕色（2.5YR 5/3，润）；粉壤土，强度发育小块状结构，紧实，很少量细根，孔隙周围有中量（10%～15%）的铁锰斑纹；向下层波状渐变过渡。

Bw2：40～62 cm，淡红灰色（2.5YR 7/2，干），浊黄棕色（10YR 4/3，润）；粉壤土，强度发育小块状结构，紧实，很少细根，孔隙周围有中量（10%～15%）的铁锰斑纹，有少量（2%～5%）扁平的铁锰结核；向下层平滑模糊过渡。

Bw3：62～110 cm，浅淡红橙色（2.5YR 7/3，干），棕色（10YR 4/4，润）；粉壤土，强度发育小块状结构，紧实，结构面上有中量（10%～15%）的铁锰斑纹，有少量（2%～5%）扁平的铁锰结核。

龙合系代表性单个土体物理性质

| 土层 | 深度 /cm | 砾石 （>2 mm, 体积分数）/% | 细土颗粒组成（粒径：mm）/（g/kg） | | | 质地类别 | 容重 /（g/cm³） |
			砂粒 2～0.05	粉粒 0.05～0.002	黏粒<0.002		
Ap	0～19	2	114	623	264	粉壤土	1.48
Bw1	19～40	5	205	564	231	粉壤土	1.60
Bw2	40～62	3	237	539	224	粉壤土	1.58
Bw3	62～110	<1	125	615	261	粉壤土	1.59

龙合系代表性单个土体化学性质

| 深度 /cm | pH | | 有机碳 | 全氮 （N） | 全磷 （P） | 全钾 （K） | CEC₇ | ECEC | 盐基饱和度 /% | 铝饱和度 /% | 游离氧化铁 /（g/kg） | 铁游离度 /% |
	H₂O	KCl			/（g/kg）			/（cmol(+)/kg 黏粒）				
0～19	5.0	4.6	10.7	0.87	0.60	2.45	25.5	20.9	78.2	1.9	23.0	83.5
19～40	5.9	5.1	3.9	0.34	0.65	0.97	21.4	18.4	83.5	0.7	35.4	65.2
40～62	6.1	5.2	4.1	0.32	0.64	0.80	25.5	21.6	82.4	1.0	43.0	76.3
62～110	6.1	4.9	4.4	0.34	0.36	1.09	23.0	19.4	82.3	0.7	23.1	84.6

9.10 普通简育湿润富铁土

9.10.1 迷赖系（Milai Series）

土　族：粗骨黏质高岭石型酸性高热性-普通简育湿润富铁土
拟定者：卢　瑛，韦翔华

分布与环境条件　主要分布于来宾、玉林、柳州市等砾岩丘陵区。成土母质为砾岩风化物。土地利用类型为耕地，种植甘蔗、花生等。属亚热带湿润季风性气候，年平均气温 20～21℃，年平均降雨量 1400～1600 mm。

迷赖系典型景观

土系特征与变幅　诊断层包括淡薄表层、低活性富铁层；诊断特性包括湿润土壤水分状况、高热土壤温度状况和贫盐基的盐基饱和度。土体深厚，土层厚度>100 cm，土壤黏粒含量>500 g/kg，细土质地为黏土，BC 内砾石含量高达 50%～70%，土族控制层段土壤颗粒大小级别为粗骨黏质；土壤呈酸性-强酸性反应，pH 4.0～5.0。

对比土系　永靖系、东门系，属于相同亚类；成土母质不同，永靖系为第四纪红土，东门系为砂岩风化物；土族控制层段颗粒大小级别和矿物学类型也不同，永靖系为黏质、高岭石型，东门系为黏壤质、硅质混合型。

利用性能综述　土壤有机质和氮磷钾养分含量低，质地黏重，酸性强，呈现黏、瘦、酸特征，农作物产量低，容易产生水土流失。改良利用措施：发展农作物或果树，种植甘蔗、花生、柑橘等；实行土地整理，修筑水平梯地，防止水土流失；用地养地结合，间（套）种或轮作种植绿肥，增施有机肥，培肥土壤；适量施用石灰等碱性土壤改良剂改良土壤酸性，测土平衡施肥，增加土壤养分供应，提高土壤肥力。

参比土种　砾质赤红土。

代表性单个土体　位于来宾市象州县石龙镇迷赖村罗旺屯；23°51'55.7"N，109°30'16.7"E，海拔 72 m；地势略起伏，成土母质为砾岩风化物；耕地，种植甘蔗、花生等。50 cm 深度土温 23.3℃。野外调查时间为 2016 年 11 月 18 日，编号 45-116。

Ah：0～20 cm，橙色（7.5YR 6/6，干），棕色（7.5YR 4/6，润）；黏土，强度发育小块状结构，稍疏松，中量中根，有少量微风化次圆状砾石；向下层波状渐变过渡。

Bw：20～40 cm，橙色（7.5YR 6/6，干），红棕色（5YR 4/8，润）；黏土，中度发育中块状结构，紧实，少量细根，有少量（2%～5%）微风化次圆状砾石；向下层平滑清晰过渡。

BC：40～100 cm，橙色（7.5YR 6/8，干），亮红棕色（5YR 5/8，润）；黏土，紧实，弱发育中块状结构，有很多（70%）微风化次圆状砾石。

迷赖系代表性单个土体剖面

迷赖系代表性单个土体物理性质

土层	深度 /cm	砾石 (>2 mm，体积分数)/%	细土颗粒组成（粒径：mm）/（g/kg）			质地类别	容重 /（g/cm³）
			砂粒 2~0.05	粉粒 0.05~0.002	黏粒<0.002		
Ah	0～20	2	344	149	507	黏土	1.07
Bw	20～40	3	291	133	576	黏土	1.35
BC	40～100	70	299	99	602	黏土	-

迷赖系代表性单个土体化学性质

深度 /cm	pH		有机碳	全氮 (N)	全磷 (P)	全钾 (K)	CEC₇	ECEC	盐基饱和度 /%	铝饱和度 /%	游离氧化铁 /（g/kg）	铁游离度 /%
	H₂O	KCl		/（g/kg）			/（cmol(+)/kg 黏粒）					
0～20	4.3	3.5	16.1	1.32	0.74	4.25	29.0	13.6	11.0	69.3	64.3	84.8
20～40	4.2	3.5	9.8	0.94	0.46	4.86	23.7	11.1	9.6	73.4	71.4	82.0
40～100	4.7	3.8	6.0	0.60	0.45	5.84	18.2	9.2	23.7	49.9	81.9	86.0

9.10.2 永靖系（Yongjing Series）

土　族：黏质高岭石型酸性高热性-普通简育湿润富铁土
拟定者：卢　瑛，贾重建

分布与环境条件 分布于百色、南宁市等第四纪红土低丘缓坡。成土母质为第四纪红土。土地利用类型为耕地或园地，种植甘蔗、荔枝等。属亚热带湿润季风性气候，年平均气温 21～22℃，年平均降雨量 1200～1400 mm。

永靖系典型景观

土系特征与变幅 诊断层包括淡薄表层、低活性富铁层；诊断特性包括湿润土壤水分状况、高热土壤温度状况和贫盐基的盐基饱和度。成土时间较长，土壤风化比较强烈，黏土矿物主要为高岭石、过渡矿物。其剖面一般具有 Ah-Bw-C；土体深厚，厚度>100 cm；土壤颜色以亮红棕色为主。土壤质地为黏壤土-黏土，黏粒含量在 350～450 g/kg 之间，在剖面上下差异不明显；土壤为强酸性-酸性，pH 在 4.0～5.5 之间。

对比土系 东门系、迷赖系，属于相同亚类；成土母质不同，迷赖系为砾岩风化物，东门系为砂岩风化物；土族控制层段颗粒大小级别和矿物学类型也不同，迷赖系为粗骨黏质、高岭石型，东门系为黏壤质、硅质混合型。

利用性能综述 土壤所处地形较为平坦，水热条件良好，土层深厚，适宜农垦发展农作物和茶叶、果树等经济作物。但该土土质较黏，透水性差，土壤有机质、氮、磷、钾缺乏。改良利用措施：增施有机肥料，改善土壤结构，提高蓄水能力；间、套种绿肥，增施磷、钾肥，改良土壤，培肥地力；搞好水土保持，防止土壤侵蚀。

参比土种 赤红泥土。

代表性单个土体 位于百色市右江区四塘镇永靖村大塘屯；23°46'47.2"N，106°42'15.6"E，海拔 230 m；地势略起伏，成土母质为第四纪红土；园地，种植荔枝。50 cm 深度土温 23.2℃。野外调查时间为 2015 年 12 月 18 日，编号 45-069。

Ah:　0～20 cm，橙色（5YR 6/6，干），亮红棕色（5YR 5/8，润）；黏土，强度发育小块状结构，稍紧实，有少量细根；向下层波状渐变过渡。

Bw1：20～65 cm，橙色（5YR 7/6，干），亮红棕色（5YR 5/8，润）；黏土，中度发育小块状结构，紧实；向下层平滑模糊过渡。

Bw2：65～110 cm，橙色（5YR 6/6，干），亮红棕色（5YR 5/8，润）；黏壤土，中度发育小块状结构，紧实；向下层平滑突变过渡。

C:　110 cm 以下，母质层。

永靖系代表性单个土体剖面

永靖系代表性单个土体物理性质

土层	深度 /cm	砾石 (>2 mm, 体积分数) /%	细土颗粒组成（粒径：mm）/（g/kg）			质地类别	容重 /（g/cm³）
			砂粒 2～0.05	粉粒 0.05～0.002	黏粒<0.002		
Ah	0～20	0	208	358	434	黏土	1.16
Bw1	20～65	0	252	341	407	黏土	1.39
Bw2	65～110	0	303	315	382	黏壤土	1.47

永靖系代表性单个土体化学性质

深度 /cm	pH		有机碳	全氮 (N)	全磷 (P)	全钾 (K)	CEC₇	ECEC	盐基饱和度 /%	铝饱和度 /%	游离氧化铁 /（g/kg）	铁游离度 /%
	H₂O	KCl	/（g/kg）				/（cmol(+)/kg 黏粒）					
0～20	4.4	3.7	15.7	1.19	0.32	7.73	26.1	22.6	20.1	72.1	65.3	88.7
20～65	4.3	3.7	3.2	0.47	0.31	8.77	24.3	23.3	22.7	71.6	77.1	87.3
65～110	5.3	4.0	2.0	0.40	0.29	8.62	21.0	18.8	4.8	91.5	68.7	86.9

9.10.3 东门系（Dongmen Series）

土　族：黏壤质硅质混合型酸性高热性-普通简育湿润富铁土
拟定者：卢　瑛，陈彦凯

分布与环境条件　分布于南宁、崇左市等海拔 500 m 以下的砂岩丘陵区。成土母质为砂岩风化的坡积、残积物。土地利用类型为耕地，种植甘蔗等。属亚热带季风性气候，年平均气温 21～22℃，年平均降雨量 1400～1600 mm。

东门系典型景观

土系特征与变幅　诊断层包括淡薄表层、低活性富铁层；诊断特性包括湿润土壤水分状况、高热土壤温度状况。土体厚度 80～100 cm，耕作层厚度>20 cm，通体土层砂粒含量>400 g/kg，细土质地为壤土，土壤颜色为浊红棕色-红棕色；土壤呈酸性-微酸性反应，pH 4.56～6.0。

对比土系　永靖系、迷赖系，属于相同亚类；成土母质不同，迷赖系为砾岩风化物，永靖系为第四纪红土；土族控制层段颗粒大小级别和矿物学类型也不同，迷赖系为粗骨黏质、高岭石型，永靖系为黏质、高岭石型。

利用性能综述　该土系地处丘陵中、下部，土层较厚，土壤酸性，土壤有机质和氮磷钾含量低，易产生水土流失，土壤肥力较低。改良利用措施：可用于旱地、茶园和果园，发展亚热带作物，多种经营；增施有机肥，改善土壤结构，也可间（套）种绿肥，培肥地力；同时，应注意钾肥和磷肥的施用；根据种植植物的特点，适当施用石灰改良土壤。

参比土种　厚层砂质赤红土。

代表性单个土体　位于崇左市扶绥县东门镇江边村委旦岭屯；22°19'44.9"N，107°53'13.5"E，海拔 113 m；地势波状起伏，成土母质为砂岩风化物；耕地，主要种植甘蔗等。50 cm 深度土温 24.4℃。野外调查时间为 2015 年 3 月 17 日，编号 45-027。

东门系代表性单个土体剖面

Ap：0～25 cm，浊橙色（7.5YR 6/4，干），浊红棕色（5YR 4/4，润）；壤土，强度发育小块状结构，稍紧实，少量粗根、多量细根；向下层波状渐变过渡。

Bw1：25～56 cm，浊橙色（7.5YR 7/4，干），红棕色（5YR 4/6，润）；壤土，强度发育小块状结构，紧实，很少量粗根、中量细根；向下层波状模糊过渡。

Bw2：56～84 cm，橙色（7.5YR 7/6，干），红棕色（5YR 4/8，润）；壤土，强度发育中块状结构，紧实，少量细根；向下层波状模糊过渡。

BC：84～120 cm，橙色（7.5YR 7/6，干），红棕色（5YR 4/8，润）；壤土，中度发育中块状结构，紧实，少量细根；向下层波状模糊过渡。

C：　120 cm 以下，砂页岩风化物。

东门系代表性单个土体物理性质

土层	深度 /cm	砾石 (>2 mm，体积分数) /%	细土颗粒组成（粒径：mm）/（g/kg）			质地类别
			砂粒 2～0.05	粉粒 0.05～0.002	黏粒<0.002	
Ap	0～25	10	490	324	186	壤土
Bw1	25～56	10	492	316	192	壤土
Bw2	56～84	10	406	373	221	壤土
BC	84～120	20	358	380	262	壤土

东门系代表性单个土体化学性质

深度 /cm	pH		有机碳	全氮 (N)	全磷 (P)	全钾 (K)	CEC$_7$	ECEC	盐基饱和度 /%	铝饱和度 /%	游离氧化铁 /（g/kg）	铁游离度 /%
	H$_2$O	KCl		/（g/kg）			/（cmol(+)/kg 黏粒）					
0～25	5.6	4.7	11.9	0.93	0.30	2.45	24.8	21.7	83.4	1.6	28.7	87.9
25～56	5.2	3.7	5.9	0.53	0.23	2.08	38.9	19.5	14.9	63.3	28.4	89.7
56～84	4.6	3.6	4.2	0.38	0.22	2.23	23.3	19.3	13.9	76.3	24.6	87.1
84～120	4.8	3.6	3.0	0.35	0.21	3.35	21.2	19.3	19.9	72.1	28.8	89.5

第 10 章 淋 溶 土

10.1 腐殖铝质常湿淋溶土

10.1.1 八腊系（Bala Series）

土　族：黏质混合型酸性热性-腐殖铝质常湿淋溶土
拟定者：卢　瑛，姜　坤

分布与环境条件　主要分布于桂林、百色、河池市等海拔 900～1500 m 的中山地带。成土母质为砂页岩残积、坡积物。土地利用类型主要为林地，部分开垦为园地。亚热带湿润季风性气候，年平均气温 19～20℃，年平均降雨量 1400～1600 mm。

八腊系典型景观

土系特征与变幅　诊断层包括淡薄表层、黏化层；诊断特性包括常湿润土壤水分状况、热性土壤温度状况、铝质特性、腐殖质特性。土体厚度 80～100 cm，腐殖质层厚度 10～20 cm。因山高气候湿凉，土体中氧化铁水化作用强烈，土壤呈棕色-黄棕色。细土质地为黏壤土-粉质黏土。土壤盐基饱和度<10%，铝饱和度>80%；土壤呈酸性，pH 4.5～5.5。

对比土系　央村系，分布地形部位相似、成土母质相同，因不具有腐殖质特性和铝质特性，归属普通简育常湿淋溶土亚类；央村系土族控制层段颗粒大小级别和矿物学类型为黏壤质、硅质混合型。

利用性能综述　土体较深厚，土壤呈酸性，气候湿润、云雾多，具有发展林业生产和茶树的良好立地条件。改良利用措施：除保护和合理采伐现有林木外，宜选择优质用材树种造林，条件适宜区域可发展名茶、果树生产，如珍珠李等；土壤管理上，防止水土流失，合理培肥土壤。

参比土种　厚层砂泥黄壤土。

代表性单个土体　位于河池市天峨县八腊瑶族乡五福村；24°54'9.1"N，107°1'4.3"E，海拔 1002 m；山体顶部，成土母质为砂页岩风化残积、坡积物；园地，种植珍珠李等。50 cm 深度土温 20.5℃。野外调查时间为 2016 年 3 月 8 日，编号 45-088。

八腊系代表性单个土体剖面

Ah：0～12 cm，浊黄橙色（10YR 7/4，干），棕色（10YR 4/6，润）；黏壤土，强度发育小块状结构，疏松，多量细根，有少量（5%）次棱角状的岩屑，有少量蚯蚓；向下层平滑渐变过渡。

AB：12～33 cm，浊黄橙色（10YR 7/4，干），棕色（10YR 4/6，润）；黏壤土，强度发育小块状结构，稍紧实，中量细根，有中量（5%～10%）的次棱角状的岩屑；向下层波状渐变过渡。

Bt1：33～48 cm，浊黄橙色（10YR 7/4，干），黄棕色（10YR 5/8，润）；粉质黏土，强度发育中块状结构，稍紧实，少量细根，有中量（5%～10%）的次棱角状的岩屑；向下层波状渐变过渡。

Bt2：48～90 cm，黄橙色（10YR 8/6，干），黄棕色（10YR 5/8，润）；粉质黏土，中度发育中块状结构，紧实，很少量细根，有多量（40%）的次棱角状的岩屑。

C：90 cm 以下，弱风化的大块状砂页岩。

八腊系代表性单个土体物理性质

土层	深度 /cm	砾石（>2 mm，体积分数）/%	细土颗粒组成（粒径：mm）/（g/kg）			质地类别	容重 /（g/cm³）
			砂粒 2～0.05	粉粒 0.05～0.002	黏粒<0.002		
Ah	0～12	5	235	435	329	黏壤土	1.09
AB	12～33	5～10	234	439	327	黏壤土	1.18
Bt1	33～48	5～10	123	453	424	粉质黏土	1.21
Bt2	48～90	40	109	405	485	粉质黏土	1.32

八腊系代表性单个土体化学性质

深度 /cm	pH		有机碳	全氮 (N)	全磷 (P)	全钾 (K)	CEC₇	ECEC	盐基饱和度 /%	铝饱和度 /%	游离氧化铁	铁游离度 /%
	H₂O	KCl			/ (g/kg)			/ (cmol(+)/kg 黏粒)	/%	/%	/ (g/kg)	/%
0～12	4.5	3.6	20.5	1.55	0.55	18.14	51.5	31.2	6.4	84.3	60.4	82.9
12～33	4.5	3.7	17.8	1.38	0.50	18.14	49.1	30.0	4.7	87.8	58.1	80.6
33～48	4.4	3.6	17.3	1.07	0.45	14.00	46.9	28.8	3.8	89.9	53.8	84.6
48～90	4.9	3.6	6.1	0.75	0.41	15.18	32.2	21.9	4.3	88.7	68.6	86.4

10.2　普通简育常湿淋溶土

10.2.1　央村系（Yangcun Series）

土　族：黏壤质硅质混合型酸性热性-普通简育常湿淋溶土
拟定者：卢　瑛，贾重建

分布与环境条件　主要分布于桂林、百色、河池市等海拔 900～1500 m 的中山地带。成土母质为砂页岩风化物。土地利用类型为林地，植被有杉木、枫香、灌木等，植被覆盖率大于 80%。属亚热带季风性气候，年平均气温 19～20℃，年平均降雨量 1200～1400 mm。

央村系典型景观

土系特征与变幅　诊断层包括淡薄表层、黏化层；诊断特性包括常湿润土壤水分状况、热性土壤温度状况。该土系起源于砂页岩风化的坡积物、残积物，土体厚度>100 cm，腐殖质层厚度>20 cm。因山高气候湿凉，土体中氧化铁水化作用强烈，使其呈黄棕色-亮黄棕色。细土质地为粉质黏壤土。土壤盐基饱和度<20%，铝饱和度>40%；土壤呈酸性，pH 4.5～5.5。

对比土系　八腊系，分布地形部位相似、成土母质相同，因具有腐殖质特性和铝质特性，归属腐殖铝质常湿淋溶土亚类；土族控制层段颗粒大小级别和矿物学类型不同，八腊系为黏质、混合型。

利用性能综述　土体较深厚，土壤呈酸性，气候湿润、云雾多，具有发展林业生产和茶叶的良好立地条件。改良利用措施：除保护和合理采伐现有林木外，宜选择优质用材树种造林，条件适宜区域可发展名茶、水果生产；坡度平缓的可修建水平梯地，种植旱粮作物；土壤管理上，提倡作物间套种，增加地面覆盖，秸秆还地，增强土壤保蓄水能力，防止水土流失，培肥土壤。

参比土种 厚层砂泥黄壤土。

代表性单个土体 位于百色市田林县浪平镇央村；24°27'7.6"N，106°21'3.9"E，海拔 1380 m；地势明显起伏，成土母质为砂页岩风化残积、坡积物；林地，植被有杉木、麻栎、小灌木等。50 cm 深度土温 19.6℃。野外调查时间为 2015 年 12 月 16 日，编号 45-064。

Ah： 0～25 cm，浅淡黄色（2.5Y 8/4，干），黄棕色（10YR 5/6，润）；粉质黏壤土，强度发育小块状结构，疏松，中量细根、粗根，有中量（10%～15%）的棱角状微风化的岩石碎屑；向下层波状渐变过渡。

AB： 25～52 cm，黄色（2.5Y 8/6，干），黄棕色（10YR 5/6，润）；粉质黏壤土，强度发育小块状结构，稍疏松，少量粗根，有少量（5%）的棱角状微风化岩石碎屑；向下层平滑模糊过渡。

Bt1： 52～90 cm，黄色（2.5Y 8/6，干），亮黄棕色（10YR 6/6，润）；粉质黏壤土，强度发育中块状结构，稍紧实，有少量（2%～5%）的棱角状微风化岩石碎屑；向下层平滑模糊过渡。

Bt2： 90～150 cm，黄色（2.5Y 8/6，干），亮黄棕色（10YR 6/6，润）；粉质黏壤土，强度发育中块状结构，紧实，有中量（10%左右）的棱角状微风化岩石碎屑。

央村系代表性单个土体剖面

央村系代表性单个土体物理性质

土层	深度 /cm	砾石（>2 mm，体积分数）/%	细土颗粒组成（粒径：mm）/（g/kg）			质地类别	容重 /（g/cm³）
			砂粒 2～0.05	粉粒 0.05～0.002	黏粒<0.002		
Ah	0～25	15	126	562	312	粉质黏壤土	1.14
AB	25～52	5	98	595	307	粉质黏壤土	1.23
Bt1	52～90	5	87	539	374	粉质黏壤土	1.34
Bt2	90～150	10	122	506	373	粉质黏壤土	1.44

央村系代表性单个土体化学性质

深度 /cm	pH		有机碳	全氮（N）	全磷（P）	全钾（K）	CEC$_7$	ECEC	盐基饱和度/%	铝饱和度/%	游离氧化铁	铁游离度/%
	H₂O	KCl		/（g/kg）			/（cmol(+)/kg 黏粒）				/（g/kg）	
0～25	5.0	4.1	22.8	3.22	2.03	23.20	46.8	15.6	15.8	46.2	69.3	83.3
25～52	4.8	4.2	13.8	2.52	2.21	23.20	38.6	12.8	9.4	66.3	69.8	84.1
52～90	5.1	4.4	8.1	1.93	1.77	24.09	22.4	6.8	13.0	51.1	68.7	80.0
90～150	5.2	4.6	4.3	1.62	1.52	24.09	19.4	6.0	15.4	45.1	68.4	77.1

10.3　耕淀铁质湿润淋溶土

10.3.1　德礼系（Deli Series）

土　　族：黏质混合型石灰性高热性-耕淀铁质湿润淋溶土
拟定者：卢　瑛，贾重建

分布与环境条件　主要分布于河池、百色、南宁、柳州市等岩溶区的石山坡麓、峰丛谷地、溶蚀盆地、洼地。成土母质为石灰岩风化物。土地利用类型为耕地，种植玉米、大豆、红薯等。属亚热带季风性气候，年平均气温 21～22℃，年平均降雨量 1400～1600 mm。

德礼系典型景观

土系特征与变幅　诊断层包括淡薄表层、黏化层、耕作淀积层；诊断特性包括湿润土壤水分状况、高热土壤温度状况、铁质特性。土壤颜色为橄榄棕色-浊黄橙色，细土质地为粉质黏土-黏土；通体土壤有石灰反应、有铁锰结核；土壤盐基饱和，交换性盐基以交换性钙、镁为主，经过长时间耕作熟化，形成了耕作淀积层。土壤呈微碱性反应，pH 7.5～8.0。

对比土系　加让系、弄谟系，成土母质相同，属于相同土类；加让系、弄谟系为非耕作土壤，没有耕作淀积层，为普通铁质湿润淋溶土亚类；淋溶作用强烈，土体无石灰反应，矿物类型为高岭石混合型；弄谟系分布于纬度和海拔高的区域，为热性土壤温度状况。

利用性能综述　因长期人为耕种熟化，有机质、全氮、全磷含量较高，全钾含量低，CEC中等，土壤质地偏黏，灌溉水源缺乏，作物产量不稳。改良利用措施：推广玉米与豆科作物间作、套种，秸秆还田，提高土壤有机质含量，增加土壤蓄水能力；增施钾肥，提高土壤钾素供应，提高作物产量；加强农田基本建设，修筑水渠，提高蓄水抗旱能力。

参比土种 棕泥土。

代表性单个土体 位于河池市大化瑶族自治县六野乡德礼村新兴屯；23°50'10.7"N，107°47'43.7"E，海拔 226.2 m；地势起伏，成土母质为石灰岩风化物；耕地，种植玉米。50 cm 深度土温 23.2℃。野外调查时间为 2016 年 3 月 15 日，编号 45-100。

Ap1：0~12 cm，黄棕色（2.5Y 5/4，干），橄榄棕色（2.5Y 4/6，润）；粉质黏土，强度发育小块状结构，疏松，少量极细根和粗根，有少量（3%左右）极暗红棕色（7.5R 2/2）的球形铁锰结核，很少（1%）螺壳，有蚯蚓，强度石灰反应；向下层平滑渐变过渡。

Ap2：12~23 cm，浊黄色（2.5Y 6/4，干），橄榄棕色（2.5Y 4/6，润）；粉质黏土，强度发育小块状结构，紧实，很少量极细根，有少量（3%左右）极暗红棕色（7.5R 2/2）的球形铁锰结核，极强石灰反应；向下层平滑清晰过渡。

Bw：23~68 cm，亮黄棕色（2.5Y 7/6，干），浊黄橙色（10YR 6/4，润）；黏土，强度发育小块状结构，稍紧实，结构面有中量（15%）黏粒胶膜，有少量（3%左右）的球形铁锰结核，轻度石灰反应；向下层平滑模糊过渡。

德礼系代表性单个土体剖面

Bt：68~110 cm，亮黄棕色（2.5Y 7/6，干），浊黄橙色（10YR 6/4，润）；黏土，强度发育中块状结构，稍紧实；结构面有中量（12%左右）的黏粒胶膜，有少量（5%）的形状不规则的铁锰结核，轻度石灰反应。

德礼系代表性单个土体物理性质

土层	深度 /cm	砾石 (>2 mm, 体积分数)/%	细土颗粒组成（粒径：mm）/（g/kg）			质地类别	容重 /（g/cm³）
			砂粒 2~0.05	粉粒 0.05~0.002	黏粒<0.002		
Ap1	0~12	<1	95	444	462	粉质黏土	1.15
Ap2	12~23	<1	101	401	499	粉质黏土	1.43
Bw	23~68	0	104	382	514	黏土	1.29
Bt	68~110	0	56	272	672	黏土	1.33

德礼系代表性单个土体化学性质

深度 /cm	pH (H₂O)	有机碳	全氮 (N)	全磷 (P)	全钾 (K)	CEC /（cmol(+)/kg）	CEC₇ /（cmol(+)/kg 黏粒）	游离氧化铁 /（g/kg）	铁游离度 /%	CaCO₃ 相当物 /（g/kg）
		/（g/kg）								
0~12	8.0	21.4	2.42	0.80	4.05	21.4	46.4	59.4	63.7	86.0
12~23	8.1	15.0	1.79	1.57	5.25	19.9	39.8	62.8	68.0	104.6
23~68	7.9	8.2	1.29	1.32	3.60	19.2	37.4	68.3	72.8	5.0
68~110	7.9	3.7	0.79	2.08	5.08	17.9	26.6	66.4	76.0	2.0

10.4　红色铁质湿润淋溶土

10.4.1　合群系（Hequn Series）

土　族：黏壤质混合型非酸性热性-红色铁质湿润淋溶土
拟定者：卢　瑛，崔启超

分布与环境条件　主要分布于桂林市等紫色砂页岩地区峒田和低丘梯田，因种植方式改变，由水田改变为果园，经长期旱耕熟化而成。成土母质为紫色砂页岩洪积、冲积物。土地利用类型为水田改果园，种植历史超过 40 年。属亚热带季风性气候，年平均气温 18～19℃，年平均降雨量 1800～2000 mm。

合群系典型景观

土系特征与变幅　诊断层包括淡薄表层、黏化层；诊断特性包括湿润土壤水分状况、热性土壤温度状况、铁质特性。由紫色砂页岩洪积、冲积物发育而成的水耕人为土经长期旱耕种植而成，土体深厚，厚度>100 cm，耕层厚度 10～20 cm；黏粒淋溶淀积明显，B 层结构面上有明显的黏粒胶膜；细土质地粉壤土-壤土；土体颜色浊红棕色-橙色，土壤呈酸性-中性反应，pH 4.5～7.5。

对比土系　板岭系，属于相同土类；成土母质不同，板岭系为河流冲积物母质，受到地下水季节性升降运动影响，土表下 50～100 cm 范围内有≥10 cm 土层有氧化还原特征，属斑纹铁质湿润淋溶土亚类，通体剖面有石灰反应。

利用性能综述　该土系耕层较薄，矿质养分含量中等，适种性广，宜多种经济作物，如砂糖橘等。改良利用措施：开展土地整理，修建和完善农田水利设施和田间道路工程，改善农业生态环境；合理耕作，间作绿肥或豆科作物，用地养地相结合；施用有机肥，合理施用化肥，培肥土壤，提高地力。

参比土种　紫砂泥田。

代表性单个土体　位于桂林市灵川县潭下镇合群村委黄柏村五队；25°29'2.9"N，110°16'39.5"E，海拔 177 m；地势微起伏，成土母质为紫色砂页岩洪积、冲积物；园地，种植砂糖橘。50 cm 深度土温 22.0℃。野外调查时间为 2015 年 8 月 26 日，编号 45-050。

Ap：　0～11 cm，淡棕灰色（5YR 7/2，干），暗红棕色（5YR 5/6，润）；粉壤土，强度发育中块状结构，稍紧实，中量细根；向下层平滑渐变过渡。

AB：11～23 cm，浊橙色（5YR 7/3，干），暗红棕色（5YR 5/3，润）；粉壤土，强度发育中块状结构，紧实，少量细根，孔隙周围有中量的铁锰斑纹；向下层平滑渐变过渡。

Bt1：23～60 cm，橙白色（5YR 8/2，干），浊红棕色（5YR 5/3，润）；粉壤土，强度发育中块状结构，紧实，少量细根，结构面上有少量的黏粒胶膜；向下层平滑渐变过渡。

Bt2：60～83 cm，浊橙色（7.5YR 7/3，干），棕色（7.5YR 5/3，润）；粉壤土，中度发育中块状结构，紧实，结构面上有中量的黏粒胶膜；向下层平滑清晰过渡。

Bw：83～102 cm，淡黄橙色（7.5YR 8/3，干），橙色（7.5YR 6/6，润）；壤土，中度发育中块状结构，紧实，有少量的扁平状的极暗红棕色（2.5YR 2/2）的铁锰结核。

合群系代表性单个土体剖面

合群系代表性单个土体物理性质

土层	深度 /cm	砾石 (>2 mm, 体积分数) /%	细土颗粒组成（粒径：mm）/（g/kg）			质地类别	容重 /（g/cm³）
			砂粒 2～0.05	粉粒 0.05～0.002	黏粒<0.002		
Ap	0～11	<1	156	646	197	粉壤土	1.31
AB	11～23	<1	159	672	169	粉壤土	1.73
Bt1	23～60	<1	150	627	223	粉壤土	1.67
Bt2	60～83	<1	184	564	252	粉壤土	1.54
Bw	83～102	<1	410	405	185	壤土	1.62

合群系代表性单个土体化学性质

深度 /cm	pH (H₂O)	有机碳	全氮 (N)	全磷 (P)	全钾 (K)	CEC /（cmol(+)/kg）	CEC₇ /（cmol(+)/kg 黏粒）	游离氧化铁 /（g/kg）	铁游离度 /%
		/（g/kg）							
0～11	4.9	15.1	1.59	0.59	13.19	6.4	32.2	19.2	62.2
11～23	5.2	4.6	0.65	0.39	13.33	5.0	29.5	29.8	75.7
23～60	6.8	3.8	0.54	0.50	18.08	7.8	35.1	40.2	81.2
60～83	7.0	4.7	0.63	0.49	19.12	9.0	36.5	38.9	82.2
83～102	7.1	2.2	0.60	0.47	23.42	8.1	43.5	44.7	77.8

10.5　斑纹铁质湿润淋溶土

10.5.1　板岭系（Banling Series）

土　族：壤质混合型石灰性热性-斑纹铁质湿润淋溶土
拟定者：卢　瑛，秦海龙

分布与环境条件　主要分布于百色、河池、南宁市等岩溶地区河流两岸近河阶地，成土母质为河流冲积物。土地利用类型为耕地，种植甘蔗、桑树等。属亚热带季风性气候，年平均气温 20～21℃，年平均降雨量 1400～1600 mm。

板岭系典型景观

土系特征与变幅　诊断层包括淡薄表层、黏化层；诊断特性包括湿润土壤水分状况、热性土壤温度状况、铁质特性、氧化还原特征。由河流冲积物发育土壤经长期旱耕种植而成，土体深厚，厚度>100 cm，耕层厚度>20 cm；黏粒淋溶淀积明显，B 层结构面上有明显的黏粒胶膜；细土质地粉壤土-壤土；土体颜色浊黄橙色，通体有石灰反应，土壤呈中性-微碱性反应，pH 7.0～8.0。

对比土系　合群系，属于相同土类；成土母质不同，合群系为紫色砂页岩洪积、冲积物，土体内没有氧化还原特征，土表到 125 cm 范围内，B 层有一半以上层次具有 5YR 色调，属于红色铁质湿润淋溶土亚类，土体没有石灰反应。

利用性能综述　该土系分布于河流阶地，土体深厚，质地适宜，耕性好，土壤呈微碱性，土壤有机质及养分含量偏低，农作物产量偏低。改良利用措施：增施有机肥，秸秆还地，轮作种植豆科作物，培肥土壤；施用生理酸性肥料，降低土壤碱性，测土平衡施用大、中、微量元素肥料，提高农作物产量。

参比土种 石灰性潮砂泥土。

代表性单个土体 位于河池市都安县板岭乡尚智村；24°25'41.6"N，107°55'21.6"E，海拔177 m；地势起伏，成土母质为河流冲积物；耕地，种植甘蔗、桑树等。50 cm 深度土温22.8℃。野外调查时间为 2016 年 3 月 16 日，编号 45-103。

Ap：0～25 cm，浅淡黄色（2.5Y 8/3，干），浊黄橙色（10YR 6/4，润）；粉壤土，强度发育小块状结构，稍疏松，很少量细根和中量极细根；强度石灰反应；向下层平滑渐变过渡。

AB：25～54 cm，浊黄橙色（10YR 7/4，干），浊黄橙色（10YR 6/4，润）；壤土，强度发育小块状结构，稍紧实，很少量细根和少量极细根；结构面有少量（5%）的腐殖质-黏粒胶膜；强度的石灰反应；向下层平滑渐变过渡。

Bt1：54～90 cm，浊黄橙色（10YR 7/3，干），浊黄橙色（10YR 6/4，润）；壤土，强度发育小块状结构，稍紧实，很少量极细根；结构面有少量（5%）的黏粒胶膜；中度石灰反应；向下层波状清晰过渡。

Bt2：90～120 cm，浊黄橙色（10YR 7/3，干），浊黄橙色（10YR 6/4，润）；粉壤土，中度发育小块状结构，稍紧实，结构面有多量（20%左右）的铁锰胶膜，有中量（10%左右）极暗红棕色（2.5YR 2/4）不规则的铁锰结核；极强度石灰反应。

板岭系代表性单个土体剖面

板岭系代表性单个土体物理性质

土层	深度 /cm	砾石 (>2 mm，体积分数) /%	细土颗粒组成（粒径：mm）/（g/kg）			质地类别	容重 /（g/cm³）
			砂粒 2～0.05	粉粒 0.05～0.002	黏粒<0.002		
Ap	0～25	0	88	665	246	粉壤土	1.08
AB	25～54	0	387	441	172	壤土	1.24
Bt1	54～90	0	422	371	207	壤土	1.21
Bt2	90～120	0	160	605	235	粉壤土	1.15

板岭系代表性单个土体化学性质

深度 /cm	pH (H₂O)	有机碳	全氮 (N)	全磷 (P)	全钾 (K)	CEC /（cmol(+)/kg）	CEC₇ /（cmol(+)/kg 黏粒）	游离氧化铁 /（g/kg）	铁游离度 /%	CaCO₃ 相当物 /（g/kg）
				/（g/kg）						
0～25	7.7	10.5	1.27	0.67	16.83	11.2	45.3	38.9	73.7	51.2
25～54	8.0	6.0	0.68	0.35	14.61	9.1	52.8	36.8	78.0	25.1
54～90	7.8	11.0	0.77	0.35	13.87	11.0	53.0	36.5	80.4	13.9
90～120	8.0	8.9	1.02	0.77	12.98	10.7	45.3	36.8	76.7	127.0

10.6　普通铁质湿润淋溶土

10.6.1　加让系（Jiarang Series）

土　族：极黏质高岭石混合型非酸性高热性-普通铁质湿润淋溶土
拟定者：卢　瑛，崔启超

分布与环境条件　主要分布于河池、百色、南宁、桂林、柳州市等岩溶区峰丛、峰林基座的坡面及碟形洼地、槽谷。成土母质为石灰岩风化残积、坡积物。土地利用类型为林地，植被有白背娘、红背娘、竹、杂草等。属亚热带湿润季风性气候，年平均气温 21～22℃，年平均降雨量 1400～1600 mm。

加让系典型景观

土系特征与变幅　诊断层包括淡薄表层、黏化层；诊断特性包括湿润土壤水分状况、高热土壤温度状况、铁质特性。土壤深厚，厚度>100 cm，腐殖质层厚度>20 cm；土壤颜色为棕色-亮棕色；土壤黏粒含量>600 g/kg，细土质地为黏土；风化淋溶作用较强，黏土矿物以 1.42 nm 过渡矿物和高岭石为主，土壤盐基饱和度>50%，交换性盐基以交换性钙、镁为主。土壤呈微酸性-中性反应，pH 6.0～7.0。

对比土系　弄谟系、坡南系，属于相同亚类；弄谟系、加让系成土母质相同，坡南系为砂页岩风化物；弄谟系土族控制层段颗粒大小级别和矿物学类型为黏质、高岭石混合型，坡南系为黏壤质、硅质混合型；弄谟系分布于纬度和海拔较高的区域，为热性土壤温度状况。

利用性能综述　该土系表层有机质、全氮、全磷含量较高，全钾偏低；土壤质地黏重，通气透水性能较差。植被破坏后，水土流失严重，破坏生态环境。改良利用措施：坡陡区域封山育林，种植喜钙耐旱的常绿或落叶乔木，增加植被覆盖；缓坡地带，修筑水平梯地，开垦种植玉米、豆类及其他农作物；有条件区域可发展药材及名特产，如三七、金银花等。

参比土种　棕色石灰土。

代表性单个土体　位于南宁市马山县加方乡加让村拉斯屯；23°42'7.0"N，108°22'52.9"E，海拔 310 m；丘陵坡脚，成土母质为石灰岩风化残积、坡积物；植被为竹、杂草，植被覆盖率>80%。50 cm 深度土温 23.2℃。野外调查时间为 2015 年 9 月 24 日，编号 45-062。

Ah：　0～20 cm，黄棕色（10YR 5/6，干），棕色（10YR 4/6，润）；黏土，强度发育小块状结构，稍疏松，中量中根、细根，有蚯蚓和蚯蚓穴，有少量微风化的棱角状石块；向下层平滑渐变过渡。

Bt1：20～66 cm，黄棕色（10YR 5/8，干），亮棕色（7.5YR 5/6，润）；黏土，强度发育中块状结构，稍紧实，极少量极细根；向下层波状模糊过渡。

Bt2：66～105 cm，黄棕色（10YR 5/8，干），亮棕色（7.5YR 5/6，润）；黏土，强度发育中块状结构，稍紧实。

加让系代表性单个土体剖面

加让系代表性单个土体物理性质

土层	深度 /cm	砾石 (>2 mm，体积分数)/%	细土颗粒组成（粒径：mm）/（g/kg）			质地类别	容重 /（g/cm³）
			砂粒 2～0.05	粉粒 0.05～0.002	黏粒<0.002		
Ah	0～20	<1	57	319	624	黏土	1.12
Bt1	20～66	0	29	256	715	黏土	1.26
Bt2	66～105	0	29	219	753	黏土	1.28

加让系代表性单个土体化学性质

深度 /cm	pH		有机碳	全氮 (N)	全磷 (P)	全钾 (K)	CEC₇	ECEC	盐基饱和度/%	铝饱和度 /%	游离氧化铁	铁游离度 /%
	H₂O	KCl		/（g/kg）			/（cmol(+)/kg 黏粒）				/（g/kg）	
0～20	6.2	6.0	18.6	2.41	1.21	10.71	39.5	28.9	72.6	0.4	78.6	71.3
20～66	6.5	6.4	8.1	1.43	1.07	10.71	31.4	16.8	53.3	0.6	85.2	76.9
66～105	6.5	6.3	6.1	1.24	1.08	11.15	34.8	22.3	63.8	0.2	85.3	74.8

10.6.2　弄谟系（Nongmo Series）

土　族：黏质高岭石混合型非酸性热性-普通铁质湿润淋溶土
拟定者：卢　瑛，秦海龙

分布与环境条件　零星分布于桂林、河池市等石山坡麓及岩溶区的古风化堆积物上。成土母质为石灰岩风化物。土地利用类型为林地，植被有灌木、杂草，植被覆盖度为 40%～80%，有岩石露头，丰度为 40%，平均间距 1 m。亚热带季风性气候，年平均气温 20～21℃，年平均降雨量 1400～1600 mm。

弄谟系典型景观

土系特征与变幅　诊断层包括淡薄表层、黏化层；诊断特性包括湿润土壤水分状况、热性土壤温度状况。该土系起源于石灰岩风化坡积物，土体厚度中等，40～80 cm，表土层厚度 10～20 cm。细土中黏粒含量>500 g/kg，质地为黏土。土壤盐基饱和，呈微酸性-中性反应，pH 6.5～7.5。

对比土系　加让系、坡南系，属于相同亚类；弄谟系与加让系成土母质相同，坡南系为砂页岩风化物；加让系土族控制层段颗粒大小级别和矿物学类型为极黏质、高岭石混合型，坡南系为黏壤质、硅质混合型；加让系、坡南系分布于纬度和海拔较低的区域，为高热土壤温度状况。

利用性能综述　土壤厚度中等，但质地黏重，植被覆盖率低，土壤侵蚀严重，多为荒坡荒地。利用改良措施：平缓坡麓可开垦种植柑橘等果树，或开辟为旱作地；岩石裸露较多的地段应封山育林或种植苦楝、香椿等适合石灰山区生长的速生树种，也可发展高产质优的牧草，发展畜牧业。

参比土种　红色石灰土。

代表性单个土体 位于河池市巴马瑶族县东山乡弄谟村弄哈队；24°14'9.6"N，107°27'50.7"E，海拔 512 m；地势起伏，成土母质为石灰岩风化物；林地，植被有灌木、杂草等。50 cm 深度土温 22.7℃。野外调查时间为 2016 年 3 月 13 日，编号 45-097。

Ah： 0～12 cm 黄棕色（10YR 5/6，干），棕色（10YR 4/6，润）；黏土，强度发育中块状结构，稍紧实，中量极细根和很少量中根；有中量（10%）的棱角状弱风化岩石碎屑；有宽 1 mm、间距 3 cm 的连续裂隙；向下层平滑渐变过渡。

AB：12～35 cm，黄棕色（10YR 5/6，干），棕色（10YR 4/6，润）；黏土，强度发育大块状结构，紧实，中量极细根，垂直结构面有中量（15%）黏粒胶膜；有宽 3 mm、间距 5 cm 的连续裂隙；向下层波状模糊过渡。

Bt： 35～52 cm，橙色（7.5YR 6/6，干），亮棕色（7.5YR 5/6，润）；黏土，中度发育大块状结构，紧实，很少量极细根；垂直结构面有中量（10%）的黏粒胶膜；有少量（2%）的棱角状弱度风化岩石碎屑；有宽 5 mm、间距 10 cm 的连续裂隙；向下层平滑模糊过渡。

弄谟系代表性单个土体剖面

Bwt：52～80 cm，橙色（7.5YR 6/6，干），亮棕色（7.5YR 5/6，润）；黏土，中度发育大块状结构，紧实；有少量（3%）的棱角状中等风化岩石碎屑；有宽 7 mm、间距 15 cm 的连续裂隙。

C： 80 cm 以下，半风化岩石碎块。

弄谟系代表性单个土体物理性质

土层	深度 /cm	砾石 (>2 mm，体积分数)/%	细土颗粒组成（粒径：mm）/（g/kg）			质地类别	容重 /（g/cm³）
			砂粒 2～0.05	粉粒 0.05～0.002	黏粒<0.002		
Ah	0～12	10	140	342	519	黏土	1.16
AB	12～35	2	99	338	563	黏土	1.27
Bt	35～52	2	111	320	570	黏土	1.35
Bwt	52～80	3	132	295	573	黏土	1.41

弄谟系代表性单个土体化学性质

深度 /cm	pH (H₂O)	有机碳	全氮 (N)	全磷 (P)	全钾 (K)	CEC₇	ECEC	盐基饱和度/%	游离氧化铁/（g/kg）	铁游离度/%
				/ (g/kg)		/（cmol(+)/kg 黏粒）				
0～12	6.7	18.0	2.01	0.78	10.46	43.7	69.0	100	76.3	77.1
12～35	6.8	7.4	1.22	0.53	11.94	37.8	40.5	100	83.6	77.6
35～52	7.0	5.3	1.03	0.61	12.24	38.9	42.1	100	85.2	78.0
52～80	6.9	4.8	0.97	0.64	11.65	36.5	40.7	100	87.7	80.3

10.6.3　坡南系（Ponan Series）

土　　族：黏壤质硅质混合型非酸性高热性-普通铁质湿润淋溶土
拟定者：卢　瑛，贾重建

分布与环境条件　主要分布于百色市砂页岩低山丘陵坡地。成土母质为砂页岩风化物。有<2%的岩石露头，平均间距 10 m 左右。土地利用类型为耕地，种植玉米、木薯。属南亚热带海洋性季风性气候，年平均气温 21～22℃，年平均降雨量 1200～1400 mm。

坡南系典型景观

土系特征与变幅　诊断层包括淡薄表层、黏化层；诊断特性包括湿润土壤水分状况、高热土壤温度状况、铁质特征。土体深厚，土层厚度>100 cm，土壤粉粒含量>450 g/kg，细土质地为粉壤土-黏壤土，有<5%（体积分数）的中等风化的次棱角状砾石和<5%的球状铁锰结核；土壤呈中性反应，pH 6.5～7.0。

对比土系　加让系、弄谟系，属于相同亚类；弄谟系与加让系成土母质为石灰岩风化物；加让系土族控制层段颗粒大小级别和矿物学类型为极黏质、高岭石混合型，弄谟系为黏质、高岭石混合型；弄谟系分布于纬度和海拔较高的区域，为热性土壤温度状况。

利用性能综述　土壤有机质和氮磷钾养分含量低，农作物产量低。改良利用措施：发展农作物或果树，种植甘蔗、花生、柑橘等；用地养地结合，间（套）种或轮作种植绿肥，增施有机肥，培肥土壤；测土平衡施肥，增加土壤养分供应，提高土壤肥力。

参比土种　砾石赤红壤性土。

代表性单个土体　位于百色市平果县新安镇坡南村古沙屯；23°15'37.4"N，107°28'53.0"E，海拔 220 m；低山坡底，成土母质为砂页岩风化物；耕地，种植玉米、木薯等。50 cm 深度土温 23.6℃。野外调查时间为 2015 年 12 月 25 日，编号 45-082。

Ap ：0～16 cm，浊黄橙色（10YR 6/4，干），棕色（10YR 4/6，润）；粉壤土，强度发育小块状结构，稍紧实，有少量细根，有很少量球形铁锰结核，有很少的中等风化的次棱角状砾石；向下层平滑渐变过渡。

Bt1：16～37 cm，亮黄棕色（10YR 6/6，干），棕色（7.5YR 4/6，润）；黏壤土，强度发育中块状结构，紧实，有很少量球形铁锰结核，有很少的中等风化的次棱角状砾石；向下层平滑清晰过渡。

Bt2：37～55 cm，浊黄橙色（10YR 6/4，干），棕色（10YR 4/6，润）；壤土，强度发育中块状结构，紧实，有少量的球形铁锰结核，有很少中等风化的次棱角状砾石；向下层平滑清晰过渡。

Bt3：55～90 cm，亮黄棕色（10YR 6/6，干），棕色（7.5YR 4/6，润）；粉质黏壤土，强度发育中块状结构，紧实，有很少量的球形铁锰结核，有少量的中等风化的次棱角状砾石。

坡南系代表性单个土体剖面

坡南系代表性单个土体物理性质

土层	深度/cm	砾石（>2 mm，体积分数）/%	细土颗粒组成（粒径：mm）/（g/kg）			质地类别	容重/（g/cm³）
			砂粒 2～0.05	粉粒 0.05～0.002	黏粒<0.002		
Ap	0～16	5	296	526	179	粉壤土	1.39
Bt1	16～37	5	238	470	292	黏壤土	1.58
Bt2	37～55	5	248	491	260	壤土	1.64
Bt3	55～90	5	156	479	365	粉质黏壤土	1.58

坡南系代表性单个土体化学性质

深度/cm	pH		有机碳	全氮（N）	全磷（P）	全钾（K）	CEC_7	ECEC	盐基饱和度/%	铝饱和度/%	游离氧化铁/（g/kg）	铁游离度/%
	H_2O	KCl			/（g/kg）			/（cmol(+)/kg 黏粒）				
0～16	6.6	—	12.9	1.24	1.17	7.44	58.0	37.3	62.8	1.7	80.2	88.9
16～37	6.7	—	7.0	0.89	1.05	8.18	36.6	25.5	69.0	0.8	82.5	89.4
37～55	6.6	—	7.1	0.81	1.20	8.63	41.1	28.9	69.7	0.5	73.6	88.7
55～90	6.5	—	4.5	0.78	1.41	11.43	27.6	17.7	62.9	1.1	77.3	89.7

第 11 章 雏 形 土

11.1 普通淡色潮湿雏形土

11.1.1 三鼎系（Sanding Series）

土　族：砂质硅质混合型非酸性高热性-普通淡色潮湿雏形土
拟定者：卢　瑛，姜　坤

分布与环境条件　主要分布于地势较平坦的河流岸边。成土母质为河流冲积物。土地利用类型为耕地，种植花生、红薯、玉米等。属亚热带季风性气候，年平均气温 21～22℃，年平均降雨量 1400～1600 mm。

三鼎系典型景观

土系特征与变幅　诊断层包括淡薄表层、雏形层；诊断特性包括潮湿土壤水分状况、高热土壤温度状况、氧化还原特征、铁质特性。由河流冲积物发育而成，土体深厚，厚度>100 cm，耕作层厚度 10～20 cm；土壤砂粒含量>450 g/kg，细土质地为砂质壤土-壤土；雏形层厚度>80 cm，土体内有铁锰斑纹或铁锰结核；土壤呈酸性-微酸性反应，pH 5.0～6.0。

对比土系　百沙系、河泉系，分布区域地形条件相似、成土母质相同，土壤发育特征有差异，百沙系、河泉系土体内均没有氧化还原特征，百沙系具有铁质特性，属于普通铁质湿润雏形土亚类，河泉系属于普通简育湿润雏形土亚类；河泉系土族控制层段颗粒大小级别和矿物学类型为砂质、硅质型。

利用性能综述　分布于沿河两岸，地势平坦开阔，耕作管理方便。土壤质地偏砂，结构松散，通透性强，有机质和氮磷钾养分含量低，CEC 低，土壤保水保肥能力弱，抗旱能力差。改良利用措施：目前已经开垦利用，种植花生、红薯、玉米等农作物，在土壤改良上，增施有机肥料和化肥，增加土壤有机质积累，平衡各种养分供应，提高土壤肥力。

参比土种 厚层潮砂土。

代表性单个土体 位于贵港市桂平市南木镇三鼎村周屋屯；23°28'1.9"N，110°9'13.5"E，海拔 23 m；地势平坦，成土母质为河流冲积物；耕地，种植花生、红薯、玉米。50 cm 深度土温 23.6℃。野外调查时间为 2016 年 12 月 20 日，编号 45-127。

Ap1：0～15 cm，浊黄棕色（10YR 7/3，干），棕色（10YR 4/4，润）；砂质壤土，中度发育小块状结构，极疏松，中量细根；向下层平滑清晰过渡。

Ap2：15～28 cm，浊黄橙色（10YR 7/4，干），棕色（10YR 4/6，润）；砂质壤土，中度发育中块状结构，疏松，很少量极细根；向下层平滑渐变过渡。

Bw1：28～48 cm，浊黄橙色（10YR 7/3，干），棕色（10YR 4/6，润）；壤土，中度发育中块状结构，稍紧实，中量细根，结构面、孔隙周围有少量（2%）的铁锰斑纹；向下层平滑渐变过渡。

Bw2：48～80 cm，浊黄橙色（10YR 7/3，干），黄棕色（10YR 5/6，润）；壤土，中度发育中块状结构，稍紧实，结构面、孔隙周围有中量（10%）的铁锰斑纹，有少量（4%）的铁锰结核；向下层平滑模糊过渡。

三鼎系代表性单个土体剖面

Bw3：80～110 cm，浊黄橙色（10YR 7/4，干），黄棕色（10YR 5/6，润）；砂质壤土，中度发育大块状结构，稍紧实，结构面、孔隙周围有中量（10%）的铁锰斑纹，有少量（2%）的铁锰结核。

三鼎系代表性单个土体物理性质

土层	深度 /cm	砾石 (>2 mm, 体积分数) /%	细土颗粒组成（粒径：mm）/ (g/kg)			质地类别	容重 / (g/cm³)
			砂粒 2～0.05	粉粒 0.05～0.002	黏粒<0.002		
Ap1	0～15	0	733	208	59	砂质壤土	1.54
Ap2	15～28	0	554	303	143	砂质壤土	1.63
Bw1	28～48	0	470	338	193	壤土	1.62
Bw2	48～80	0	520	303	178	壤土	1.66
Bw3	80～110	0	547	274	178	砂质壤土	1.68

三鼎系代表性单个土体化学性质

深度 /cm	pH (H₂O)	有机碳	全氮（N）	全磷（P）	全钾（K）	CEC	交换性盐基总量	游离氧化铁	铁游离度 /%
				/ (g/kg)			/ (cmol(+)/kg)	/ (g/kg)	
0～15	5.5	3.9	0.50	0.65	6.07	3.7	1.6	9.9	61.7
15～28	5.0	3.5	0.49	0.50	8.64	5.5	2.4	19.0	67.1
28～48	5.1	3.6	0.51	0.37	10.83	6.9	4.2	22.4	61.6
48～80	5.3	2.3	0.43	0.41	11.89	5.7	4.4	21.0	58.8
80～110	5.3	2.2	0.46	0.47	13.09	5.6	3.8	23.3	58.4

11.2　漂白滞水常湿雏形土

11.2.1　飞鹰峰系（Feiyingfeng Series）

土　族：粗骨壤质硅质混合型酸性热性-漂白滞水常湿雏形土
拟定者：卢　瑛，韦翔华

分布与环境条件　分布于大明山、大瑶山等海拔 1000 m 以上砂页岩山地。成土母质为砂页岩风化物；土地利用类型为林地，植被有黄茅草、五节芒及零星灌木，植被覆盖度达 95% 以上。属亚热带季风性气候，年平均气温 19～20℃，年平均降雨量 1400～1600 mm。

飞鹰峰系典型景观

土系特征与变幅　诊断层有暗瘠表层、雏形层、漂白层；诊断特性包括常湿润土壤水分状况、滞水土壤水分状况、热性土壤温度状况、石质接触面。由于所处地带海拔高，云雾大，湿度大，土壤常保持湿润，有机质积累较多，表土层颜色深暗，呈现黑棕色。但因下伏不透水的基岩，使渗水侧流，形成具有灰白色或淡灰色的土层，土壤全铁、游离铁含量低。土壤呈强酸性反应，pH <4.0，盐基高度不饱和。

对比土系　天坪系，成土母质相同，分布于海拔较低的山地，因没有不透水层，不能形成土壤滞水，土体内没有因铁锰还原淋溶而形成的漂白层，但具有铝质特性，属于石质铝质常湿雏形土亚类；土体内岩石碎屑很少，控制层段土壤颗粒大小级别为壤质。

利用性能综述　该土系分布在高海拔地带，高寒潮湿，植被覆盖度良好，表层土壤有机质、养分含量、阳离子交换量高，土壤疏松，结构良好。但土体浅薄，厚度<40 cm。因受气候和土壤条件的限制，在农、林、牧方面开发利用价值低，但在自然生态环境中，它所处的海拔较高，因此必须保护原有灌丛草被和山顶矮林，严禁垦用，以涵养水源，防止水土流失，维护生态平衡。

参比土种　漂洗黄壤土。

代表性单个土体　位于南宁市武鸣区两江镇大明山自然保护区飞鹰峰；23°28'45.5"N，108°26'7.4"E，海拔 1500 m；地势陡峭，成土母质为砂页岩风化残积物；林地，植被有毛竹，植被覆盖度>80%。50 cm 深度土温 19.9℃。野外调查时间为 2015 年 9 月 22 日，编号 45-056。

Ah:　　0～18 cm，棕灰色（10YR 5/1，干），黑棕色（10YR 2/2，润）；粉壤土，强度发育小粒状结构，疏松，少量粗根、很多量细根，有少量（5%）微风化的棱角状石块；向下层平滑清晰过渡。

BwE:　18～40 cm，淡灰色（10YR 7/1，干），棕灰色（10YR 4/1，润）；粉壤土，中度发育小块状结构，稍紧实，少量粗根、很少量细根，有很多（50%）中等风化的棱角状石块；向下层波状渐变过渡。

R:　　　40 cm 以下，弱风化的砂页岩。

飞鹰峰系代表性单个土体剖面

飞鹰峰系代表性单个土体物理性质

土层	深度 /cm	砾石 （>2 mm，体积分数）/%	细土颗粒组成（粒径：mm）/（g/kg）			质地类别	容重 /（g/cm³）
			砂粒 2～0.05	粉粒 0.05～0.002	黏粒<0.002		
Ah	0～18	5	326	500	174	粉壤土	0.84
BwE	18～40	50	359	524	117	粉壤土	1.21

飞鹰峰系代表性单个土体化学性质

深度 /cm	pH		有机碳	全氮（N）	全磷（P）	全钾（K）	CEC₇	ECEC	盐基饱和度/%	铝饱和度/%	游离氧化铁 /（g/kg）	铁游离度/%
	H₂O	KCl	/（g/kg）				/（cmol(+)/kg 黏粒）					
0～18	3.6	2.8	100.2	6.03	0.32	8.15	144.1	47.4	13.3	24.5	2.4	39.6
18～40	3.9	2.9	18.1	1.22	0.15	9.32	62.2	42.3	8.7	59.2	0.8	14.7

11.3 石质铝质常湿雏形土

11.3.1 天坪系（Tianping Series）

土　族：壤质硅质混合型酸性热性-石质铝质常湿雏形土
拟定者：卢　瑛，贾重建

分布与环境条件　主要分布于桂林、百色、河池、南宁市等海拔 900～1500 m 的砂页岩山地坡腰或缓坡地带。成土母质为砂页岩风化残积、坡积物。土地利用类型为林地，植被为杜鹃、竹、茅草等，覆盖度>80%。属亚热带季风性气候，年平均气温 19～20℃，年平均降雨量 1400～1600 mm。

天坪系典型景观

土系特征与变幅　诊断层有淡薄表层、雏形层；诊断特性包括常湿润土壤水分状况、热性土壤温度状况、铝质特性、石质接触面。土体厚度<50 cm，土表 50 cm 以内出现石质接触面；由于所处地带海拔高，云雾大，湿度大，土壤常保持湿润，有机质积累较多，表土层颜色深暗，呈现黑棕色。土壤粉粒含量>400 g/kg，细土质地为粉壤土-壤土；土壤盐基高度不饱和，盐基饱和度<10%，铝饱和度>65%，呈强酸性反应，pH <4.5。

对比土系　飞鹰峰系，成土母质相同，分布于海拔较高的山地，存在不透水层，导致土壤滞水，土体内因铁锰还原淋溶而形成了漂白层，具有滞水土壤水分状况，属于漂白滞水常湿雏形土亚类；土体内岩石碎屑较多，控制层段土壤颗粒大小级别为粗骨壤质。

利用性能综述　土层较浅薄，表层土壤有机质、全氮含量高，全磷、全钾含量中等，土壤酸性强，土壤自然肥力较高，林木生长繁茂，植被覆盖度高，土壤立地条件适合松树、杉树生长。利用改良措施：应以种植林木为主，大力发展用材林和生态林，建立用材林基地，兼顾发展山地土特产和药材；保持植被覆盖，有计划砍伐和利用，防止水土流失。

参比土种　中层砂泥黄壤土。

代表性单个土体　位于南宁武鸣区大明山天坪气候观测站附近；23°31'11.1"N，108°22'59.9"E，海拔 1138 m；地势陡峭，成土母质为砂页岩残积、坡积物；林地，植被有白锥、樟、木莲、竹、杂草等。50 cm 深度土温 21.0℃。野外调查时间为 2015 年 9 月 23 日，编号 45-058。

Ah：0～10 cm，棕灰色（10Y 6/1，干），黑棕色（10YR 2/2，润）；粉壤土，强发育小粒状结构，极疏松，少量粗根和多量细根，有中量微风化棱角状的石块；向下层波状渐变过渡。

AB：10～20 cm，灰白色（2.5Y 8/2，干），浅淡黄色（2.5Y 8/4，润）；粉壤土，强度发育中块状结构，稍紧实，少量粗根和中量细根，有很多量微风化棱角状的石块；向下层平滑清晰过渡。

Bw：20～46 cm，浅淡黄色（2.5Y 8/4，干），亮黄棕色（2.5Y 7/6，润）；壤土，弱发育中块状结构，紧实，有少量微风化棱角状的石块。

天坪系代表性单个土体剖面

天坪系代表性单个土体物理性质

| 土层 | 深度 /cm | 砾石 (>2 mm, 体积分数)/% | 细土颗粒组成（粒径：mm）/（g/kg） | | | 质地类别 | 容重 /（g/cm³） |
			砂粒 2～0.05	粉粒 0.05～0.002	黏粒<0.002		
Ah	0～10	10	273	554	173	粉壤土	0.97
AB	10～20	20	295	528	177	粉壤土	1.32
Bw	20～46	5	383	443	174	壤土	1.59

天坪系代表性单个土体化学性质

| 深度 /cm | pH | | 有机碳 | 全氮 (N) | 全磷 (P) | 全钾 (K) | CEC_7 | ECEC | 盐基饱和度 /% | 铝饱和度 /% | 游离氧化铁 | 铁游离度 /% |
	H_2O	KCl		/（g/kg）			/（cmol(+)/kg 黏粒）				/（g/kg）	
0～10	3.9	3.0	50.1	3.30	0.52	14.01	95.2	57.6	6.8	69.5	4.9	47.9
10～20	4.1	3.0	13.4	1.07	0.47	16.35	52.6	50.2	5.1	79.4	11.4	65.0
20～46	4.4	3.3	4.1	0.51	0.30	18.70	27.2	25.8	7.9	78.2	23.0	73.8

11.4　腐殖铝质常湿雏形土

11.4.1　猫儿山系（Maoershan Series）

土　　族：砂质硅质混合型酸性温性-腐殖铝质常湿雏形土
拟定者：卢　瑛，韦翔华，付旋旋

分布与环境条件　主要分布于柳州、桂林、百色、南宁市等海拔 1500 m 以上山顶或地势平缓的地段。成土母质为花岗岩风化残积物。土地利用类型为林地，植被为山顶矮林，如高山竹、黄杨木，地表有苔藓。属中亚热带海洋性季风性气候，年平均气温 9～11℃，年平均降雨量 1600～1800 mm。

猫儿山系典型景观

土系特征与变幅　诊断层有暗瘠表层、雏形层；诊断特性包括常湿润土壤水分状况、温性土壤温度状况、铝质特性、腐殖质特性。土体厚度 50～100 cm；所处地带海拔高，云雾多，湿度大，土壤常保持湿润，微生物活动较弱，有机质分解缓慢，灌丛、草丛根盘结成草甸层，颜色深暗，呈黑棕色。土壤砂粒含量>500 g/kg，细土质地为砂质黏壤土-砂质壤土；土壤盐基高度不饱和，盐基饱和度<10%，铝饱和度>60%，呈强酸性反应，pH <4.5。

对比土系　九牛塘系、公益山系、回龙寺系，属于相同亚类；分布在山地垂直带谱中，九牛塘系成土母质为花岗岩风化物，公益山系、回龙寺系为砂页岩风化物；九牛塘系、公益山系为热性土壤温度状况；公益山系和回龙寺系土族控制层段颗粒大小级别分别为黏壤质、壤质。

利用性能综述　该土系分布在山地顶部，高寒潮湿坡度大，植被覆盖度良好，土体厚度中等，土壤有机质、养分含量高，表层土壤 CEC 高，土壤疏松，结构良好。因受气候和交通的限制，在农、林、牧方面开发利用价值低，因所处地海拔较高，位于山顶或山坳地带，必须保护原有植被，严禁开垦利用，以涵养水源，防止水土流失，维护生态平衡。

参比土种　杂砂山地灌丛草甸土。

代表性单个土体　位于桂林市兴安县华江乡猫儿山自然保护区山顶神猫峰附近；25°51'36.4"N，110°24'44.7"E，海拔 2120 m；成土母质为花岗岩风化残积物，林地，植被有凤尾竹、红岩杜鹃、高山竹、黄杨木等。50 cm 深度土温<12.5℃。野外调查时间为2015 年 8 月 20 日，编号 45-034。

猫儿山系代表性单个土体剖面

Oi:　+2~0 cm，枯枝落叶层。

Ah:　0~20 cm，黑棕色（2.5Y 3/1，干），黑色（2.5Y 2/1，润）；砂质黏壤土，强度发育小块状结构，极疏松，中量粗根、多量细根；向下层平滑模糊过渡。

AB:　20~30 cm，浊黄棕色（10YR 4/3，干），黑棕色（10YR 2/3，润）；砂质壤土，强度发育小块状结构，疏松，少量粗根、多量细根；向下层平滑渐变过渡。

Bw:　30~55 cm，棕色（10YR 4/4，干），棕色（7.5YR 4/6，润）；砂质壤土，强度发育中块状结构，稍紧实，中量细根；向下层波状清晰过渡。

BC:　55~85 cm，浊黄色（2.5Y 6/3，干），暗棕色（10YR 3/4，润）；砂质壤土，弱发育中块状结构，紧实，有多量（20%）中等风化的棱角状石块；向下层平滑模糊过渡。

C：85 cm 以下，花岗岩风化物。

猫儿山系代表性单个土体物理性质

土层	深度/cm	砾石（>2 mm, 体积分数）/%	细土颗粒组成（粒径: mm）/ (g/kg)			质地类别	容重/ (g/cm³)
			砂粒 2~0.05	粉粒 0.05~0.002	黏粒<0.002		
Ah	0~20	10	528	236	236	砂质黏壤土	0.91
AB	20~30	10	628	277	95	砂质壤土	1.12
Bw	30~55	10	649	265	86	砂质壤土	1.34
BC	55~85	20	697	217	86	砂质壤土	1.36

猫儿山系代表性单个土体化学性质

深度/cm	pH		有机碳	全氮（N）	全磷（P）	全钾（K）	CEC₇	ECEC	盐基饱和度/%	铝饱和度/%	游离氧化铁/ (g/kg)	铁游离度/%
	H₂O	KCl		/ (g/kg)			/ (cmol(+)/kg 黏粒)					
0~20	3.8	3.1	114.6	7.52	0.58	28.67	129.2	39.7	6.0	60.4	16.5	67.6
20~30	4.0	3.7	40.8	2.53	0.34	31.95	157.5	58.3	5.5	76.9	25.0	66.3
30~55	4.3	4.0	28.4	1.70	0.27	34.79	167.4	54.1	5.2	79.0	22.9	53.1
55~85	4.5	4.2	17.4	1.19	0.55	34.91	147.4	40.1	5.4	77.0	10.9	24.5

11.4.2 九牛塘系（Jiuniutang Series）

土　　族：砂质硅质混合型酸性热性-腐殖铝质常湿雏形土
拟定者：卢　瑛，韦翔华，付旋旋

分布与环境条件　主要分布于桂林、百色、河池市等海拔 900～1500 m 花岗岩中山山地。成土母质为花岗岩风化残积、坡积物。土地利用类型为林地，马尾松、荷木、毛竹、五节芒等。属亚热带湿润季风性气候，年平均气温 15～16℃，年平均降雨量 1600～1800 mm。

九牛塘系典型景观

土系特征与变幅　诊断层有淡薄表层、雏形层；诊断特性包括常湿润土壤水分状况、热性土壤温度状况、铝质特性、腐殖质特性。土体厚度 50～100 cm；由于所处地带海拔高，湿度大，土壤常保持湿润，有机质分解缓慢，土壤腐殖化过程强烈，腐殖质层颜色深暗，呈现黑棕色。土壤砂粒含量>450 g/kg，细土质地为壤土-砂质壤土；土壤盐基高度不饱和，盐基饱和度<10%，铝饱和度>65%，呈强酸性反应，pH <4.5。

对比土系　猫儿山系、公益山系、回龙寺系，属于相同亚类；分布在山地垂直带谱中，猫儿山系成土母质为花岗岩风化物，公益山系、回龙寺系为砂页岩风化物；猫儿山系、回龙寺系为温性土壤温度状况；公益山系和回龙寺系土族控制层段颗粒大小级别分别为黏壤质、壤质。

利用性能综述　表层土壤有机质含量丰富，土壤氮磷钾养分含量较高，土壤质地较轻，通透性好，自然肥力较高。利用改良措施：封山育林，严禁乱砍滥伐，防止水土流失；发展杉、松、南竹以及其他阔叶树种等用材林和生态林。

参比土种　中层杂砂黄壤土。

代表性单个土体　位于桂林市兴安县华江乡猫儿山自然保护区九牛塘；25°52′59.1″N，110°29′25.0″E，海拔 1127 m；地势陡峭，成土母质为花岗岩残积、坡积物；林地，植被有箭竹、马尾松、茅草等。50 cm 深度土温 18.5℃。野外调查时间为 2015 年 8 月 22 日，编号 45-040。

Ah：0～16 cm，暗棕色（10YR 3/3，干），黑棕色（10YR 3/2，润）；壤土，强度发育小粒状结构，极疏松，少量粗根、多量细根，有少量（5%）微风化的棱角状花岗岩碎屑；向下层平滑渐变过渡。

AB：16～32 cm，浊黄橙色（10YR 6/4，干），棕色（10YR 4/4，润）；砂质壤土，强度发育小块状结构，疏松，少量粗根和多量细根，有少量（5%）微风化的棱角状花岗岩碎块；向下层波状渐变过渡。

Bw：32～60 cm，浅淡黄色（2.5Y 8/4，干），黄棕色（10YR 5/6，润）；砂质壤土，中度发育小块状结构，稍紧实，有少量（5%）中等风化的次棱角状花岗岩风化物；向下层清晰波状过渡。

C：　60 cm 以下，花岗岩风化物。

九牛塘系代表性单个土体剖面

九牛塘系代表性单个土体物理性质

土层	深度 /cm	砾石 (>2 mm, 体积分数)/%	细土颗粒组成（粒径：mm）/（g/kg）			质地类别	容重 /（g/cm³）
			砂粒 2～0.05	粉粒 0.05～0.002	黏粒<0.002		
Ah	0～16	5	496	319	185	壤土	0.98
AB	16～32	5	539	380	81	砂质壤土	1.16
Bw	32～60	5	579	350	71	砂质壤土	1.35

九牛塘系代表性单个土体化学性质

深度 /cm	pH		有机碳	全氮 (N)	全磷 (P)	全钾 (K)	CEC₇	ECEC	盐基饱和度 /%	铝饱和度 /%	游离氧化铁 /（g/kg）	铁游离度 /%
	H₂O	KCl		/（g/kg）			/（cmol(+)/kg 黏粒）					
0～16	3.6	3.5	64.1	3.53	0.74	26.23	114.0	43.4	6.9	69.9	19.9	54.4
16～32	4.3	4.1	18.2	1.18	0.60	28.10	128.9	42.0	5.9	76.8	17.9	40.9
32～60	4.4	4.1	13.0	0.81	0.54	29.13	121.2	43.4	7.2	76.1	20.4	51.1

11.4.3 公益山系（Gongyishan Series）

土　　族：黏壤质硅质混合型酸性热性-腐殖铝质常湿雏形土

拟定者：卢　瑛，贾重建

分布与环境条件　主要分布于百色、桂林、南宁、梧州市等海拔 500～1000 m 的山地。成土母质为砂页岩风化物。土地利用类型为林地，植被有松树、杜鹃、铁芒萁等，覆盖度>80%。属亚热带湿润季风性气候，年平均气温 19～20℃，年平均降雨量 1400～1600 mm。

公益山系典型景观

土系特征与变幅　诊断层有淡薄表层、雏形层；诊断特性包括常湿润土壤水分状况、热性土壤温度状况、铝质特性、腐殖质特性。土体深厚，厚度>100 cm；由于所处地带海拔高，湿度大，气候凉湿，土壤微生物活动较弱，有机质分解缓慢，土壤腐殖化过程强烈，腐殖质层颜色深暗，呈现暗棕色。土壤粉粒含量>400 g/kg，细土质地为黏壤土-壤土；土壤盐基高度不饱和，盐基饱和度<10%，铝饱和度>75%，呈强酸性反应，pH <4.5。

对比土系　猫儿山系、九牛塘系、回龙寺系，属于相同亚类；分布在山地垂直带谱中，猫儿山系、九牛塘系成土母质为花岗岩风化物，回龙寺系为砂页岩风化物；猫儿山系、回龙寺系为温性土壤温度状况；猫儿山系、九牛塘系土族控制层段颗粒大小级别为砂质，回龙寺系为壤质。

利用性能综述　该土系是广西主要的林业生产基地，土层深厚，适合于多种经济林木的生长，但土壤磷含量低。改良利用措施：加强封山育林，严禁乱砍滥伐，保护生态环境；积极发展用材林和经济林，发展八角、油茶、油桐、核桃、板栗、杉树等经济林和用材林；缓坡地带实行土地整理，修建水平梯地，种植粮食、经济作物，发展柑橘、刺梨等水果，防止水土流失。

参比土种　厚层砂泥黄红土。

代表性单个土体　位于南宁市武鸣区两江镇大明山山顶公路 20～21 km 之间；23°31'31.7"N，108°22'12.1"E，海拔 898 m；成土母质为砂页岩风化物；林地，植被有松树、杜鹃等。50 cm 深度土温 22.0℃。野外调查时间为 2015 年 9 月 23 日，编号 45-059。

公益山系代表性单个土体剖面

Ah：0～17 cm，灰黄棕色（10YR 5/2，干），黑棕色（10 YR 3/2，润）；黏壤土，强发育小粒状结构，疏松，少量粗根和多量细根，有少量的微风化次圆状的石块，有 2 条蚯蚓；向下层波状渐变过渡。

AB：17～37 cm，黄色（2.5Y 8/6，干），亮黄棕色（10YR 6/8，润）；黏壤土，强度发育小块状结构，稍紧实，少量中根和细根，有极少量微风化次圆状的碎石，孔隙壁有中量的腐殖质胶膜；向下层平滑模糊过渡。

Bw1：37～63 cm，黄色（2.5Y 8/6，干），亮黄棕色（10YR 6/8，润）；黏壤土，潮，中度发育棱块状结构，紧实，少量中根和细根，有极少量的弱风化棱角状碎石，孔隙壁有少量的腐殖质胶膜；向下层波状模糊过渡。

Bw2：63～110 cm，黄色（2.5Y 8/6，干），黄橙色（10YR 7/8，润）；壤土，弱发育中棱块状结构，紧实，少量中根和细根，孔隙壁有极少量的腐殖质胶膜。

公益山系代表性单个土体物理性质

土层	深度 /cm	砾石 (>2 mm, 体积分数)/%	细土颗粒组成（粒径：mm）/（g/kg） 砂粒 2～0.05	粉粒 0.05～0.002	黏粒<0.002	质地类别	容重 /（g/cm³）
Ah	0～17	5	254	452	294	黏壤土	0.98
AB	17～37	1	282	446	272	黏壤土	1.35
Bw1	37～63	1	278	444	279	黏壤土	1.46
Bw2	63～110	1	301	475	225	壤土	1.44

公益山系代表性单个土体化学性质

深度 /cm	pH H₂O	pH KCl	有机碳	全氮 (N)	全磷 (P)	全钾 (K)	CEC_7	ECEC	盐基饱和度/%	铝饱和度 /%	游离氧化铁 /（g/kg）	铁游离度 /%
			/（g/kg）				/（cmol(+)/kg 黏粒）					
0～17	4.2	3.4	46.9	3.38	0.48	28.60	68.9	40.2	8.1	78.0	34.4	68.2
17～37	4.2	3.4	7.9	0.93	0.30	34.17	35.2	28.4	5.3	84.0	36.5	69.6
37～63	4.3	3.4	3.8	0.67	0.30	34.76	24.9	20.8	5.9	82.1	38.7	70.2
63～110	4.4	3.6	3.3	0.61	0.34	37.39	30.9	18.2	7.4	75.2	43.6	77.2

11.4.4　回龙寺系（Huilongsi Series）

土　　族：壤质硅质混合型酸性温性-腐殖铝质常湿雏形土
拟定者：卢　瑛，韦翔华，付旋旋

分布与环境条件　主要分布于桂林市海拔 1400～1800 m 的中山地带。成土母质为砂页岩风化残积、坡积物。土地利用类型为林地，植被类型有观音竹、黄杨木和其他灌木等。属中亚热带海洋性季风性气候，年平均气温 12～13℃，年平均降雨量 1600～1800 mm。

回龙寺系典型景观

土系特征与变幅　诊断层有淡薄表层，雏形层；诊断特性包括常湿润土壤水分状况、热性土壤温度状况、铝质特性、腐殖质特性。土体厚度≤50 cm；由于所处地带海拔高，湿度大，气候凉湿，土壤微生物活动较弱，有机质分解缓慢，土壤腐殖化过程强烈，腐殖质层颜色深暗，呈现黑色。土壤粉粒含量>600 g/kg，细土质地为粉壤土；土壤盐基高度不饱和，盐基饱和度<10%，铝饱和度>70%，呈强酸性反应，pH ≤4.5。

对比土系　猫儿山系、九牛塘系、公益山系，属于相同亚类；分布在山地垂直带谱中，猫儿山系、九牛塘系成土母质为花岗岩风化物，公益山系为砂页岩风化物；九牛塘系、公益山系为热性土壤温度状况；猫儿山系、九牛塘系土族控制层段颗粒大小级别为砂质，公益山系为黏壤质。

利用性能综述　表层土壤有机质含量丰富，土壤氮磷钾养分含量较高，土壤质地适中，通透性好，自然肥力较高，适合中亚热带各种林木生长，但多数山高、坡陡，土层浅薄，土壤管理不便。利用改良措施：封山育林，加强保护现有森林植被，严禁乱砍滥伐，防止水土流失，建立良好的生态环境；选择小环境适宜区种植药用植物，提高经济效益，但要控制规模。

参比土种　中层砂泥黄棕壤。

代表性单个土体　位于桂林市兴安县华江乡猫儿山自然保护区回龙寺左后山，25°54'44.2"N，110°27'58.8"E，海拔 1580 m；地势陡峭，母质为砂页岩风化残积、坡积物；林地，植被有观音竹、黄杨木和其他灌木等。50 cm 深度土温 15.5℃。野外调查时间为 2015 年 8 月 21 日，编号 45-037。

Ah:　0～10 cm，灰黄棕色（10YR 5/2，干），黑色（10YR 2/1，润）；粉壤土，强度发育小粒状结构，极疏松，有中量粗根、多量细根；向下层平滑清晰过渡。

AB:　10～22 cm，浊黄橙色（10YR 7/3，干），暗棕色（10YR 3/4，润）；粉壤土，强度发育中块状结构，疏松，有少量粗根、中量细根；向下层平滑渐变过渡。

Bw:　22～50 cm，淡黄橙色（10YR 8/4，干），黄棕色（10YR 5/8，润）；粉壤土，弱发育中块状结构，稍紧实，有少量细根，有多量（约 35%）的棱角状砂页岩碎块；向下层波状渐变过渡。

C:　50～86 cm，中度风化砂页岩。

回龙寺系代表性单个土体剖面

回龙寺系代表性单个土体物理性质

土层	深度 /cm	砾石 (>2 mm，体积分数) /%	细土颗粒组成（粒径：mm）/（g/kg）			质地类别	容重 /（g/cm³）
			砂粒 2～0.05	粉粒 0.05～0.002	黏粒<0.002		
Ah	0～10	2	150	607	243	粉壤土	0.88
AB	10～22	2	156	634	210	粉壤土	1.18
Bw	22～50	35	222	622	156	粉壤土	1.32

回龙寺系代表性单个土体化学性质

深度 /cm	pH		有机碳	全氮 (N)	全磷 (P)	全钾 (K)	CEC₇	ECEC	盐基饱和度 /%	铝饱和度 /%	游离氧化铁 /（g/kg）	铁游离度 /%
	H₂O	KCl	/（g/kg）				/（cmol(+)/kg 黏粒）					
0～10	3.9	3.5	91.6	5.62	0.54	18.87	125.7	49.9	5.7	72.6	28.6	64.4
10～22	4.3	3.6	36.4	2.43	0.39	20.85	91.8	39.5	3.5	82.9	34.8	62.4
22～50	4.5	3.8	10.1	0.63	0.31	28.92	53.5	29.6	5.0	84.5	36.6	64.1

11.5 普通铝质常湿雏形土

11.5.1 上孟村系（Shangmengcun Series）

土 族：粗骨壤质硅质混合型酸性热性-普通铝质常湿雏形土
拟定者：卢 瑛，崔启超

分布与环境条件 主要分布于百色、河池、桂林市砂页岩山区海拔 500～1000 m 地带。成土母质为砂页岩风化物。土地利用类型为耕地，种植玉米等。属亚热带季风性气候，年平均气温 18～19℃，年平均降雨量 1600～1800 mm。

上孟村系典型景观

土系特征与变幅 诊断层有淡薄表层、雏形层；诊断特性包括常湿润土壤水分状况、热性土壤温度状况、铝质特性。土体深厚，厚度>100 cm；由于所处地带海拔高，气候凉湿，土壤微生物活动较弱，有机质分解缓慢，土壤腐殖质层颜色深暗。土体中>2 mm 砾石平均体积含量>35%，土壤粉粒含量>600 g/kg，细土质地为粉质黏壤土-粉壤土；土壤盐基高度不饱和，盐基饱和度<20%，铝饱和度>60%，呈酸性反应，pH 4.5～5.5。

对比土系 天坪系，成土母质相同，分布于海拔较高的山地，距土表 50 cm 以内具有石质接触面，属于石质铝质常湿雏形土亚类；土体内岩石碎屑很少，土族控制层段土壤颗粒大小级别为壤质。

利用性能综述 该土系土层深厚，耕层厚度中等，土壤呈酸性，砾石含量多，漏水漏肥，且分布在坡度较大的山腰，水土流失严重，作物产量不高。利用改良措施：坡度>25°的坡耕地应退耕还林，发展林业，增加植被覆盖率，防止水土流失；在耕地资源少的地区，应选择微域地形比较平缓的地段，筑土埂修成水平梯地，增施有机肥，培肥土壤。

参比土种　砾质黄红泥土。

代表性单个土体　位于桂林市龙胜各族自治县龙胜镇上孟村委；25°42'7.9"N，109°59'37.0"E，海拔 820 m；地势陡峭，成土母质为砂页岩风化物；耕地，现已撂荒，生长杂草。50 cm 深度土温 21.4℃。野外调查时间为 2015 年 8 月 23 日，编号 45-044。

上孟村系代表性单个土体剖面

Ah：0～14 cm，灰白色（2.5Y 8/2，干），浊黄棕色（10YR 5/4，润）；粉质黏壤土，强度发育小块状结构，疏松，中量细根、很少量中根，有中量（约 10%）中等风化的棱角状砂页岩风化物，有蚂蚁；向下层平滑清晰过渡。

AB：14～34 cm，浅淡黄色（2.5Y 8/3，干），浊黄橙色（10YR 7/4，润）；粉壤土，强度发育中块状结构，稍紧实，中量细根，有中量（15%）中等风化的棱角状砂页岩风化物；向下层波状模糊过渡。

Bw1：34～75 cm，浅淡黄色（2.5Y 8/3，干），浊黄橙色（10YR 7/4，润）；粉壤土，中度发育中块状结构，紧实，少量细根，有多量（约 35%）中等风化的棱角状砂页岩风化物；向下层波状模糊过渡。

Bw2：75～128 cm，灰白色（5Y 8/2，干），淡黄色（5Y 7/3，润）；粉壤土，中度发育中块状结构，紧实，有很多（约 50%）中等风化的棱角状砂页岩风化物。

上孟村系代表性单个土体物理性质

土层	深度 /cm	砾石（>2 mm，体积分数）/%	细土颗粒组成（粒径：mm）/（g/kg）			质地类别	容重 /（g/cm³）
			砂粒 2～0.05	粉粒 0.05～0.002	黏粒<0.002		
Ah	0～14	10	46	682	272	粉质黏壤土	0.98
AB	14～34	15	55	745	200	粉壤土	1.12
Bw1	34～75	35	55	766	178	粉壤土	1.42
Bw2	75～128	50	69	788	143	粉壤土	1.41

上孟村系代表性单个土体化学性质

深度 /cm	pH		有机碳	全氮（N）	全磷（P）	全钾（K）	CEC$_7$	ECEC	盐基饱和度 /%	铝饱和度 /%	游离氧化铁 /（g/kg）	铁游离度 /%
	H$_2$O	KCl			/（g/kg）		/（cmol(+)/kg 黏粒）					
0～14	4.8	4.0	22.0	2.11	0.34	29.04	39.5	19.2	16.4	61.1	15.6	39.0
14～34	5.2	4.0	4.3	0.64	0.27	34.67	54.2	12.9	6.6	66.9	14.9	29.8
34～75	5.3	4.2	2.6	0.46	0.23	37.05	27.2	11.2	11.4	65.8	14.9	28.1
75～128	5.3	4.1	2.2	0.41	0.24	34.67	25.9	14.7	15.5	67.1	12.3	22.8

11.6 石质钙质湿润雏形土

11.6.1 加方系（Jiafang Series）

土　族：黏质混合型非酸性高热性-石质钙质湿润雏形土

拟定者：卢　瑛，崔启超

分布与环境条件 主要分布于河池、百色、南宁、桂林、柳州市等岩溶区峰丛、峰林基座的坡面。成土母质为石灰岩风化坡积物。土地利用类型为林地，植被主要为灌木、竹子、杂草等。属亚热带季风性气候，年平均气温 21～22℃，年平均降雨量 1400～1600 mm。

加方系典型景观

土系特征与变幅 诊断层有淡薄表层、雏形层；诊断特性包括湿润土壤水分状况、高热土壤温度状况、碳酸盐岩岩性特征、石质接触面。土层浅薄，厚度<40 cm，腐殖质层厚度 10～20 cm；土壤颜色为浊黄棕色-黄棕色；土壤黏粒含量>500 g/kg，细土质地为粉质黏土-黏土；土壤盐基饱和度>75%，交换性盐基以交换性钙、镁为主。土壤呈微酸性反应，pH 6.0～6.5。

对比土系 央里系，成土母质相同，土体深厚，距土表 50 cm 以内没有石质接触面，已开垦利用，土表至 125 cm 范围内有一半以上土层呈比 5YR 更黄棕的颜色，属于棕色钙质湿润雏形土亚类。土族控制层段颗粒大小级别和矿物学类型相同，央里系分布区域海拔高，属于热性土壤温度状况。

利用性能综述 该土系土层浅薄，有机质、全氮含量高，全磷、全钾偏低；土壤质地黏重，通气透水性能较差。植被破坏后，易导致水土流失，破坏生态环境。利用改良措施：保护现有植被，增加植被覆盖；有条件区域可种植牧草，发展畜牧业。

参比土种　棕色石灰土。

代表性单个土体　位于南宁市马山县加方乡龙岗村；23°44'19.8"N，108°22'0.5"E，海拔458 m；地势陡峭，成土母质为石灰岩风化坡积物；林地，植被有竹、小灌木，植被覆盖度>80%。50 cm深度土温23.1℃。野外调查时间为2015年9月24日，编号45-063。

Ah：　0~16 cm，浊黄棕色（10YR 5/4，干），浊黄棕色（10YR 4/3，润）；粉质黏土，强度发育大粒状结构，疏松，少量粗根、中量中根、多量细根，有少量微风化的棱角状小石块；向下层平滑渐变过渡。

Bw：　16~28 cm，浊黄橙色（10YR 6/4，干），黄棕色（10YR 5/6，润）；黏土，强度发育小块状结构，稍紧实，少量中根和细根，有少量微风化的棱角状小石块；向下层波状突变过渡。

R：　　28 cm以下，未风化石灰岩。

加方系代表性单个土体剖面

加方系代表性单个土体物理性质

土层	深度 /cm	砾石 (>2 mm, 体积分数) /%	细土颗粒组成（粒径：mm）/（g/kg）			质地类别	容重 /（g/cm³）
			砂粒 2~0.05	粉粒 0.05~0.002	黏粒<0.002		
Ah	0~16	2	51	448	501	粉质黏土	1.13
Bw	16~28	2	44	359	597	黏土	1.21

加方系代表性单个土体化学性质

深度 /cm	pH		有机碳	全氮 (N)	全磷 (P)	全钾 (K)	CEC₇	ECEC	盐基饱和度/%	铝饱和度/%	游离氧化铁	铁游离度/%
	H₂O	KCl	/（g/kg）				/（cmol(+)/kg 黏粒）				/（g/kg）	
0~16	6.1	5.2	49.8	4.98	0.47	13.98	49.2	42.4	85.1	0.6	66.8	66.9
16~28	6.0	4.9	25.6	3.12	0.59	13.68	30.9	24.5	78.2	0.6	75.8	80.7

11.7 棕色钙质湿润雏形土

11.7.1 央里系（**Yangli Series**）

土　族：黏质混合型非酸性热性-棕色钙质湿润雏形土
拟定者：卢　瑛，姜　坤

分布与环境条件　主要分布于河池、百色、南宁、柳州市等岩溶区的石山坡麓、峰丛谷地、溶蚀盆地、洼地。成土母质为石灰岩风化坡积物。土地利用类型为耕地，种植红薯、玉米、油菜等。亚热带季风性气候，年平均气温 19～20℃，年平均降雨量 1400～1600 mm。

央里系典型景观

土系特征与变幅　诊断层包括淡薄表层、雏形层；诊断特性包括湿润土壤水分状况、热性土壤温度状况、碳酸盐岩岩性特性。土壤颜色为橄榄棕色-浊黄橙色，细土质地为粉质黏壤土；土壤盐基饱和，交换性盐基以交换性钙、镁为主。土壤呈中性-微碱性反应，pH 7.0～8.0。

对比土系　加方系，成土母质相同，土体浅薄，距土表 50 cm 以内有石质接触面，属于石质钙质湿润雏形土亚类。土族控制层段颗粒大小级别和矿物学类型相同，加方系分布区域海拔较低，属于高热土壤温度状况。

利用性能综述　因长期人为耕种熟化，有机质、全氮、全磷含量较高，全钾含量低，CEC 中等，但土壤质地适中，地下水位深，灌溉水源缺乏，作物产量不稳。利用改良措施：推广玉米与豆科作物间作、套种，秸秆还田，提高土壤有机质含量，增加土壤蓄水能力；增施钾肥，提高土壤钾素供应，提高作物产量；加强农田基本建设，修筑蓄水池，提高蓄水抗旱能力。

参比土种　棕泥土。

代表性单个土体　位于百色市凌云县加尤镇央里村下长峒屯；24°26'45.2"N，106°38'7.8"E，海拔 706 m；地势起伏，成土母质为石灰岩风化坡积物；耕地，种植红薯、玉米、油菜等。50 cm 深度土温 22.4℃。野外调查时间为 2015 年 12 月 18 日，编号 45-068。

央里系代表性单个土体剖面

Ap：　0～15 cm，浊黄橙色（10YR 6/4，干），棕色（10YR 4/4，润）；粉质黏壤土，强度发育小块状结构，稍紧实，有少量细根；向下层平滑清晰过渡。

Bw1：15～43 cm，浊黄棕色（10YR 5/3，干），棕色（10YR 4/4，润）；粉质黏壤土，强度发育中块状结构，紧实；向下层平滑渐变过渡。

Bw2：43～62 cm，浊黄橙色（10YR 6/4，干），棕色（10YR 4/4，润）；粉质黏壤土，强度发育中块状结构，紧实；向下层平滑突变过渡。

Bw3：62～93 cm，浊黄棕色（10YR 5/4，干），暗棕色（10YR 3/4，润）；粉质黏壤土，强度发育中块状结构，紧实，有少量（2%～5%）次棱角状岩石碎屑。

C：　93 cm 以下，弱风化的岩石碎块。

央里系代表性单个土体物理性质

| 土层 | 深度 /cm | 砾石 (>2 mm，体积分数)/% | 细土颗粒组成（粒径：mm）/（g/kg） | | | 质地类别 | 容重 /（g/cm³） |
			砂粒 2～0.05	粉粒 0.05～0.002	黏粒<0.002		
Ap	0～15	2	161	498	341	粉质黏壤土	1.25
Bw1	15～43	<1	185	442	373	粉质黏壤土	1.38
Bw2	43～62	<1	151	451	398	粉质黏壤土	1.33
Bw3	62～93	5	181	507	311	粉质黏壤土	1.32

央里系代表性单个土体化学性质

| 深度 /cm | pH (H₂O) | 有机碳 | 全氮 (N) | 全磷 (P) | 全钾 (K) | CEC₇ /（cmol(+)/kg 黏粒） | 盐基饱和度/% | CaCO₃相当物 /（g/kg） | 游离氧化铁 /（g/kg） | 铁游离度 /% |
		/（g/kg）								
0～15	7.6	19.5	2.30	1.58	11.00	64.8	100	8.5	42.4	80.9
15～43	7.5	13.9	1.75	1.20	10.56	51.8	100	0.5	44.9	76.5
43～62	7.4	14.2	1.81	1.24	9.52	54.4	96.7	0.8	49.0	73.2
62～93	7.5	15.3	1.77	1.63	10.71	62.3	98.9	2.1	40.3	79.6

11.8　石质铝质湿润雏形土

11.8.1　官成系（Guancheng Series）

土　族：粗骨砂质硅质混合型酸性高热性-石质铝质湿润雏形土
拟定者：卢　瑛，姜　坤

分布与环境条件　主要分布于钦州、贵港市等砂岩丘陵的中上部。成土母质为砂页岩风化坡积物。土地利用类型为林地，植被为桉树、马尾松、灌木、铁芒萁等。属南亚热带湿润季风性气候，年平均气温 20～21℃，年平均降雨量 1400～1600 mm。

官成系典型景观

土系特征与变幅　该土系诊断层有淡薄表层、雏形层，诊断特性包括湿润土壤水分状况、高热土壤温度状况、铝质特性。土体浅薄，厚度<40 cm；土体中>2 mm 砾石含量（体积分数）平均>35%，土壤砂粒含量>600 g/kg，细土质地为壤质砂土-砂质壤土；土壤盐基高度不饱和，盐基饱和度<15%，铝饱和度>60%，呈强酸性反应，pH 4.0～4.5。

对比土系　加方系，成土母质为石灰岩风化物，土体浅薄，距土表 50 cm 以内有石质接触面，有碳酸盐岩岩性特征，属于石质钙质湿润雏形土亚类。加方系土族控制层段颗粒大小级别和矿物学类型为黏质、混合型，酸碱反应类别为非酸性。

利用性能综述　该土系土层浅薄，土体中>2 mm 砾石含量高，土壤有机质和氮磷钾含量低，土壤酸性强，土壤自然肥力低，立地生态环境脆弱。利用改良措施：应以种植林木为主，发展用材林和生态林，保持植被覆盖，有计划砍伐和利用，防止水土流失。

参比土种　薄层砂质赤红土。

代表性单个土体　位于贵港市平南县官成镇八宝村；23°43'17.0"N，110°21'58.9"E，海拔

70 m；地势起伏，成土母质为砂页岩风化坡积物；林地，植被有桉树、灌木等。50 cm 深度土温 23.4℃。野外调查时间为 2016 年 12 月 18 日，编号 45-124。

Ah：　0～10 cm，浊橙色（5YR 6/6，干），浊红棕色（5YR 4/3，润）；壤质砂土，中度发育小粒状结构，疏松，多量细根，有多量（30%～40%）微风化的棱角状岩石；向下层平滑渐变过渡。

Bw：　10～30 cm，橙色（5YR 6/6，干），红棕色（5YR 4/8，润）；砂质壤土，弱发育小粒状结构，稍紧实，中量细根，有很多（60%）微风化的棱角状岩石；向下层波状模糊过渡。

BC：　30～80 cm，橙色（5YR 6/8，干），亮红棕色（5YR 5/8，润）；砂质壤土，弱发育小粒状结构，稍紧实，少量细树根，有很多（80%）微风化的棱角状岩石；向下层波状清晰过渡。

R：　80 cm 以下，未风化砂页岩。

官成系代表性单个土体剖面

官成系代表性单个土体物理性质

土层	深度 /cm	砾石 (>2 mm, 体积分数)/%	细土颗粒组成（粒径：mm）/（g/kg）			质地类别
			砂粒 2～0.05	粉粒 0.05～0.002	黏粒<0.002	
Ah	0～10	35	795	146	59	壤质砂土
Bw	10～30	60	727	157	116	砂质壤土
BC	30～80	80	605	198	196	砂质壤土

官成系代表性单个土体化学性质

深度 /cm	pH		有机碳	全氮 (N)	全磷 (P)	全钾 (K)	CEC$_7$	ECEC	盐基饱和度 /%	铝饱和度 /%	游离氧化铁	铁游离度 /%
	H$_2$O	KCl			/（g/kg）		/（cmol(+)/kg 黏粒）				/（g/kg）	
0～10	4.2	3.0	13.1	0.74	0.12	2.21	76.4	66.5	12.7	63.6	7.4	81.0
10～30	4.3	3.4	6.5	0.50	0.16	4.18	41.1	45.6	7.1	86.5	13.8	84.7
30～80	4.2	3.6	4.5	0.54	0.28	11.14	31.4	29.2	6.7	88.1	26.1	85.3

11.9 腐殖铝质湿润雏形土

11.9.1 安康村系（Ankangcun Series）

土　族：黏壤质硅质混合型酸性热性–腐殖铝质湿润雏形土

拟定者：卢　瑛，韦翔华

分布与环境条件　主要分布于桂林、河池、百色市等北纬 24°30′以北海拔 500 m 以下山地、丘陵的山麓、坡脚或山丘中、下部。成土母质为砂页岩风化坡积、残积物。土地利用类型为林地，植被有杉树、竹子、铁芒萁、茅草等。属中亚热带湿润季风性气候，年平均气温 18～19℃，年平均降雨量 1600～1800 mm。

安康村系典型景观

土系特征与变幅　该土系诊断层有淡薄表层、雏形层，诊断特性包括湿润土壤水分状况、热性土壤温度状况、铝质特性、腐殖质特性。土体厚度 80～100 cm；土壤中腐殖质积累明显，具有腐殖质特性；土壤粉粒含量>650 g/kg，细土质地为粉壤土；土壤盐基高度不饱和，盐基饱和度<10%，铝饱和度>80%，呈强酸性反应，pH <4.5。

对比土系　地狮系，属于相同土族，成土母质为硅质页岩风化物，0～20 cm 土层细土质地类别为黏壤土类；60 cm 以下雏形层中岩石碎屑体积达到 30%。

利用性能综述　该土系所处地势多为低山、丘陵中、下部，水热条件好，土壤管理方便，土层较深厚、土壤质地适中，是农、林、牧业发展的主要土壤资源；原植被多已破坏，现多为次生林。改良利用措施：保护现有森林植被，严禁乱砍滥伐和毁林开垦，防止水土流失；因土种植，合理布局，充分利用和提高土壤生产潜力，低丘和缓坡宜农地应修水平梯地，发展茶叶和水果；对坡度在 25°以上的山丘，可发展松、杉等用材林和油茶、油桐、山竹等经济林。

参比土种　厚层砂泥红土。

代表性单个土体　位于桂林市龙胜各族自治县三门镇安康村委安懂组；25°42'41.8"N，109°48'13.5"E，海拔 428 m；地势陡峭，成土母质为砂页岩；林地，主要植被有杉树、竹、油茶树等。50 cm 深度土温 21.6℃。野外调查时间为 2015 年 8 月 24 日，编号 45-045。

安康村系代表性单个土体剖面

Ah：　0～13 cm，浊黄橙色（10YR 7/3，干），棕色（7.5YR 4/4，润）；粉壤土，强度发育小块状结构，疏松，中量细根、少量粗根，有中量弱风化的棱角状砂页岩风化物，有少量蚯蚓；向下层波状模糊过渡。

AB：　13～43 cm，浊黄橙色（10YR 7/3，干），棕色（7.5YR 4/4，润）；粉壤土，强度发育小块状结构，疏松，中量细根、很少量粗根，有中量弱风化的棱角状砂页岩风化物；向下层平滑模糊过渡。

Bw：　43～90 cm，浊黄橙色（10YR 7/3，干），棕色（7.5YR 4/4，润）；粉壤土，中度发育小块状结构，稍紧实，少量细根、很少量粗根，有中量弱风化的棱角状砂页岩风化物；向下层平滑渐变过渡。

C：　90～120 cm，砂页岩风化物。

安康村系代表性单个土体物理性质

土层	深度 /cm	砾石 (>2 mm，体积分数)/%	细土颗粒组成（粒径：mm）/（g/kg）			质地类别	容重 /（g/cm³）
			砂粒 2～0.05	粉粒 0.05～0.002	黏粒<0.002		
Ah	0～13	10	76	679	245	粉壤土	1.02
AB	13～43	10	74	671	255	粉壤土	1.13
Bw	43～90	15	76	677	247	粉壤土	1.34

安康村系代表性单个土体化学性质

深度 /cm	pH		有机碳	全氮 (N)	全磷 (P)	全钾 (K)	CEC₇	ECEC	盐基饱和度 /%	铝饱和度 /%	游离氧化铁 /（g/kg）	铁游离度 /%
	H₂O	KCl		/（g/kg）			/（cmol(+)/kg 黏粒）					
0～13	4.2	3.7	21.0	1.76	0.66	27.43	52.3	24.7	5.0	81.2	24.3	51.3
13～43	4.2	3.7	20.8	1.80	0.67	27.43	52.4	23.9	3.8	84.2	23.8	55.3
43～90	4.3	3.7	17.8	1.43	0.59	28.60	49.1	22.4	4.4	83.3	22.7	52.0

11.9.2 地狮系（Dishi Series）

土 族：黏壤质硅质混合型酸性热性-腐殖铝质湿润雏形土
拟定者：卢 瑛，刘红宜

分布与环境条件 主要分布于桂林、河池、百色市等北纬 24°30'以北海拔 500 m 以下山地、丘陵的山麓、坡脚或山丘中、下部，成土母质为硅质页岩风化坡积、残积物。土地利用类型为林地或园地，种植砂糖橘、松树、杉树等。属中亚热带季风性湿润气候，年平均气温 19～20℃，年平均降雨量 1600～1800 mm。

地狮系典型景观

土系特征与变幅 该土系诊断层有淡薄表层、雏形层；诊断特性包括湿润土壤水分状况、热性土壤温度状况、铝质特性、腐殖质特性。土体深厚，厚度>100 cm；土壤粉粒含量>350 g/kg、黏粒含量>300 g/kg，细土质地为黏壤土；土壤盐基高度不饱和，盐基饱和度<15%，铝饱和度>75%，呈强酸性-酸性反应，pH 4.0～5.0。

对比土系 安康村系，属于相同土族，成土母质为砂页岩风化物，0～20 cm 土层细土质地类别为壤土类；雏形层中岩石碎屑体积为 10%～15%。

利用性能综述 该土系所处地势多为低山、丘陵中、下部，水热条件好，原植被多已破坏，现多为次生林或果树。土层较深厚、土壤质地适中，是农、林、牧业发展的主要土壤资源，但土壤有机质和全氮含量中等，土壤全磷、全钾含量低。改良利用措施：保护现有森林植被，严禁乱砍滥伐和毁林开垦，防止水土流失；因土种植，合理布局，充分利用和提高土壤生产潜力，低丘和缓坡宜农地应修水平梯地，发展茶叶和水果；合理施用肥料，增加磷、钾养分供应。

参比土种 厚层砂泥红土。

代表性单个土体　位于桂林市荔浦市马岭镇地狮村；24°39'11.5"N，110°29'13.3"E，海拔182 m；成土母质为硅质页岩风化物；园地，种植砂糖橘等。50 cm 深度土温 22.6℃。野外调查时间为 2015 年 8 月 28 日，编号 45-053。

Ah：0～20 cm，浊黄橙色（10YR 7/3，干），棕色（10YR 4/6，润）；黏壤土，强度发育小块状结构，疏松，中量细根；向下层平滑渐变过渡。

Bw1：20～55 cm，浊黄橙色（10YR 7/3，干），棕色（10YR 4/6，润）；黏壤土，强度发育小块状结构，稍紧实，少量细根；向下层平滑模糊过渡。

Bw2：55～85 cm，浊黄棕色（10YR 7/3，干），棕色（10YR 4/6，润）；黏壤土，中度发育小块状结构，紧实，少量细根，有很多（50%）的岩石碎屑；向下层平滑清晰过渡。

BC：85～145 cm，淡黄橙色（7.5YR 8/4，干），亮棕色（7.5YR 5/8，润）；黏壤土，弱发育中块状结构，紧实，有很多（60%）的岩石碎屑。

地狮系代表性单个土体剖面

地狮系代表性单个土体物理性质

土层	深度 /cm	砾石 (>2 mm, 体积分数)/%	细土颗粒组成（粒径：mm）/（g/kg）			质地类别	容重 /（g/cm³）
			砂粒 2～0.05	粉粒 0.05～0.002	黏粒<0.002		
Ah	0～20	2	264	415	321	黏壤土	1.12
Bw1	20～55	2	267	419	314	黏壤土	1.29
Bw2	55～85	50	234	440	326	黏壤土	1.45
BC	85～145	60	237	386	377	黏壤土	—

地狮系代表性单个土体化学性质

深度 /cm	pH		有机碳	全氮 (N)	全磷 (P)	全钾 (K)	CEC₇	ECEC	盐基饱和度 /%	铝饱和度 /%	游离氧化铁 /（g/kg）	铁游离度 /%
	H₂O	KCl			/（g/kg）			/（cmol(+)/kg 黏粒）				
0～20	4.2	3.6	14.8	1.12	0.23	2.46	36.0	23.5	6.4	84.3	30.4	84.7
20～55	4.3	3.6	12.3	0.89	0.22	2.61	33.8	22.4	5.1	86.5	30.3	85.9
55～85	4.2	3.6	9.0	0.73	0.21	2.90	30.3	21.1	5.0	87.2	28.7	86.7
85～145	4.6	3.7	4.9	0.62	0.23	4.07	25.8	20.4	13.6	77.6	30.5	75.5

11.9.3 平艮系（Pinggen Series）

土　族：黏壤质硅质混合型酸性高热性-腐殖铝质湿润雏形土
拟定者：卢　瑛，熊　凡

分布与环境条件　主要分布于钦州、北海、防城港市北纬 22°以南沿海地带山丘中、上部，因遭受侵蚀，土壤发育弱。成土母质为砂页岩风化物。土地利用类型为林地，主要植被有桉树、铁芒萁、茅草等。属热带北缘季风性气候，年平均气温 22～23℃，年平均降雨量 1800～2000 mm。

平艮系典型景观

土系特征与变幅　该土系诊断层有淡薄表层、雏形层；诊断特性包括湿润土壤水分状况、高热土壤温度状况、铝质特性、腐殖质特性。地处低纬度地区，由于遭受侵蚀，成土时间短，没有形成铁铝层和低活性富铁层。土体厚度 50～100 cm；AB 层孔隙壁上有 10%～15%对比度明显的腐殖质胶膜；土壤粉粒和黏粒含量均>300 g/kg，质地为壤土-黏壤土；盐基高度不饱和，盐基饱和度<30%，铝饱和度>60%，呈酸性反应，pH 4.5～5.5。

对比土系　安康村系、地狮系、四荣系，属于相同亚类。安康村系成土母质为砂页岩风化物，地狮系为硅质页岩风化物，四荣系为花岗岩风化物；安康村系、四荣系雏形层中岩石碎屑体积为 10%～15%。地狮系 60 cm 以下雏形层中岩石碎屑体积达到 30%；安康村系、地狮系、四荣系均属于热性土壤温度状况。

利用性能综述　该土系由于经历土壤侵蚀，土层厚度一般，质地适中，土壤保肥性能较低，不利于植物生长。利用管理措施：在管理上应封山育林、育草为主，在逐步提高生物富集量的基础上，加速土壤熟化，发展矮灌木林或薪炭林。

参比土种　中层砂泥砖红土。

代表性单个土体　　位于钦州市钦南区沙埠镇平艮村委沙咀村；21°55'32.9"N，108°44'30.6"E，海拔 10 m；成土母质为砂页岩；林地，种植桉树等。50 cm 深度土温 24.7℃。野外调查时间为 2014 年 12 月 18 日，编号 45-006。

平艮系代表性单个土体剖面

Ah：　0~13 cm，浊黄橙色（10Y 7/3，干），棕色（10YR 4/4，润）；黏壤土，强度发育小块状结构，稍紧实，多量中根；向下层平滑模糊过渡。

AB：　13~32 cm，浊黄橙色（10Y 7/3，干），棕色（10YR 4/4，润）；黏壤土，强度发育小块状结构，稍紧实，多量细根，孔隙壁有中量（10%~15%）的腐殖质胶膜；向下层波状清晰过渡。

Bw1：32~57 cm，淡黄橙色（10YR 8/4，干），橙色（7.5YR 6/8，润）；黏壤土，中度发育中块状结构，紧实，中量细根；向下层平滑清晰过渡。

Bw2：57~83 cm，淡黄橙色（10YR 8/4，干），橙色（7.5YR 6/8，润）；黏壤土，弱发育中块状结构，润时坚实，紧实；向下层平滑清晰过渡。

BC：83~122 cm，淡黄橙色（10YR 8/4，干），橙色（7.5YR 6/8，润）；壤土，弱发育中块状结构，紧实，有多量（40%）岩石风化物。

平艮系代表性单个土体物理性质

| 土层 | 深度 /cm | 砾石 (>2 mm, 体积分数) /% | 细土颗粒组成（粒径：mm）/（g/kg） | | | 质地类别 | 容重 /（g/cm³） |
			砂粒 2~0.05	粉粒 0.05~0.002	黏粒<0.002		
Ah	0~13	2	292	395	313	黏壤土	1.25
AB	13~32	1	249	430	321	黏壤土	1.26
Bw1	32~57	1	223	410	367	黏壤土	1.43
Bw2	57~83	5	298	375	327	黏壤土	1.54
BC	83~122	40	333	435	232	壤土	—

平艮系代表性单个土体化学性质

| 深度 /cm | pH | | 有机碳 | 全氮 (N) | 全磷 (P) | 全钾 (K) | CEC_7 | ECEC | 盐基饱和度 /% | 铝饱和度 /% | 游离氧化铁 | 铁游离度 /% |
	H_2O	KCl			/（g/kg）		/（cmol(+)/kg 黏粒）				/（g/kg）	
0~13	4.7	3.2	21.4	1.26	0.26	12.71	53.2	46.1	26.6	64.0	29.5	77.7
13~32	4.6	3.2	15.2	0.96	0.14	13.8	51.8	42.9	11.4	80.8	31.5	75.0
32~57	4.5	3.2	4.3	0.43	0.11	19.7	39.4	38.6	8.7	84.9	35.1	74.5
57~83	4.6	3.2	3.3	0.43	0.15	26.3	42.2	40.3	8.8	84.3	77.8	78.0
83~122	4.7	3.2	2.2	0.40	0.34	33.9	50.5	49.9	10.3	83.1	47.9	78.6

11.9.4 四荣系（Sirong Series）

土　族：黏壤质硅质混合型酸性热性-腐殖铝质湿润雏形土
拟定者：卢　瑛，贾重建

分布与环境条件　主要分布于贺州、柳州、桂林、崇左市等北纬 24°30′以北、海拔 500 m 以下花岗岩山地丘陵区。成土母质为花岗岩风化坡积物。土地利用类型为林地，植被类型有竹、八角树、杉树等。属中亚热湿润带季风性气候，年平均气温 19～20℃，年平均降雨量 1600～1800 mm。

四荣系典型景观

土系特征与变幅　该土系诊断层有淡薄表层、雏形层；诊断特性包括湿润土壤水分状况、热性土壤温度状况、铝质特性、腐殖质特性。土体深厚，厚度>100 cm；土壤砂粒含量>400 g/kg，细土质地为砂质壤土-壤土；土壤盐基高度不饱和，盐基饱和度<30%，铝饱和度>60%，呈酸性反应，pH 4.5～5.5。

对比土系　安康村系、地狮系、平艮系，属于相同亚类。安康村系、平艮系成土母质为砂页岩风化物，地狮系为硅质页岩风化物；地狮系 80 cm 以下雏形层中岩石碎屑体积达到 30%，平艮系雏形层中岩石碎屑体积<5%；平艮系属于高热土壤温度状况。

利用性能综述　该土系土体深厚，质地适中，有机质及养分含量较丰富，宜种性广，适合多种林木和农作物生长，但植被破坏后，容易产生土壤侵蚀和水土流失。改良利用措施：合理规划布局，发展用材林和经济林，高丘种松树、毛竹等用材林，山腰种茶、油茶、油桐等经济林木，低丘缓坡种植柑橘、沙田柚、板栗、柿、枣、白果等果树；进行土地整理，修筑水平梯地，实行等高种植，防止水土流失。

参比土种　厚层杂砂红土。

代表性单个土体　位于柳州市融水苗族自治县四荣乡东田村；25°16'60.0"N，
109°8'11.5"E，海拔 378 m；地势明显起伏，成土母质为花岗岩风化物；次生林地，植被
有竹、八角树、杉树，植被覆盖率≥80%。50 cm 深度土温 22.0℃。野外调查时间为 2016
年 11 月 15 日，编号 45-110。

四荣系代表性单个土体剖面

Ah:　0～28 cm，灰白色（2.5Y 8/2，干），橄榄棕色（2.5Y 4/6，润）；壤土，强度发育小粒状结构，极疏松，多量粗根，有蚯蚓及其粪便；向下层平滑模糊过渡。

AB:　28～40 cm，灰白色（2.5Y 8/2，干），橄榄棕色（2.5Y 4/6，润）；壤土，强度发育小粒状结构，疏松，多量粗竹根、少量中根；向下层波状渐变过渡。

Bw:　40～70 cm，浅淡黄色（2.5Y 8/3，干），浊黄橙色（10YR 7/4，润）；壤土，中度发育小粒状结构，稍紧实，中量中根、少量细根，有中量（约 10%）强风化次棱角状的岩石碎屑；向下层平滑模糊过渡。

BC:　70～105 cm，浅淡黄色（2.5Y 8/3，干），亮黄棕色（10YR 7/6，润）；砂质壤土，中度发育小粒状结构，稍紧实，中量粗根，有中量（15%）强风化次棱角状的岩石碎屑；向下层平滑渐变过渡。

C:　105 cm 以下，花岗岩风化物。

四荣系代表性单个土体物理性质

土层	深度/cm	砾石（>2 mm，体积分数）/%	细土颗粒组成（粒径：mm）/（g/kg）			质地类别	容重/（g/cm³）
			砂粒 2～0.05	粉粒 0.05～0.002	黏粒<0.002		
Ah	0～28	2	447	328	225	壤土	0.99
AB	28～40	5	469	310	221	壤土	1.08
Bw	40～70	10	513	299	187	壤土	1.26
BC	70～105	15	528	330	142	砂质壤土	1.30

四荣系代表性单个土体化学性质

深度/cm	pH H₂O	pH KCl	有机碳	全氮(N)	全磷(P)	全钾(K)	CEC₇	ECEC	盐基饱和度/%	铝饱和度/%	游离氧化铁/(g/kg)	铁游离度/%
			/(g/kg)				/（cmol(+)/kg 黏粒）					
0～28	4.7	3.7	29.1	1.93	0.39	23.39	52.0	25.0	7.4	77.9	11.8	47.0
28～40	4.6	3.8	14.0	1.16	0.35	23.09	35.8	19.3	5.7	84.5	11.1	43.5
40～70	4.6	3.9	9.2	0.79	0.32	25.78	29.2	19.9	12.8	75.8	10.6	38.6
70～105	4.8	4.0	4.8	0.51	0.32	28.17	30.0	22.7	24.4	64.0	9.5	37.5

11.10 黄色铝质湿润雏形土

11.10.1 平塘系（Pingtang Series）

土　族：粗骨黏质混合型酸性高热性-黄色铝质湿润雏形土
拟定者：卢　瑛，欧锦琼

分布与环境条件　主要分布于来宾市低丘缓坡地带。成土母质为硅质页岩风化物的残积物、坡积物。土地利用类型为林地或耕地，植被为次生林（桉树）或甘蔗等农作物。属南亚热带湿润季风性气候，年平均气温 20～21℃，年平均降雨量 1400～1600 mm。

平塘系典型景观

土系特征与变幅　诊断层有淡薄表层、雏形层；诊断特性包括湿润土壤水分状况、高热土壤温度状况、铝质特性。土体深厚，厚度>100 cm；B 层土体中残留的硅质页岩碎屑体积>35%，土族控制层段颗粒大小级别属粗骨质；细土中砂粒、粉粒、黏粒分布均匀，质地为黏壤土；土壤盐基高度不饱和，B 层盐基饱和度<10%，铝饱和度>85%，呈酸性反应，pH 4.5～5.5。

对比土系　三五村系，分布区域相邻，成土母质相同，属于相同亚类。三五村系土体中硅质页岩碎屑含量少，体积占比 2%～10%，土族控制层段颗粒大小级别和矿物学类型为黏壤质、硅质混合型。

利用性能综述　该土系土层深厚，光热条件优越，适宜种植亚热带经济林木、果树和农作物，但土壤有机质和氮磷钾等养分含量低，土体内硅质页岩碎屑含量高，土壤自然肥力较低，容易产生水土流失。利用改良措施：因地制宜，发展热带水果或农作物，实行等高耕作，防止水土流失；增施有机肥料、测土配方施肥，增加土壤有机质，平衡土壤养分供应，提高土壤肥力，提高农产品产量和品质。

参比土种　耕型硅质页岩赤红壤。

代表性单个土体　位于来宾市兴宾区三五镇平塘村委白道屯；23°31'36.5"N，109°9'22.7"E，海拔 112 m；地势略起伏，成土母质为硅质页岩风化残积、坡积物；耕地，种植甘蔗等。50 cm 深度土温 23.5℃。野外调查时间为 2016 年 11 月 20 日，编号 45-120。

平塘系代表性单个土体剖面

Ah：　0～25 cm，浊黄橙色（10YR 7/3，干），浊橙色（7.5YR 6/4，润）；黏壤土，强度发育小块状结构，稍紧实，中量极细根，有少量（5%）次棱状的岩石碎屑；向下层平滑清晰过渡。

Bw1：25～52 cm，淡黄橙色（10YR 8/4，干），橙色（7.5YR 6/8，润）；黏壤土，中度发育的小块状结构，紧实，少量极细根，有多量（20%左右）次棱状中度风化的岩石和碎屑矿物；向下层平滑渐变过渡。

Bw2：52～110 cm，淡黄橙色（10YR 8/4，干），橙色（7.5YR 6/8，润）；黏壤土，潮，中度发育小块状结构，紧实，很少量极细根，有很多（50%左右）次棱状的岩石碎屑；向下层波状模糊过渡。

BC：　110～150 cm，淡黄橙色（10YR 8/3，干），橙色（7.5YR 6/6，润）；黏壤土，弱发育中块状结构，紧实，有很多（60%左右）次棱状的岩石碎屑。

平塘系代表性单个土体物理性质

土层	深度/cm	砾石（>2 mm，体积分数）/%	细土颗粒组成（粒径：mm）/（g/kg）			质地类别	容重/（g/cm³）
			砂粒 2～0.05	粉粒 0.05～0.002	黏粒<0.002		
Ah	0～25	5	319	340	341	黏壤土	1.25
Bw1	25～52	20	311	341	348	黏壤土	1.53
Bw2	52～110	50	346	273	381	黏壤土	1.50
BC	110～150	60	404	301	295	黏壤土	1.55

平塘系代表性单个土体化学性质

深度/cm	pH		有机碳	全氮（N）	全磷（P）	全钾（K）	CEC₇	ECEC	盐基饱和度/%	铝饱和度/%	游离氧化铁/（g/kg）	铁游离度/%
	H₂O	KCl	/（g/kg）				/（cmol(+)/kg 黏粒）					
0～25	5.0	3.4	13.8	1.07	0.35	5.78	36.1	31.2	26.3	64.6	34.7	85.6
25～52	4.5	3.5	6.9	0.51	0.23	5.03	31.5	27.8	7.9	86.5	38.9	88.2
52～110	4.6	3.5	3.1	0.48	0.26	5.63	28.0	26.3	10.0	85.2	38.9	87.4
110～150	4.8	3.6	1.7	0.32	0.31	6.99	27.3	26.5	8.6	87.3	35.9	90.1

11.10.2 白木系（Baimu Series）

土　　族：砂质硅质混合型酸性高热性-黄色铝质湿润雏形土
拟定者：卢　瑛，熊　凡

分布与环境条件　　主要分布于钦州、北海市北纬 22°以南沿海地带花岗岩低丘区。成土母质为花岗岩风化残积物、坡积物。土地利用类型为耕地或次生林地，植被有桉树、松树、杂草以及种植甘蔗等农作物。属南亚热带湿润季风性气候，年平均气温 22～23℃，年平均降雨量 2000～2200 mm。

白木系典型景观

土系特征与变幅　　该土系诊断层有淡薄表层、雏形层；诊断特性包括湿润土壤水分状况、高热土壤温度状况、铝质现象、铁质特性。土体深厚，厚度>100 cm；土壤砂粒含量>550 g/kg，细土质地为砂质黏壤土；土壤盐基高度不饱和，盐基饱和度<10%，铝饱和度>65%；B 层游离氧化铁含量>20 g/kg，铁游离度>70%，土壤呈酸性反应，pH 4.5～5.0。

对比土系　　平塘系、三五村系，属于相同亚类。平塘系、三五村系成土母质为硅质页岩风化物；平塘系土体中硅质页岩碎屑体积占比>35%，土族控制层段颗粒大小级别和矿物学类型为粗骨黏质、混合型，三五村系土体中硅质页岩碎屑体积占比 2%～10%，土族控制层段颗粒大小级别为黏壤质。

利用性能综述　　该土系土体深厚，但土壤有机质和养分含量不高，土壤呈酸性；水热条件优越，植物生长迅速，生物物质循环旺盛，但由于土壤侵蚀，土壤发育程度弱，土壤生产力不高。改良利用措施：防止水土流失，有计划地发展经济林木及果树，提高经济效益；增施有机肥，测土配施磷、钾肥，轮作、间种豆科作物和绿肥，改良土壤，提高土壤肥力。

参比土种　杂砂砖红土。

代表性单个土体　位于钦州市钦南区东场镇白木村委大路坪村；21°47′16.0″N，108°48′16.8″E，海拔 20 m；地势为丘陵，成土母质为花岗岩风化残积、坡积物；次生林地，种植松树、桉树等，曾种植甘蔗。50 cm 深度土温 24.8℃。野外调查时间为 2014 年 12 月 17 日，编号 45-003。

白木系代表性单个土体剖面

Ah：　0～13 cm，棕灰色（10YR 6/1，干），浊黄橙色（10YR 4/3，润）；砂质壤土，强度发育小块状结构，稍紧实，少量粗根，有少量的次圆状的石英颗粒；向下层平滑模糊过渡。

AB：　13～29 cm，浊黄橙色（10YR 7/3，干），浊黄棕色（10YR 4/3，润）；砂质黏壤土，强度发育小块状结构，稍紧实，少量粗根，有少量的次圆状的石英颗粒；向下层平滑清晰过渡。

Bw1：29～70 cm，浊黄橙色（10YR 7/3，干），黄棕色（10YR 5/6，润）；砂质黏壤土，强度发育小块状结构，紧实，很少的粗根，有中量次圆状的石英颗粒；向下层平滑清晰过渡。

Bw2：70～123 cm，灰黄棕色（10YR 6/2，干），棕色（10YR 4/4，润）；砂质黏壤土，中度发育小块状结构，稍紧实，有中量的次圆状的石英颗粒。

白木系代表性单个土体物理性质

土层	深度 /cm	砾石 (>2 mm，体积分数) /%	细土颗粒组成（粒径：mm）/（g/kg）			质地类别	容重 /（g/cm³）
			砂粒 2～0.05	粉粒 0.05～0.002	黏粒<0.002		
Ah	0～13	5	614	186	199	砂质壤土	1.21
AB	13～29	5	623	165	212	砂质黏壤土	1.33
Bw1	29～70	15	579	183	238	砂质黏壤土	1.49
Bw2	70～123	10	589	171	240	砂质黏壤土	1.53

白木系代表性单个土体化学性质

深度 /cm	pH		有机碳	全氮 (N)	全磷 (P)	全钾 (K)	CEC₇	ECEC	盐基饱和度 /%	铝饱和度 /%	游离氧化铁 /（g/kg）	铁游离度 /%
	H₂O	KCl		/（g/kg）			/（cmol(+)/kg 黏粒）					
0～13	4.5	3.6	16.2	1.06	0.21	5.63	45.4	18.9	8.4	68.9	14.8	73.5
13～29	4.5	3.7	14.1	0.97	0.18	7.10	43.9	16.2	4.2	79.8	21.1	80.6
29～70	4.5	3.7	8.3	0.53	0.17	8.27	33.1	15.3	4.4	81.0	22.6	77.4
70～123	4.5	3.7	9.5	0.66	0.16	7.54	39.1	16.2	3.6	83.2	21.6	82.0

11.10.3 东马系（Dongma Series）

土　　族：黏质高岭石混合型酸性热性-黄色铝质湿润雏形土
拟定者：卢　瑛，韦翔华

分布与环境条件　主要分布于柳州、桂林、梧州市等北纬 24°30'以北、海拔 500 m 以下页岩低山、丘陵区。成土母质为页岩风化残积、坡积物。土地利用类型为林地，植被有桉树、灌木、杂草等，植被覆盖率≥80%。属中亚热带湿润季风性气候，年平均气温 19～20℃，年平均降雨量 1400～1600 mm。

东马系典型景观

土系特征与变幅　该土系诊断层有淡薄表层、雏形层；诊断特性包括湿润土壤水分状况、热性土壤温度状况、铝质特性。土体厚度 40～80 cm；土壤黏粒含量>450 g/kg，细土质地为黏土；土壤盐基高度不饱和，盐基饱和度<16%，铝饱和度>75%，呈强酸性-酸性反应，pH<4.0～5.0。

对比土系　吉山系，属于相同土族；成土母质相同，分布的地形部位、土体厚度相似；吉山系表层 0～20 cm 土壤质地类别为黏壤质类，东马系为黏土类。

利用性能综述　该土系土体厚度中等，地处低山丘陵中下部，土壤有机质及养分含量低，有效磷、速效钾含量极低，土壤酸性强，宜于发展农业、林业。改良利用措施：可发展成高产速生林生产基地，有计划地发展松树、杉树、竹、樟树、栲树等，疏残林地宜于封山育林，在缓坡地区宜开垦成水平梯地，种植果树、茶树、油茶等经济林木；在土壤改良上要提高土壤有机质含量，合理施用氮、磷、钾等肥料，防止水土流失。

参比土种　中层黏质红土。

代表性单个土体　位于柳州市鹿寨县寨沙镇东马村洞光屯；24°33'14.9"N，

109°51'58.0"E，海拔 113 m；成土母质为页岩风化残积、坡积物；土地利用类型为林地，植被有桉树、小灌木、杂草等。50 cm 深度土温 22.7℃。野外调查时间为 2016 年 11 月 17 日，编号 45-114。

东马系代表性单个土体剖面

Ah：0～22 cm，淡黄橙色（10YR 8/3，干），橙色（7.5YR 6/6，润）；黏土，中度发育粒状结构（50 mm），稍紧实，多量细根，有中量（10%）微风化的次棱角状岩石碎块；向下层平滑模糊过渡。

Bw：22～52 cm，淡黄橙色（10YR 8/3，干），橙色（7.5YR 6/6，润）；黏土，中度发育小块状结构，紧实，有中量（15%）中度风化的次棱角状岩石碎块；向下层波状模糊过渡。

BC：52～65 cm，淡黄橙色（10YR 8/4，干），橙色（7.5YR 7/6，润）；黏土，弱发育小块状结构，紧实，有中量（15%）中度风化的次棱角状岩石碎块；向下层波状模糊过渡。

C ：65～80 cm，淡黄橙色（10YR 8/4，干），橙色（7.5YR 7/6，润）；岩石风化物。

R：80 cm 以下，弱风化岩石。

东马系代表性单个土体物理性质

土层	深度 /cm	砾石 (>2 mm, 体积分数)/%	细土颗粒组成（粒径：mm）/（g/kg）			质地类别	容重 /（g/cm³）
			砂粒 2～0.05	粉粒 0.05～0.002	黏粒<0.002		
Ah	0～22	10	149	394	457	黏土	1.39
Bw	22～52	15	166	369	464	黏土	1.43
BC	52～65	15	165	367	468	黏土	—

东马系代表性单个土体化学性质

深度 /cm	pH		有机碳	全氮（N）	全磷（P）	全钾（K）	CEC₇	ECEC	盐基饱和度 /%	铝饱和度 /%	游离氧化铁 /（g/kg）	铁游离度 /%
	H₂O	KCl	/（g/kg）				/（cmol(+)/kg 黏粒）					
0～22	4.4	3.4	12.7	1.43	0.37	18.91	26.7	22.9	15.7	76.4	28.9	84.8
22～52	4.5	3.4	7.6	1.16	0.37	19.80	25.7	23.1	15.9	77.3	33.1	79.1
52～65	4.6	3.4	5.1	0.89	0.34	22.19	27.7	24.1	12.3	81.2	31.9	80.5

11.10.4　吉山系（Jishan Series）

土　族：黏质高岭石混合型酸性热性-黄色铝质湿润雏形土
拟定者：卢　瑛，崔启超

分布与环境条件　主要分布于柳州、桂林、梧州市等北纬 24°30'以北、海拔 500 m 以下页岩低山、丘陵区。成土母质为页岩风化残积、坡积物。土地利用类型为林地或园地，植被为桉树、杉树、松树等次生林木或柿树等果树。属中亚热带湿润季风性气候，年平均气温 19～20℃，年平均降雨量 1600～1800 mm。

吉山系典型景观

土系特征与变幅　诊断层有淡薄表层、雏形层；诊断特性包括湿润土壤水分状况、热性土壤温度状况、铝质特性。土体厚度 40～80 cm；土壤粉粒、黏粒含量均>350 g/kg，细土质地为粉质黏壤土-黏壤土；土壤盐基高度不饱和，盐基饱和度<15%，铝饱和度>80%，呈强酸性反应，pH <4.5。

对比土系　东马系，属于相同土族；成土母质相同，分布的地形部位、土体厚度相似；东马系表层 0～20 cm 土壤质地类别为黏土类，吉山系为黏壤质类。

利用性能综述　该土系土体厚度中等，土壤有机质和氮磷钾含量偏低，质地较黏重，保肥能力较强。利用改良措施：大力发展林业，植树造林要长短结合，以经济林、薪炭林为主，提高植被覆盖率，减少水土流失；低丘、缓坡可种植水果、茶叶等，可间种绿肥，增施有机肥料，提高土壤有机质含量，培肥土壤，测土配方施肥，平衡养分元素供应。

参比土种　中层黏质红土。

代表性单个土体　位于桂林市恭城瑶族自治县嘉会镇吉山村；25°0'40.9"N，110°52'7.4"E，海拔 179 m；地势起伏，成土母质为页岩风化残积、坡积物；种植柿树、桉树、杉树、松树。50 cm 深度土温 22.3℃。野外调查时间为 2015 年 8 月 27 日，编号 45-052。

Ah: 0～17 cm，浅淡黄色（2.5Y 8/3，干），亮黄棕色（10YR 6/6，润）；黏壤土，强度发育小块状结构，稍紧实，中量细根；向下层平滑清晰过渡。

AB: 17～35 cm，浅淡黄色（2.5Y 8/3，干），浊黄橙色（10YR 6/4，润）；粉质黏壤土，强度发育中块状结构，稍紧实，少量细根；向下层波状清晰过渡。

Bw: 35～60 cm，淡黄橙色（10YR 8/3，干），亮红棕色（10YR 6/6，润）；粉质黏壤土，弱发育中块状结构，紧实，很少量细根，有多量（20%）微风化的页岩；向下层波状渐变过渡。

R: 60～95 cm，风化程度很弱的页岩。

吉山系代表性单个土体剖面

吉山系代表性单个土体物理性质

土层	深度 /cm	砾石 (>2 mm, 体积分数) /%	细土颗粒组成（粒径：mm）/（g/kg）			质地类别	容重 /（g/cm³）
			砂粒 2～0.05	粉粒 0.05～0.002	黏粒<0.002		
Ah	0～17	1	254	391	355	黏壤土	1.21
AB	17～35	1	144	468	388	粉质黏壤土	1.27
Bw	35～60	20	177	435	388	粉质黏壤土	1.37

吉山系代表性单个土体化学性质

深度 /cm	pH		有机碳	全氮 (N)	全磷 (P)	全钾 (K)	CEC$_7$	ECEC	盐基饱和度 /%	铝饱和度 /%	游离氧化铁 /（g/kg）	铁游离度 /%
	H$_2$O	KCl			/（g/kg）		/（cmol(+)/kg 黏粒）					
0～17	4.2	3.3	7.7	2.07	0.34	10.05	30.6	26.5	10.5	80.9	29.5	80.2
17～35	4.1	3.4	6.9	1.89	0.21	8.74	29.4	22.9	8.0	82.4	28.8	84.9
35～60	3.9	3.3	5.6	2.51	0.25	12.54	31.4	25.8	6.4	85.5	29.0	78.5

11.10.5　隘洞系（**Aidong Series**）

土　　族：黏质混合型酸性热性-黄色铝质湿润雏形土
拟定者：卢　瑛，姜　坤

分布与环境条件　主要分布于百色、河池、柳州、桂林市等北纬 24°30'以北、海拔 500～1000 m 红色砂页岩地段。成土母质为红色砂页岩风化残积、坡积物。土地利用类型为林地，植被有杉树、铁芒萁等。属中亚热带湿润季风性气候，年平均气温 19～20℃，年平均降雨量 1400～1600 mm。

隘洞系典型景观

土系特征与变幅　诊断层有淡薄表层、雏形层；诊断特性包括湿润土壤水分状况、热性土壤温度状况、铝质特性。土体深厚，厚度>100 cm；土壤黏粒含量>400 g/kg、粉粒含量>350 g/kg，细土质地为粉质黏土-黏土；土壤 B 层盐基高度不饱和，盐基饱和度<10%，铝饱和度>70%，呈强酸性-酸性反应，pH 4.0～5.0。

对比土系　东马系、吉山系，属于相同亚类，土体厚度相似。东马系、吉山系分布在海拔高的低山区域，成土母质为页岩风化物；东马系、吉山系土族控制层段颗粒大小级别和矿物学类型为黏质、高岭石混合型。

利用性能综述　该土系土层深厚，土壤有机质及养分含量偏低，土壤酸性强，宜于发展林业。改良利用措施：可发展成高产速生林生产基地，有计划地种植松树、杉树等，疏残林地宜于封山育林，在缓坡地区宜开垦成水平梯地，种植果树、茶树、油茶等经济林木；在土壤改良上要提高土壤有机质含量，合理施用氮、磷、钾等肥，防止水土流失。

参比土种　厚层砂泥黄红土。

代表性单个土体　位于河池市东兰县隘洞镇六通村那朋屯；24°39'22.3"N，107°26'28.1"E，海拔 708 m；成土母质为红色砂页岩风化残积、坡积物；林地，植被有杉树、铁芒萁等。50 cm 深度土温 22.2℃。野外调查时间为 2016 年 3 月 13 日，编号 45-096。

隘洞系代表性单个土体剖面

Ah：0～12 cm，浅淡黄色（2.5Y 8/4，干），黄棕色（10YR 5/6，润）；粉质黏土，强度发育小块状结构，稍紧实，中量细根，有很少（1%）的棱角状中等风化岩石碎屑；向下层平滑渐变过渡。

AB：12～26 cm，浅淡黄色（2.5Y 8/4，干），黄棕色（10YR 5/6，润）；粉质黏土，强度发育中块状结构，紧实，中量细根，有 2% 的腐殖质胶膜，有少量（2%）的棱角状中等风化岩石碎屑；向下层平滑突变过渡。

Bw：26～57 cm，淡黄橙色（10YR 8/4，干），橙色（7.5YR 6/8，润）；粉质黏土，中度发育大块状结构，紧实，很少量细根，有少量（2%）的腐殖质胶膜，有少量（5%）的棱角状中等风化岩石碎屑；向下层波状模糊过渡。

BC：57～110 cm，淡黄橙色（10YR 8/4，干），橙色（7.5YR 6/8，润）；黏土，弱度发育大块状结构，紧实，很少量细根，有很多（50%）的棱角状中等风化岩石碎块。

R：110 cm 以下，弱风化红色砂页岩岩石。

隘洞系代表性单个土体物理性质

| 土层 | 深度/cm | 砾石（>2 mm，体积分数）/% | 细土颗粒组成（粒径：mm）/（g/kg） | | | 质地类别 | 容重/（g/cm³） |
			砂粒 2～0.05	粉粒 0.05～0.002	黏粒<0.002		
Ah	0～12	1	63	475	462	粉质黏土	1.21
AB	12～26	2	77	476	447	粉质黏土	1.29
Bw	26～57	5	36	441	523	粉质黏土	1.27
BC	57～110	50	163	392	445	黏土	—

隘洞系代表性单个土体化学性质

| 深度/cm | pH | | 有机碳 | 全氮（N） | 全磷（P） | 全钾（K） | CEC₇ | ECEC | 盐基饱和度/% | 铝饱和度/% | 游离氧化铁/（g/kg） | 铁游离度/% |
	H₂O	KCl	/（g/kg）				/（cmol(+)/kg 黏粒）					
0～12	5.0	3.8	27.0	2.09	0.42	14.12	36.2	25.0	46.8	28.3	54.6	80.1
12～26	4.4	3.5	19.0	1.95	0.36	14.71	34.4	23.1	10.0	77.6	57.8	82.5
26～57	4.8	3.7	5.8	0.90	0.31	16.49	28.0	13.7	6.9	78.8	63.9	83.8
57～110	4.9	3.8	4.8	0.85	0.33	20.93	25.0	15.8	9.1	80.1	69.8	78.9

11.10.6　三五村系（Sanwucun Series）

土　　族：黏壤质硅质混合型酸性高热性-黄色铝质湿润雏形土
拟定者：卢　瑛，秦海龙

分布与环境条件　主要分布于来宾市低丘缓坡。成土母质为硅质页岩风化物的残积物、坡积物。土地利用类型为次生林地，植被为桉树、杂草等。属南亚热带湿润季风性气候，年平均气温 20～21℃，年平均降雨量 1400～1600 mm。

三五村系典型景观

土系特征与变幅　诊断层有淡薄表层、雏形层；诊断特性包括湿润土壤水分状况、高热土壤温度状况、铝质特性。土体深厚，厚度>100 cm；土体中残留有 5%～10%的硅质页岩碎屑，土壤粉粒含量>400 g/kg，细土质地为壤土-黏壤土；土壤盐基高度不饱和，B 层盐基饱和度<15%，铝饱和度>80%，呈强酸性-酸性反应，pH 4.0～5.0。

对比土系　平塘系，分布区域相邻，成土母质一致，属于相同亚类。平塘系土体中硅质页岩碎屑含量较多，体积占比>35%，土族控制层段颗粒大小级别和矿物学类型为粗骨黏质、混合型。

利用性能综述　该土系土体深厚，光热条件优越，适宜种植亚热带经济林木和果树，但土壤有机质和氮磷钾等养分含量低，土体内有少量硅质页岩碎屑，土壤自然肥力较低，容易发生水土流失。利用改良措施：全面规划，因地制宜，有计划植树造林，发展亚热带经济林木，保持水土，建立良好生态环境；坡缓、土壤条件好的区域，发展热带水果；要增施有机肥料、测土配方施肥，增加土壤有机质和土壤养分供应，提高土壤肥力。

参比土种　硅质页岩赤红壤。

代表性单个土体　位于来宾市兴宾区三五镇三五村委堡村屯；23°32'47.0"N，

109°10'17.7"E，海拔 107 m；地势略起伏，成土母质为硅质页岩风化物的残积物、坡积物；次生林地，种植桉树等。50 cm 深度土温 23.5℃。野外调查时间为 2016 年 11 月 20日，编号 45-121。

三五村系代表性单个土体剖面

Ah：　0～25 cm，浊橙色（7.5YR 7/3，干），棕色（7.5YR 4/6，润）；黏壤土，强度发育小块状结构，稍紧实，多量细根，有很少（1%）的次棱状的岩石碎屑；向下层平滑渐变过渡。

Bw1：25～50 cm，浊橙色（7.5YR 7/4，干），亮棕色（7.5YR 5/8，润）；黏壤土，强度发育小块状结构，紧实，多量细根，有少量（2%）的次棱状的岩石碎屑；向下层波状渐变过渡。

Bw2：50～95 cm，浊橙色（7.5YR 7/4，干），亮棕色（7.5YR 5/8，润）；黏壤土，中度发育小块状结构，紧实，少量中根，有中量（10%）的次棱状的岩石碎屑；向下层波状渐变过渡。

Bw3：95～140 cm，浊橙色（7.5YR 7/4，干），亮棕色（7.5YR 5/6，润）；壤土，中度发育小块状结构，紧实，有中量（10%）次棱状的岩石碎屑。

三五村系代表性单个土体物理性质

| 土层 | 深度 /cm | 砾石 (>2 mm，体积分数)/% | 细土颗粒组成（粒径：mm）/（g/kg） | | | 质地类别 | 容重 /（g/cm³） |
			砂粒 2～0.05	粉粒 0.05～0.002	黏粒<0.002		
Ah	0～25	1	302	421	278	黏壤土	1.45
Bw1	25～50	2	251	451	298	黏壤土	1.53
Bw2	50～95	10	297	428	274	黏壤土	1.57
Bw3	95～140	10	343	421	236	壤土	1.53

三五村系代表性单个土体化学性质

| 深度 /cm | pH | | 有机碳 | 全氮（N） | 全磷（P） | 全钾（K） | CEC₇ | ECEC | 盐基饱和度 /% | 铝饱和度 /% | 游离氧化铁 /（g/kg） | 铁游离度 /% |
	H₂O	KCl			/（g/kg）			/（cmol(+)/kg 黏粒）				
0～25	4.8	3.5	9.6	1.29	0.55	5.33	33.8	26.0	34.0	50.3	47.0	92.9
25～50	4.4	3.4	2.5	0.82	0.46	4.73	27.7	26.8	12.4	81.3	53.3	92.2
50～95	4.3	3.3	2.6	0.68	0.43	4.12	28.0	28.6	11.1	82.9	49.0	92.6
95～140	4.6	3.5	1.7	0.53	0.40	4.12	29.3	27.1	7.3	86.8	45.8	95.2

11.11 普通铝质湿润雏形土

11.11.1 富双系（Fushuang Series）

土　族：黏质混合型酸性高热性-普通铝质湿润雏形土
拟定者：卢　瑛，姜　坤

分布与环境条件　主要分布于玉林、梧州市等紫色砂页岩山丘坡麓或平缓地带。成土母质为紫色砂页岩风化残积物、坡积物。土地利用类型为林地，植被类型为桉树、杉树、松树、竹、铁芒萁等。属亚热带季风性气候，年平均气温 21～22℃，年平均降雨量 1400～1600 mm。

富双系典型景观

土系特征与变幅　诊断层有淡薄表层、雏形层；诊断特性包括湿润土壤水分状况、高热土壤温度状况、铝质特性。土体厚>80 cm；土壤粉粒含量>400 g/kg，细土质地为粉质黏壤土-粉质黏土；土壤盐基高度不饱和，盐基饱和度<10%，铝饱和度>85%，呈强酸性-酸性反应，pH 4.0～5.0。

对比土系　河步系，属同一土族，成土母质相同、分布地形条件相似；河步系表层 0～20 cm 土壤质地为黏壤土类，富双系为黏土类。

利用性能综述　该土系土体较深厚，质地适中，有机质和氮磷含量低，钾含量较高，适种性广，主要种植有桉树、油茶、油桐等经济林木和柑橘、沙田柚等果树。利用改良措施：增加植被覆盖，实行等高种植，防止水土流失；增施有肥料，合理施用化肥，提高土壤有机质含量，平衡土壤养分供应，培肥土壤，提高土壤肥力。

参比土种　厚层壤质酸紫色土。

代表性单个土体　　位于梧州市藤县天平镇富双村委大勇村；23°20'5.1"N，110°47'19.7"E，海拔 48 m；丘陵缓坡，成土母质为紫色砂页岩风化残积物、坡积物；林地，植被有桉树、杉树、竹、松树等。50 cm 深度土温 23.7℃。野外调查时间为 2017 年 3 月 22 日，编号 45-156。

富双系代表性单个土体剖面

Ah：　0～25 cm，浊橙色（5YR 7/4，干），红棕色（5YR 4/8，润）；粉质黏土，强度发育小块状结构，疏松，多量细根和中根；向下层波状渐变过渡。

Bw1：25～55 cm，浊橙色（5YR 7/3，干），红棕色（5YR 4/8，润）；粉质黏壤土，强度发育小块状结构，稍紧实，多量细根；向下层波状渐变过渡。

Bw2：55～80 cm，浊橙色（2.5YR 6/4），浊红棕色（2.5YR 4/4，润）；粉质黏壤土，中度发育中块状结构，稍紧实，中量细根；向下层波状模糊过渡。

BC：　80～110 cm，浊橙色（2.5YR 6/4），浊红棕色（2.5YR 4/4，润）；粉质黏壤土，弱发育中块状结构，稍紧实，少量细根；向下层波状清晰过渡。

C：　110～140 cm，紫色岩风化物。

富双系代表性单个土体物理性质

| 土层 | 深度 /cm | 砾石（>2 mm, 体积分数）/% | 细土颗粒组成（粒径：mm）/（g/kg） | | | 质地类别 | 容重 /（g/cm³） |
			砂粒 2～0.05	粉粒 0.05～0.002	黏粒<0.002		
Ah	0～25	2	173	405	422	粉质黏土	1.09
Bw1	25～55	<1	183	422	396	粉质黏壤土	1.23
Bw2	55～80	1	127	493	380	粉质黏壤土	1.34
BC	80～110	10	146	515	339	粉质黏壤土	—

富双系代表性单个土体化学性质

| 深度 /cm | pH | | 有机碳 | 全氮（N） | 全磷（P） | 全钾（K） | CEC₇ | ECEC | 盐基饱和度 /% | 铝饱和度 /% | 游离氧化铁 /（g/kg） | 铁游离度 /% |
	H₂O	KCl		/ (g/kg)			/ (cmol(+)/kg 黏粒)					
0～25	4.2	3.3	9.7	0.75	0.32	23.16	38.9	27.4	7.0	86.8	42.6	72.6
25～55	4.2	3.3	3.9	0.42	0.31	24.97	36.2	27.5	6.2	88.4	37.7	71.4
55～80	4.3	3.4	1.7	0.36	0.51	34.92	38.0	29.1	5.1	90.8	43.5	69.3
80～110	4.7	3.4	1.5	0.30	0.46	36.12	36.9	31.1	6.7	89.4	43.9	67.3

11.11.2 河步系（Hebu Series）

土　族：黏质混合型酸性高热性-普通铝质湿润雏形土
拟定者：卢　瑛，韦翔华

分布与环境条件　主要分布玉林、南宁、崇左市等紫色泥岩、页岩山丘的下坡或植被覆盖度高的缓坡地带。成土母质为紫色泥岩、页岩风化物的残积物、坡积物。土地利用类型为林地或园地，植被有竹子、肉桂树或沙田柚等。属南亚热带湿润季风性气候，年平均气温 21～22℃，年平均降雨量 1400～1600 mm。

河步系典型景观

土系特征与变幅　该土系诊断层有淡薄表层、雏形层；诊断特性包括湿润土壤水分状况、高热土壤温度状况、铝质特性。土体深厚，厚度>100 cm；土壤黏粒含量>350 g/kg，细土质地为黏壤土-黏土；土壤盐基高度不饱和，盐基饱和度<10%，铝饱和度>85%，呈强酸性-酸性反应，pH 4.0～5.0。

对比土系　富双系，属同一土族，成土母质相同、分布地形条件相似；富双系表层 0～20 cm 土壤质地为黏土类，河步系为黏壤土类。

利用性能综述　该土系土体深厚，质地偏黏，有机质和氮磷含量偏低，钾含量较高，适种性广，主要种植有八角、油茶、肉桂、油桐等经济林木和柑橘、沙田柚等果树。利用改良措施：增加植被覆盖，实行等高种植，防止水土流失；增施有机肥料，合理施用化肥，提高土壤有机质含量，平衡土壤养分供应，培肥土壤，提高土壤肥力。

参比土种　厚层黏质酸紫色土。

代表性单个土体　位于玉林市容县自良镇河步村委新化队；23°2'40.8"N，110°39'41.3"E，海拔 61 m；地势略起伏，成土母质为紫色页岩风化物的残积物、坡积物；林地，植被有竹子、肉桂树、沙田柚等。50 cm 深度土温 23.9℃。野外调查时间为 2016 年 12 月 22 日，编号 45-131。

Ah：　0～15 cm，浊红棕色（2.5YR 5/4，干），暗红棕色（2.5YR 3/4，润）；黏壤土，强度发育小块状结构，疏松，多量细根和中量中根；向下层波状模糊过渡。

Bw1：15～55 cm，浊红棕色（2.5YR 5/4，干），暗红棕色（2.5YR 3/4，润）；黏土，中度发育中块状结构，稍紧实，多量细根和中量中根；向下层平滑模糊过渡。

Bw2：55～100 cm，浊红棕色（2.5YR 5/4，干），暗红棕色（2.5YR 3/4，润）；黏土，中度发育中块状结构，稍紧实，多量细根和中量中根；向下层平滑模糊过渡。

Bw3：100～120 cm，浊红棕色（2.5YR 5/4，干），暗红棕色（2.5YR 3/4，润）；黏土，弱发育中块状结构，稍紧实。

河步系代表性单个土体剖面

河步系代表性单个土体物理性质

土层	深度/cm	砾石（>2 mm，体积分数）/%	细土颗粒组成（粒径：mm）/（g/kg）砂粒 2～0.05	粉粒 0.05～0.002	黏粒<0.002	质地类别	容重/（g/cm³）
Ah	0～15	<1	244	378	378	黏壤土	1.07
Bw1	15～55	0	269	295	435	黏土	1.33
Bw2	55～100	0	160	280	559	黏土	1.38
Bw3	100～120	<1	210	309	481	黏土	1.49

河步系代表性单个土体化学性质

深度/cm	pH H₂O	pH KCl	有机碳	全氮（N）	全磷（P）	全钾（K）	CEC₇	ECEC	盐基饱和度/%	铝饱和度/%	游离氧化铁	铁游离度/%
				/（g/kg）			/（cmol(+)/kg 黏粒）				/（g/kg）	
0～15	4.6	3.6	12.1	1.08	0.33	28.81	38.2	32.8	7.5	88.0	38.4	63.3
15～55	4.4	3.6	6.9	0.65	0.24	24.27	31.0	28.5	6.6	90.5	33.6	65.7
55～100	4.4	3.4	5.1	0.60	0.28	28.81	31.5	26.8	4.4	92.6	40.4	65.8
100～120	4.8	3.4	3.3	0.48	0.32	29.11	32.9	28.5	5.0	92.3	43.1	66.9

11.11.3 八塘系（Batang Series）

土　族：黏壤质混合型酸性高热性-普通铝质湿润雏形土
拟定者：卢　瑛，韦翔华

分布与环境条件　主要分布于玉林、梧州、贵港市等紫色砂岩丘陵缓坡地带。成土母质为紫色砂岩风化残积物、坡积物。土地利用类型为林地，植被有马尾松、桃金娘、铁芒萁、茅草等，覆盖度≥80%。属南亚热带湿润季风性气候，年平均气温 21～22℃，年平均降雨量 1400～1600 mm。

八塘系典型景观

土系特征与变幅　诊断层有淡薄表层、雏形层；诊断特性包括湿润土壤水分状况、高热土壤温度状况、铝质特性。土体厚度 40～80 cm；土壤砂粒、粉粒、黏粒分布均匀，细土质地为黏壤土；土壤盐基高度不饱和，盐基饱和度<20%，铝饱和度>80%，呈酸性反应，pH 4.5～5.5。

对比土系　河步系、富双系，属于相同亚类，成土母质相同、分布地形条件相似；河步系、富双系土族控制层段颗粒大小级别和矿物学类型为黏质、混合型。

利用性能综述　该土系土体厚度中等，质地适中，有机质和氮磷养分含量低、钾含量中等，适种性广。利用改良措施：因地制宜种植桉树、油茶、油桐、茶树等经济林木和柑橘等果树；增加植被覆盖，实行等高种植，防止水土流失；增施有机肥料，合理施用化肥，提高土壤有机质含量，平衡土壤养分供应，培肥土壤，提高土壤肥力。

参比土种　中层壤质酸紫色土。

代表性单个土体　位于贵港市港南区八塘镇大新村委陈屋屯；23°0'56.4"N，109°41'31.5"E，海拔 58 m；成土母质为紫色砂岩风化残积物、坡积物；次生林地，种植桉树等。50 cm 深度土温 23.9℃。野外调查时间为 2016 年 12 月 21 日，编号 45-130。

Ah：0～25 cm，亮红棕色（2.5YR 5/6，干），暗红棕色（2.5YR 3/6，润）；黏壤土，中度发育小块状结构，稍紧实，多量细根和少量中根；向下层平滑渐变过渡。

Bw：25～60 cm，亮红棕色（2.5YR 5/6，干），暗红棕色（2.5YR 3/6，润）；黏壤土，弱发育中块状结构，紧实，中量细根和很少量中根；向下层平滑模糊过渡。

C1：60～115 cm，亮红棕色（2.5YR 5/6，干），暗红棕色（2.5YR 3/6，润）；黏壤土，润时坚实，干时坚硬，很少量细根；向下层平滑模糊过渡。

C2：115～150 cm，亮红棕色（2.5YR 5/6，干），暗红棕色（2.5YR 3/6，润）；黏壤土，润时坚实，干时坚硬。

八塘系代表性单个土体剖面

八塘系代表性单个土体物理性质

| 土层 | 深度 /cm | 砾石 (>2 mm, 体积分数) /% | 细土颗粒组成（粒径：mm）/（g/kg） | | | 质地类别 | 容重 /（g/cm³） |
			砂粒 2～0.05	粉粒 0.05～0.002	黏粒<0.002		
Ah	0～25	5	290	436	274	黏壤土	1.39
Bw	25～60	10	301	381	318	黏壤土	1.41
C1	60～115	—	325	405	270	黏壤土	—
C2	115～150	—	258	467	275	黏壤土	—

八塘系代表性单个土体化学性质

| 深度 /cm | pH | | 有机碳 | 全氮 (N) | 全磷 (P) | 全钾 (K) | CEC₇ | ECEC | 盐基饱和度 /% | 铝饱和度 /% | 游离氧化铁 | 铁游离度 /% |
	H₂O	KCl			/（g/kg）		/（cmol(+)/kg 黏粒）				/（g/kg）	
0～25	4.5	3.6	8.3	0.66	0.20	14.90	46.3	41.8	14.8	80.9	28.5	65.4
25～60	4.7	3.7	3.4	0.42	0.19	19.74	46.5	42.4	6.1	91.8	32.9	65.1
60～115	5.1	3.6	1.7	0.31	0.19	20.34	60.5	57.2	8.5	89.4	32.7	64.4
115～150	5.1	3.6	1.5	0.33	0.16	20.34	57.7	59.0	16.9	81.6	33.3	65.5

11.12 红色铁质湿润雏形土

11.12.1 堂排系（Tangpai Series）

土　族：砂质硅质混合型非酸性高热性-红色铁质湿润雏形土
拟定者：卢　瑛，陈彦凯

分布与环境条件　主要分布于北海、钦州市北纬 22°以南沿海地带石英砂岩低丘区。成土母质为石英砂岩风化物残积物、坡积物。土地利用类型为次生林地，植被有大叶桉、小叶桉、杂草等。属南亚热带湿润季风性气候，年平均气温 22～23℃，年平均降雨量 1800～2000 mm。

堂排系典型景观

土系特征与变幅　诊断层有淡薄表层、雏形层；诊断特性包括湿润土壤水分状况、高热土壤温度状况、铁质特性。土体深厚，厚度>100 cm；土壤砂粒含量>550 g/kg，细土质地为砂质黏壤土-砂质黏土；土壤盐基不饱和，盐基饱和度<30%，游离氧化铁含量>55 g/kg，铁游离度>50%，土壤呈酸性反应，pH 4.5～5.5。

对比土系　清石系、松木系、怀民系，属于相同亚类。清石系成土母质为紫色泥页岩风化物，松木系、怀民系为石灰性紫色砂岩风化物；清石系土族控制层段颗粒大小级别和矿物学类型为黏质、混合型，松木系、怀民系为壤质、混合型；清石系土壤酸碱反应和石灰性类别为酸性，松木系、怀民系为石灰性；清石系、怀民系为高热土壤温度状况，松木系为热性土壤温度状况。

利用性能综述　该土系土体深厚，土壤有机质和氮磷钾养分含量较低，土壤肥力低。改良利用措施：充分发挥光热资源优势，保护好现有植被，因地制宜地发展热带水果和农业；实行土地整理，修建农田水利设施，实行等高种植，防止水土流失，改善农业生态环境；增施有机肥，种植豆科作物和绿肥，合理轮作，用地养地相结合。

参比土种　厚层砂泥砖红壤。

代表性单个土体　位于北海市合浦县廉州镇堂排村；21°42'12.9"N，109°15'48.8"E，海拔 30 m；成土母质为砂岩风化物；次生林地，种植桉树等。50 cm 深度土温 24.9℃。野外调查时间为 2014 年 12 月 21 日，编号 45-012。

堂排系代表性单个土体剖面

Ah：0～15 cm，橙色（5YR 6/8，干），亮红棕色（5YR 5/8，润）；砂质黏土，强度发育小块状结构，稍紧实，中量细根和粗根，有少量的次圆石英颗粒；向下层波状清晰过渡。

Bw1：15～40 cm，橙色（5YR 6/8，干），亮红棕色（5YR 5/8，润）；砂质黏壤土，强度发育小块状结构，紧实，很少量细根、中量粗根，有中量的次圆状石英颗粒；向下层波状模糊过渡。

Bw2：40～80 cm，橙色（5YR 6/8，干），亮红棕色（5YR 5/8，润）；砂质黏壤土，强度发育小块状结构，紧实，少量细根、很少量粗根，有少量的次圆石英颗粒；向下层波状模糊过渡。

Bw3：80～150 cm，橙色（5YR 6/8，干），亮红棕色（5YR 5/8，润）；砂质黏土，中度发育小块状结构，紧实。

堂排系代表性单个土体物理性质

| 土层 | 深度 /cm | 砾石 （>2 mm，体积分数）/% | 细土颗粒组成（粒径：mm）/（g/kg） | | | 质地 类别 | 容重 /（g/cm³） |
			砂粒 2～0.05	粉粒 0.05～0.002	黏粒 <0.002		
Ah	0～15	2	579	57	364	砂质黏土	1.39
Bw1	15～40	10	620	59	320	砂质黏壤土	1.56
Bw2	40～80	2	600	52	348	砂质黏壤土	1.55
Bw3	80～150	15	586	54	360	砂质黏土	1.42

堂排系代表性单个土体化学性质

| 深度 /cm | pH | | 有机碳 | 全氮 （N） | 全磷 （P） | 全钾 （K） | CEC$_7$ | ECEC | 盐基饱和度 /% | 铝饱和度 /% | 游离氧化铁 /（g/kg） | 铁游离度 /% |
	H₂O	KCl			/（g/kg）		/（cmol(+)/kg 黏粒）					
0～15	5.2	4.1	7.0	0.46	0.50	4.96	24.0	7.4	19.6	32.2	55.9	54.7
15～40	5.2	4.4	3.8	0.37	0.44	5.11	26.9	8.1	25.1	12.9	55.3	52.8
40～80	5.5	4.1	3.7	0.37	0.47	5.11	24.6	5.1	9.4	47.9	63.8	62.6
80～150	5.5	4.2	2.7	0.36	0.48	5.11	31.4	4.8	8.1	41.7	62.9	56.1

11.12.2　清石系（Qingshi Series）

土　族：黏质混合型酸性高热性-红色铁质湿润雏形土
拟定者：卢　瑛，贾重建

分布与环境条件　主要分布于南宁、桂林、玉林、贵港市等紫色泥岩、页岩低山丘陵。成土母质为紫色泥岩、页岩风化残积、坡积物。土地利用类型为林地，植被有桉树、马尾松、灌木、杂草等。属南亚热带湿润季风性气候，年平均气温 21～22℃，年平均降雨量 1400～1600 mm。

清石系典型景观

土系特征与变幅　该土系诊断层包括淡薄表层、雏形层；诊断特性包括铁质特性、石质接触面、湿润土壤水分状况、高热土壤温度状况。土体厚度 40～80 cm，粉粒、黏粒含量均>400 g/kg，细土质地粉质黏土；土壤呈强酸性-酸性反应，pH 4.0～5.0。

对比土系　堂排系、松木系、怀民系，属于相同亚类。堂排系成土母质为石英砂岩风化物，松木系、怀民系为石灰性紫色砂岩风化物；堂排系土族控制层段颗粒大小级别和矿物学类型为砂质、硅质混合型，松木系、怀民系为壤质、混合型；堂排系土壤酸碱反应和石灰性类别为非酸性，松木系、怀民系为石灰性；堂排系、怀民系为高热土壤温度状况，松木系为热性土壤温度状况。

利用性能综述　该土系土层较薄，土体稍疏松，土壤质地偏黏，土壤有机质和氮磷钾含量不高，自然肥力偏低，植被破坏后容易引起水土流失。利用改良措施：宜恢复和保持植被覆盖，种植针、阔混交林，防止水土流失，为山丘发展经济林提供良好生态环境。

参比土种　中层黏质酸紫色土。

代表性单个土体　位于贵港市桂平市社步镇清石村委会何叶村松木岭；23°17'51.3"N，

110°5'40.9"E，海拔 48 m；丘陵中上部，成土母质为紫色页岩风化残积物；林地，植被有桉树、灌木等。50 cm 深度土温 23.7℃。野外调查时间为 2016 年 12 月 21 日，编号 45-129。

Ah：　0～20 cm，亮红棕色（5YR 5/6，干），红棕色（5YR 4/6，润）；粉质黏土，中度发育小块状结构，稍紧实，中量细根；向下层平滑渐变过渡。

Bw：　20～45 cm，浊橙色（5YR 6/4，干），红棕色（5YR 4/8，润）；粉质黏土，弱度发育中块状结构，紧实，少量细根，有中量中度风化的紫色页岩碎石；向下层波状渐变过渡。

C：　45～110 cm，浊橙色（5YR 6/4，干），红棕色（5YR 4/8，润）；紫色页岩风化物。

R：　110 cm 以下，坚硬的紫色页岩岩石。

清石系代表性单个土体剖面

清石系代表性单个土体物理性质

土层	深度/cm	砾石（>2 mm，体积分数）/%	细土颗粒组成（粒径：mm）/（g/kg）			质地类别	容重/（g/cm³）
			砂粒 2～0.05	粉粒 0.05～0.002	黏粒<0.002		
Ah	0～20	10	47	482	472	粉质黏土	1.26
Bw	20～45	15	100	465	435	粉质黏土	—

清石系代表性单个土体化学性质

深度/cm	pH		有机碳	全氮（N）	全磷（P）	全钾（K）	CEC₇	ECEC	盐基饱和度/%	铝饱和度/%	游离氧化铁/（g/kg）	铁游离度/%
	H₂O	KCl		/（g/kg）			/（cmol(+)/kg 黏粒）					
0～20	4.6	3.5	9.0	0.80	0.19	16.71	34.6	29.4	21.5	71.7	37.5	68.1
20～45	4.4	3.5	5.7	0.70	0.20	18.22	36.0	32.7	12.6	83.1	40.1	67.7

11.12.3 松木系（Songmu Series）

土　族：壤质混合型石灰性热性-红色铁质湿润雏形土
拟定者：卢　瑛，欧锦琼

分布与环境条件　主要分布于百色、南宁、贺州市等石灰性紫色砂页岩丘陵地带。成土母质为石灰性紫色砂岩风化坡积物。土地利用类型为耕地，种植玉米，花生等。属亚热带季风性气候，年平均气温 19～20℃，年平均降雨量 1400～1600 mm。

松木系典型景观

土系特征与变幅　该土系诊断层包括淡薄表层、雏形层；诊断特性包括铁质特性、石质接触面、湿润土壤水分状况、热性土壤温度状况及石灰性。土体厚度 40～80 cm，粉粒含量>400 g/kg，细土质地粉壤土-壤土；通体有轻度-强度石灰反应，土壤呈碱性反应，pH 8.0～8.5。

对比土系　堂排系、清石系、怀民系，属于相同亚类。堂排系成土母质为石英砂岩风化物，清石系成土母质为紫色泥页岩风化物，怀民系为石灰性紫色砂岩风化物；堂排系土族控制层段颗粒大小级别和矿物学类型为砂质、硅质混合型，清石系为黏质、混合型，怀民系为壤质、混合型；堂排系土壤酸碱反应和石灰性类别为非酸性，清石系为酸性，怀民系为石灰性；堂排系、清石系、怀民系为高热土壤温度状况。

利用性能综述　该土系土层较薄，有石灰反应，土壤质地适中，土壤有机质和氮磷含量低、钾含量中等，自然肥力较低，易产生水土流失。利用改良措施：宜恢复和保持植被覆盖，实行等高种植，防止水土流失；增施有机肥，间套种绿肥或与豆科作物轮作，提高土壤有机质含量，测土配方施用化肥，平衡土壤养分供应，提高土壤肥力和农作物产量。

参比土种　石灰性紫壤土。

代表性单个土体　位于贺州市平桂区羊头镇松木村；24°30'10.8"N，111°25'56.3"E，海拔139 m；地势起伏，成土母质为石灰性紫色砂页岩坡积物；耕地，种植玉米，花生等。50 cm 深度土温 22.7℃。野外调查时间为 2017 年 3 月 16 日，编号 45-141。

Ah:　0～16 cm，浊橙色（5YR 6/4，干），红棕色（5YR 4/6，润）；壤土，强度发育中块状结构，稍紧实，多量极细根和很少量中根，中度石灰反应；向下层平滑渐变过渡。

Bw:　16～36 cm，浊橙色（5YR 6/4，干），红棕色（5YR 4/8，润）；壤土，强度发育中块状结构，紧实，中量极细根，有少量强风化的次圆状岩石碎屑，轻度石灰反应；向下层平滑渐变过渡。

BC:　36～55 cm，橙色（2.5YR 6/6，干），红棕色（2.5YR 4/6，润）；粉壤土，紧实，很少量极细根，有少量强风化的次圆状岩石碎屑，强度石灰反应；向下层平滑模糊过渡。

R:　55～70 cm，半风化的石灰性紫色砂页岩。

松木系代表性单个土体剖面

松木系代表性单个土体物理性质

土层	深度 /cm	砾石 (>2 mm，体积分数)/%	细土颗粒组成（粒径: mm）/（g/kg）			质地类别	容重 /（g/cm³）
			砂粒 2～0.05	粉粒 0.05～0.002	黏粒<0.002		
Ah	0～16	2	368	441	192	壤土	1.53
Bw	16～36	2	384	473	143	壤土	1.60
BC	36～55	5	363	583	54	粉壤土	1.60

松木系代表性单个土体化学性质

深度 /cm	pH （H₂O）	有机碳	全氮 (N)	全磷 (P)	全钾 (K)	CEC₇ /（cmol(+)/kg 黏粒）	CaCO₃相当物 /（g/kg）	游离氧化铁 /（g/kg）	铁游离度 /%
				/（g/kg）					
0～16	8.2	4.4	0.59	0.46	20.15	110.1	14.7	15.7	38.1
16～36	8.3	2.6	0.44	0.39	21.35	154.3	0.6	16.3	37.6
36～55	8.4	1.6	0.30	0.48	19.54	339.8	98.8	14.9	34.7

11.12.4 怀民系（Huaimin Series）

土　族：壤质混合型石灰性高热性-红色铁质湿润雏形土
拟定者：卢　瑛，秦海龙

分布与环境条件　主要分布于百色、南宁、贺州市等石灰性紫色砂页岩丘陵地带。成土母质为石灰性紫色砂页岩残积、坡积物。土地利用类型为林地，植被有木棉、桉树等。属南亚热带湿润季风性气候，年平均气温 21～22℃，年平均降雨量 1200～1400 mm。

怀民系典型景观

土系特征与变幅　该土系诊断层包括淡薄表层、雏形层；诊断特性包括铁质特性、石质接触面、湿润土壤水分状况、高热土壤温度状况及石灰性。土体厚度 40～80 cm，粉粒含量>450 g/kg，细土质地粉壤土-黏壤土；通体有强度石灰反应，土壤呈碱性反应，pH 8.0～8.5。

对比土系　堂排系、清石系、松木系，属于相同亚类。堂排系成土母质为石英砂岩风化物，清石系成土母质为紫色泥页岩风化物，松木系为石灰性紫色砂岩风化物；堂排系土族控制层段颗粒大小级别和矿物学类型为砂质、硅质混合型，清石系为黏质、混合型，松木系为壤质、混合型；堂排系土壤酸碱反应和石灰性类别为非酸性，清石系为酸性，松木系为石灰性；堂排系、清石系为高热土壤温度状况，松木系为热性土壤温度状况。

利用性能综述　该土系土层较薄，有强石灰反应，土壤质地适中，有机质和氮磷钾含量不高，自然肥力一般，植被破坏后容易引起水土流失。利用改良措施：宜恢复和保持植被覆盖，保护植被，防止水土流失。

参比土种　中层壤质石灰性紫色土。

代表性单个土体　位于百色市田东县平马镇怀民村天纽屯；23°39'12.6"N，107°10'57.9"E，海拔 140 m；地势起伏，成土母质为石灰性紫色砂页岩残积、坡积物，林地，植被主要有木棉树、桉树等。50 cm 深度土温 23.4℃。野外调查时间为 2015 年 12 月 24 日，编号 45-080。

Ah：0～16 cm，浊红棕色（5YR 5/4，干），暗红棕色（2.5YR 3/3，润）；黏壤土，强度发育小块状结构，稍紧实，少量细根，少量动物穴，有很少的强风化的次棱角状砾石，强度石灰反应；向下层波状渐变过渡。

Bw：16～47 cm，橙色（2.5YR 6/6，干），浊红棕色（2.5YR 4/4，润）；粉壤土，中度发育中块状结构，紧实，有很少的强风化的次棱角状砾石，强度石灰反应；向下层平滑突变过渡。

R：　47 cm 以下，未风化的石灰性紫色砂页岩。

怀民系代表性单个土体剖面

怀民系代表性单个土体物理性质

土层	深度 /cm	砾石 (>2 mm，体积分数)/%	细土颗粒组成（粒径：mm）/（g/kg）			质地类别	容重 /（g/cm³）
			砂粒 2～0.05	粉粒 0.05～0.002	黏粒<0.002		
Ah	0～16	<1	222	479	300	黏壤土	1.45
Bw	16～47	<1	302	613	85	粉壤土	1.62

怀民系代表性单个土体化学性质

深度 /cm	pH (H₂O)	有机碳	全氮 (N)	全磷 (P)	全钾 (K)	CEC₇ /（cmol(+)/kg 黏粒）	CaCO₃相当物 /（g/kg）	游离氧化铁 /（g/kg）	铁游离度 /%
		/（g/kg）							
0～16	8.1	9.3	1.19	0.93	16.18	58.8	114.9	28.2	58.2
16～47	8.2	1.5	0.35	0.58	15.88	135.2	135.3	23.7	53.6

11.13　普通铁质湿润雏形土

11.13.1　柳桥系（Liuqiao Series）

土　族：黏质蒙脱石型非酸性高热性-普通铁质湿润雏形土
拟定者：卢　瑛，贾重建

分布与环境条件　主要分布于崇左、南宁、百色市等岩溶区的石山坡麓、峰丛谷地、溶蚀盆地、洼地。成土母质为石灰岩风化残积物。土地利用类型为耕地，主要种植甘蔗等。属南亚热带湿润季风性气候，年平均气温 22~23℃，年平均降雨量 1400~1600 mm。

柳桥系典型景观

土系特征与变幅　诊断层有淡薄表层、雏形层；诊断特性包括湿润土壤水分状况、高热土壤温度状况、铁质特性。土体深厚，厚度>100 cm；土体内有少量铁锰结核，土壤黏粒含量>450 g/kg，细土质地为黏土；土壤盐基饱和，交换性盐基以钙、镁为主；游离氧化铁含量>70 g/kg，铁游离度>70%，土壤呈中性反应，pH 7.0~7.5。

对比土系　泗顶系、上湾屯系、新建系、百沙系，属于相同亚类。泗顶系、新建系成土母质为砂页岩风化物，上湾屯系、百沙系成土母质为河流冲积物；泗顶系土族控制层段颗粒大小级别和矿物学类型为黏壤质、硅质混合型，上湾屯系为黏壤质、混合型，新建系、百沙系为壤质、硅质混合型。

利用性能综述　该土系因长期人为耕种熟化，耕作层土壤有机质、全氮含量较高，全磷、全钾含量低，土壤质地偏黏，地下水位深，灌溉水源缺乏，作物产量不稳。利用改良措施：推广甘蔗、玉米与豆科作物间作、套种，秸秆还田，提高土壤有机质含量，增加土壤蓄水能力；增施磷、钾肥，提高土壤磷、钾供应，提高作物产量；加强农田基本建设，修筑水渠，提高蓄水抗旱能力。

参比土种 棕泥土。

代表性单个土体 位于崇左市扶绥县柳桥镇柳桥 3 队；22°15'6.1"N，107°39'11.7"E，海拔 145 m；地势波状起伏，成土母质为石灰岩风化残积物；耕地，种植甘蔗等。50 cm 深度土温 24.4℃。野外调查时间为 2015 年 3 月 17 日，编号 45-028。

柳桥系代表性单个土体剖面

Ap: 0～18 cm，灰黄棕色（10YR 4/2，干），黑棕色（10YR 2/3，润）；黏土，强度发育小块状结构，疏松，中量细根，有很少量铁锰结核；向下层波状清晰过渡。

AB: 18～36 cm，浊黄棕色（10YR 4/3，干），暗棕色（10YR 3/4，润）；黏土，强度发育小块状结构，稍紧实，很少量细根，有少量黑色（7.5YR 2/1）的铁锰结核，有蚯蚓；向下层平滑渐变过渡。

Bw1: 36～65 cm，棕色（10YR 4/4，干），棕色（10YR 4/4，润）；黏土，强度发育小块状结构，稍紧实，有多量黑色（7.5YR 2/1）的铁锰结核；向下层平滑渐变过渡。

Bw2: 65～100 cm，棕色（10YR 4/4，干），棕色（10YR 4/4，润）；黏土，强度发育小块状结构，稍紧实，很少量细根，有很多量黑色（7.5YR 2/1）的铁锰结核。

柳桥系代表性单个土体物理性质

土层	深度/cm	砾石（>2 mm，体积分数）/%	细土颗粒组成（粒径：mm）/（g/kg）			质地类别	容重/（g/cm³）
			砂粒 2～0.05	粉粒 0.05～0.002	黏粒<0.002		
Ap	0～18	10	158	379	464	黏土	1.28
AB	18～36	10	111	334	555	黏土	1.43
Bw1	36～65	10	167	324	509	黏土	1.36
Bw2	65～100	10	147	333	520	黏土	1.39

柳桥系代表性单个土体化学性质

深度/cm	pH		有机碳	全氮（N）	全磷（P）	全钾（K）	CEC₇	CaCO₃相当物	游离氧化铁	铁游离度/%
	H₂O	KCl	/（g/kg）				/（cmol(+)/kg 黏粒）	/（g/kg）	/（g/kg）	
0～18	7.4	5.7	20.1	1.72	0.44	11.2	86.3	0.4	82.2	71.1
18～36	7.2	5.8	9.5	1.14	0.18	9.7	69.0	0.4	75.3	74.9
36～65	7.2	5.7	5.4	0.72	0.18	8.7	66.8	0.6	85.1	74.5
65～100	7.0	5.5	5.8	0.75	0.17	8.4	66.7	0.5	72.4	74.8

11.13.2 泗顶系（Siding Series）

土　族：黏壤质混合型非酸性热性-普通铁质湿润雏形土
拟定者：卢　瑛，秦海龙

分布与环境条件　主要分布于桂林、河池、柳州市等北纬 24°30'以北海拔 500 m 以下山地、丘陵的山麓、坡脚或山丘中、下部。成土母质为砂页岩风化坡积物、残积物。土地利用类型为林地，植被有马尾松、杉树、铁芒萁等。属中亚热带湿润季风性气候，年平均气温 19～20℃，年平均降雨量 1600～1800 mm。

泗顶系典型景观

土系特征与变幅　该土系诊断层有淡薄表层、雏形层；诊断特性包括湿润土壤水分状况、热性土壤温度状况、铁质特性、腐殖质特性。土体深厚，厚度>100 cm；细土质地为壤土-黏壤土；土壤盐基饱和，游离氧化铁含量>35 g/kg，铁游离度>70%，土壤呈微酸性反应，pH 5.5～6.5。

对比土系　柳桥系、上湾屯系、新建系、百沙系，属于相同亚类。柳桥系成土母质为石灰岩风化物，上湾屯系、百沙系成土母质为河流冲积物，新建系为砂页岩风化物；柳桥系土族控制层段颗粒大小级别和矿物学类型为黏质、蒙脱石型，上湾屯系为黏壤质、混合型，新建系、百沙系为壤质、硅质混合型。

利用性能综述　该土系所处地势多为低山、丘陵中、下部，水热条件好，原植被多已破坏，现多为次生林或果树。土层较深厚、土壤质地适中，是农、林业发展的重要土壤资源，但土壤有机质和全氮含量中等，全磷、全钾含量低。改良利用措施：保护现有森林植被，严禁乱砍滥伐和毁林开垦，防止水土流失；因土种植，合理布局，充分利用和提高土壤生产潜力，低丘和缓坡宜农地宜修水平梯地，发展茶叶和水果；合理施用肥料，增加磷、钾养分供应。

参比土种　厚层砂泥红土。

代表性单个土体　位于柳州市融安县泗顶镇三坡村风境屯；25°2'0.1"N，109°27'12.3"E，海拔 333 m；地势波状起伏，成土母质为砂页岩风化坡积物、残积物；林地，植被有杉树、杂草等。50 cm 深度土温 22.2℃。野外调查时间为 2016 年 11 月 14 日，编号 45-107。

泗顶系代表性单个土体剖面

Ah：　0～23 cm，淡黄色（2.5Y 7/3，干），棕色（10YR 4/4，润）；黏壤土，强度发育小块状结构，疏松，少量细根，有少量（5%）中度风化的棱角状岩石碎屑，有多量的蚯蚓和蚂蚁；向下层波状渐变过渡。

Bw1：23～57 cm，浊黄橙色（10YR 6/4，干），棕色（10YR 4/4，润）；黏壤土，强度发育小块状结构，紧实，少量细根、粗根，有少量（5%）中度风化的棱角状岩石碎屑；向下层平滑渐变过渡。

Bw2：57～80 cm，浊黄橙色（10YR 6/3，干），暗棕色（10YR 3/4，润）；黏壤土，强度发育中块状结构，紧实，少量细根，有少量（2%）中度风化的棱角状岩石碎屑；向下层波状模糊过渡。

Bw3：80～113 cm，黄色（2.5Y 8/6，干），黄棕色（10YR 5/6，润）；壤土，强度发育中块状结构，紧实，极少量粗根，有少量（5%）中度风化的棱角状岩石碎屑，有少量的铁锰结核；向下层平滑突变过渡。

Bw4：113～135 cm，浅淡黄色（2.5Y 8/3，干），浊黄橙色（10YR 6/4，润）；壤土，强度发育大块状结构，稍紧实，少量细根，有中量（10%）中度风化的棱角状岩石碎屑，有少量的铁锰结核。

泗顶系代表性单个土体物理性质

土层	深度 /cm	砾石 (>2 mm, 体积分数) /%	细土颗粒组成（粒径：mm）/ (g/kg)			质地类别	容重 / (g/cm³)
			砂粒 2～0.05	粉粒 0.05～0.002	黏粒<0.002		
Ah	0～23	5	335	360	305	黏壤土	1.20
Bw1	23～57	5	290	374	336	黏壤土	1.49
Bw2	57～80	2	309	382	309	黏壤土	1.45
Bw3	80～113	5	370	364	266	壤土	1.50
Bw4	113～135	10	352	382	266	壤土	1.62

泗顶系代表性单个土体化学性质

深度 /cm	pH		有机碳	全氮 (N)	全磷 (P)	全钾 (K)	CEC₇	ECEC	盐基饱和度 /%	游离氧化铁	铁游离度 /%
	H₂O	KCl			/ (g/kg)			/ (cmol(+)/kg 黏粒)		/ (g/kg)	
0~23	6.3	5.7	20.8	2.04	0.66	15.02	47.9	49.6	100	46.3	75.9
23~57	6.4	5.7	15.6	1.63	0.56	15.62	43.8	44.8	100	49.4	73.8
57~80	6.5	5.5	14.1	1.52	0.60	14.42	43.9	43.0	97.8	44.0	75.2
80~113	6.5	5.6	5.8	0.88	0.53	15.32	27.9	26.4	94.1	37.9	75.9
113~135	6.0	5.3	7.0	0.97	0.55	15.62	27.1	28.2	100	39.4	73.4

11.13.3　上湾屯系（Shangwantun Series）

土　　族：黏壤质混合型非酸性高热性–普通铁质湿润雏形土
拟定者：卢　瑛，贾重建

分布与环境条件　主要分布于浔江等河流中、下游阶地和上游距河流较远的阶地。成土母质为河流冲积物。土地利用类型为耕地，种植山药、木薯、甘蔗、玉米和蔬菜等。属南亚热带湿润季风性气候，年平均气温 21～22℃，年平均降雨量 1400～1600 mm。

上湾屯系典型景观

土系特征与变幅　诊断层有淡薄表层、雏形层；诊断特性包括湿润土壤水分状况、高热土壤温度状况、铁质特性。土体深厚，厚度>100 cm；土壤粉粒含量>650 g/kg，细土质地为粉壤土–粉质黏壤土；土体中有少量碳酸盐，下层土壤有轻度石灰反应，游离氧化铁含量>35 g/kg，铁游离度>55%，土壤呈微酸性–微碱性反应，pH 6.0～8.0。

对比土系　柳桥系、泗顶系、新建系、百沙系，属于相同亚类。柳桥系成土母质为石灰岩风化物，泗顶系、新建系成土母质为砂页岩风化物，百沙系为河流冲积物；柳桥系土族控制层段颗粒大小级别和矿物学类型为黏质、蒙脱石型，泗顶系为黏壤质、硅质混合型，新建系、百沙系为壤质、硅质混合型。

利用性能综述　该土系土体深厚，质地适中，耕性好，通气透水、保水能力好，适种性广，土壤有机质和氮磷钾含量偏低，土壤肥力不高。利用改良措施：实行土地整理，修建和完善农田水利设施，提高农田抗旱排涝能力；增施有机肥，实行秸秆还田，轮作种植豆科作物，提高土壤有机质含量，培肥土壤；测土平衡施用大、中、微量元素肥料，平衡养分供应，提高作物产量和品质。

参比土种　石灰性潮泥土。

代表性单个土体 位于贵港市桂平市南木镇上湾村委上湾屯；23°31'38.4"N，110°9'39.4"E，海拔 19 m；地势较平坦，成土母质为河流冲积物；耕地，种植山药、木薯、甘蔗、玉米和蔬菜等。50 cm 深度土温 23.5℃。野外调查时间为 2016 年 12 月 20 日，编号 45-128。

Ap: 0～11 cm，浊黄橙色（10YR 6/3，干），棕色（10YR 4/6，润）；粉壤土，中度发育小块状结构，疏松，中量细根；向下层平滑渐变过渡。

AB: 11～31 cm，浊黄橙色（10YR 6/4，干），棕色（10YR 4/6，润）；粉壤土，中度发育中块状结构，稍紧实，少量细根；向下层平滑模糊过渡。

Bw1: 31～85 cm，浊黄橙色（10YR 6/4，干），棕色（10YR 4/6，润）；粉质黏壤土，中度发育中块状结构，稍紧实，极少量极细根；向下层平滑模糊过渡。

Bw2: 85～115 cm，浊黄橙色（10YR 7/4，干），棕色（10YR 4/6，润）；粉质黏壤土，中度发育大块状结构，稍紧实，轻度石灰反应。

上湾屯系代表性单个土体剖面

上湾屯系代表性单个土体物理性质

土层	深度 /cm	砾石 (>2 mm, 体积分数) /%	细土颗粒组成（粒径：mm）/（g/kg）			质地类别	容重 /（g/cm³）
			砂粒 2～0.05	粉粒 0.05～0.002	黏粒<0.002		
Ap	0～11	0	160	659	181	粉壤土	1.22
AB	11～31	0	165	650	186	粉壤土	1.54
Bw1	31～85	0	27	666	307	粉质黏壤土	1.47
Bw2	85～115	0	23	647	330	粉质黏壤土	1.38

上湾屯系代表性单个土体化学性质

深度 /cm	pH		有机碳	全氮 (N)	全磷 (P)	全钾 (K)	CEC_7	$CaCO_3$ 相当物	游离氧化铁	铁游离度
	H_2O	KCl	/ (g/kg)				/（cmol(+)/kg 黏粒）	/（g/kg）	/（g/kg）	/%
0～11	6.0	4.5	12.9	1.18	0.75	15.50	56.9	0.1	35.2	58.9
11～31	6.3	4.8	7.9	0.81	0.57	15.50	57.5	0.4	36.7	59.0
31～85	7.5	—	7.5	0.92	0.67	19.74	50.9	1.2	47.5	62.6
85～115	7.7	—	7.0	0.91	0.74	20.04	49.6	3.2	52.1	63.9

11.13.4　新建系（Xinjian Series）

土　　族：壤质硅质混合型酸性热性-普通铁质湿润雏形土
拟定者：卢　瑛，崔启超

分布与环境条件　主要分布于地势起伏的山地地区，低山的中坡位置。成土母质为砂页岩风化残积物、坡积物。土地利用类型为林地，植被有竹子、枫树、板栗树、铁芒萁等，植被覆盖度大于80%。属亚热带湿润季风性气候，年平均气温20～21℃，年平均降雨量1200～1400 mm。

新建系典型景观

土系特征与变幅　该土系诊断层有淡薄表层、雏形层；诊断特性包括湿润土壤水分状况、热性土壤温度状况、铁质特性。土体深厚，厚度>100 cm；土壤砂粒含量>450 g/kg，细土质地为壤土；B层土壤游离氧化铁含量>20 g/kg，铁游离度>60%，土壤呈酸性反应，pH 4.5～5.5。

对比土系　柳桥系、泗顶系、上湾屯系、百沙系，属于相同亚类。柳桥系成土母质为石灰岩风化物，泗顶系为砂页岩风化物，上湾屯系、百沙系为河流冲积物；柳桥系土族控制层段颗粒大小级别和矿物学类型为黏质、蒙脱石型，泗顶系为黏壤质、硅质混合型，上湾屯系为黏壤质、混合型，百沙系为壤质、硅质混合型。

利用性能综述　该土系土体深厚，质地适中，宜种性广，但土壤有机质和氮磷钾养分含量低，肥力偏低。改良利用措施：发展针、阔混交林、经济林，宜种植杉树、松树、桉树和竹、油茶、板栗树等用材林和经济林；有条件的地方可开垦成水平梯地，发展热带水果如荔枝、龙眼、柑橘及桑树、茶叶等，还可种植药用植物。

参比土种　厚层砂泥赤红土。

代表性单个土体 位于百色市田林县乐里镇新建村河口屯；24°15'11.6"N，106°16'19.1"E，海拔 280 m；丘陵坡脚，成土母质为砂页岩风化残积物、坡积物；林地，植被有竹子、枫树、板栗树。50 cm 深度土温 22.8℃。野外调查时间为 2015 年 12 月 17 日，编号 45-066。

Ah： 0～17 cm，灰白色（2.5Y 8/2，干），暗棕色（10YR 3/4，润）；壤土，强度发育小块状结构，疏松，中量细根，有中量（10%）次棱角状、中度风化的岩石碎屑；向下层波状渐变过渡。

AB： 17～45 cm，浅淡黄色（2.5Y 8/3，干），棕色（10YR 4/4，润）；壤土，强度发育小块状结构，稍紧实，有少量中根，有中量（10%）的次棱角状、中度风化的岩石碎屑；向下层波状渐变过渡。

Bw1：45～90 cm，浅淡黄色（2.5Y 8/4，干），亮黄棕色（10YR 6/6，润）；壤土，中度发育小块状结构，紧实，有少量中根，有多量（20%左右）的次棱角状、中度风化的岩石碎屑；向下层平滑模糊过渡。

Bw2：90～130 cm，浅淡黄色（2.5Y 8/4，干），亮黄棕色（10YR 6/6，润）；壤土，中度发育小块状结构，紧实，有多量（20%左右）的次棱角状、中度风化的岩石碎屑。

新建系代表性单个土体剖面

新建系代表性单个土体物理性质

土层	深度/cm	砾石（>2 mm，体积分数）/%	细土颗粒组成（粒径：mm）/（g/kg）			质地类别	容重/（g/cm³）
			砂粒 2～0.05	粉粒 0.05～0.002	黏粒<0.002		
Ah	0～17	10	491	338	172	壤土	1.31
AB	17～45	10	474	360	166	壤土	1.45
Bw1	45～90	20	450	380	171	壤土	1.68
Bw2	90～130	20	487	354	159	壤土	1.68

新建系代表性单个土体化学性质

深度/cm	pH		有机碳	全氮（N）	全磷（P）	全钾（K）	CEC₇	ECEC	盐基饱和度/%	铝饱和度/%	游离氧化铁/（g/kg）	铁游离度/%
	H₂O	KCl			/（g/kg）		/（cmol(+)/kg 黏粒）					
0～17	5.4	4.1	11.7	1.08	0.35	9.52	46.1	25.5	29.6	39.7	16.9	49.9
17～45	5.0	4.1	5.2	0.59	0.28	8.62	40.4	29.3	36.1	44.5	17.3	58.2
45～90	5.1	3.9	1.9	0.40	0.23	9.52	29.8	22.2	40.7	38.6	20.0	61.5
90～130	5.1	3.8	1.6	0.37	0.22	10.11	34.6	23.9	39.6	35.3	23.5	67.2

11.13.5　百沙系（Baisha Series）

土　　族：壤质硅质混合型非酸性高热性-普通铁质湿润雏形土
拟定者：卢　瑛，姜　坤

分布与环境条件　主要分布于百色、南宁、柳州、玉林市等河流中、下游阶地和上游距河流较远的阶地或冲积平原。成土母质为河流冲积物。土地利用类型为耕地，种植蔬菜、玉米、花生等。属南亚热带海洋性季风性气候，年平均气温 21～22℃，年平均降雨量 1200～1400 mm。

百沙系典型景观

土系特征与变幅　该土系诊断层有淡薄表层、雏形层；诊断特性包括湿润土壤水分状况、高热土壤温度状况、铁质特性。土体深厚，厚度>100 cm；细土质地为砂质壤土-壤土；土壤盐基饱和，游离氧化铁含量>20 g/kg，铁游离度>55%，土壤呈中性反应，pH 6.5～7.5。

对比土系　柳桥系、泗顶系、上湾屯系、新建系，属于相同亚类。柳桥系成土母质为石灰岩风化物，泗顶系、新建系为砂页岩风化物，上湾屯系为河流冲积物；柳桥系土族控制层段颗粒大小级别和矿物学类型为黏质、蒙脱石型，泗顶系为黏壤质、硅质混合型，上湾屯系为黏壤质、混合型，新建系为壤质、硅质混合型。

利用性能综述　土体深厚，质地适宜，宜耕性好，有一定的保水保肥能力，适种性广，是生产性能较好的旱作土壤类型，但因长期施肥水平不高，土壤有机质和氮磷钾养分含量偏低。利用改良措施：种植花生、红薯和蔬菜，增施有机肥，轮、间作或套种豆科作物，用地养地相结合，提高土壤肥力；测土施肥，平衡土壤养分供应，提高作物产量。

参比土种　潮泥土。

代表性单个土体　位于百色市田阳县头塘镇百沙村那爷屯；23°48'29.2"N，106°50'59.6"E，海拔 106 m；河流阶地，地势平坦，成土母质为河流冲积物，为耕地，种植蔬菜、玉米等。50 cm 深度土温 23.3℃。野外调查时间为 2015 年 12 月 23 日，编号 45-078。

Ap：　0～18 cm，淡黄色（2.5Y 7/3，干），棕色（10YR 4/4，润）；壤土，强度发育小块状结构，疏松，有少量的细根，有少量的动物穴，有很少的塑料薄膜，有蚯蚓 5 条；向下层平滑渐变过渡。

Bw1：18～48 cm，浊黄橙色（10YR 7/3，干），棕色（7.5YR 4/4，润）；粉壤土，强度发育小块状结构，稍紧实，有蚯蚓 5 条；向下层平滑模糊过渡。

Bw2：48～70 cm，浊黄橙色（10YR 7/3，干），棕色（7.5YR 4/4，润）；壤土，强度发育小块状结构，稍紧实；向下层波状渐变过渡。

Bw3：70～110 cm，浊黄橙色（10YR 6/4，干），棕色（10YR 4/4，润）；砂质壤土，强度发育小块状结构，稍紧实。

百沙系代表性单个土体剖面

百沙系代表性单个土体物理性质

土层	深度 /cm	砾石 (>2 mm, 体积分数) /%	细土颗粒组成（粒径：mm）/（g/kg）			质地类别	容重 /（g/cm³）
			砂粒 2～0.05	粉粒 0.05～0.002	黏粒<0.002		
Ap	0～18	0	379	443	178	壤土	1.32
Bw1	18～48	0	247	567	186	粉壤土	1.52
Bw2	48～70	0	513	369	119	壤土	1.50
Bw3	70～110	0	692	159	149	砂质壤土	1.44

百沙系代表性单个土体化学性质

深度 /cm	pH (H₂O)	有机碳	全氮 (N)	全磷 (P)	全钾 (K)	CEC₇ /（cmol(+)/kg 黏粒）	盐基饱和度 /%	游离氧化铁 /（g/kg）	铁游离度 /%
		/（g/kg）							
0～18	6.9	9.3	1.00	1.02	10.64	50.5	100	25.8	63.7
18～48	7.0	7.4	0.88	0.93	12.44	56.3	100	33.9	68.3
48～70	7.2	3.9	0.49	0.49	10.04	59.1	100	21.4	57.5
70～110	7.2	2.4	0.33	0.36	9.14	34.9	100	21.5	62.3

11.14　普通简育湿润雏形土

11.14.1　河泉系（Hequan Series）

土　　族：砂质硅质型非酸性高热性-普通简育湿润雏形土

拟定者：卢　瑛，韦翔华

分布与环境条件　主要分布邕江、桂江、柳江等河流较低的阶地或河漫滩上。成土母质为河流冲积物。土地利用类型为耕地，种植蔬菜、花生、玉米等。属南亚热带湿润季风性气候，年平均气温 21～22℃，年平均降雨量 1600～1800 mm。

河泉系典型景观

土系特征与变幅　该土系诊断层有淡薄表层、雏形层；诊断特性包括湿润土壤水分状况、高热土壤温度状况。土体浅薄，土层厚度<40 cm；沉积母质土壤砂粒含量>800 g/kg，细土质地为砂土-壤质砂土；土壤呈酸性-微酸性反应，pH 5.0～6.0，盐基饱和度>40%，从表层到底层逐渐增大，游离氧化铁含量极低，<10 g/kg。

对比土系　百沙系、上湾屯系，属于普通铁质湿润雏形土。成土母质相同，均为河流冲积物；百沙系、上湾屯系均具有铁质特性；百沙系土族控制层段颗粒大小级别和矿物学类行为壤质、硅质混合型，上湾屯系为黏壤质、混合型。

利用性能综述　该土系多处于平坦开阔地带，光热条件好，距离河流较近，灌溉水源有保障；有效土层薄，土壤砂性强，通气透水性能好，保水保肥性能差，土壤有机质和氮磷养分含量低，土壤肥力低；宜种性广，特别适宜种植萝卜、红薯、花生等。利用改良措施：增施有机肥，秸秆还地，提高土壤有机质含量，改良土壤物理、化学和生物学特性，培肥土壤；合理施用化肥，根据农作物养分吸收特点，少量多次追肥，适时充足满足作物需求，提高农作物产量和品质。

参比土种　潮砂泥土。

代表性单个土体　位于玉林市北流市北流镇河泉村 1 队；22°40'50.3"N，110°21'48.8"E，海拔 91 m；河流阶地，地势平坦，成土母质为河流冲积物；耕地，种植蔬菜、花生、玉米等。50 cm 深度土温 24.1℃。野外调查时间为 2016 年 12 月 23 日，编号 45-134。

Ap：　0～15 cm，浊黄橙色（10YR 6/3，干），浊黄棕色（10YR 5/4，润）；壤质砂土，中度发育小块状结构，润时疏松，干时松散，少量细根；向下层波状渐变过渡。

Bw：　15～36 cm，浊黄橙色（10YR 7/3，干），黄棕色（10YR 5/6，润）；壤质砂土，中度发育小块状结构，疏松，很少量细根；向下层波状清晰过渡。

C1：　36～52 cm，浊黄橙色（10YR 7/3，干），亮黄棕色（10YR 6/6，润）；砂土，单粒状，松散；向下层波状清晰过渡。

C2：　52～78 cm，浊黄橙色（10YR 7/3，干），亮黄棕色（10YR 6/6，润）；壤质砂土，单粒状，松散；向下层波状清晰过渡。

C3：　78～120 cm，浊黄橙色（10YR 7/3，干），浊黄橙色（10YR 6/4，润）；砂土，单粒状，松散。

河泉系代表性单个土体剖面

河泉系代表性单个土体物理性质

土层	深度 /cm	砾石 （>2 mm，体积分数）/%	细土颗粒组成（粒径：mm）/（g/kg）			质地类别	容重 /（g/cm³）
			砂粒 2～0.05	粉粒 0.05～0.002	黏粒<0.002		
Ap	0～15	0	830	100	70	壤质砂土	1.34
Bw	15～36	0	845	81	75	壤质砂土	1.46
C1	36～52	0	959	7	34	砂土	1.35
C2	52～78	0	865	66	69	壤质砂土	1.38
C3	78～120	0	967	7	26	砂土	1.44

河泉系代表性单个土体化学性质

深度 /cm	pH		有机碳	全氮 （N）	全磷 （P）	全钾 （K）	CEC₇	ECEC	盐基饱和度 /%	铝饱和度 /%	游离氧化铁 /（g/kg）	铁游离度 /%
	H₂O	KCl		/ （g/kg）			/ （cmol(+)/kg 黏粒）					
0～15	5.5	4.0	6.2	0.65	0.80	23.16	64.7	35.3	46.9	9.3	8.9	50.2
15～36	5.5	3.6	2.1	0.26	0.50	24.66	41.6	32.9	50.6	28.4	8.5	41.6
36～52	5.2	4.0	1.3	0.15	0.22	21.35	39.7	36.4	75.1	12.1	5.6	42.6
52～78	5.5	3.9	1.5	0.19	0.25	22.55	26.0	25.5	81.5	12.1	7.2	41.8
78～120	5.6	3.9	0.9	0.11	0.16	28.57	45.1	48.3	80.0	12.7	6.7	38.4

第 12 章　新　成　土

12.1　石质湿润正常新成土

12.1.1　塘蓬系（Tangpeng Series）

土　族：黏壤质混合型酸性高热性-石质湿润正常新成土
拟定者：卢　瑛，贾重建

分布与环境条件　分布于梧州、南宁、崇左、玉林、贵港市等紫色砂页岩山丘顶部或植被稀疏、受侵蚀严重的山坡。成土母质为紫色砂页岩风化残积物。土地利用类型为林地，植被有次生灌木、高竹、松树和铁芒萁等。属亚热带季风性气候，年平均气温 20～21℃，年平均降雨量 1400～1600 mm。

塘蓬系典型景观

土系特征与变幅　该土系诊断层有淡薄表层；诊断特性包括湿润土壤水分状况、高热土壤温度状况、石质接触面。土体厚度<40 cm，土体剖面构型为 A-C 或 A-AC-C。土壤呈红棕色，细土质地为黏壤土，风化发育程度低。土壤呈酸性，pH 4.0～5.5，CEC 10～15 cmol(+)/kg，土壤有机质和全氮含量不高，但植被覆盖度高区域有机质和全氮积累明显；全钾含量高。

对比土系　江权系，属于相同亚类。成土母质为石灰性紫色砂页岩风化物，土壤呈微碱性，有轻度石灰反应。土族控制层段颗粒大小级别为壤质，酸碱性与石灰反应类别为石灰性。

利用性能综述 土壤质地适中，但土层薄，含砾石或岩石碎屑多。母岩岩性松脆，既易风化成土，也易被侵蚀流失，由于土体疏松，有利于植物根系穿插，矿质养分比较丰富，供肥能力较好，适于各种灌木生长，可发展生态林和经济林。利用改良措施：保护地面植物，保持水土；在土层较厚、砾石少、坡度稍缓的地段可考虑种植油茶、油桐、八角或茶叶等。

参比土种 薄层壤质酸性紫色土。

代表性单个土体 位于梧州市苍梧县石桥镇塘蓬村广一组；23°48'51.8"N，111°32'29.9"E，海拔 45 m；地势略起伏，成土母质为紫色砂页岩风化残积物；次生林地，种植有高竹、松树等。50 cm 深度土温 23.3℃。野外调查时间为 2017 年 3 月 21 日，编号 45-152。

Ah： 0～18 cm，浅淡红橙色（2.5YR 7/4，干），浊红棕色（2.5YR 4/4，润）；黏壤土，中度发育小块状结构，疏松，很少量细根，有少量（5%）的次棱角状中度风化的岩石碎块；向下层波状模糊过渡。

AC： 18～40 cm，浅淡红橙色（2.5YR 7/4，干），红棕色（2.5YR 4/6，润）；砂质黏壤土，中度发育小块状结构，疏松，中量细根，有多量（30%）的次棱角状中度风化的岩石碎块；向下层波状模糊过渡。

C： 40～100 cm，坚硬的紫色砂页岩。

塘蓬系代表性单个土体剖面

塘蓬系代表性单个土体物理性质

土层	深度 /cm	砾石 (>2 mm，体积分数) /%	细土颗粒组成（粒径：mm）/（g/kg）			质地类别	容重 /（g/cm³）
			砂粒 2～0.05	粉粒 0.05～0.002	黏粒<0.002		
Ah	0～18	5	440	205	355	黏壤土	1.13
AC	18～40	30	486	192	322	砂质黏壤土	—

塘蓬系代表性单个土体化学性质

深度 /cm	pH (H₂O)	有机碳	全氮(N)	全磷(P)	全钾(K)	CEC	交换性盐基总量	游离氧化铁 /（g/kg）	铁游离度 /%
		/（g/kg）				/（cmol(+)/kg）			
0～18	4.4	11.0	1.26	0.38	35.52	11.1	1.1	39.1	65.9
18～40	4.3	5.5	0.91	0.49	45.77	11.9	0.9	47.4	69.2

12.1.2　江权系（Jiangquan Series）

土　　族：壤质混合型石灰性高热性-石质湿润正常新成土
拟定者：卢　瑛，秦海龙

分布与环境条件　分布于梧州、南宁、崇左市等石灰性紫色砂页岩丘陵顶部或坡度较陡处，成土母质为石灰性紫色砂页岩风化残积物。土地利用类型为林地或园地，种植有龙眼、石榴、三华李等，植被覆盖度≥80%。属亚热带季风性气候，年平均气温21～22℃，年平均降雨量1400～1600 mm。

江权系典型景观

土系特征与变幅　该土系诊断层有淡薄表层；诊断特性包括湿润土壤水分状况、高热土壤温度状况、石质接触面。土壤冲刷严重，土层较薄，土体厚度<40 cm，土壤发育时间短，继承母岩特性明显。土体构型A-R或A-C。土壤颜色以红棕色为基调。细土质地为壤质-黏壤质，pH 7.0～8.0，有石灰反应，有机质含量低-中等，全钾含量较高，CEC 15～20 cmol/kg。

对比土系　塘蓬系，属于相同亚类，成土母质为酸性紫色砂页岩风化物，土壤呈酸性。土族控制层段颗粒大小级别为黏壤质，酸碱反应类别为酸性。

利用性能综述　土壤矿质养分丰富，但土壤侵蚀严重，土层浅薄，细土质地适中，土壤呈中性至微碱性，pH 7.0～8.0。利用改良措施：保护现有植被，并选择耐旱、喜钙树种造林或种草，严禁破坏植被或过度放牧。

参比土种　薄层壤质石灰性紫色土。

代表性单个土体　位于梧州市藤县濛江镇江权村委濛村；23°29'19.1"N，110°44'53.9"E，海拔30 m；地势起伏，成土母质为石灰性紫色砂页岩风化残积物；园地，种植龙眼、石榴、三华李等。50 cm 深度土温 23.6℃。野外调查时间为 2017 年 3 月 22 日，编号 45-154。

Ah：0～21 cm，浊红棕色（5YR 5/4，干），暗红棕色（5YR 3/6，
　　　润）；壤土，中度发育小块状结构，疏松，多量细根、极
　　　少量中根，轻度石灰反应；向下层平滑渐变过渡。

R：　21～75 cm，弱风化紫色砂页岩，强度石灰反应。

江权系代表性单个土体剖面

江权系代表性单个土体物理性质

| 土层 | 深度 /cm | 砾石 (>2 mm, 体积分数) /% | 细土颗粒组成（粒径：mm）/（g/kg） | | | 质地类别 | 容重 /（g/cm³） |
			砂粒 2～0.05	粉粒 0.05～0.002	黏粒<0.002		
Ah	0～21	2	480	387	134	壤土	1.33

江权系代表性单个土体化学性质

深度 /cm	pH (H₂O)	有机碳 /（g/kg）	全氮(N) /（g/kg）	全磷(P) /（g/kg）	全钾(K) /（g/kg）	CEC /（cmol(+)/kg）	交换性盐基总量 /（cmol(+)/kg）	游离氧化铁 /（g/kg）	铁游离度 /%	CaCO₃ 相当物 /（g/kg）
0～21	7.5	13.5	1.34	0.53	29.49	17.7	24.7	25.8	49.3	2.9

参 考 文 献

安国英, 雷英凭, 温静, 等. 2016. 广西岩溶石漠化演变趋势及影响因素分析[J]. 中国地质调查, 3(5): 67-75.

陈振威, 黄玉溢. 2012. 广西百色右江河谷土壤形成特性及其系统分类[J]. 安徽农业科学, 40(23): 11668-11671.

冯学民, 蔡德利. 2004. 土壤温度与气温及纬度和海拔关系的研究[J]. 土壤学报, 41(3): 489-491.

高崇辉, 蔡湘文, 杨维政. 2011. 近30年来广西壮族自治区耕地动态变化趋势及驱动力研究[J]. 安徽农业科学, 39(8): 4792-4795.

龚子同, 等. 1999. 中国土壤系统分类—理论·方法·实践[M]. 北京: 科学出版社.

龚子同, 等. 2014. 中国土壤地理[M]. 北京: 科学出版社.

龚子同, 张甘霖, 陈志诚, 等. 2007. 土壤发生与系统分类[M]. 北京: 科学出版社.

顾新运, 许冀泉. 1963. 中国土壤胶体研究Ⅴ. 滇桂地区石灰岩发育的三种土壤的黏土矿物组成和演变[J]. 土壤学报, 11(4): 411-416.

广西土壤肥料工作站. 1993. 广西土种志[M]. 南宁: 广西科学技术出版社.

广西土壤肥料工作站. 1994. 广西土壤[M]. 南宁: 广西科学技术出版社.

广西壮族自治区地质矿产局. 1985. 广西壮族自治区区域地质志[M]. 北京: 地质出版社.

郭彦彪, 戴军, 冯宏, 等. 2013. 土壤质地三角图的规范制作及自动查询[J]. 土壤学报, 50(6): 154-158.

何如, 周绍毅, 苏志, 等. 2016. 近50年广西太阳能资源估算与特征分析[J]. 江西农业学报, 28(3): 109-112.

侯传庆, 林世如. 1959. 广西僮族自治区土壤分类初拟[J]. 土壤通报, (5): 49-53.

黄景, 李志先, 银秋玲, 等. 2010. 广西紫色土系统分类研究[J]. 南方农业学报, 41(9): 947-950.

黄玉溢, 陈桂芬, 刘斌, 等. 2010a. 广西猫儿山土壤形成特征及其系统分类[J]. 中国农学通报, 26(11): 188-193.

黄玉溢, 陈桂芬, 刘斌. 2010b. 广西砖红壤在土壤系统分类中的归属研究[J]. 南方农业学报, 41(5): 447-451.

江泽普, 韦广泼, 蒙炎成, 等. 2003. 广西红壤果园土壤肥力退化研究[J]. 土壤, 35(6): 510-517.

蓝福生, 梁发英, 李瑞棠, 等. 1993. 广西涠洲岛沉凝灰岩土壤黏粒矿物的研究[J]. 热带亚热带土壤科学, 2(3): 154-161.

李庆逵. 1992. 中国水稻土[M]. 北京: 科学出版社.

李艳兰, 何如, 覃卫坚. 2010. 气候变化对广西干旱灾害的影响[J]. 安徽农业科学, 38(21): 11299-11301, 11430.

李忠义, 胡钧铭, 蒙炎成, 等. 2015. 广西绿肥发展现状及种植模式[J]. 热带农业科学, 35(11): 71-75.

陆树华, 李先琨, 苏宗明, 等. 2003. 元宝山中山土壤形成特点及系统分类[J]. 生态环境学报, 12(2): 172-176.

吕海波, 曾召田, 尹国强, 等. 2012. 广西红黏土矿物成分分析[J]. 工程地质学报, 20(5): 651-656.

莫权辉, 陈平, 蓝福生, 等. 1993. 广西涠洲岛和斜阳岛沉凝灰岩母质发育土壤的系统分类初深[J]. 广西科学院学报, (1): 13-18.

苏为典, 刘仲桂. 1996. 广西水利沿革与展望[J]. 人民珠江, (4): 2-7.

王薇, 黄景, 银秋玲. 2016. 广西大明山垂直带土壤理化性质及其系统分类[J]. 浙江农业科学, 57(9): 1548-1554.

温远光, 李治基, 李信贤, 等. 2014. 广西植被类型及其分类系统[J]. 广西科学, 21(5): 484-513.

翟丽梅, 陈同斌, 廖晓勇, 等. 2008. 广西环江铅锌矿尾砂坝坍塌对农田土壤的污染及其特征[J]. 环境科学学报, 28(6): 1206-1211.

张甘霖. 2001. 土系研究与制图表达[M]. 合肥: 中国科学技术大学出版社.

张甘霖, 龚子同. 2012. 土壤调查实验室分析方法[M]. 北京: 科学出版社.

张甘霖, 李德成. 2016. 野外土壤描述与采样手册[M]. 北京: 科学出版社.

张甘霖, 王秋兵, 张凤荣, 等. 2013. 中国土壤系统分类土族和土系划分标准[J]. 土壤学报, 50(4): 826-834.

中国科学院南京土壤研究所土壤系统分类课题组, 中国土壤系统分类课题研究协作组. 2001. 中国土壤系统分类检索[M]. 3 版. 合肥: 中国科学技术大学出版社.

中国科学院南京土壤研究所, 中国科学院西安光学精密机械研究所. 1988. 中国土壤标准色卡[M]. 南京: 南京出版社.

周绍毅, 徐圣璇, 黄飞, 等. 2011. 广西农业气候资源的长期变化特征[J]. 中国农学通报, 27(27): 168-173.

附录　广西壮族自治区土系与土种参比表

土系	土种	土系	土种	土系	土种
康熙岭系	咸酸田	岜考系	砾底泥田	守育系	石灰性田
大陶系	淡酸田	道峨系	铁子底田	平福系	杂砂田
新坡系	石灰性黑泥田	思陇系	杂砂田	普贤村系	潮砂田
平木系	浅渗白胶泥田	万平系	潮泥田	大程系	砂泥田
黎木系	浅潜底田	长排系	砂质黄泥田	南康系	海积砖红土
螺桥系	石灰性田	妙石系	砂土田	白水塘系	厚层黏质赤红土
涩塘系	浅潜底田	甲篆系	油砂田	山口系	海积砖红泥土
纳合系	浅浸田	古灯系	白粉田	犀牛脚系	杂砂砖红土
松柏系	浅涩田	花马系	含砾砂泥田	大和系	黑黏土
民福系	深涩田	那塘系	砂泥田	四塘系	黑黏土
大兴系	石灰性田	中团系	砂泥田	林驼系	黑黏泥土
鸣凤系	浅浸田	江塘系	浅杂砂田	林逢系	黑黏泥土
北宁系	白胶泥田	马屋地系	砂土田	沙尾系	壤质潮滩盐土
大利系	石灰性田	坡脚村系	浅卵石底田	黄泥坎系	砂质草甸潮滩盐土
东球系	锅巴底田	联民系	咸田	白沙头系	壤质草甸潮滩盐土
巡马系	石灰性田	塘利系	石灰性铁子田	竹海系	中层杂砂黄红土
拉麻系	石灰性田	茶山系	石灰性紫砂泥田	高寨系	厚层杂砂红土
麦岭系	石灰性淀积田	兴庐系	黑泥黏田	马步系	赤红泥土
隆光系	石灰性田	清江系	黑泥散田	闸口系	砖红砂土
塘蓬村系	紫泥田	周洛屯系	潮砂田	骥马系	铁子底红泥土
板劳系	砂泥田	仁良系	黄泥田	玉石系	中层砂泥赤红土
怀宝系	浅含砾砂泥田	坛洛系	浅铁子田	民范村系	厚层杂砂赤红土
六漫村系	浅石砾底田	白合系	砂泥田	西岭系	红土
广平系	黄泥田	渡江村系	砂泥田	多荣系	黄色石灰泥土
波塘系	浅杂砂泥田	丰塘系	浅砂土田	兴全系	赤壤土
港贤系	浅壤土田	槐前系	铁子底田	羌圩系	厚层黏质赤红土
洛东系	棕泥田	沙塘系	紫砂泥田	福行系	赤壤土
雅仕系	砂泥田	燕山村系	黄泥田	玉保系	厚层砂泥黄红土
拉岩系	砂泥田	板山系	紫砂泥田	明山系	厚层砂泥红土
下楞系	黄泥田	渠座系	砂泥田	鸭塘系	厚层杂砂红土
百达系	砂泥田	里贡系	石灰性泥肉田	丹洲系	中层黏质红土
朗联村系	浅壤土田	保仁系	砂泥田	大番坡系	厚层砂泥砖红土

土系	土种	土系	土种	土系	土种
山角村系	海积砖红土	飞鹰峰系	漂洗黄壤土	隘洞系	厚层砂泥黄红土
沙井系	厚层杂砂赤红土	天坪系	中层砂泥黄壤土	三五村系	硅质页岩赤红壤
两江系	厚层砂泥赤红土	猫儿山系	杂砂山地灌丛草甸土	富双系	厚层壤质酸紫色土
伏六系	厚层杂砂赤红土	九牛塘系	中层杂砂黄壤土	河步系	厚层黏质酸紫色土
播细系	厚层砂泥黄红土	公益山系	厚层砂泥黄红土	八塘系	中层壤质酸紫色土
龙合系	赤红泥土	回龙寺系	中层砂泥黄棕壤	堂排系	厚层砂泥砖红壤
迷赖系	砾质赤红土	上孟村系	砾质黄红泥土	清石系	中层黏质酸紫色土
永靖系	赤红泥土	加方系	棕色石灰土	松木系	石灰性紫壤土
东门系	厚层砂质赤红土	央里系	棕泥土	怀民系	中层壤质石灰性紫色土
八腊系	厚层砂泥黄壤土	官成系	薄层砂质赤红土	柳桥系	棕泥土
央村系	厚层砂泥黄壤土	安康村系	厚层砂泥红土	泗顶系	厚层砂泥红土
德礼系	棕泥土	地狮系	厚层砂泥红土	上湾屯系	石灰性潮泥土
合群系	紫砂泥田	平艮系	中层砂泥砖红土	新建系	厚层砂泥赤红土
板岭系	石灰性潮砂泥土	四荣系	厚层杂砂红土	百沙系	潮泥土
加让系	棕色石灰土	平塘系	耕型硅质页岩赤红壤	河泉系	潮砂泥土
弄谟系	红色石灰土	白木系	杂砂砖红土	塘蓬系	薄层壤质酸性紫色土
坡南系	砾石赤红壤性土	东马系	中层黏质红土	江权系	薄层壤质石灰性紫色土
三鼎系	厚层潮砂土	吉山系	中层黏质红土		

索　引

(S-0018.01)

ISBN 978-7-5088-5800-5

9 787508 858005 >

定价：268.00 元